双元制培训机械专业理论教材

机 械 工 人 专 业 制 图

双元制培训机械专业理论教材编委会 编

机 械 工 业 出 版 社

本书是技工学校推行双元制办学体制的机械专业理论教材之一，与之配套使用的有《机械工人专业制图习题集》。全书内容由以下几部分组成，即制图的基本知识：讲述表达物体的几种图，绘图的基本知识；投影作图：讲述投影的基本知识，基本体、轴测图，常见立体表面交线、相贯线、组合体的画图与读图方法；表示机件的各种方法：例如视图、剖视图、剖面图；剖视图的规定画法、简化画法、局部放大图和第三角投影简介；常用零件的规定画法：例如螺纹及其紧固件，键、销及其联接，齿轮、弹簧、滚动轴承的画法；零件图、装配图的读图与画图方法，展开图的画法和简单 CAD。

本书在选材上着眼于培养学生的读图与画图能力，以培养读图能力为主；培养学生掌握投影法的基本理论与解决实际制图问题（读图和画图问题），以解决实际制图问题为主。

本书可作为技工学校、职业学校机械类专业的教材，也可作有关工程技术人员和教师的参考书。

图书在版编目 (CIP) 数据

机械工人专业制图/双元制培训机械专业理论教材编委会编. —北京：机械工业出版社，1998.7（2021.8 重印）
双元制培训机械专业理论教材
ISBN 978 - 7 - 111 - 06131 - 1

Ⅰ. 机… Ⅱ. 双… Ⅲ. 机械制图 - 专业学校 - 教材 Ⅳ. TH126

中国版本图书馆 CIP 数据核字（98）第 01052 号

机械工业出版社(北京市百万庄大街 22 号 邮政编码 100037)
责任编辑：吴天培 版式设计：冉晓华 责任校对：张 佳
封面设计：姚 毅 责任印制：李 昂
北京圣夫亚美印刷有限公司印刷
2021 年 8 月第 1 版第 15 次印刷
184mm × 260mm · 21.5 印张 · 526 千字
标准书号：ISBN 978 - 7 - 111 - 06131 - 1
定价：39.80 元

双元制培训机械专业理论教材编委会

主　任　孙宝源　李李炫

副主任　董无岸　王昌平　钱鸣皋

委　员（按姓氏笔划排列）

上官家桂　王山平　吴天培

张松文　贾文鹏　蒋建华

顾　问　（德）海因茨—京特尔·克莱姆（H—G.klem）

本 书 主 编　吴敏慧　麻淑英

参加编写人员　张松文　叶解勋　田丽红

主　　　审　上官家桂

参　　　审　郭　毅

前　言

　　"双元制"是德国等发达国家发展职业技术教育的一种先进的办学体制，被誉为二战后德国经济腾飞的"秘密武器"，其特点是企业与职业学校合作共同完成培养人才的任务。培训以企业为主，因此培养出来的人才能满足企业的要求；学习理论与学习技能，以技能为主，既注重基础技能的培养，更注重专业技能的训练，培养出来的是复合型实用人才；同时注重对学生解决问题的能力和社交能力的培养，以适应现代化大生产共同合作完成培训任务的要求。

　　改革开放以来，我国许多省、市和企业先后引进或借鉴"双元制"办学经验，培养出了一大批受企业欢迎的、掌握现代科技技能的复合型技工。这株由日尔曼民族培育出的美丽奇葩，一经移栽到华夏大地的沃土之上即开放出鲜艳夺目的花朵。实践证明"双元制"基本适合我国的国情，并具有强大的生命力。但是，由于多年来没有完整的、系统的、既能反映"双元制"的特点，又适合我国国情的培训教材，已成为阻碍"双元制"在我国推广和发展的原因之一。为此天津中德培训中心和上海大众汽车有限公司在机械工业出版社的支持下编写了这套双元制机械专业理论课培训教材。它包括《机械工人专业计算》、《机械工人专业制图》、《机械工人专业制图习题集》和《机械工人专业工艺》（包括五个分册："基础分册"、"机械切削工分册"、"工模具制造工分册"、"机械维修工分册"和"汽车机械工分册"）。在编写中我们特别注重保持"双元制"教材的特点，即保持教材内容的先进性、适用性、多样性以及形式的直观性，又特别注重结合我国的国情；注重专业理论为专业技能服务的基本原则和注重对学生专业能力、解决问题的能力和社交能力的培养。但是，由于我们实践的时间较短，对教材内容的选择、内容的深度和广度的把握缺乏经验，难免会详略不当、深浅不宜，对形式的选用也会有欠妥之处。因此，希望读者能提出宝贵意见，使其日趋正确、不断完善和适合读者的需要，以期为国家培养出更多、更好的复合型实用人才。

双元制培训机械专业理论教材编委会

1994 年 12 月

目　录

1 制图的基本知识

1.1 表示物体的几种图

1.1.1 立体图

物体有长、宽、高三个方面的形状，在同一个图样内如果能够同时表现这三个方面的形状，就比较直观，有立体感。图 1-1a 画的是个长方体，它由三对大小不同的平面组成；图 1-1b 画的是个圆柱体，一看就知道它的周围是圆柱面，两端是圆形平面。如果物体的几方面的形状能在一个图中同时出现，便能看出它的大概形状，这样的图形就叫立体图。由长方体和圆柱体结合起来的物体，它的立体图如图 1-1c 所示。立体图虽能给人以直观印象。但它却有较大的缺点，它不仅形状失真：长方形变成了平行四边形，圆变成了椭圆，而且比较难画，所以在生产上使用不广泛。

本书中插画了许多立体图，是为了利用它的直观性优点，作为辅助图和平面图对照，帮助掌握投影图与立体图的相互转化规律。在看立体图时，要注意以下几点：

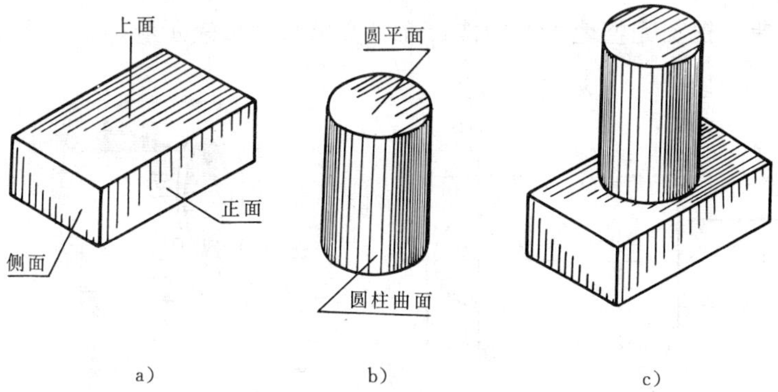

图 1-1 立体图

a) 长方体 b) 圆柱体 c) 长方体和圆柱体结合的立体图

1）立体图上的平行四边形，一般可以看成是方形或长方形。

2）立体图上的椭圆，一般可以看成是正圆。

3）图中每一个线框表示物体的一个表面，既要根据这个线框看出表面的形状，还要看清楚这个线框是表示物体长、宽、高三个方面的哪个方面的形状。这样，脑子里才会有立体感，也才能弄明白整个物体的形状。

1.1.2 视图和剖视图

立体图失真，那末怎样才能使画出的图形不失真呢？实践证明，正对着物体去看，画出的图形就不会失真。如图 1-2a 所表示的物体横拿在手中，正对着看去，就看到长方体的窄平面和圆柱体的曲面，画出来的图形如图 1-2a 所示；再把这个物体向右翻转 90°后正对着看，画出来的便是图 1-2b 图形。这样，每一个图形就能正确反映物体一个方面的形状，如果把这两个图按照图 1-3 那样结合起来，整个物体的形状就完整而又准确地表示出来了。

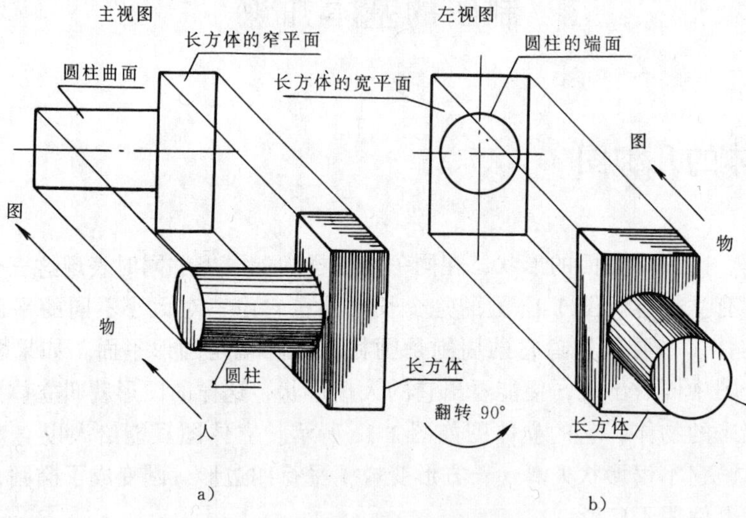

图 1-2　视图是怎样画出来的
a）横拿着正看　b）翻转 90°后正看

这种正对着物体去看，画出的图形叫做视图。机械图就是用视图来表示机件的。

生产上不仅要求视图完整地表示物体，而且要求清楚地表示物体。如图 1-4 所示的轴

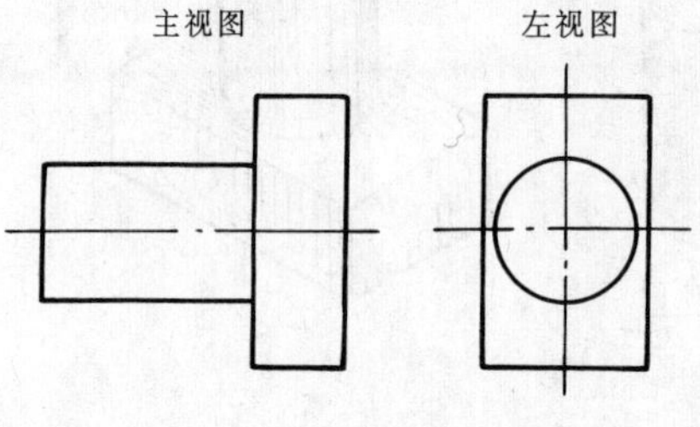

图 1-3　把两个视图合起来 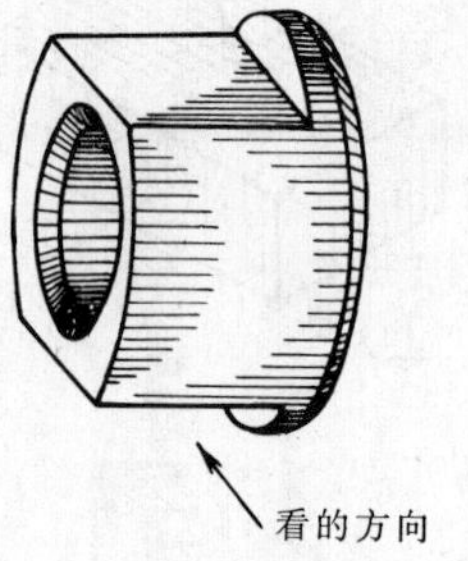　　　　图 1-4　轴套立体图

套，从箭头方向去看，内孔就看不见。怎样表示看不见的部分呢？人们在实践中创造了假想把物体切开来画内部形状的方法，图 1-5 表示假想用一个剖切平面把物体切开，拿去前面部分，正对着留下部分去看，画出留下部分的投影，并在切口上（假想剖切平面剖到的部位）画上剖面符号（画成间隔相等，方向相同而且与水平线成 45°平行的细实线），这种图叫做剖视图。

视图和剖视图能够完整清楚地表示物体的形状，但一般要用几个图来表示，立体感较差，不如立体图那样直观。因此，我们要着重讨论视图的投影规律，以便掌握看图和画图的方法。

1.1.3　机械图

视图主要表示物体的形状，但仅有视图还不能用于生产。图 1-6 所示的图样不仅可以看出此零件的形状，而且用尺寸来表示它的大小，用符号或文字来说明它的加工要求，在标题

栏中还标出了零件的名称、比例、材料、数量等等，这样的图样叫机械图。

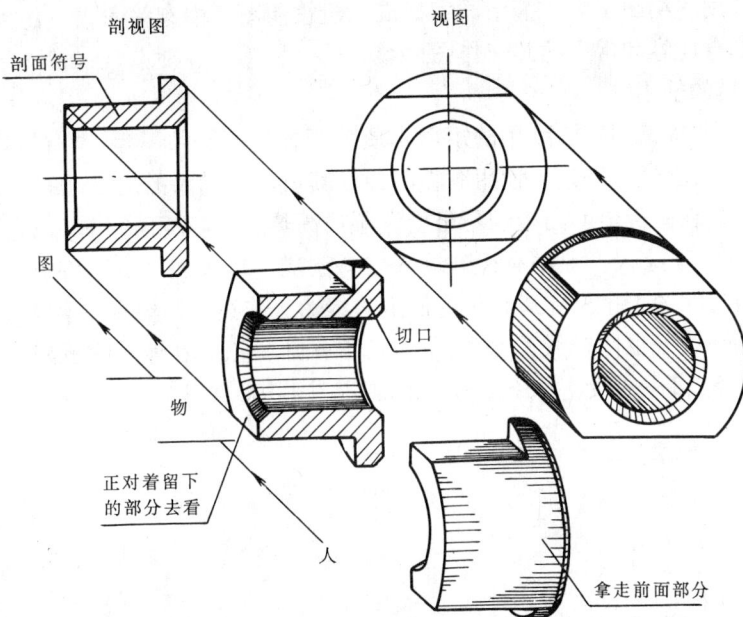

剖视图

视图

剖面符号

图

切口

物

正对着留下
的部分去看

人

拿走前面部分

图 1-5　轴套的剖视图和视图

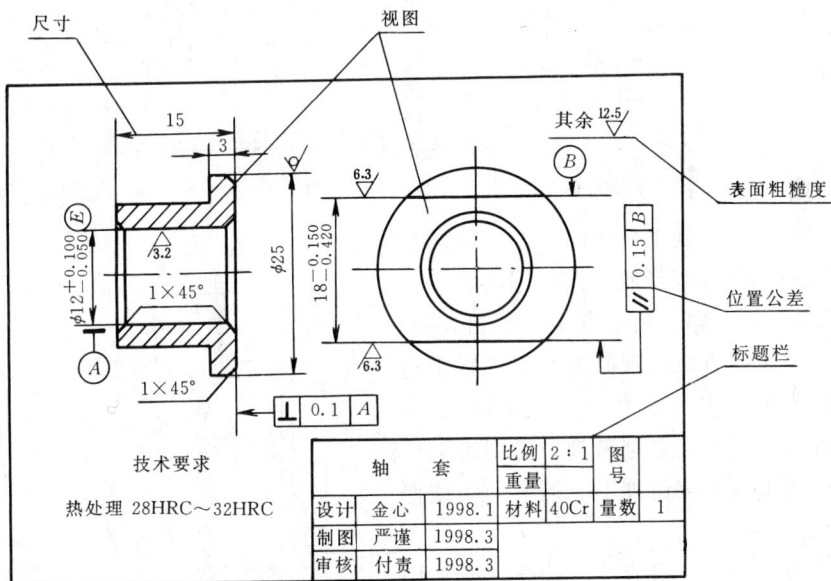

尺寸

视图

15

3

其余 12.5

6.3

B

表面粗糙度

E

$\phi 25$

$18^{-0.150}_{-0.420}$

$\phi 12^{+0.100}_{-0.050}$

3.2

$1 \times 45°$

0.15 B

位置公差

A

$1 \times 45°$

6.3

标题栏

⊥ 0.1 A

技术要求	轴　套		比例 2：1	图号	
			重量		
热处理 28HRC～32HRC	设计	金心	1998.1	材料 40Cr	量数 1
	制图	严谨	1998.3		
	审核	付责	1998.3		

图 1-6　机械图

1.2　绘图的基本知识

　　机器零件的轮廓形状，一般是由直线、圆弧及曲线按一定的几何规律相连而成的。在画图时，经常要利用图板、丁字尺、圆规、三角板等工具，按几何关系作图，因此必须学会运用绘图工具进行几何作图的本领，并且必须遵循国家标准《机械制图》有关内容的规定，才能正确而迅速地绘出各种零件的轮廓图形。

下面介绍常用的绘图工具、摘录国家标准《机械制图》中有关图幅、比例、字体、图线和尺寸注法等部分内容和常用的几何作图内容。

1.2.1 绘图工具的使用

1.2.1.1 图板 图板是固定图纸用的矩形木质垫板，板面必须平整。它的两侧短边为工作边（也叫导边），要求光滑平直。使用图板时，将其长边放成水平位置（即横放），绘图时将图纸用胶纸带固定在图板上。图板切不可受潮湿或高热，以防板面翘曲或损裂，见图1-7。

1.2.1.2 丁字尺 丁字尺一般用有机玻璃等材料制成，尺头和尺身两部分垂直相交构成丁字形。尺头的内边缘为丁字尺导边，尺身的上边缘为工作边，都要求平直光滑。

图形中的水平线（也叫横线）必须用丁字尺来画，它还常与三角板配合起来画垂直线（也叫竖线）和15°倍数的线，见图1-8、图1-9、图1-10。

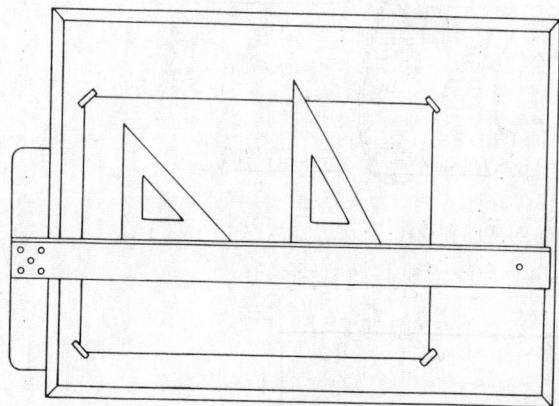

图1-7 图板、丁字尺、三角板

图1-8 用丁字尺画水平线（横线）

丁字尺用毕后，应挂在干燥的地方，以防翘曲变形。不能用其任意敲打或作其他用途。

1.2.1.3 三角板 一副三角板有45°和30°-60°的各一块，一般采用有机玻璃制成，要求板平边直、角度准确。图形中的垂直线（即竖线），一定要用三角板与丁字尺配合起来画，见图1-9。

三角板还是配合丁字尺画15°倍角倾斜线使用的工具，见图1-10。

用一块三角板与丁字尺或直尺配合，或者用两块三角板，还可以画任意位置互相平行或垂直的直线，见图1-11、图1-12。

1.2.1.4 圆规及其插脚 圆规是画圆或圆弧的工具。它的一条腿装有钢针，称为固定腿；另一条为活动腿，具有肘形关节，并可换装三种插脚

图1-9 画垂直线（竖线）

和接长杆，装上铅芯插脚画铅笔线圆，装上鸭嘴插脚可画墨线圆，装上钢针插脚可当分规用，装上接长杆可画直径较大的圆，见图1-13。

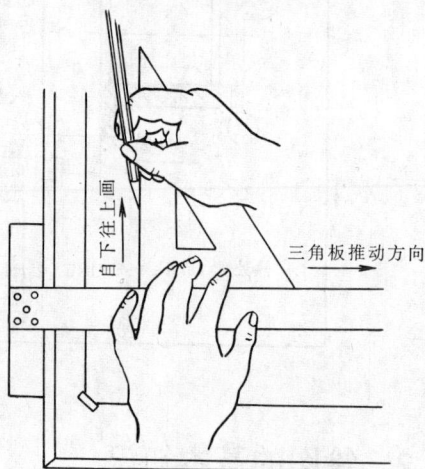

图 1-10 用三角板作 15°倍数的各种角度或斜线示例

a) 画 30°斜线 b) 画 60°斜线或等分圆周为六等分 c) 画 45°斜线 d) 画 15°及 75°斜线

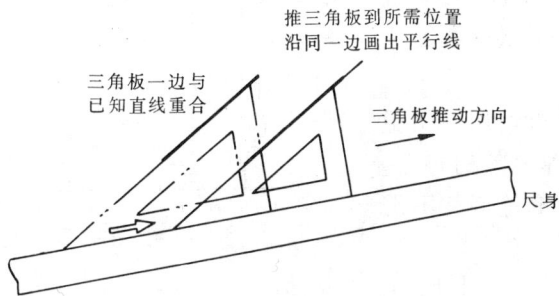

图 1-11 推三角板法画任意位置直线的平行线

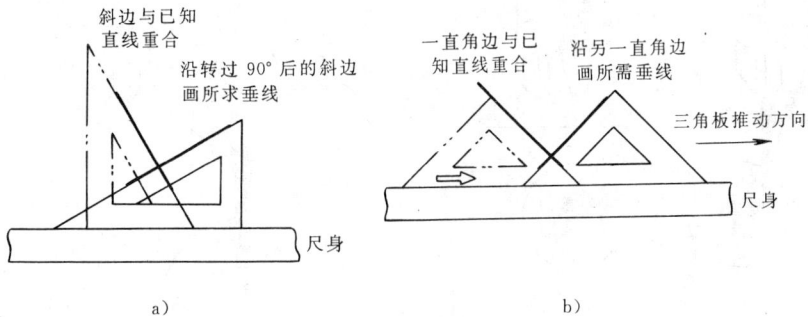

图 1-12 画任意位置直线的垂线

a) 斜边转 90°法 b) 推三角板用两垂边法

圆规固定腿上的钢针有两种不同的尖端，代替分规时换用锥形尖端，见图 1-14a。画圆时用带支承面的一端，见图 1-14b，以避免针尖插入图板过深，针尖均应调得比铅芯稍长约 0.5mm～1mm。

用圆规画铅笔线底稿时，铅芯端部磨成圆锥形或斜形，见图 1-14a；描粗加深圆弧时，铅芯端部形状为四棱柱磨斜，见图 1-14b。

画圆时，如所画铅笔线圆的半径大于 50mm 时，还应调整两腿上的钢针和铅芯插脚，使之都垂直于纸面，见图 1-15，特别在画墨线圆时，更要注意使鸭嘴插脚的两钢片都接触纸面。画大圆时要装上接长杆，再将铅笔插脚装在接长杆上使用，见图 1-16。画小圆时应使圆规的两脚稍向里倾斜，见图 1-17。

画圆时的手势如图 1-18 所示，顺时针方向转动，速度和用力要均匀，并使圆规运转方向稍微自然倾斜。

1.2.1.5　分规　分规是等分线段或圆弧、移植线段或从尺上量取尺寸的工具。分规两脚合拢时针尖应相交于一点。

用分规等分线段的方法，见图1-19。

1.2.1.6　墨线笔　墨线笔又称鸭嘴笔，见图 1-20，是上墨或描图时用的工具。

上墨或描图时还可使用绘图墨水笔，它具有普通自来水笔的特点，笔内有储存碳素墨水的笔胆，不需经常加墨水。

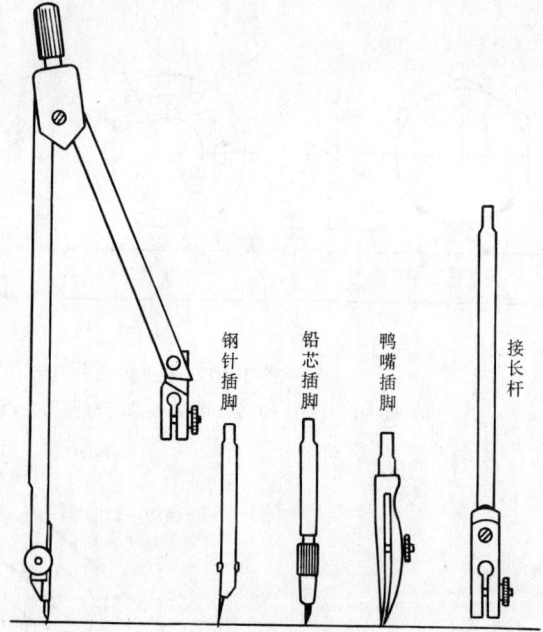

图 1-13　圆规及其插脚

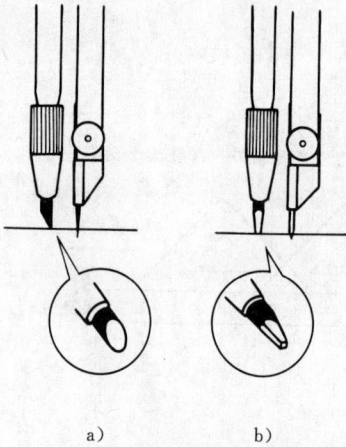

a)　　　b)

图 1-14　圆规用铅芯形状

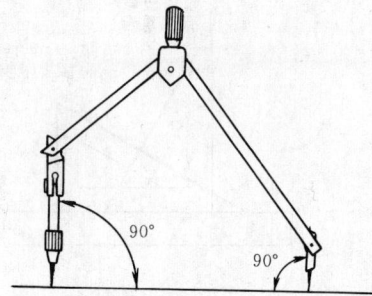

图 1-15　圆规两脚应垂直于纸面

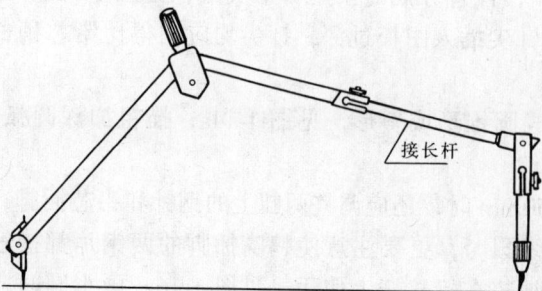

图 1-16　大圆画法

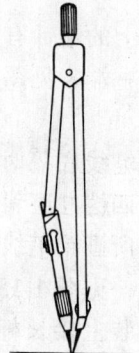

图 1-17　小圆画法

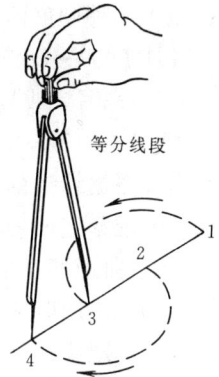

图 1-18　画圆的手法

图 1-19　分规

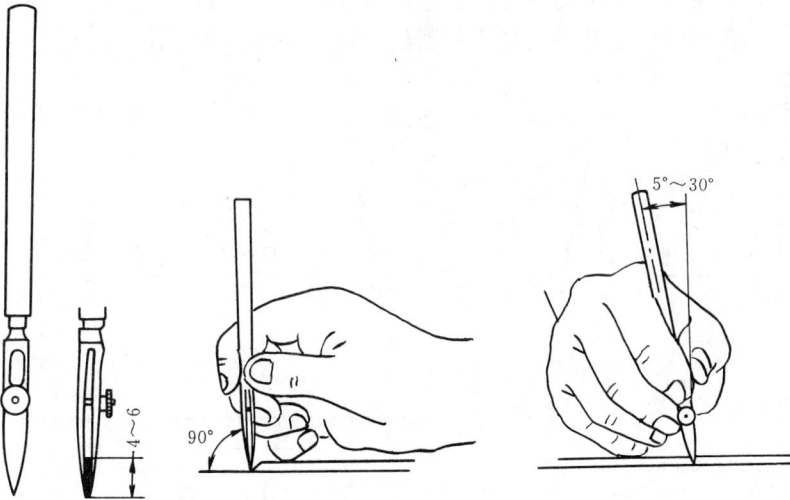

图 1-20　墨线笔

1.2.1.7　比例尺　比例尺是绘图时量取不同比例的尺寸用的工具，其形状为三棱柱，故又称三棱尺。它的三个面上刻有六种不同的比例刻度，供绘图时选用，见图1-21。

比例尺上刻度一般是以米（m）为单位，而机械图样的尺寸是以毫米（mm）为单位，使用比例尺时要注意进行换算。例如：

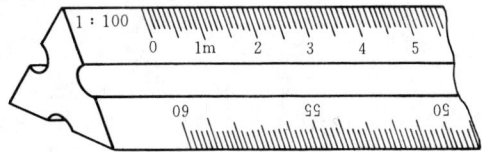

图 1-21　比例尺

把1:100当作1:1用时，尺上刻度1m当作10mm用，每格当1mm用。这是因

为：尺寸1m是1:1时的$\frac{1}{100}$，即$1m \times \frac{1}{100} = 10mm$，同理，

把1:200当作1:2用时，尺上刻度5m处当作50mm用，每格当2mm用。

把1:500当作1:5用时，尺寸刻度10m处当作100mm用，每格当5mm用。

把1:500当作2:1用时，尺上刻度10m处当作10mm用，每格当0.5mm用。

1.2.1.8 铅笔 铅笔是用来画图样底稿、加深底稿和写字的工具。根据不同的使用要求，准备以下几种硬度不同的铅笔：

H 或 HB——画底稿用。

HB——写字或徒手画图用。

HB 或 B、2B——加深图线用。

铅芯根据线型的宽度可磨成相适合的形状（圆锥形或四棱柱形）。

图 1-22 曲线板用法

1.2.1.9 曲线板 曲线板是描绘非圆曲线的工具。使用时应先将需要连接成曲线的各已知点徒手用细线轻轻地勾描出一条曲线轮廓，然后在曲线板上选用与曲线完全吻合的一般描绘，见图 1-22。

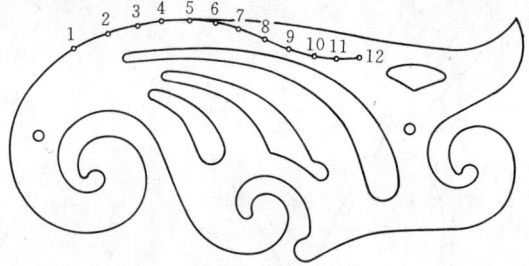

1.2.1.10 其他绘图工具 除了上述工具之外，在绘图时，还需要准备削铅笔刀、橡皮、固定图纸用的胶纸带、测量角度用的量角器、修改图线时用的擦图片、磨铅笔用的砂纸和画箭头、倒角、螺钉六角头等作业模板以及清除图面上橡皮屑的小刷等等，见图 1-23。

图 1-23 其他绘图工具

a) 量角器 b) 砂纸 c) 橡皮 d) 胶纸 e) 小刷 f) 擦图片 g) 作业模板

1.2.2 国家标准《机械制图》的基本规定

图样是现代工业生产中最基本的技术文件。为了便于生产和交流技术，对图样的画法、尺寸标注、所用代号等均须作统一的规定，使绘图和读图都有共同的准则。这些统一规定由国家制订和颁布实施，用于机械图样的叫做国家标准《机械制图》，简称机械制图国标。

机械制图国标中的每个标准均有专用代号，例如 GB4457.4—84，"GB"为国家标准的汉语拼音"GUOJIA BIAOZHUN"的缩写，简称"国标"。"4457.4"为标准的编号，而短划后面的"84"表示该标准是 1984 年颁布的。

在学习机械制图时必须严格遵守机械制图国标的有关规定，树立标准化概念。本小节先择要介绍有关图纸幅面、比例、字体、图线和尺寸标注法等国家标准，其余将在以后有关章节中逐步介绍。

1.2.2.1 图纸幅面及格式（GB/T14689—93） 为了便于图样的绘制、使用和保管，机件的图样均应画在具有一定格式和幅面的图纸上。GB/T14689—93 规定绘制图样时，应优先采用表 1-1 所规定的基本图幅。

表 1-1　图纸幅面的尺寸 　　　　　　　　　　　　　　　　　　　　　　（mm）

幅面代号	A0	A1	A2	A3	A4
$B \times L$	841×1 189	594×841	420×594	294×420	210×297
e	20			10	
c	10			5	
a	25				

由表 1-1 可知，国标规定了五种基本幅面，其中 A0 幅面最大，其大小是 841×1 189，宽（B）：长（L）=1:$\sqrt{2}$，面积为 1m²，A1 幅面为 A0 幅面大小的一半（以长边对折裁开），其余都是后一号为前一号幅面的一半。各号幅面的尺寸关系如图 1-24 所示。绘图时，可根据需要将图纸横放或竖放使用。

需要装订的图样，其图框格式如图 1-25a 所示，尺寸按表 1-1 中的规定。一般采用 A4 幅面竖装或 A3 幅面横装。

不留装订边的图样，其图框格式如图 1-25b 所示，尺寸按表 1-1 中的规定。

各种幅面的图样，图框线均用粗实线绘制。

图框的右下角应绘制标题栏，按图 1-25 所示的方式配置。标题栏

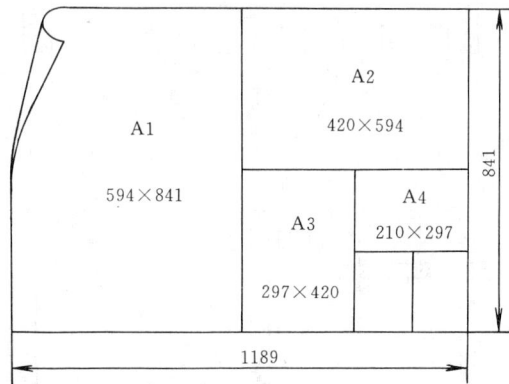

图 1-24　幅面的尺寸关系

中的文字方向为看图的方向。国标对标题栏格式未作统一规定。在制图作业中建议采用图 1-26 的格式。

1.2.2.2 比例（GB/T14690—93） 图中图形与实物相应要素的线性尺寸之比，称为图形的比例。为了从图样上直接反映出机件的大小，绘图时应尽量采用1:1的比例。但因各种机件大小悬殊，繁简不一，当需要按比例绘制图样时，应采用 GB/T 14690—93 规定的比例，见表 1-2。

绘制同一机件的各个视图应采用相同的比例，并在标题栏的比例一栏中填写，例如，1:1、1:2、2:1 等。

不论采用何种比例，图形上所标注的尺寸数值必须是机件的实际大小，与图形的比例无关，见图 1-27。但要注意带角度的图形，不论放大或缩小，仍按原角度画出，因为平行、垂直（直角）以及角度等几何关系是不随所用比例而变化的。

　　当某个视图需要采用不同的比例时，必须另行标注。

1.2.2.3　字体（GB/T14691—93）　在图样和技术文件上书写汉字、数字和字母必须做到：字体端正，笔划清楚，排列整齐，间隔均匀。各种字体示例见图 1-28。

　　字体高度（用 h 表示）的公称系列为 1.8、2.5、3.5、5、7、10、14、20mm，字体的高度代表字体的号数，在同一图样上，只允许用一种形式的字体，字体宽度约等于字体高的三分之二。

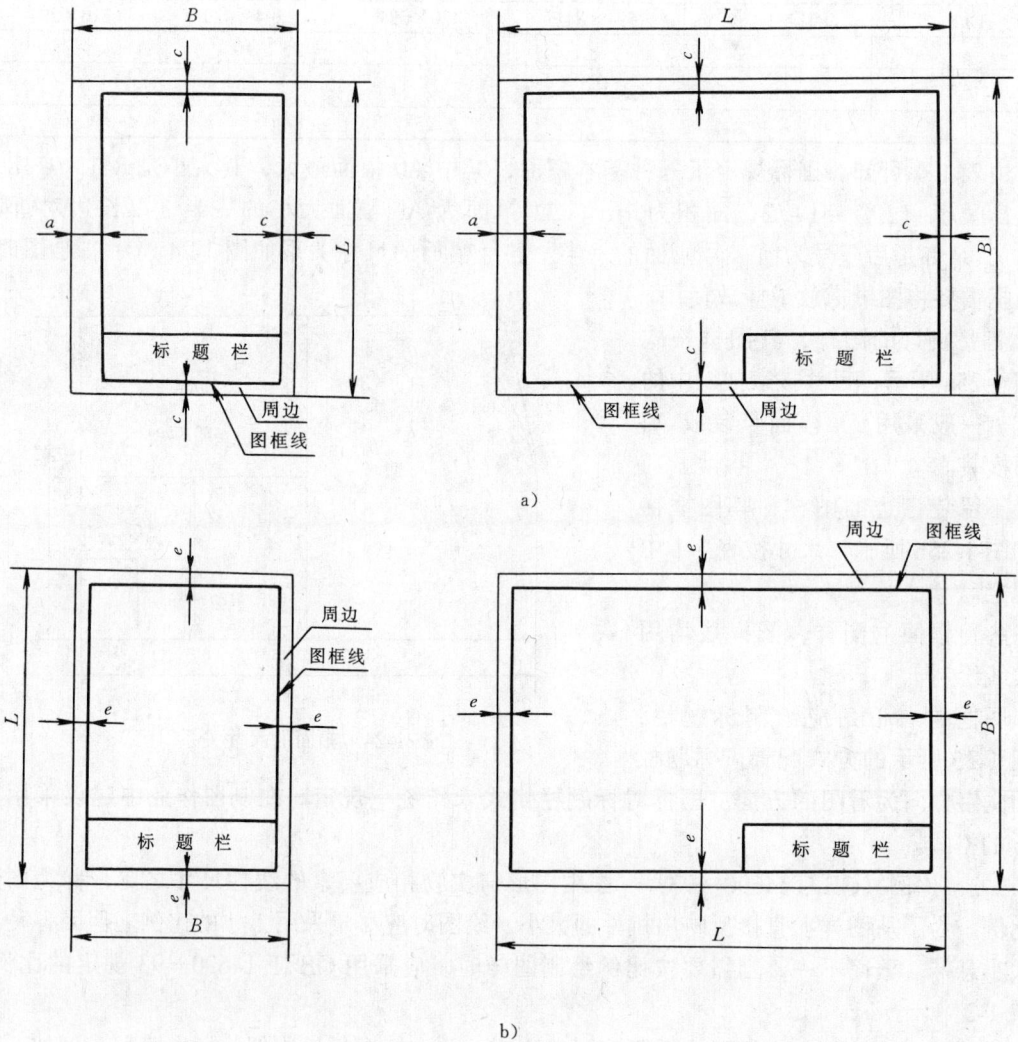

图 1-25　图框格式

a）留有装订边　b）不留装订边

(零件名称)			比 例	数 量	材 料	(图号)
制图	(姓名)	(日期)				
校对	(姓名)	(日期)		(单 位)		

a)

8						
8						
8	序 号	零 件 名 称	数 量	材 料		备 注
	(图 号)		比例	重量	共——张 第——张	(图 号)
8	制图	(姓名)	(日期)			
8	校对	(姓名)	(日期)		(单 位)	

$8 \times 4 (=32)$

15　25　20　15　15　30

140

b)

图 1-26　制图用标题栏和明细栏格式

a) 零件图用　b) 装配图用

表 1-2　绘制图样的比例

种 类	比 例		
原值比例	1:1		
放大比例	5:1	2:1	
	$5 \times 10^n:1$	$2 \times 10^n:1$	$1 \times 10^n:1$
缩小比例	1:2	1:5	1:10
	$1:2 \times 10^n$	$1:5 \times 10^n$	$1:1 \times 10^n$

注：n 为正整数。

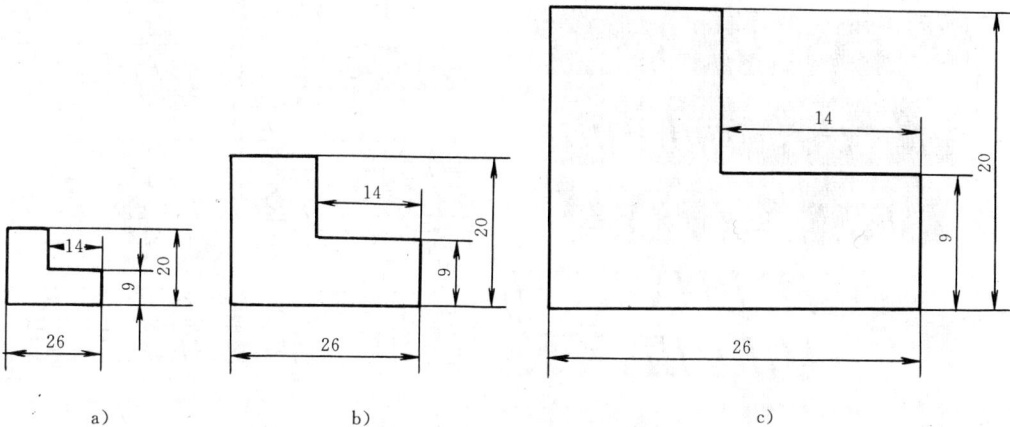

图 1-27　图形比例与尺寸数字

a) 1:2　b) 1:1　c) 2:1

10号字

字体工整 笔画清楚 间隔均匀 排列整齐

7号字

横平竖直注意起落结构均匀填满方格

5号字

技术制图机械电子汽车航空船舶土木建筑矿山井坑港口纺织服装

3.5号字

螺纹齿轮端子接线飞行指导驾驶舱位挖填施工引水通风闸阀坝棉麻化纤

1234567890 1234567890

a)

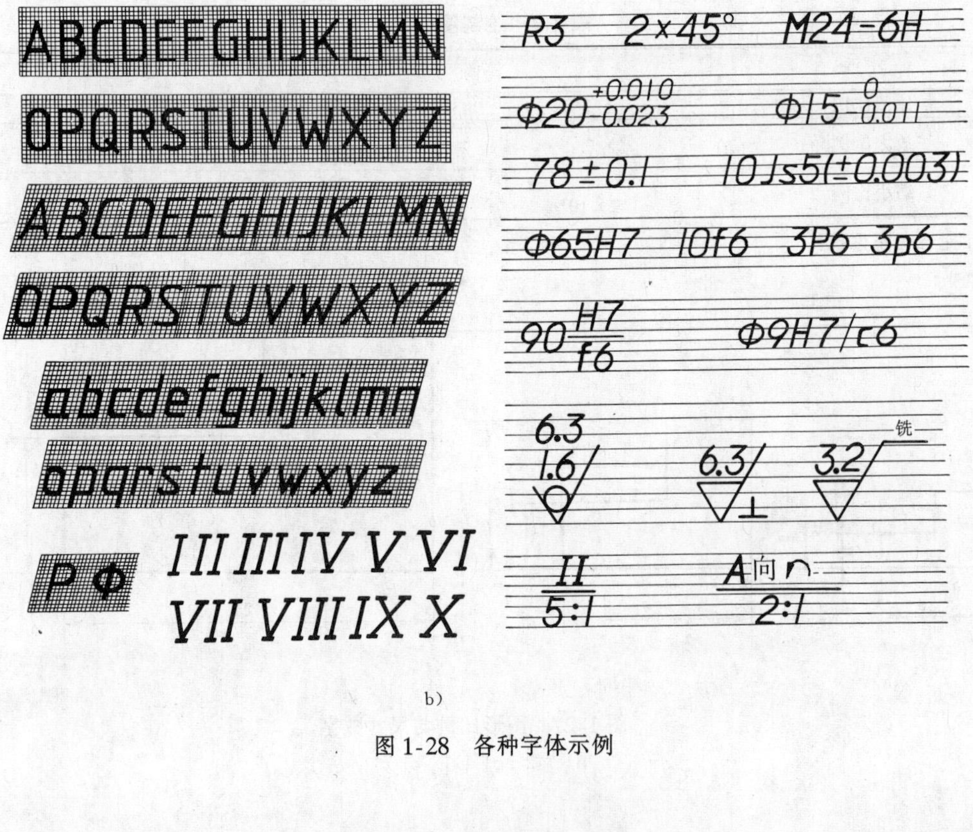

ABCDEFGHIJKLMN

OPQRSTUVWXYZ

ABCDEFGHIJKI MN

OPQRSTUVWXYZ

abcdefghijklmn

opqrstuvwxyz

PΦ

III IIII IV V VI
VII VIII IX X

R3   2×45°   M24-6H

$\Phi 20^{+0.010}_{-0.023}$ $\Phi 15^{0}_{-0.011}$

78 ± 0.1 $10Js5(\pm 0.003)$

$\Phi 65H7$ $10f6$ $3P6$ $3p6$

$90\dfrac{H7}{f6}$ $\Phi 9H7/r6$

6.3
1.6   6.3   3.2
         铣

II
5:1   A向n
        2:1

b)

图 1-28 各种字体示例

1.2.2.4 图线及其画法（GB 4457.4—84）

（1）图线的形式　图样是由各种图线构成的。根据国标 GB 4457.4—84 中的规定，绘图时常用的图线有粗实线、虚线、点划线和细实线等，分别表示一定的含义，其规定见表1-3。图线应用举例见图 1-29。

表 1-3　图线的名称、形式、代号、宽度以及在图上的应用

图线名称	图线形式及代号	图线宽度	一般应用
粗实线	———————— A	b	A1　可见轮廓线 A2　可见过渡线
细实线	———————— B	约 $b/3$	B1　尺寸线及尺寸界线 B2　剖面线 B3　重合剖面的轮廓线 B4　螺纹的牙底线及齿轮的齿根线 B5　引出线 B6　分界线及范围线 B7　弯折线 B8　辅助线 B9　不连续的同一表面的连线 B10　成规律分布的相同要素的连线 B11　交叉对角线
波浪线	～～～～～ C	约 $b/3$	C1　断裂处的边界线 C2　视图和剖视的分界线
双折线	—〜〜— D	约 $b/3$	D1　断裂处的边界线
虚线	— — — — F	约 $b/3$	F1　不可见轮廓线 F2　不可见过渡线
细点划线①	— · — · — G	约 $b/3$	G1　轴线 G2　对称中心线 G3　轨迹线 G4　节圆及节线
粗点划线②	— · — · — J	b	J1　有特殊要求的线或表面的表示线
双点划线	— ·· — ·· — K	约 $b/3$	K1　相邻辅助零件的轮廓线 K2　极限位置的轮廓线 K3　坯料的轮廓线或毛坯图中制成品的轮廓线 K4　假想投影轮廓线 K5　试验或工艺用结构（成品上不存在）的轮廓线 K6　中断线

① 德国 DIN15 标准：展开长度、详图范围。
② 德国 DIN15 标准：表示剖切位置线。

（2）图线画法要点　同一图样中同类图线的宽度应基本一致。虚线、点划线及双点划线的长度和间隔应各自大致相等。

（3）绘制图线的注意事项　图线相交、相切和相接时的画法见表 1-4。

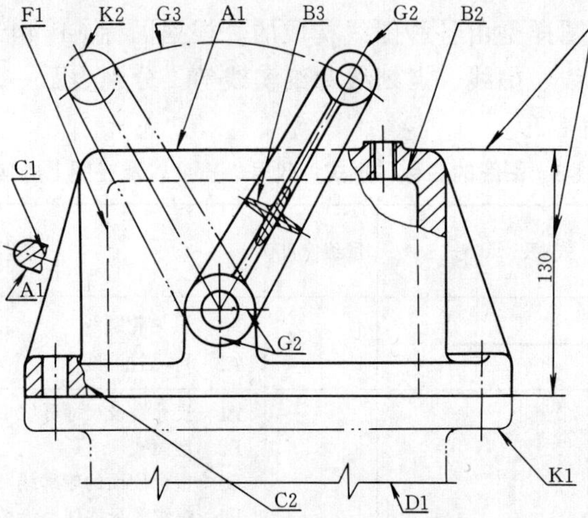

图 1-29 各种线型应用示例

表 1-4 绘制图线的注意事项

注 意 事 项	图 例	
	正 确	错 误
点划线应以长划相交。点划线的起始与终了应为长划	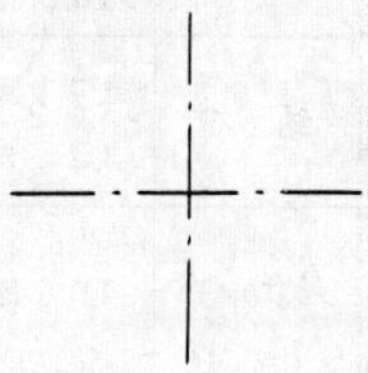	
中心线应超出圆周约 5mm，较小的圆形其中心线可用细实线代替，超出图形约 3mm	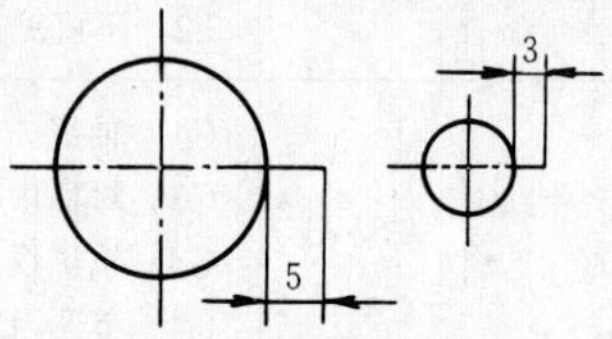	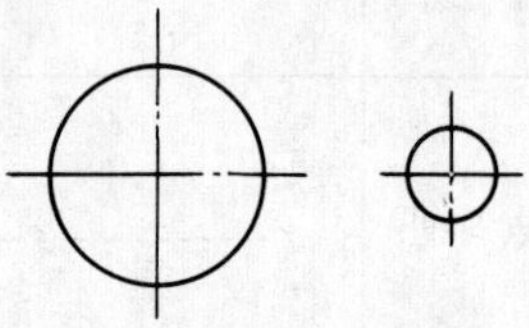
虚线与虚线相交，或与实线相交时，应以线段相交，不得留有空隙	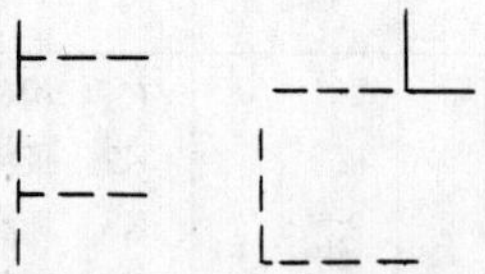	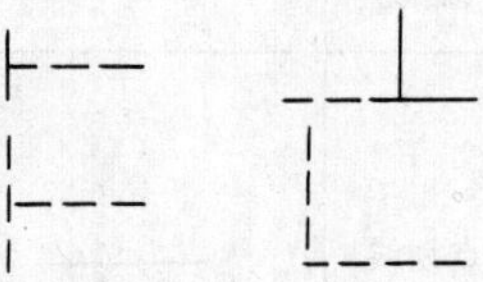
图线与图线相切：应以切点相切，相切处应保持相切两线中较宽的图线的宽度，不得相割或相离	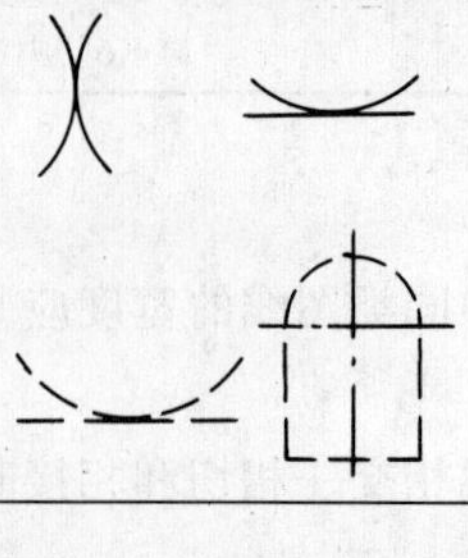	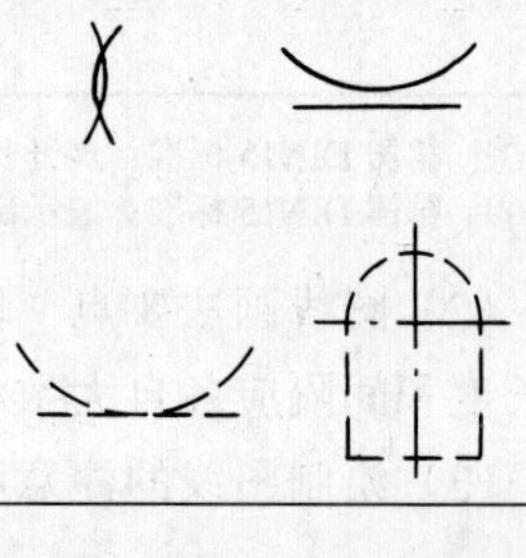

（续）

注 意 事 项	图　例	
	正　确	错　误
虚线与实线相接： 虚线接实线（即实线延长改变为虚线时）应留出空隙		

附：

德国 DIN15 规定：细实线、波浪线（DIN15 称徒手线）、虚线、细点划线等图线的宽度均为粗实线的 1/2。例如，粗实线为 0.7mm 宽，那么 1/2 的宽是 0.35mm，见图 1-30。

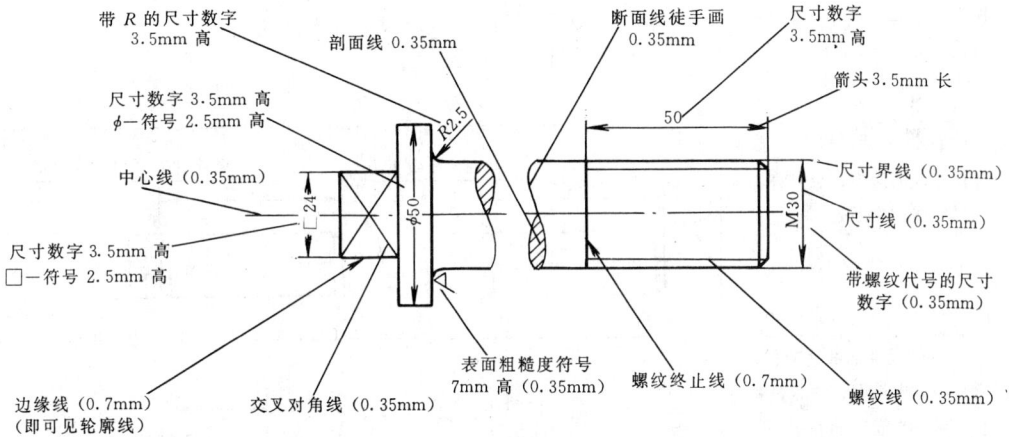

图 1-30　DIN 各种图线应用举例（方头螺栓）

1.2.2.5　标注尺寸的基本规则（GB 4458.4—84）　国家标准《机械制图》中规定了标注尺寸的规则和方法。这些规定，在画图时是必须遵守的，否则会引起混乱，并给生产带来损失。表 1-5 中列出了标注尺寸的基本规则，并适当地加了说明。

表 1-5　标注尺寸的基本规则

项目	说　明	图　例
总 则	1. 完整的尺寸，由下列内容组成 （1）尺寸线（细实线） （2）尺寸界线（细实线） （3）尺寸数字 （4）箭头	

(续)

项目	说　　明	图　　例
总则	2.零件的真实大小，应以图上所注尺寸数值为依据，与图形的比例及绘图的准确度无关	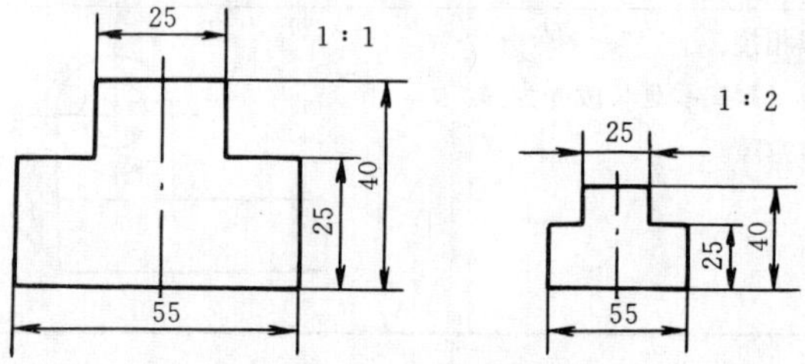 1:1　　1:2
	3.尺寸单位是毫米时不需注明，采用其它单位时必须注明单位的代号或名称。在同一图样中，每一尺寸一般只标注一次	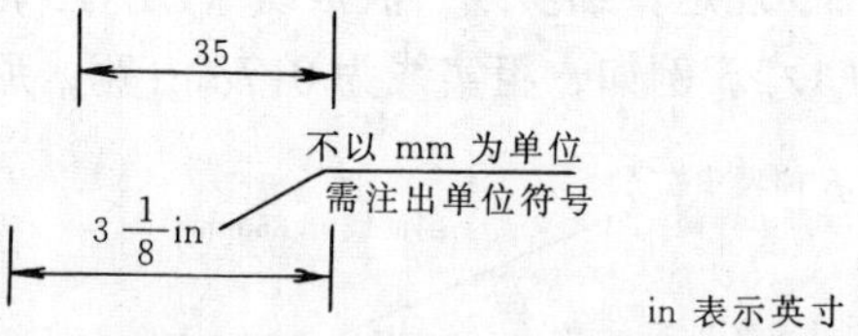 35　3 1/8 in　不以 mm 为单位需注出单位符号　in 表示英寸
尺寸数字	1.线性尺寸的数字一般注在尺寸线的上方，也允许填写在尺寸线的中断处	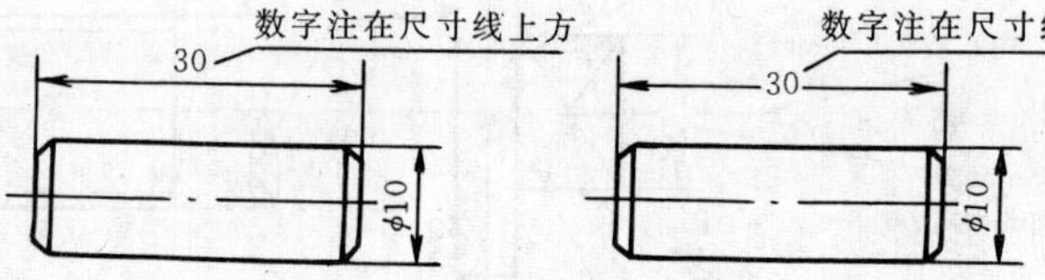 数字注在尺寸线上方　数字注在尺寸线中断处
	2.线性尺寸的数字应按图a所示的方向填写，并尽量避免在图示30°范围内标注尺寸。竖直方向尺寸数字也可按图b形式标注	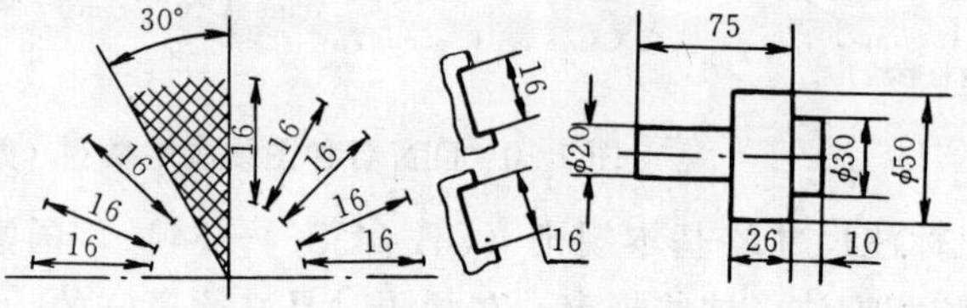 a)　b)
	3.数字要按标准字体，书写工整，不得潦草。在同一张图上，数字及箭头的大小应保持一致	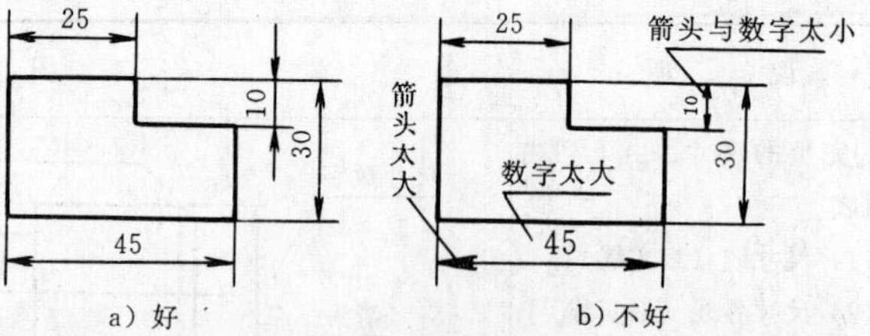 a)好　b)不好
	4.数字不可被任何图线所通过。当不可避免时，必须把图线断开	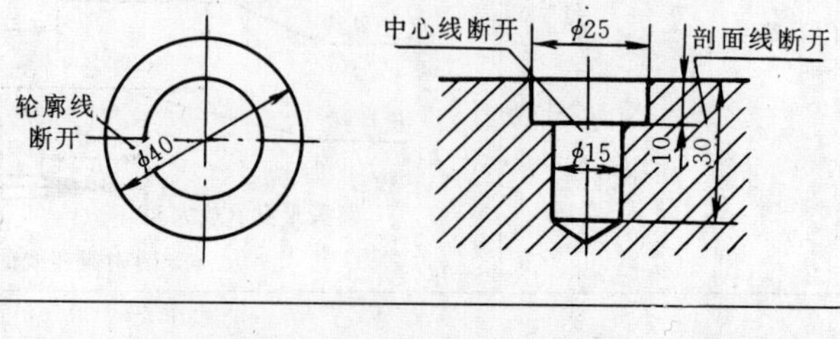 轮廓线断开　中心线断开　剖面线断开

项目	说　明	图　例
尺寸线	1.尺寸线必须用细实线单独画出。轮廓线、中心线或它们的延长线均不可作尺寸线使用 2.标注线性尺寸时，尺寸线必须与所标注的线段平行	 a）正确　　b）错误
	3.串列尺寸，箭头对齐	 a）正确　　b）错误
	4.并列尺寸，小在内、大在外，尺寸线间隔不小于7~10	 a）正确　　b）错误
尺寸界线	1.尺寸界线用细实线绘制，也可以利用轮廓线（图a）或中心线（图b）作尺寸界线	 a）　　b）
	2.尺寸界线应与尺寸线垂直，当尺寸线过于贴近轮廓线时，允许倾斜画出 3.在光滑过渡处标注尺寸时，必须用细实线将轮廓线延长，从它们的交点引出尺寸界线	

(续)

项目	说　明	图　例
直径与半径	1. 标注直径尺寸时，应在尺寸数字前加注符号"φ"，标注半径尺寸时，加注符号"R"	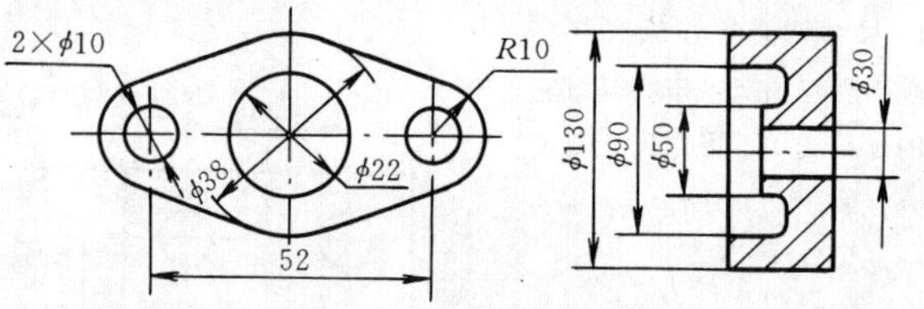
	2. 半径尺寸必须注在投影是圆弧处，且尺寸线应通过圆心	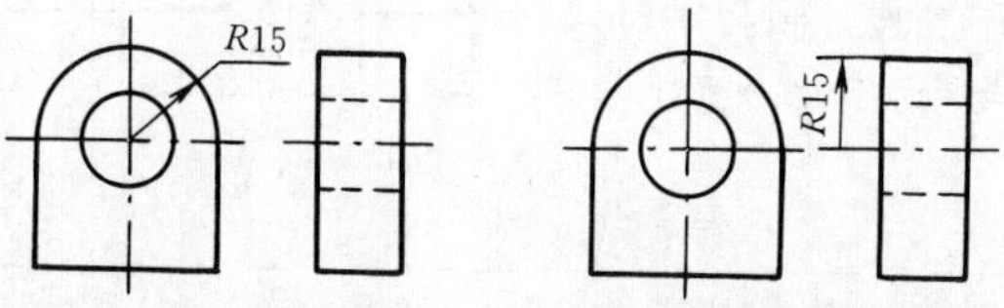 a）正确　　　b）错误
	3. 半径过大，圆心不在图纸内时，可按图 a 的形式标注。若圆心位置不需注明，尺寸线可以中断，如图 b	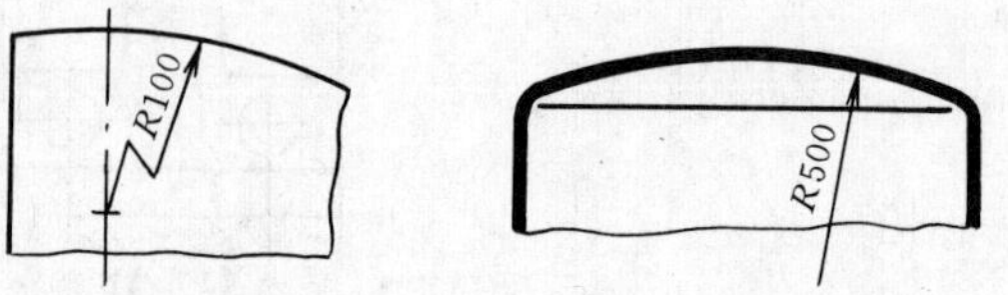 a）　　　b）
	4. 标注球面的直径或半径时，应在"φ"或"R"前面加注符号"S"（图 a 及 b）。对于螺钉、铆钉的头部，轴及手柄的端部，不致引起误解时则可省略符号"S"（图 c）	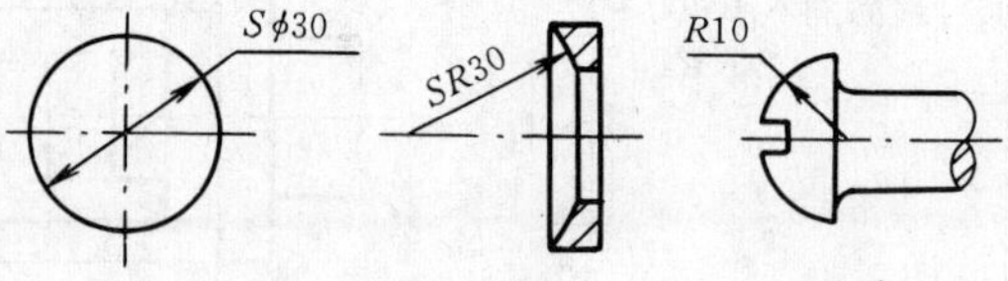 a）　　b）　　c）
狭小部位	1. 当没有足够位置画箭头或写数字时，可有一个布置在外面 2. 位置更小时，箭头和数字可以都布置在外面	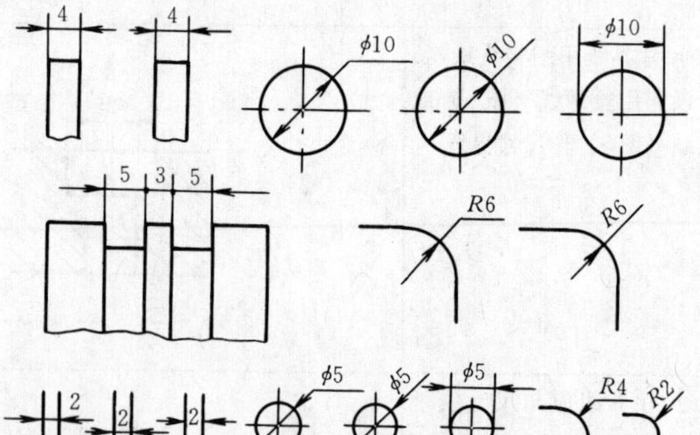
角度	1. 角度的尺寸数字一律水平填写 2. 角度的尺寸数字应写在尺寸线的中断处，必要时允许写在外面，或引出标注 3. 角度的尺寸界线必须沿径向引出	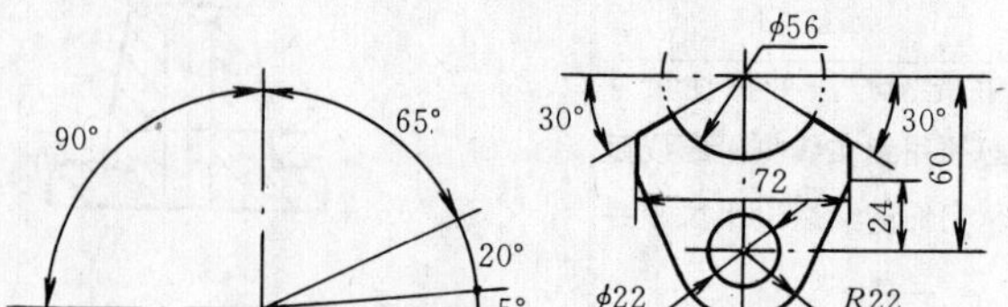

项目	说　明	图　例
弧长及弦长	1. 标注弧长时，应在尺寸数字上加符号"⌒" 2. 弧长及弦长的尺寸界线应平行于该弦的垂直平分线（图 a）。当弧长较大时，尺寸界线可改用径向引出（图 b）	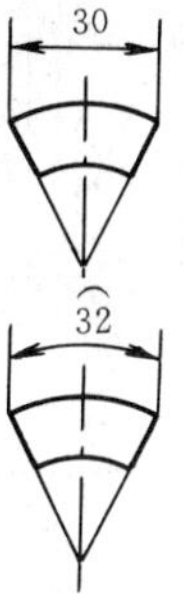 a) 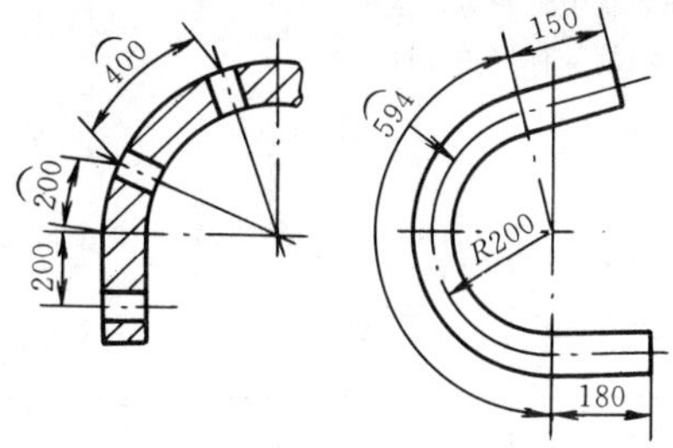　　　b)
均布的孔	均匀分布的孔，可按图 a 及 b 所示标注。当孔的定位和分布情况在图中已明确时，允许省略其定位尺寸和"均布"两字（图 c）	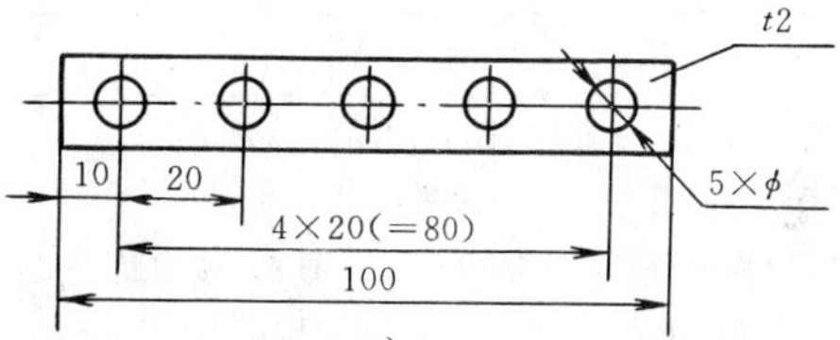 a) 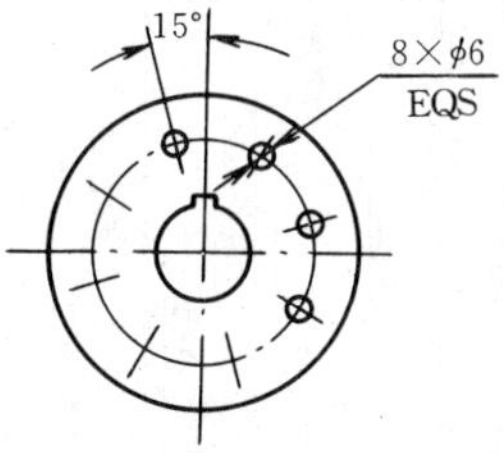 b) 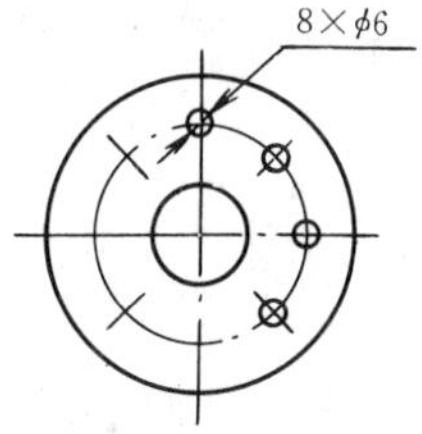　　　c)
对称图形	1. 当图形具有对称中心线时，分布在对称中心线两边的相同结构要素，仅标注其中的一组要素尺寸	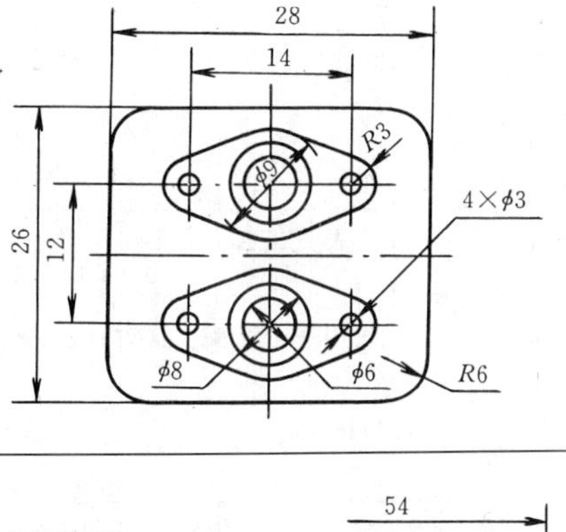
	2. 对称零件的图形画出一半时，尺寸线应略超过对称中心线（图 a）；如画出多于一半时，尺寸线应略超过断裂线（图 b）。以上两种情况都只在尺寸界线的一端画出箭头 图中 M30 表示粗牙普通螺纹，大径为 30mm	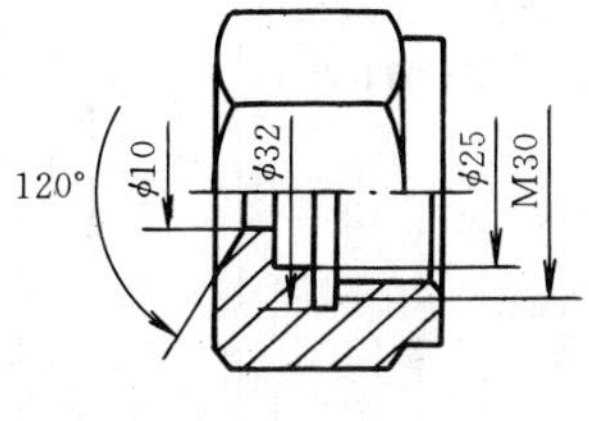 a) 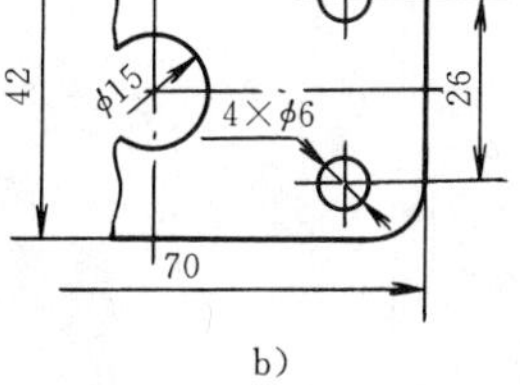　　　b)

（续）

项目	说　　明	图　　例
曲线轮廓	曲线轮廓上各点的坐标，可按右图的两种形式标注	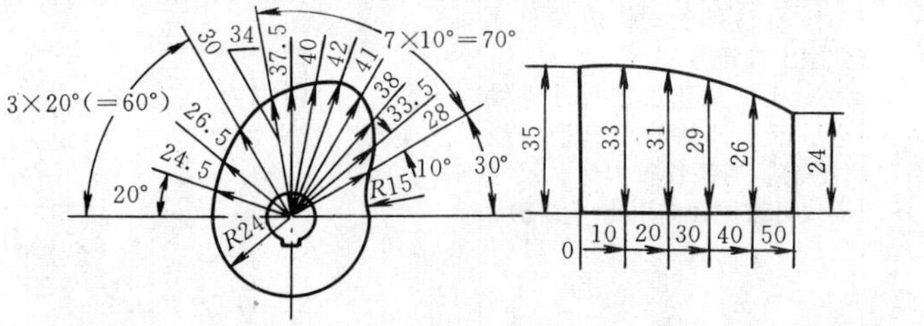

附：

德国 DIN 406 标准关于圆柱形零件的尺寸标注见表 1-6。

表 1-6　德国 DIN406 标准关于圆柱形零件的尺寸标注（摘录）

说　　明	图　　例
1. 尺寸界线的间距第一格为 10mm，以后各为 7mm 2. 对于薄壁件厚度用“$t=x$”来表示 3. 当尺寸线的两个箭头都直接指向圆（图 b）或借助于尺寸界线（图 a）、尺寸辅助线（图 c）指向圆或圆弧时，不允许用直径符号“φ”	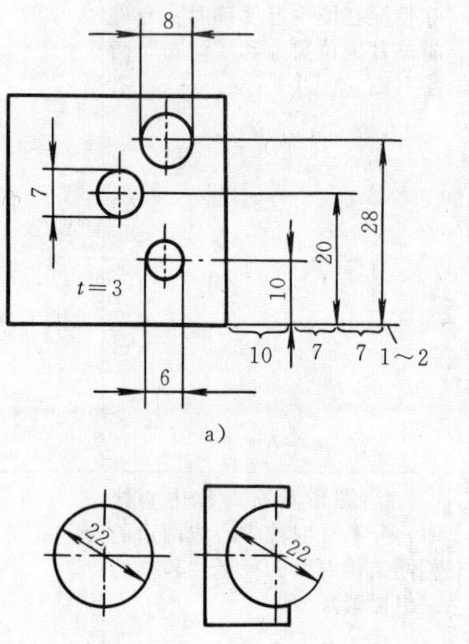 a) b)　c)
4. 直径符号 φ 标在数字的前面，表明在这个看不出圆形的视图上这个尺寸是指圆形（图 a） 5. 如果尺寸线指向圆弧，但是仅用一个箭头，这时直径符号必须标注（图 b） 6. 若地方紧凑，尺寸标注可以简化（图 c）	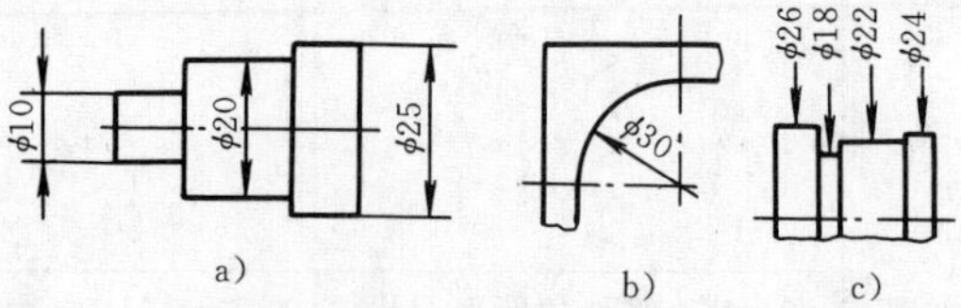 a)　b)　c)
7. 对于简单的圆柱零件，大多数在一个视图上采用直径符号 φ 以及扳手开口度符号 *SW*，足以完整表达（图 a 和 b）	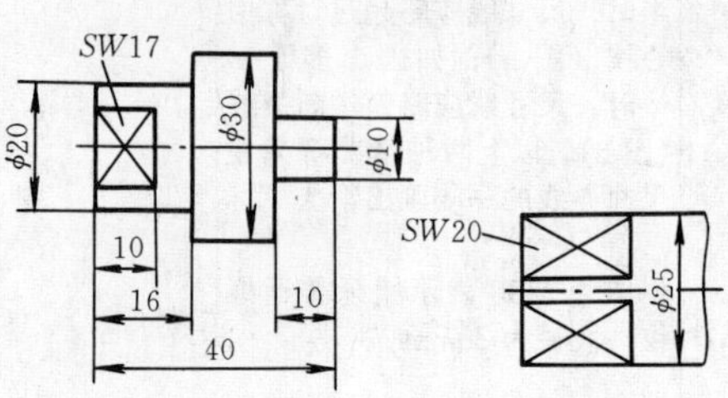 a)　b)

说　　　明	图　　　例
8. 对圆柱体上平面的尺寸标注： （1）要标注的尺寸应该是加工需要的尺寸，而不是平面的宽度（图 c） （2）对于扳手开口度用缩写 SW 标明两个互相平行，正对的平面之间的距离适用以下情况： 1）如果在标注尺寸的视图上只见一个平面（图 a） 2）如果在标准的四边形或六边形，其平面已画出（图 b） （3）如果正方形在标注尺寸的视图上不能辨认，则必须采用正方形符号□标在数字的前面（图 d） （4）一般应标注在正四边形可见的视图上，而且在视图标上两个方向的侧面长度（图 e），这时不允许使用正方形符号	
9. 孔和分布在圆上孔的尺寸标注： （1）在有许多孔的情况下，要标明孔的中心距离。如果孔的直径是相同的，这些孔只需标注一次（图 a） （2）如果孔均布在圆的圆周上时，必须标明孔的数目和分度角度的尺寸，尺寸线可以中断（图 b），如果均布在圆周上的孔为 2 个或 4 个时，就不需要分度角度的尺寸（图 c）。如果均布在圆周上的孔用非圆视图画出且进行尺寸标注时（图 d），孔的数目必须指明。如果均布在圆周上的孔用简化标注，可按图 e 的注法	

（续）

说　　　明	图　　　例
（3）孔的简化画法和标注： 1）画法可以由中心线替代（图 f、g、h） 2）不通孔的深度表示法，如图 g 和图 h 中 φ1.6×8 所示 3）如果孔的深度有含义的话，则在深度后划一斜杠，给予补充说明。图 h 中的尺寸 M6×7/10。表示：大径为 6mm 的粗牙普通螺孔的螺纹有效长度为 7mm，钻孔深为 10mm	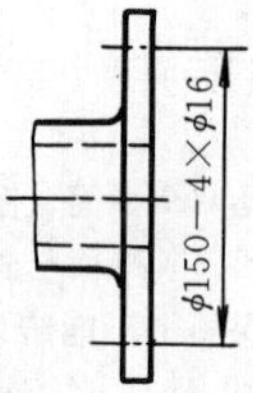 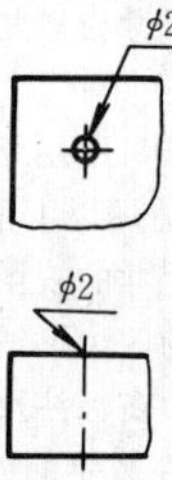 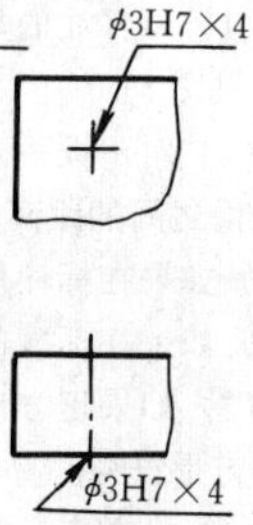 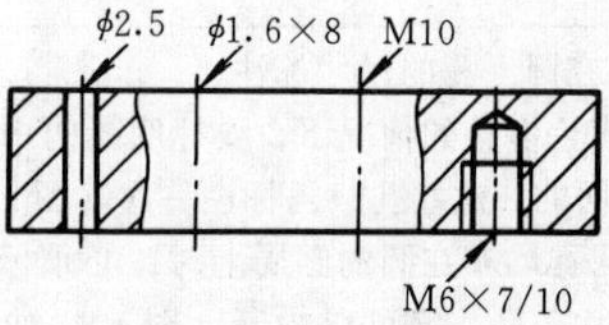
10. 对球形零件的尺寸标注由一个字 *Kugel*（球）和直径符号 φ 组成，或者在写半径时用字母 *R*（图 i）	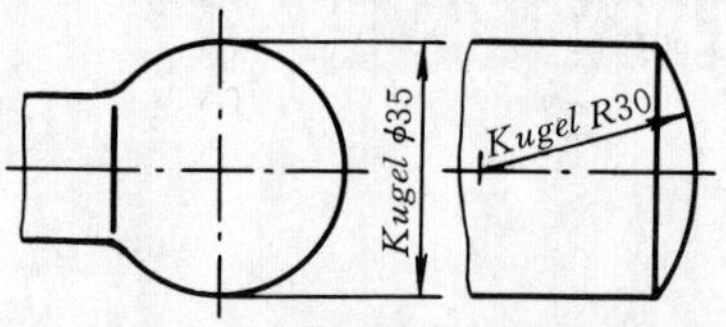

1.2.3　几种平面图形的画法

现介绍几种平面图形的画法，见表 1-7。

表 1-7　几种平面图形的画法

已知条件和作图要求	作图方法及步骤
（1）经过已知直线外的一个已知点作一直线和已知直线平行	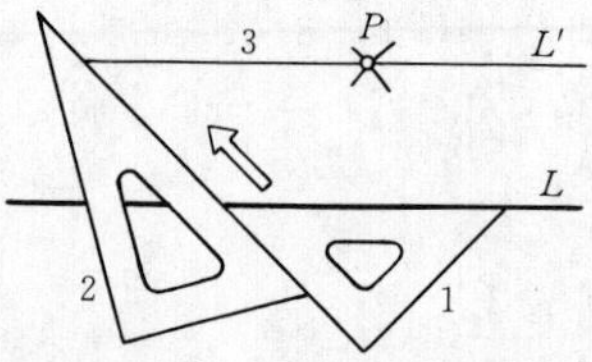
（2）作已知线段的垂直平分线	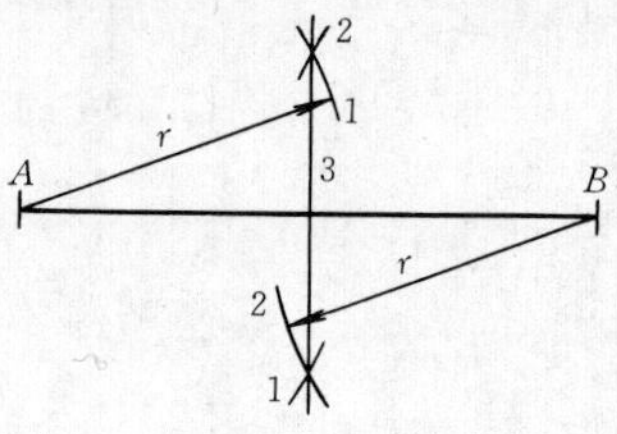

（续）

已知条件和作图要求	作图方法及步骤
（3）经过已知直线外的一点作这条直线的垂线	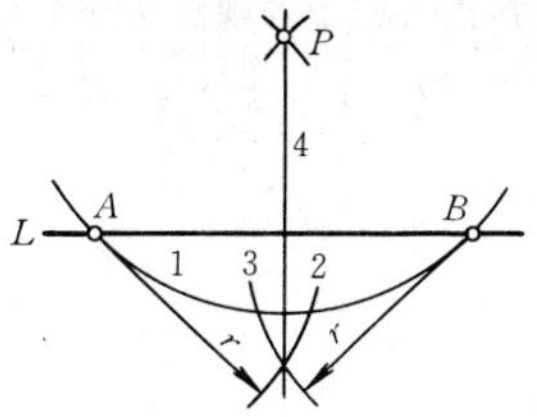
（4）经过已知直线上的一个端点作这条直线的垂线	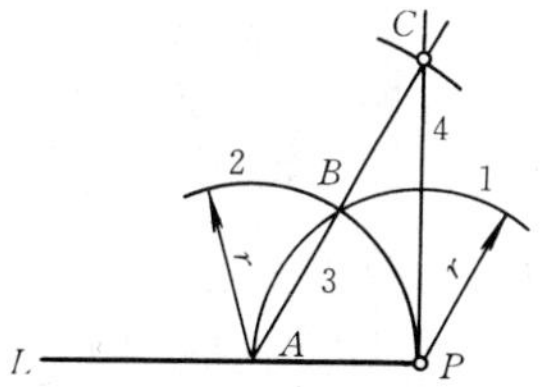
（5）平分已知角	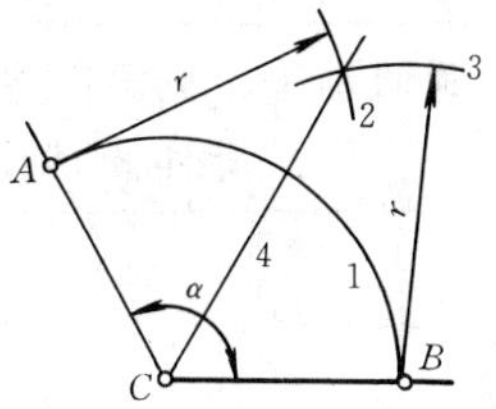
（6）等分已知线段 　　（图中为五等分）	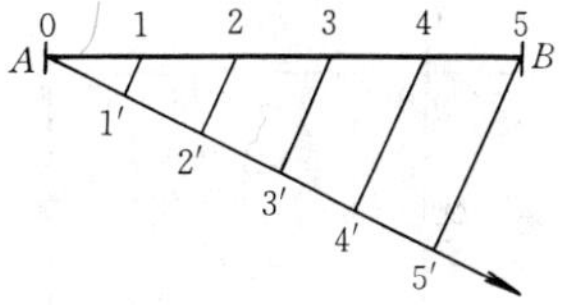
（7）作三角形的外接圆	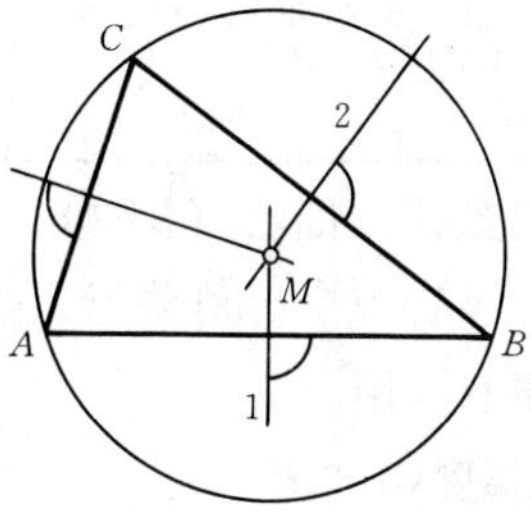
（8）正六边形的画法	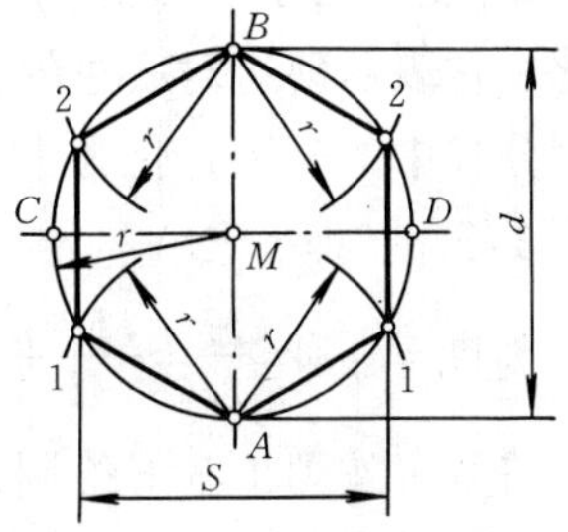

（续）

已知条件和作图要求	作图方法及步骤
（9）圆内接正 n 边形的画法（图中为圆内接正五边形，顶角朝上）	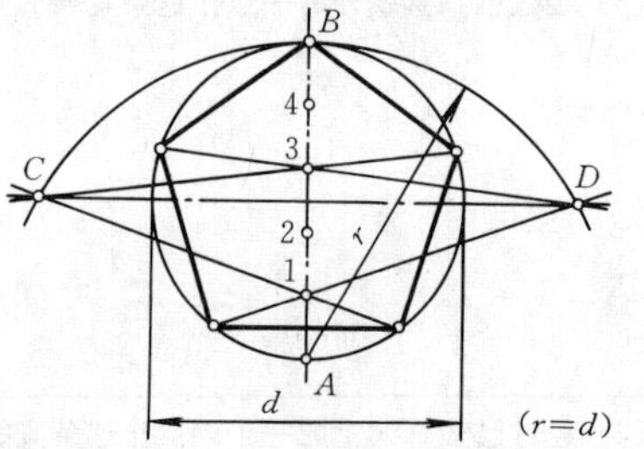 $(r=d)$ 作图要领： 　1）用等分已知线段的方法分 d（$\overline{AB}$）为五（n）等分，以直径的下端起向上分。 　2）若作图要求正 n 边形的顶角向上，则取等分的单数点（如 1、3、5 等）分别与 C、D 点连接；顶角向下，则取等分的双数点（如 2、4、6 等）分别与 C、D 点连接

椭圆的近似画法，见表 1-8。

表 1-8　椭圆的近似画法（已知椭圆长、短轴 AB 和 CD）

		两圆弧的相切点 四段圆弧的相切点都在圆心连线上
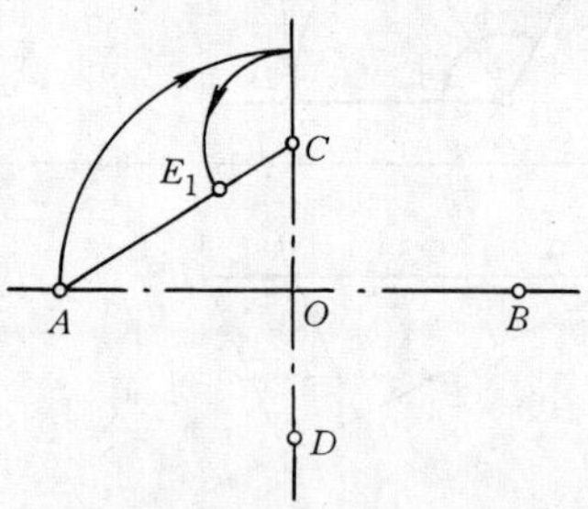 1）作长轴 AB 和短轴 CD，连接 AC，并在 AC 上取 $CE_1 = OA - OC$	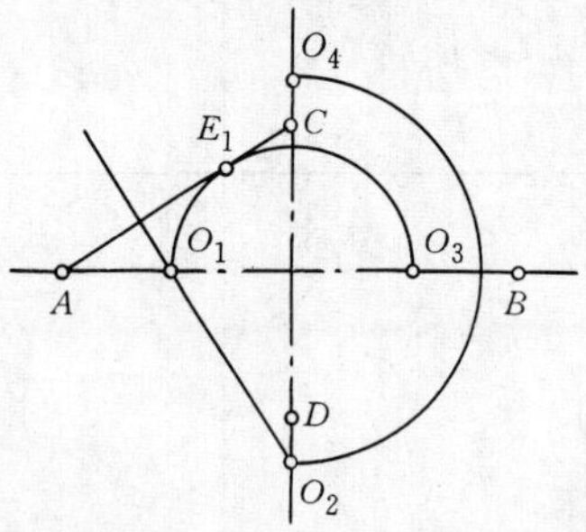 2）作 AE_1 的垂直平分线，与长、短轴分别交于 O_1、O_2，再作对称点 O_3、O_4	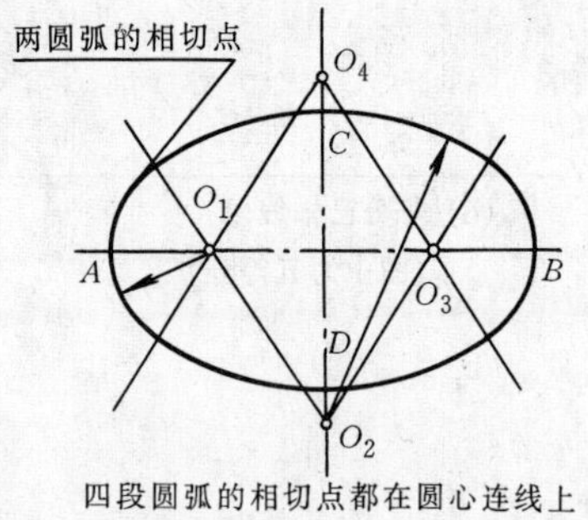 3）以 O_1、O_2、O_3、O_4 各点为圆心，O_1A、O_2C、O_3B、O_4D 为半径，分别画弧，即得所求的近似椭圆

　　作图要领：四心（即 O_1、O_2、O_3、O_4）定妥后，必须先作出 O_2O_3、O_4O_1、O_4O_3 的连线，形成一个出角菱形，然后画弧，因为四段圆弧的相切点都在圆心连线上，它比精确画法简便而实用。

1.2.4　斜度和锥度

1.2.4.1　斜度　斜度是指直角三角形的高与其底边之比，它表示斜边对底边的倾斜程度。将比例前项（分式中的分子）化为 1，写成 $1:n$ 的形式，见图 1-31a。即

$$斜度 = \mathrm{tg}\alpha = \frac{H}{L} = \frac{H-h}{l} = 1:n$$

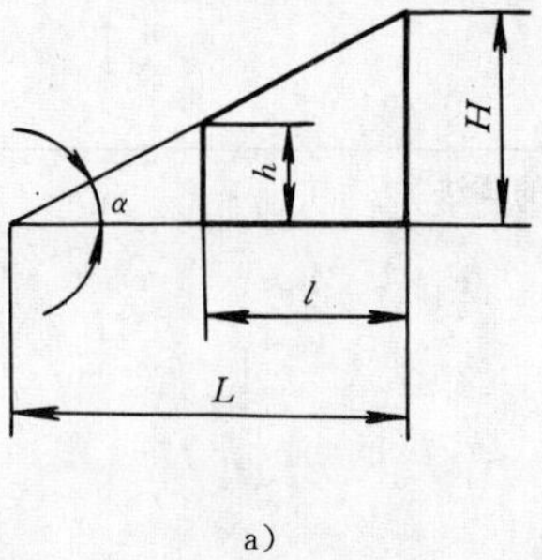

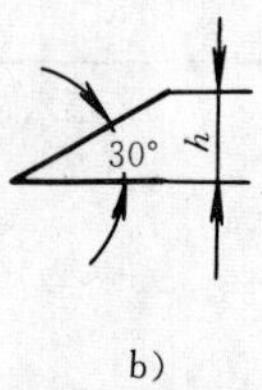

　　斜度符号可按图 1-31b 绘制，符号高度 h ＝字体高度，符号方向与图样的斜度方向一致，符

图 1-31　斜度
a）斜度的概念　b）斜度符号

号为"∠"或"⊵"。符号的图线用细实线绘制。

图 1-32a 是一个斜度为 1:10 的零件,其作图步骤见图 1-32b 和 c,斜度的标注见图 1-32a。

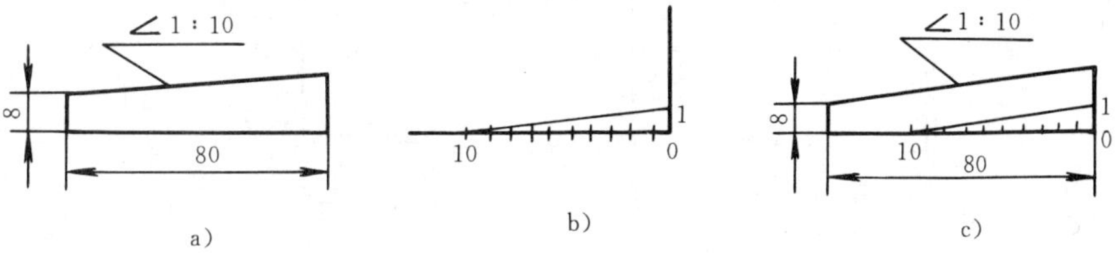

图 1-32 斜度的作图步骤

1.2.4.2 锥度 锥度是指正圆锥底圆直径与圆锥高度之比。如果是圆台、则为两底圆直径之差与圆台高度的比。比例将写成 1:n 的形式,见图 1-33a。锥度用字母符号 C 表示,圆锥角用字母符号 α 表示。即 $C = 2\mathrm{tg}\dfrac{\alpha}{2} = \dfrac{D}{L'} = \dfrac{D-d}{L} = 1:n$(或 $1/n$)

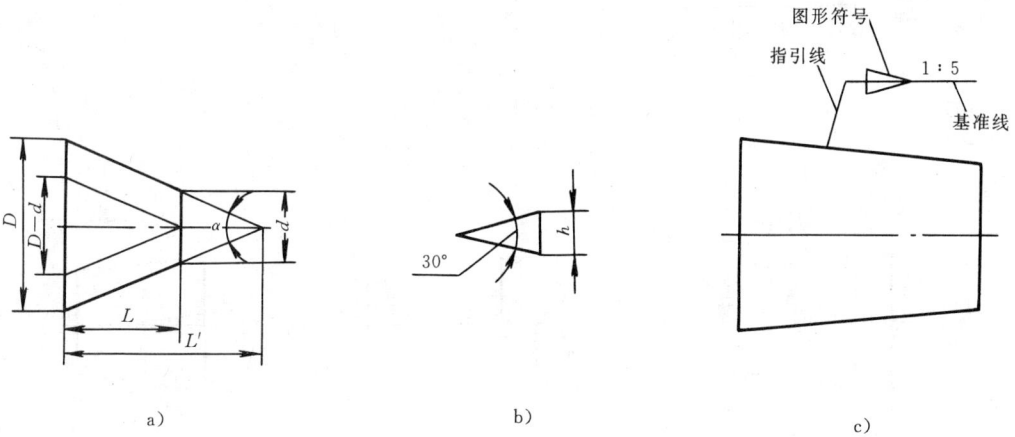

图 1-33 锥度

在图样上应采用图 1-33b 所示的图形符号表示圆锥,该符号应配置在基准线上,见图 1-33c。表示圆锥的图形符号和锥度应靠近圆锥轮廓标注,基准线应通过引出线与圆锥的轮廓素线相连。基准线应与圆锥的轴线平行,图形符号的方向应与圆锥方向相一致。

图形符号的图线宽度用细实线绘制。

锥度在图样上的标注见图 1-34a、b、c。

当所标注的锥度是标准圆锥系列之一(尤其是莫氏锥度或米制锥度,见 GB 1443)时,可用标准系列号和相应的标记表示,见图 1-34d。

图 1-35a 是个锥度为 1:5 的零件,作图步骤见图 1-35b、c。

1.2.5 线段连接的画法

画机械图时,遇到的大多数图形都是由直线和圆弧组成的。因此,直线和圆弧、圆弧和圆弧连接的画法是机械制图的基本作图方法。

1.2.5.1 作图方法 线段连接的基本作图方法是:1)求连接弧的圆心(简称求圆心);2)

确定连接点或称切点（简称定切点）；3）画连接弧（简称连接弧）。

图 1-34 锥度的标注

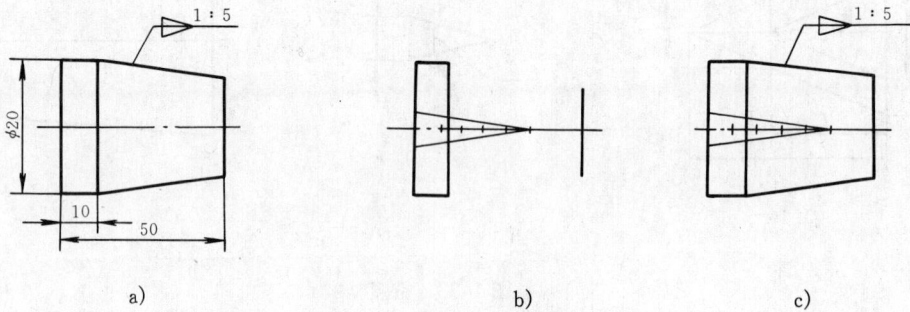

图 1-35 锥度的作图步骤

1.2.5.2 两直线间的圆弧连接（表 1-9）

表 1-9 两直线间的圆弧连接（圆角）

类别	用 圆 弧 连 接 锐 角 或 钝 角 （圆角）	用 圆 弧 连 接 直 角 （圆角）
图 例		

注：T_1、T_2 为垂足（即切点）。

1.2.5.3　直线与圆弧以及圆弧之间的圆弧连接（表1-10）

1.2.5.4　平面图形尺寸分析和作图步骤　平面图形的尺寸分析，就是分析平面图形中每个尺寸的作用。通过对尺寸的分析，可以解决以下两个问题：

　　1．确定合理的作图步骤　就是画图时，先画哪些线，后画哪些线。

　　2．判断该图形能否画出　就是看图形中给出的尺寸是否够用及有无自相矛盾的现象。

表 1-10　直线与圆弧、圆弧之间的圆弧连接

类　别	图　例
过圆外一点作已知圆的切线。	
作两圆的外公切线	
作两圆的内公切线	
用圆弧连接已知直线及圆弧	

（续）

类　别	图　例
用圆弧连接两已知圆弧	

外连接　　　　　　　内连接

混合连接

（1）尺寸基准与尺寸的分类

1）尺寸基准　所谓尺寸基准，就是标注尺寸的起始点。在平面图形中，尺寸基准就是两条相交的直线，它相当于数学中的坐标轴，图形中的很多尺寸都是从基准线标出来的。

在平面图形中，一般常选用下列线作为尺寸基准，即：对称图形的对称线、较大圆的中心线和较长的直线。例如，图 1-36 就是以水平的对称线和中间较长的铅垂线为尺寸基准的。

2）尺寸的分类　尺寸按其在平面图形中所起的作用不同可分为以下两类：

① 定形尺寸　用于确定线段的长度、圆弧的半径（或圆的直径）和角度的大小等尺寸，统称为定形尺寸。如图 1-36 中的 $\phi20$、15、$\phi5$、$R15$、$R12$、75、$R50$、$R10$、$\phi30$ 都是定形尺寸。

② 定位尺寸　用于确定各封闭图形与基准线之间相对位置的尺寸，称为定位尺寸。如图 1-36 中的尺寸 8 就是定位尺寸，它确定了直径为 $\phi5$ 小圆的相对位置。

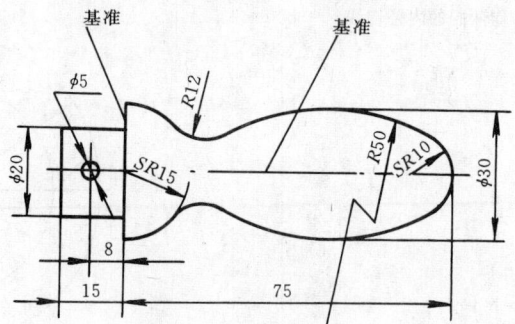

图 1-36　手柄平面图形

（2）平面图形中线段的分类　平面图形中的线段（直线或圆弧），根据其定位尺寸的完整与否，可分为三类：

1）已知线段　注有完全的定形尺寸和定位尺寸，作图时，可以根据这些尺寸直接画出。如图 1-36 中的 $R15$、$\phi5$ 和 $R10$。

2）中间线段　给出定形尺寸和只给一个定位尺寸，需待与其一端相邻的已知线段作出后，才能由作图确定其位置，如图 1-36 中的 $R50$。

3) 连接线段 只给出定形尺寸，没有定位尺寸，需待与其两端相邻的线段作出后，用作图方法确定其位置，如图1-36中的 R12。

下面以手柄图形为例，介绍作图步骤，见表1-11。

表 1-11　手柄图形作图步骤

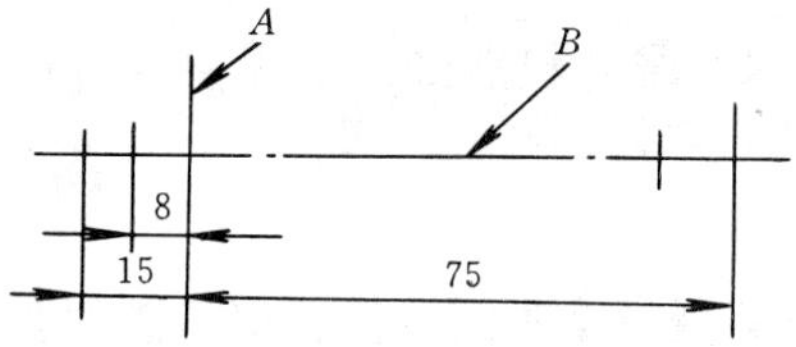	1. 画出基准线 A、B，作距离 A 为8、15、75的三条垂直于 B 的直线
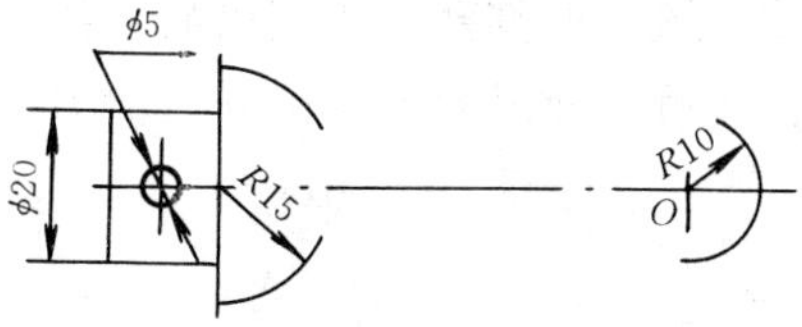	2. 画出两已知弧 R15、R10 和 $\phi 5$ 的小圆；再画出 A 左边的以 B 为对称并平行，尺寸为 $\phi 20$ 的两直线
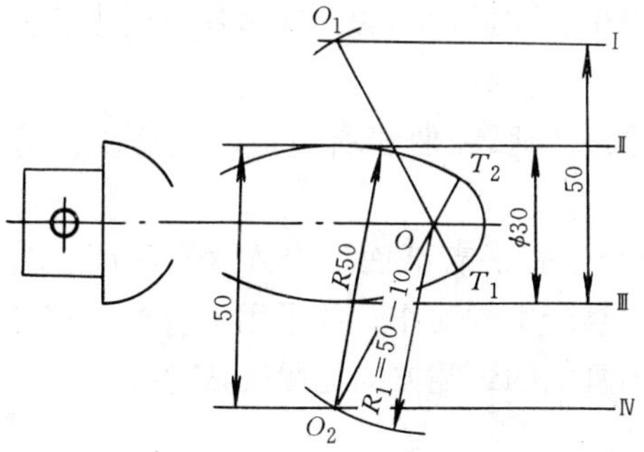	3. 作以 B 为对称并平行尺寸为 $\phi 30$ 的两条辅助线Ⅱ、Ⅲ，再作平行于Ⅲ距离为50的直线Ⅰ和平行于Ⅱ距离为50的直线Ⅳ；以 O 为圆心，$R_1 = 50 - 10$ 为半径画弧Ⅰ、Ⅳ于 O_1、O_2 即中间弧 R50 的圆心，连 OO_1、OO_2 与 R10 交于 T_1、T_2 即切点，画出 R50 与 R10 内切连接
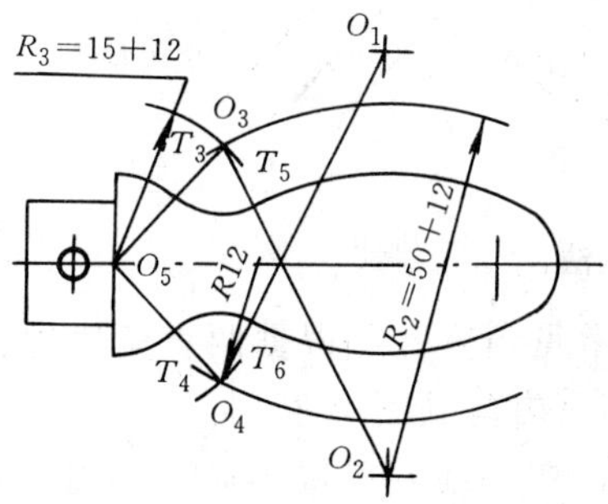	4. 分别以 O_1、O_2 为圆心，$R_2 = 50 + 12$ 为半径画弧，以 O_5 为圆心，$R_3 = 15 + 12$ 为半径画弧，得交点 O_3、O_4 即为连接弧 R12 的圆心；连 O_5O_3、O_5O_4 与 R15 交于 T_3、T_4，连 O_2O_3、O_1O_4 与 R50 交于 T_5、T_6 即为切点，画出 R12 与 R15、R50 外切连接
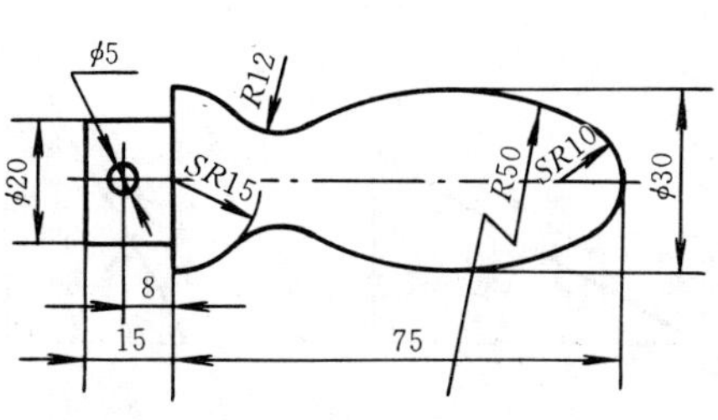	5. 加深图线，并标注尺寸

（3）平面图形的作图步骤

1）分析图形的尺寸及其线段。

2）画出图形的基准线，根据各封闭图形的定位尺寸确定其位置。

3）用细实线逐步画出各部轮廓（必须做到先画已知线段，次画中间线段，最后画连接线段）。

4）校对修改底稿图，擦去不必要的线，按线型加深：①先粗后细；②先曲后直；③先水平、后垂斜；④先上后下；⑤先左后右。

5）标注尺寸，填写标题栏等。

（4）线段连接的一般规律　在两个已知线段间可以有任意个中间线段，但是必须有，也只能有一个连接线段。如果有两个以上的连接线段，则图中必缺少尺寸；如果没有连接线段，则图中必有多余尺寸。图中缺少尺寸或有多余尺寸，该图形都是无法画出的。这是判断平面图形能否画出的一条重要规律。掌握了这一规律，就可以使尺寸标注做到不遗漏、不重复。

1.2.6　徒手画图的方法

在生产实践中，经常需要人们徒手画图来记录或表达技术思想，因此徒手画图是工程技术人员必备的一项重要的基本技能。在学习本课过程中，应通过实践，逐步地提高徒手绘制草图的速度和技巧。

一个物体的图形无论怎样复杂，总是由直线、圆、圆弧和曲线所组成。因此要画好草图，必须掌握徒手画各种线条的手法。

1.2.6.1　直线的画法　画直线时，手腕不要转动，小手指靠着纸面。在画水平线时，为了顺手，可将图纸斜放。画短线以手腕运笔，画长线则整个手臂动作。如果用一直线连接已知两点，眼睛要注视终点，以保持运笔的方向不变。画直线的运笔方向见图1-37。

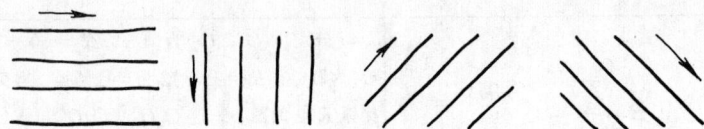

图1-37　直线的徒手画法

1.2.6.2　常用的角度的画法　画45°、30°、60°等常见角度，可根据两直角边的比例关系，在两直角边上定出两点，然后连接而成。画线的运笔方向见图1-38。

1.2.6.3　圆的画法　用徒手画小圆时，应先定圆心及画中心线，再按半径大小用目测在中心线上定出四点，然后徒手将各点连接成圆。当圆的直径较大时，可过圆心增画两条45°的斜线，在线上再定四个点，然后徒手将八点连接成圆，见图1-39。

1.2.6.4　圆角、曲线连接及椭圆的画法　对于圆角、曲线连接

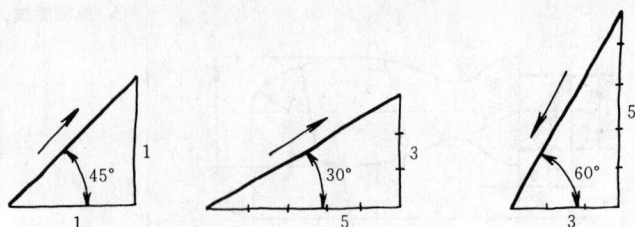

图1-38　角度线的徒手画法

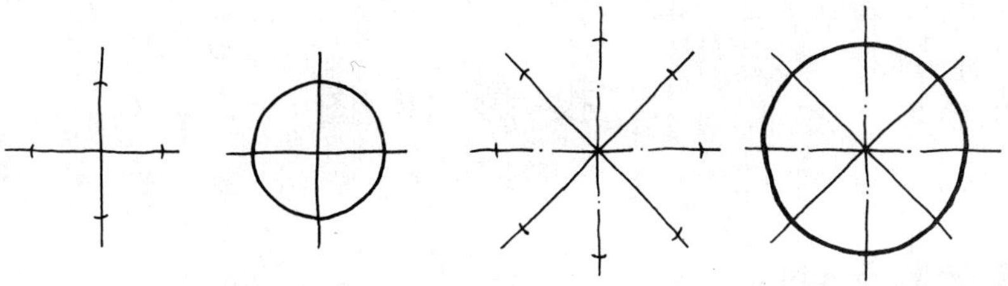

图 1-39　圆的徒手画法

及椭圆的画法，可以尽量利用圆弧与正方形、菱形相切的特点进行画图，见图 1-40。

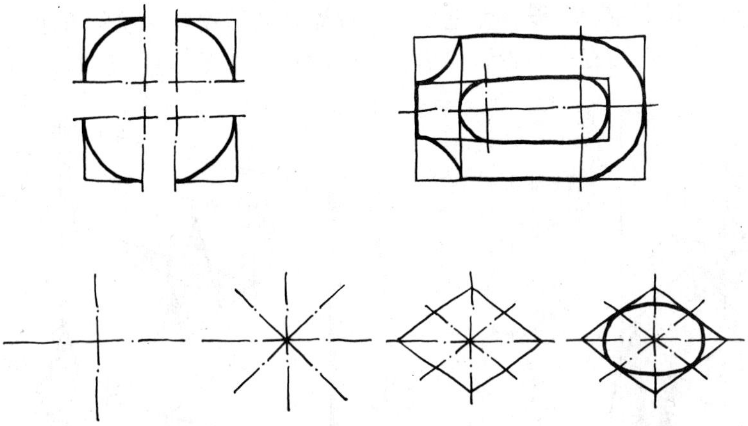

图 1-40　圆角、曲线连接及椭圆的徒手画法

2 投 影 作 图

2.1 投影的基本知识

2.1.1 投影法和正投影的基本性质

2.1.1.1 投影法 学习看机械图，首先要知道图样上的图形是根据什么原理和方法画出来的。众所周知，太阳光线照射物体时，就会在墙上或地面上出现物体的影子。人们在上述现象的启示下，经过长期生产实践，创造了用投影原理表示物体形状的方法，即投影法。

　　工程上常用的投影法有中心投影和平行投影两种，见图2-1、图2-2。在平行投影法中，

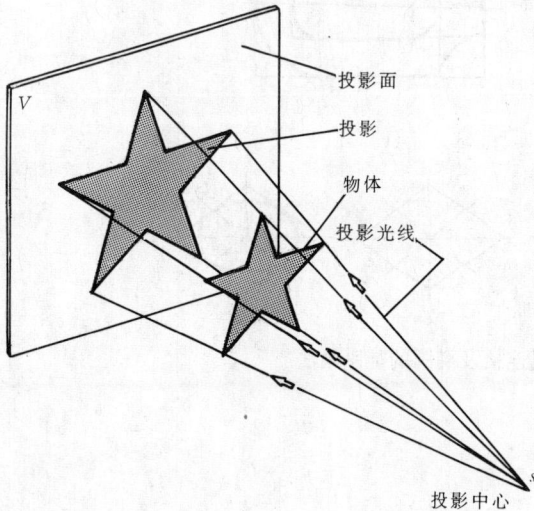

图 2-1　中心投影

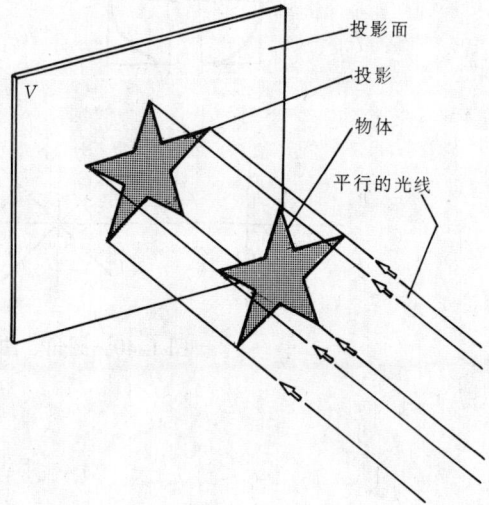

图 2-2　平行投影

当投影线垂直于投影面投射时，叫正投影法。用正投影法在投影面上得到的投影叫做正投影图，见图2-3。当物体上的平面（如图2-3中斜铁的前面）平行于投影面时，则该平面的正投影图能反映出平面的真实形状和大小，这是正投影法的主要特点，也是它的优点。因此，工程上常采用这种方法绘制图样，以便得到物体各面的实形。

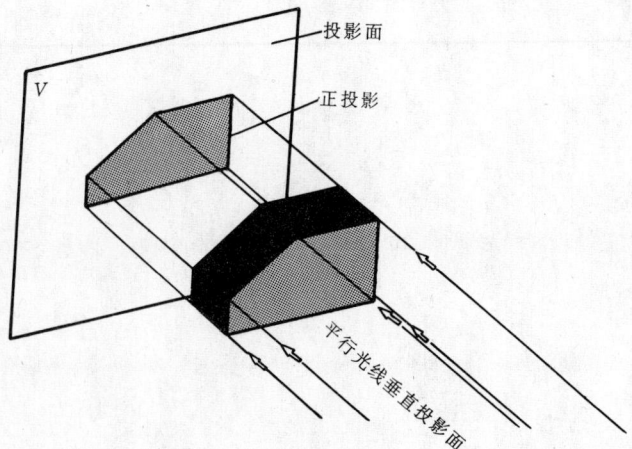

图 2-3　正投影的产生

利用正投影法绘制机械图时，通常以人的视线代替投影光线，正对着物体去看，因而机械图上机件的正投影图叫做视图，见图 2-4。

2.1.1.2 正投影（以下简称投影）的基本性质 任何物体的形状都是由点、线、面等几何元素构成的。因此，物体的投影，就是组成物体的点、线和面的投影总和。研究正投影的基本性质，主要就是研究线和面的投影特性。

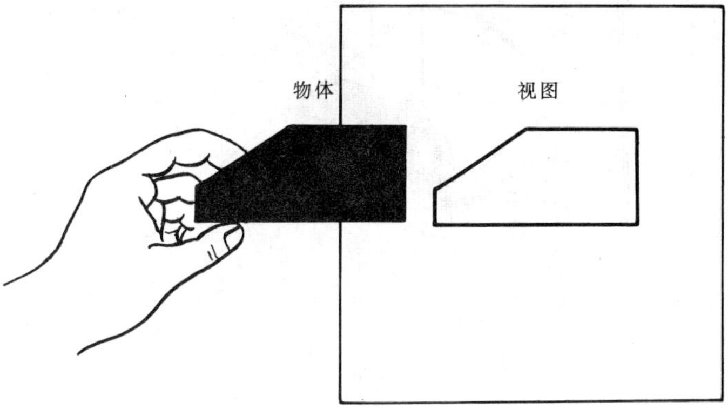

正投影的基本性质：

（1）**真实性** 当空间平面(或直线)与投影面平行时，

图 2-4 视图

其投影反映空间平面(或直线)的实形(或实长)，这种投影性质称为真实性，见图 2-5。

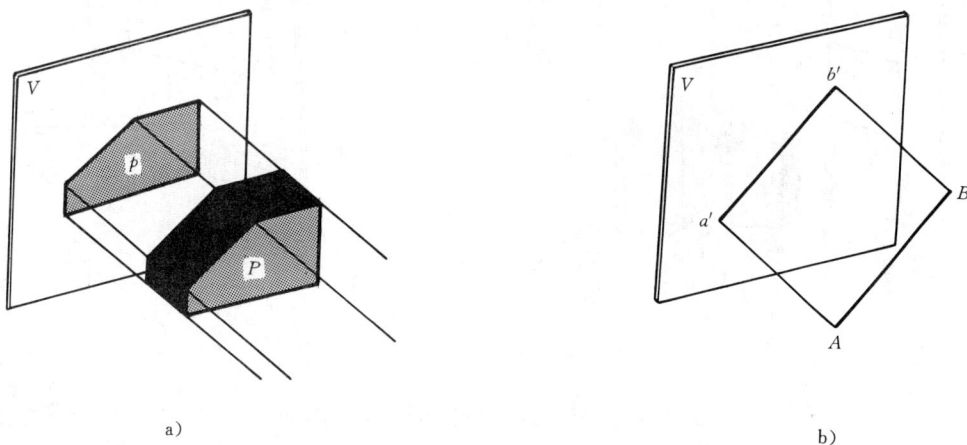

图 2-5 平面、直线平行投影面时的投影

（2）**积聚性** 当空间平面（或直线）与投影面垂直时，其投影积聚为一直线（或一个点），这种投影性质称为积聚性，见图 2-6。

（3）**收缩性** 当空间平面（或直线）与投影面倾斜时，其投影的形状虽与原来形状相类似，但投影变小（或变短），这种投影性质称为收缩性，见图 2-7。

平面与直线的投影特性归纳起来，就是：

平面平行投影面，它的投影原形现。

平面垂直投影面，投影结果成直线。

平面倾斜投影面，投影类似往小变。

直线平行投影面，投影面上原长现。

直线垂直投影面，投影面上聚一点。

直线倾斜投影面，投影线往短处变。

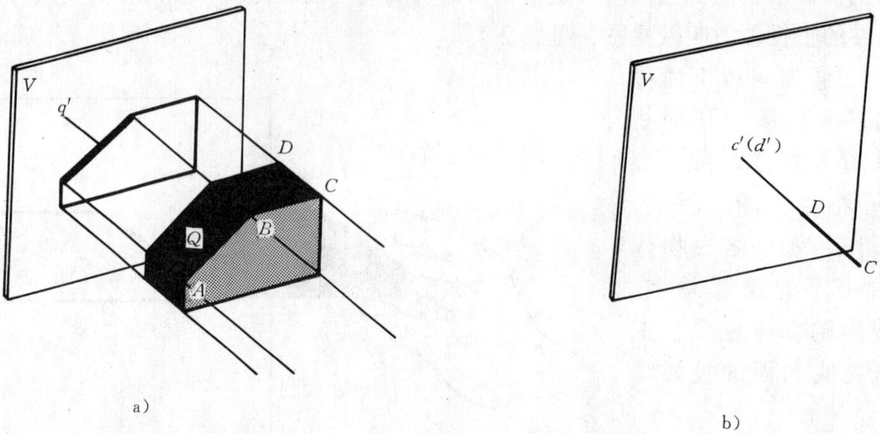

34

a)   b)

图 2-6　平面、直线垂直投影面时的投影

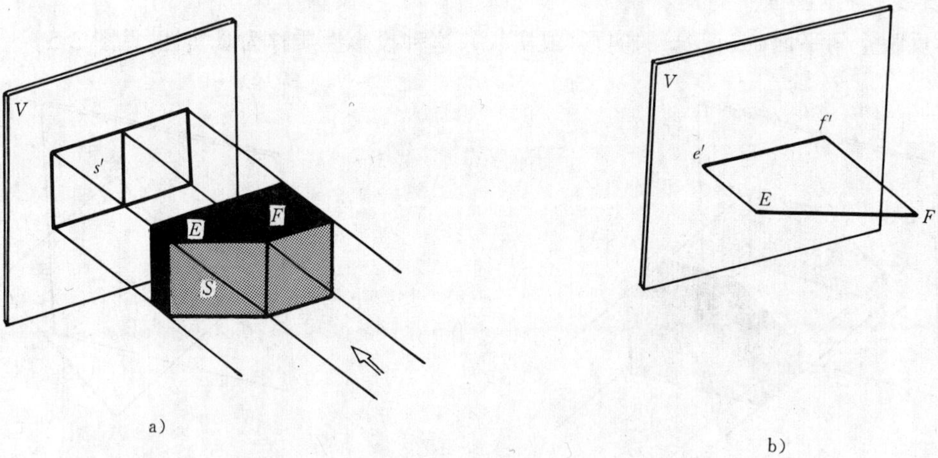

a)   b)

图 2-7　平面、直线倾斜投影面时的投影

上面概括的正投影基本性质，是看图和画图的基本知识，也是继续学习后面内容的基础。

2.1.2　线条和线框① 的意义

利用正投影原理画物体的视图、是把组成物体的每个表面的轮廓线用图线画出来。图 2-8 所示是螺钉毛坯的轮廓线和表面在视图上的投影形成的线条或线框。因此，了解视图上线条或线框的意义，对看图和画图是十分重要的。

视图中的每一条粗实线（或虚线），分别反映了三种不同的情况（见图 2-8）：

1）物体上垂直于投影面的平面或曲面的投影。

2）物体上表面交线的投影。

3）物体上曲面转向轮廓线的投影。

视图中的封闭线框，分别表示了三种不同的含义，见图 2-9。

———————

① 线框是指封闭的几何图形。它可以是平面的投影，也可以是曲面转向轮廓线的投影。

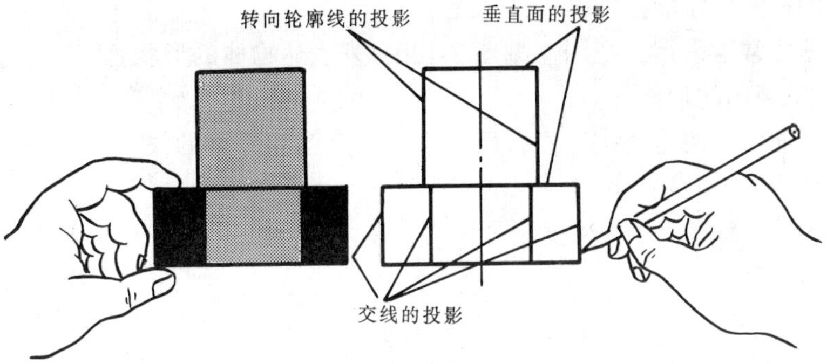

图 2-8　视图上图线的意义

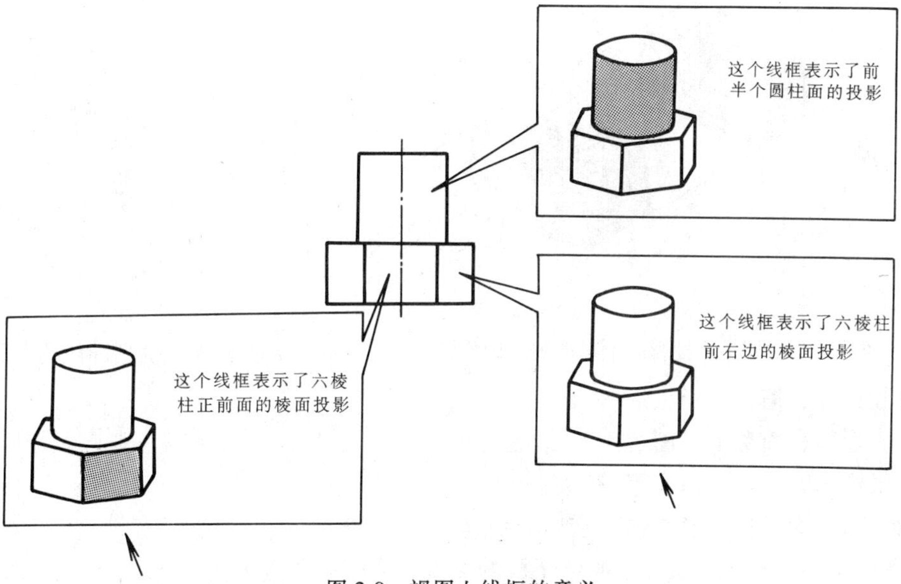

图 2-9　视图上线框的意义

1）一个封闭的线框，表示物体的一个表面（平面或曲面）。

2）相邻的两个封闭线框，表示物体上位置不同的两个面。

3）在一个大封闭线框内所包括的各个小线框，表示是在大平面体（或曲面体）上凸出或凹下的小平面体（或小曲面体）的某个面。

例如，图 2-9 所示螺钉毛坯视图中的四个封闭线框，分别表示螺钉毛坯头部的三个棱面和一个圆柱面的投影；图 1-3 左视图中的大线框表示长方体的投影，其中间的小线框表示在长方体上凸出一个圆柱体的投影。

视图中的点划线，一般表示物体的轴心线和图形的对称线。

如果能把视图中的每一条线和每一个线框所表示的意义搞清楚，那么，对学习制图会带来很大的帮助。

2.1.3　物体三视图的形成和投影规律

如图 2-10 所示的两块 V 形块，它们的长和高都分别相等，如按图示位置把它们向正立投影面投影，则得到的视图完全相同。因此，就不能只根据这一视图来辨别它表示的是哪一块 V 形块。为了真实的反映物体的形状，必须由几个不同的方向向几个不同的投影面投影得到几个不同的视图，才能把物体表达清楚。

机械工程图样常常采用三视图（见图 2-12d）来表达物体的形状。

2.1.3.1 物体三视图的形成

（1）三投影面体系的建立　三投影面体系由三个互相垂直的投影面所组成，见图 2-11。三个投影面分别为：

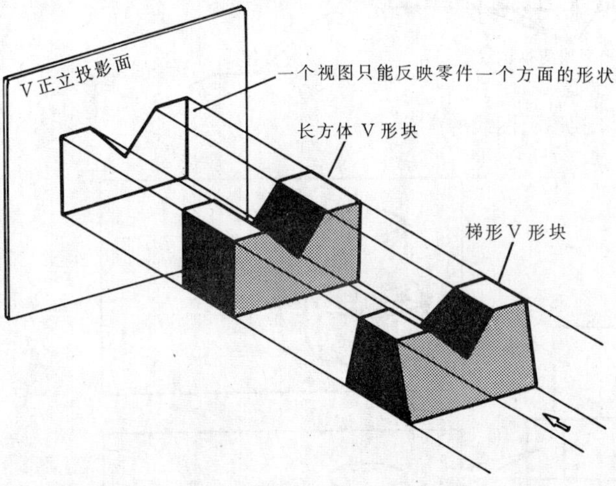

图 2-10　不同物体在同一个投影面上可得到相同的视图

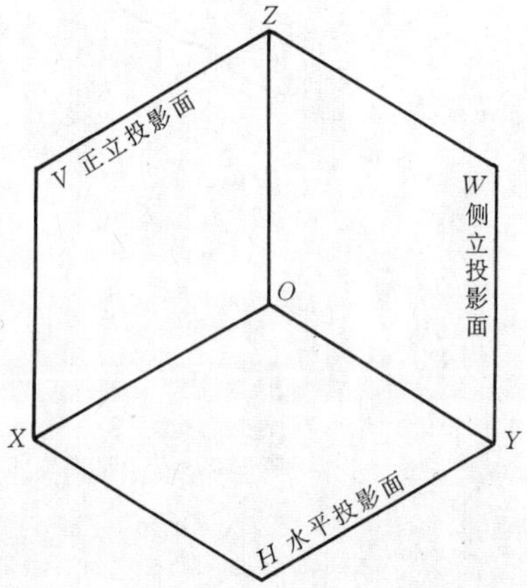

图 2-11　三投影面体系

正立投影面，简称正面，用 V 表示。

水平投影面，简称水平面，用 H 表示。

侧立投影面，简称侧面，用 W 表示。

两投影面的交线称为投影轴。它们分别是：

OX 轴（简称 X 轴），是 V 面与 H 面的交线，它代表长度方向。

OY 轴（简称 Y 轴），是 H 面与 W 面的交线，它代表宽度方向。

OZ 轴（简称 Z 轴），是 V 面与 W 面的交线，它代表高度方向。

三根坐标轴互相垂直，其交点 O 称为原点。

（2）物体在三投影面体系中的投影　将物体放置在三投影面体系中，按正投影法向各投影面投影，即可分别得到物体的正面投影、水平面投影和侧面投影，见图 2-12a。

（3）三投影面的展开　为了画图方便，需将互相垂直的三个投影面摊在同一个平面上，规定：正立投影面不动，将水平投影面绕 OX 轴向下旋转 90°，将侧立投影面绕 OZ 轴向右旋转 90°见图 2-12b，分别与正立投影面重合，见图 2-12c。应注意：旋转时 OY 轴被分为两处，旋转到 H 面的用 OY_H 表示；旋转到 W 面的用 OY_W 表示。

在机械制图中，可以把人的视线设想成一组互相平行的投影线，而把物体在投影面上的投影称为视图。

物体在正投影面上的投影，也就是由前向后看物体所画的视图，称为主视图。

物体在水平投影面上的投影，也就是由上向下看物体所画的视图，称为俯视图。

物体在侧投影面上的投影,也就是由左向右看物体所画的视图,称为左视图,见图 2-12c。

由于三视图是表达物体形状的，因此与视图无关的投影面边框不需要画出，各视图之间的距离也无关紧要，这样，三视图更为清晰，见图 2-12d。

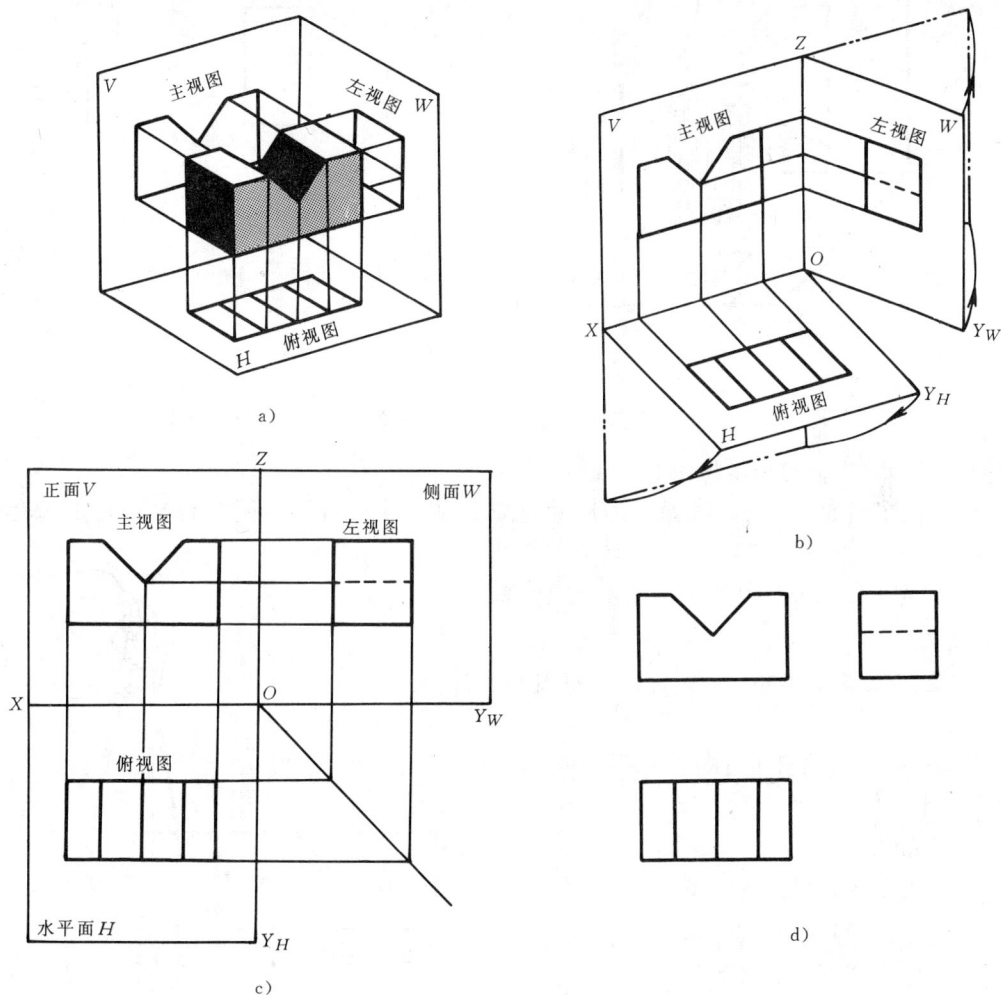

图 2-12　物体三视图的形成
a) 物体向三个互相垂直的投影面投影　b) 投影面的展开
c) 投影面展开后的三视图位置　d) 三视图

2.1.3.2　三视图之间的对应关系

（1）三视图的位置关系　以主视图为准，俯视图在它的正下方；左视图在它的正右方。

（2）视图与物体的方位关系　所谓方位关系，指的是以画图（或看图）者面对正面（即主视图的投影方向）来观察物体为准，看物体的上、下、左、右、前、后六个方位在三视图中的对应关系，见图 2-13。

主视图反映物体的上、下和左、右四个方位。

俯视图反映物体的左、右和前、后四个方位。

左视图反映物体的上、下和前、后四个方位。

由图 2-13 可知：俯、左视图靠近主视图的一边（里边），均表示物体的后面，远离主视

38

a)   b)

图 2-13　视图与物体的方位关系

图的一边（外边），均表示物体的前面。

（3）视图间的"三等"关系（即尺寸对应关系）从三视图（图 2-12）的形成过程中可以看出：

主视图反映物体的长度（X）和高度（Z）尺寸。

俯视图反映物体的长度（X）和宽度（Y）尺寸。

左视图反映物体的高度（Z）和宽度（Y）尺寸。

由此归纳得出：

主、俯视图长对正（等长）。

主、左视图高平齐（等高）。

俯、左视图宽相等（等宽）。

简称"长对正，高平齐，宽相等"，这就是三视图之间的投影规律。应当指出，无论是整个物体或物体的局部，其投影都符合"三等"规律，见图 2-14。这是画图和看图的基本规律，因此必须遵循。

根据图 2-15 示例，再把"物"和"图"对照一下，以加深对三视图的认识。

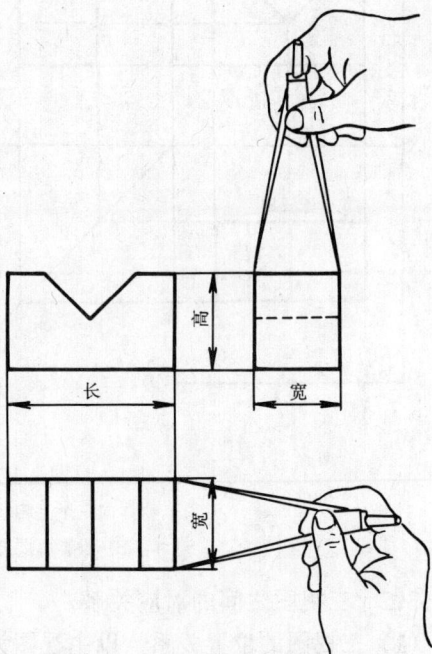

图 2-14　三视图的"三等"关系

2.1.4　物体上点、线、面在三视图中的投影分析

2.1.4.1　点的投影　点是构成立体表面的最基本的几何元素。为了正确地画出物体的三视图，必须首先掌握点的投影规律。

例如图 2-16a 所示的正三棱锥体，其外表是由棱面△SAB、△SBC、△SCA 及底面△ABC 所组成，各表面分别交于棱线 SA、SB……，各棱线汇交于顶点 A、B、C、S。显然，绘制三棱锥的三视图，实质上就是画出这些顶点，各顶点连线以及诸线段所围成的平面图形的三面投影，见图 2-16b 所示。

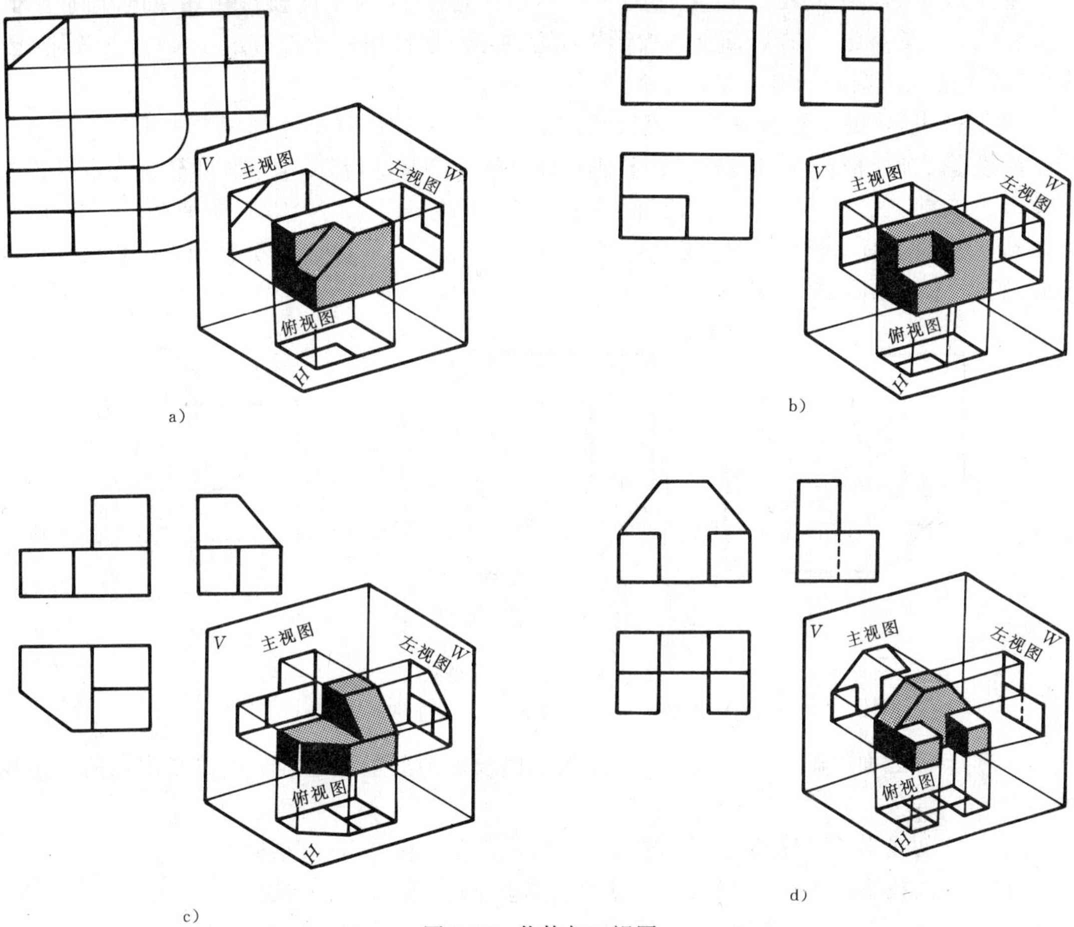

a)

b)

c)

d)

图 2-15 物体与三视图

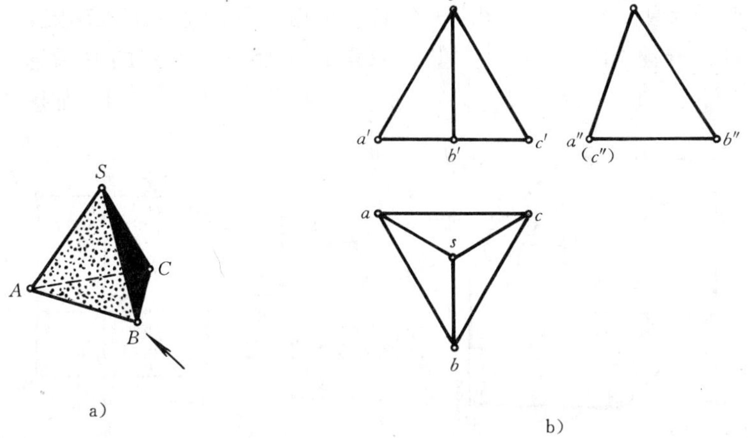

a)

b)

图 2-16 物体上点的投影分析

（1）点的三面投影　在图2-17中，单独画出了图2-16所示的正三棱锥体顶点 S 在三个投影面上的投影。

空间点用大写字母 A、B、C……等标记，它们在 H 面上的投影用相应的小写字母，如 a、b、c…等标记，在 V 面上的投影用相应的小写字母加一撇，如 a′、b′、c′…等标记，在 W 面上的投影则加二撇，如 a″、b″、c″…等标记。

图2-17a 所示的是点 S 在三个投影面间的投影的直观图（即立体图）表示法。求点 S 的三面投影，就是由点 S 分别向三个投影面作垂线，则其垂足 s、s′、s″ 即分别为点 S 的三面投影。如果移去空间点 S，将投影面按箭头所指的方向（图2-17b）摊平在一个平面上，便得到点 S 的三面投影图（图2-17c）。图中 s_x、s_y（s_{yH}、s_{YW}）、s_z 分别为点的投影连线与投影轴 X、Y、Z 的交点。

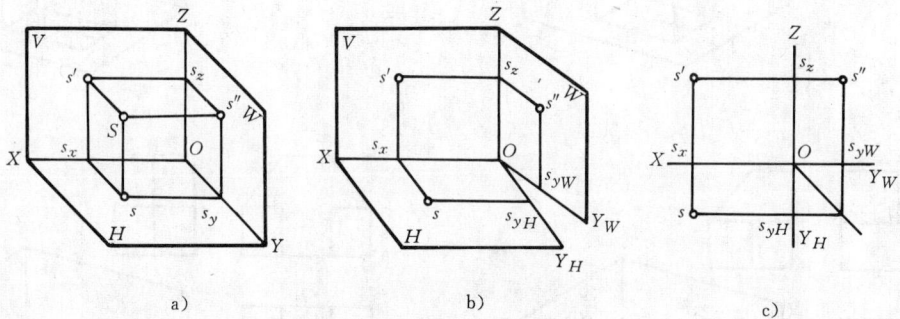

图2-17　点的三面投影
a）立体图　b）投影面展开　c）三面投影图

（2）点的三面投影规律　通过上述点的三面投影图的形成过程，可总结出点的投影规律：

点在 V 面投影 s′ 和 H 面投影 s 的投影连线垂直 OX 轴（s′s⊥OX）。

点在 V 面投影 s′ 和 W 面投影 s″ 的投影连线垂直 OZ 轴（s′s″⊥OZ）。

点在 H 面投影 s 到 OX 轴的距离等于点在 W 面投影 s″ 到 OZ 轴的距离，（$ss_X = s″s_Z$）。

（3）点的投影特性　点的投影永远是点。

（4）点的投影与直角坐标　空间点的位置，可由其直角坐标值来确定。即把投影面当作坐标面，投影轴当作坐标轴，O 即为坐标原点。一般采用下列的书写形式：$S(X, Y, Z)$；例如 $S(14, 9, 16)$；$A(X_A, Y_A, Z_A)$；$B(X_B, Y_B, Z_B)$。如图2-18所示：

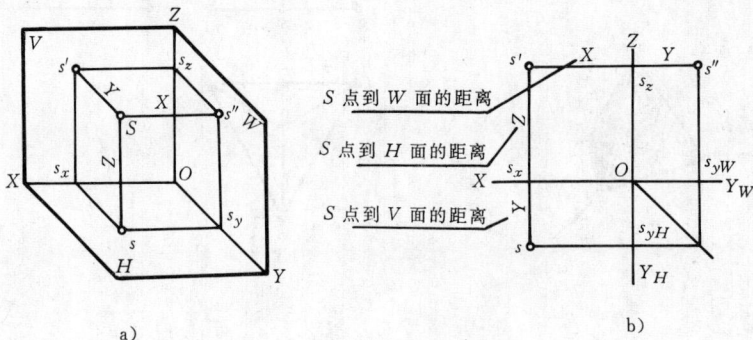

图2-18　点的投影与坐标的关系

点 S 的 X 坐标值＝点 S 到 W 面的距离 Ss''；

点 S 的 Y 坐标值＝点 S 到 V 面的距离 Ss'；

点 S 的 Z 坐标值＝点 S 到 H 面的距离 Ss。

可见，点的投影与其坐标值是一一对应的，因此，可以直接从点的三面投影图量得该点的坐标值。反之，根据所给定的坐标值，也可按点的投影规律画出其三面投影图。

若给定已知点 A （30，10，20），试求作它的三面投影图，以下介绍两种作法。

作法 1，见图 2-19：

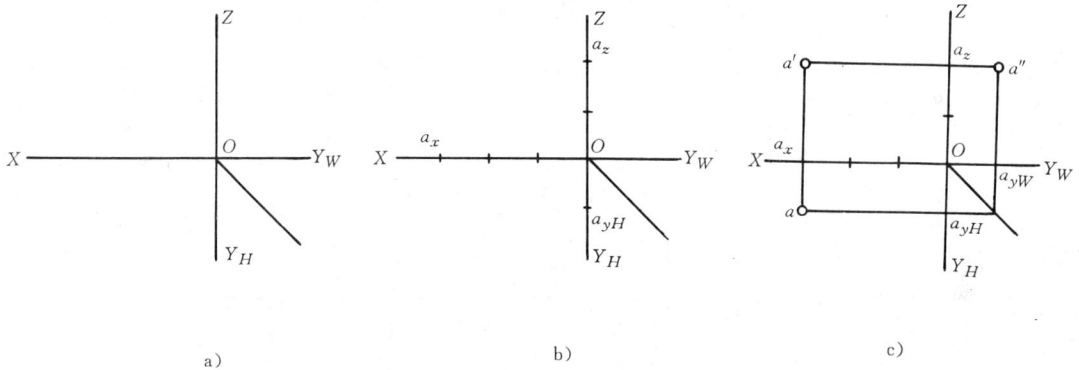

图 2-19　根据点的坐标作点的三面投影图

a）作投影轴　b）按坐标值在投影轴上量得 a_X、a_{YH}、a_Z

c）过 a_X、a_{YH}、a_{YW}、a_Z 分别作投影连线垂直于相应的投影轴，则其交点即为所求

作法 2，见图 2-20：

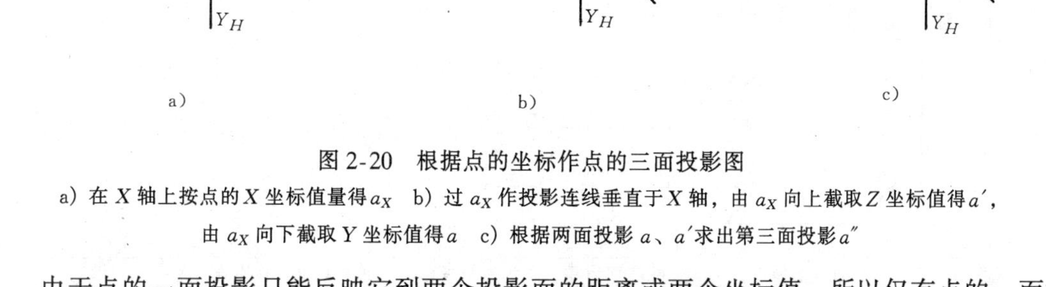

图 2-20　根据点的坐标作点的三面投影图

a）在 X 轴上按点的 X 坐标值量得 a_X　b）过 a_X 作投影连线垂直于 X 轴，由 a_X 向上截取 Z 坐标值得 a'，

由 a_X 向下截取 Y 坐标值得 a　c）根据两面投影 a、a' 求出第三面投影 a''

由于点的一面投影只能反映它到两个投影面的距离或两个坐标值，所以仅有点的一面投影不能确定点的空间位置。换一句话讲：即有两面投影才能反映出点的三个坐标值，才能确定空间点的位置。

（5）各种位置点的投影　点的位置有在空间、在投影面上，在投影轴上以及在原点上四种情况，各有其不同的投影特征，表2-1列举出几种图例供参考。

表 2-1　各种位置点的投影图例

位置	图 例	投 影 图 特 征
在空间		点的三面坐标值均不为零； 点的三面投影都在相应的投影面上（不可能在轴及原点上）
在投影面上		点的一个坐标值为零； 点的一面投影在点所在的投影面上，与空间点重合；另两面投影在投影轴上
在投影轴上		点的两面坐标值为零； 点的两面投影在投影轴上，与空间点重合；另一个投影与原点重合

在原点上的点，三个坐标值都为零；点的三个投影与空间点都重合在原点上

(6) 两点的相对位置　两点在空间的相对位置，可以由两点的坐标关系来确定。

两点的左、右相对位置由其 X 坐标确定，X 坐标值大者在左。

两点的前、后相对位置由其 Y 坐标确定，Y 坐标值大者在前。

两点的上、下相对位置由其 Z 坐标确定，Z 坐标值大者在上。

（7）重影点的判别　若空间两个无从属关系的点的投影重合，称为重影。它们在某一投影面上重合的投影点则称为重影点。

重影点的判别原则：重影点必有两对同名坐标对应相等，而需有第三坐标判别其投影的可见性。以点到投影面的距离大小来判别（即坐标值的大小），大者为可见点，小者为不可见点，不可见点的投影加括号（ ），以示区别。

例　已知 A、B、C 三个点的投影图，试比较其空间位置，见图 2-21。

解　两个点的相对位置，是由其坐标差决定的，故应先在图上量出各点的坐标值。

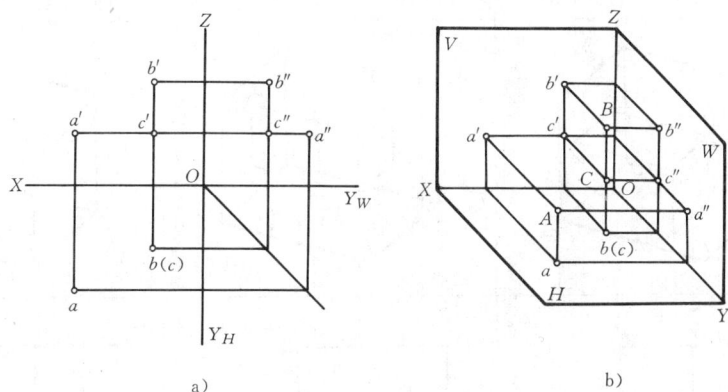

图 2-21　点在空间的相对位置

（1）A 点坐标　距离 W 面 25、V 面 20、H 面 10，即（25，20，10）。

（2）B 点坐标　距离 W 面 10、V 面 12、H 面 20，即（10，12，20）。

（3）C 点坐标　距离 W 面 10、V 面 12、H 面 10，即（10，12，10）。

（4）比较位置　若以 A 点为基准点，可由投影连线的长短直接看出 B 点在 A 点的右面、后面、上面；而 C 点在 B 点的正下方，同 A 点一样高。用比较坐标值的方法，可知 B 点在 A 点的右面 15、后面 8、上面 10，而 C 点在 B 点的正下方 10。

2.1.4.2　直线的投影　本节所研究的直线，均指直线的有限长度，即线段。

在前面（2.1.1.2）已介绍了直线和平面的投影特性，但那只是提到它们的单面投影。为了进一步学习看三视图还需要熟悉直线和平面在三视图中的投影特点。

（1）各种位置直线的投影　我们可用手中的铅笔作为直线模型，根据空间直线对三个投影面的相对位置不同，可以将其分为三种，即投影面垂直线、投影面平行线及一般位置直线。前两种称为特殊位置直线。

1）投影面垂直线　垂直于一个投影面，与另外两个投影面平行的直线，叫做投影面垂直线。投影面垂直线也有三种位置：

① 正垂线——垂直于 V 面的直线。

② 铅垂线——垂直于 H 面的直线。

③ 侧垂线——垂直于 W 面直线。

2）投影面平行线　平行于一个投影面，而倾斜于其它两个投影面的直线，叫做投影面平行线。投影面平行线也有三种位置：

① 正平线——平行于 V 面倾斜 H 面、W 面的直线。

② 水平线——平行于 H 面倾斜于 V 面、W 面的直线。

③ 侧平线——平行于 W 面倾斜于 V 面、H 面的直线。

3）一般位置直线　对三个投影面都处于倾斜位置的直线，叫做一般位置直线（又名倾斜线）。

（2）各种位置直线的投影特性　各种位置直线的投影特性分别见表2-2、表2-3、表2-4。

表2-2　投影面垂直线的投影特性

名　　　称	正垂线（$\perp V$、$/\!/H$、$/\!/W$）	铅垂线（$\perp H$、$/\!/V$、$/\!/W$）	侧垂线（$\perp W$、$/\!/H$、$/\!/V$）
立体图			
投影图			
投影特性	1. V 面投影积聚成一点 2. 其它两个投影均反映实长（均 $/\!/OY$ 轴）	1. H 面投影积聚成一点 2. 其它两个投影均反映实长（均 $/\!/OZ$ 轴）	1. W 面，投影积聚成一点 2. 其它两个投影均反映实长（均 $/\!/OX$ 轴）
简单记忆法	**一点两垂线**　解释：重点突出个"点"字，"点"在哪个投影面上，那么就是该投影面垂直线，而在另两个投影面上的投影均反映实长		

表2-3　投影面平行线的投影特性

名　　　称	正平线（$/\!/V$、$\angle H$、$\angle W$）	水平线（$/\!/H$、$\angle V$、$\angle W$）	侧平线（$/\!/W$、$\angle H$、$\angle V$）
立体图			

（续）

名 称	正平线（∥V、∠H、∠W）	水平线（∥H、∠V、∠W）	侧平线（∥W、∠H、∠V）
投 影 图			
投 影 特 性	1. V 面投影为反映实长的斜直线 2. 其它两个投影均为缩短的平直线（均⊥OY轴）	1. H 面投影为反映实长的斜直线 2. 其它两个投影均为缩短的平直线（均⊥OZ轴）	1. W 面投影为反映实长的斜直线 2. 其它两个投影均为缩短的平直线（均⊥OX轴）
简 单 记忆法	**一斜两平线**　解释：重点突出个"斜"字，"斜线"在哪个投影面上，那么就是该投影面平行线，且反映实长		

表 2-4　一般位置直线的投影特性

名 称	一般位置直线（又名倾斜线）（∠V、∠H、∠W）		
立 体 图	投 影 图	投 影 特 性	
		在三个投影面上的投影均为缩短的斜直线	
简单记忆法	三条都是倾斜线，均小于实长		

（3）各种位置直线的判别　熟悉了直线的投影特性,各种位置直线的判断是极其简单的。如图2-22所示,可以迅速地判别出各种位置直线的名称:直线AB是铅垂线、直线CD是正

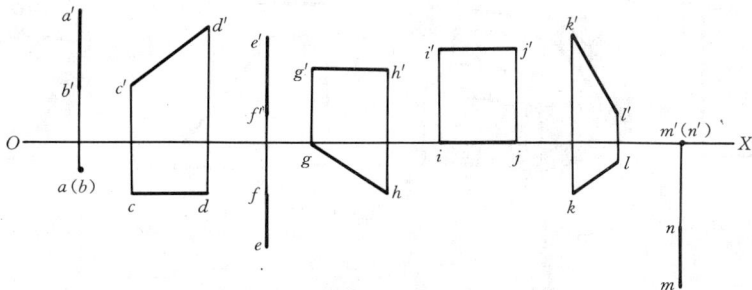

图 2-22　各种位置直线的二面投影

平线、直线 EF 是侧平线、直线 GH 是水平线、直线 IJ 是侧垂线、直线 KL 是倾斜线、直线 MN 是正垂线。

结论：直线在二面投影图中，若是一点一直线，则哪个投影面上的投影点就是该投影面的垂直线；若是一斜一平线，则哪个投影面的投影是斜线就是该投影面的平行线；若是二斜线，就是倾斜线。还有两个特例：直线在二面投影图中，若是二条平行于投影轴的直线，则为第三个投影面的垂直线；若是二条垂直于投影轴的直线，则为第三个投影面的平行线。

再以图 2-16 为例：图 a 是由六条线即 AB、BC、CA、SA、SB、SC 所组成的正三棱锥体的立体图。在图 b 中找出它们在三视图中的投影并注上相应的小写字母。从三视图中可以看出，AB 的三个投影，ab 是一条斜直线，而 a'b' 和 a"b" 均为平直线，显然是一条水平线。CA 的侧面投影 a"（c"）积聚为一点，另两个投影 a'c' 和 ac 均为反映实长的垂直线，可知是一条侧垂线。SA 的三个投影 sa、s'a'、s"a" 都是为倾斜线，即能断定是一条一般位置直线。再分析其它几条直线的三个投影，BC 是水平线，SB 是侧平线，SC 是一般位置直线。

通过分析视图上线的投影特性，确定线的空间位置，对看图帮助很大，读者一定要掌握它。图 2-23 给出四个例题，可以根据上述方法，分析图中所指定直线的空间位置。

a)   b)

c)   d)

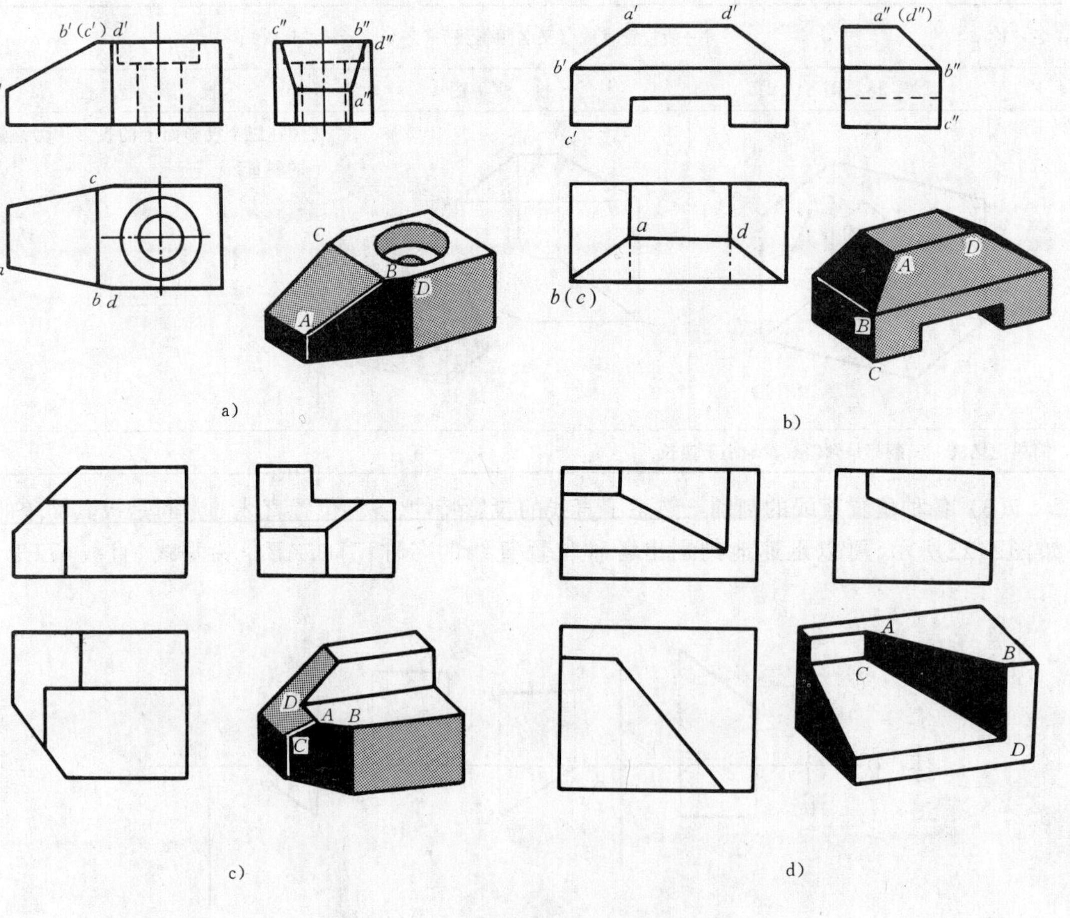

图 2-23 分析图中所指定直线的空间位置

2.1.4.3 平面的投影 本节所研究的平面，均指平面的有限部分，即平面图形。

（1）根据平面对三个投影面的相对位置不同，可以分为三种位置平面：投影面平行面、投影面垂直面及一般位置平面。前两种平面称为特殊位置平面。

1）投影面平行面 平行于一个投影面，垂直于其它两个投影面的平面，叫做投影面平行面。投影面平行面也有三种位置：

① 正平面——平行于 V 面的平面。

② 水平面——平行于 H 面的平面。

③ 侧平面——平行于 W 面的平面。

图 2-24 所示的正三棱锥体底面△ABC 为水平面。

2）投影面垂直面 垂直于一个投影面，而倾斜于其它两个投影面的平面，叫做投影面垂直面。投影面垂直面也可分为三种位置：

① 正垂面——垂直于 V 面倾斜于 H 面、W 面的平面。

② 铅垂面——垂直于 H 面倾斜于 V 面、W 面的平面。

③ 侧垂面——垂直于 W 面倾斜于 V 面、H 面的平面。

图 2-25 所示的正三棱锥体的△SAC 为侧垂面。

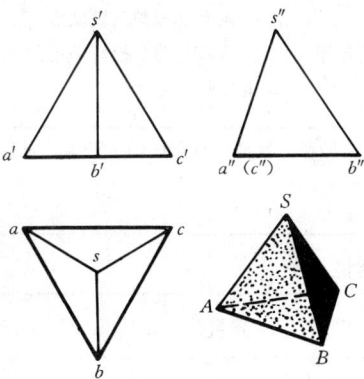

图 2-24 物体上水平面的投影

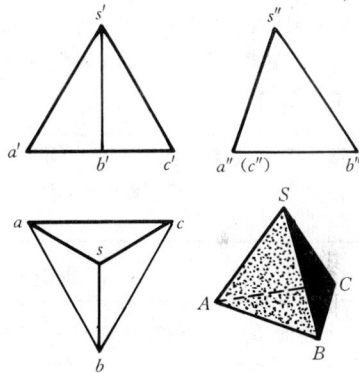

图 2-25 物体上侧垂面的投影

3）一般位置平面 对三个投影面都处于倾斜位置的平面，叫做一般位置平面（又名倾斜面）。如图 2-26 中，正三棱锥体的△SAB 对 H、V、W 三个投影面都倾斜、是一般位置平面。它的三个投影仍是三角形，即为原三角形平面的相似形，但其形状比真实形状小。

（2）各种位置平面的投影特性

各种位置平面的投影特性分别见表 2-5、表 2-6、表 2-7。

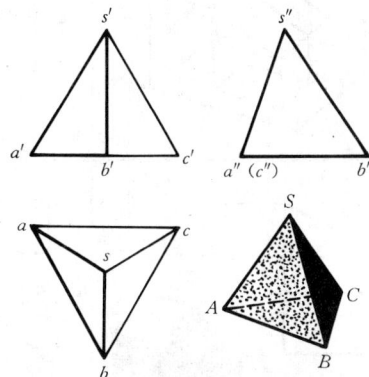

图 2-26 物体上一般位置平面的投影

表 2-5　投影面平行面的投影特性

名　称	正平面（∥V、⊥H、⊥W）	水平面（∥H、⊥V、⊥W）	侧平面（∥W、⊥V、⊥H）
立 体 图	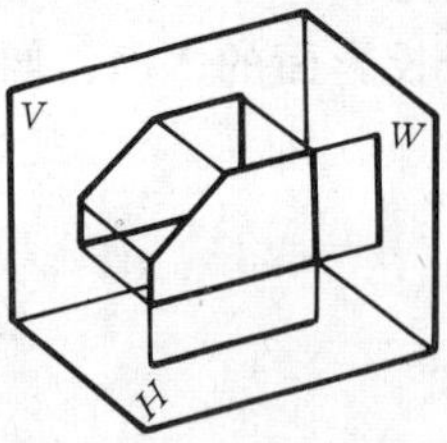	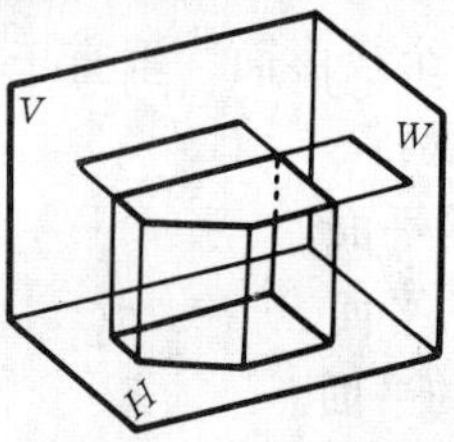	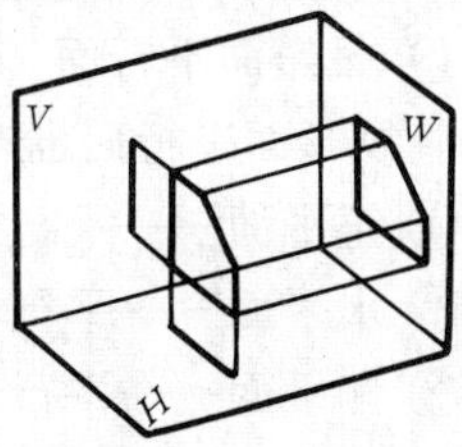
投 影 图	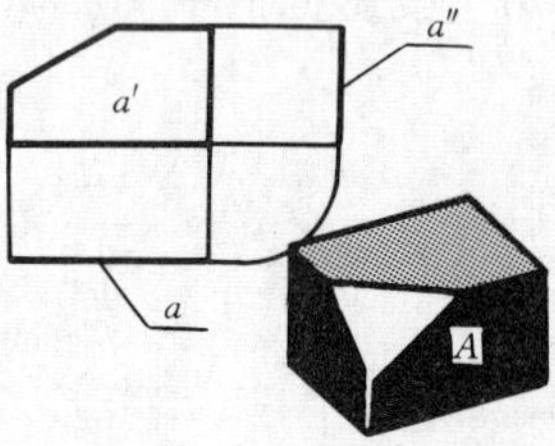	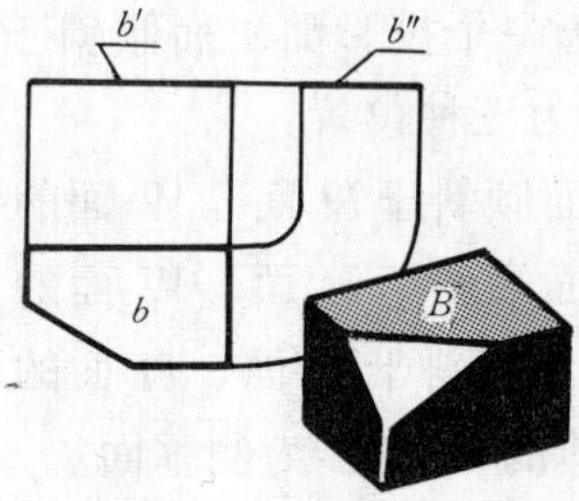	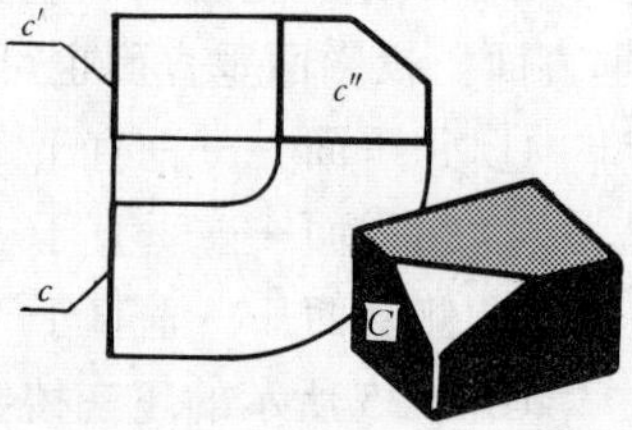
投影 特性	1. V 面投影反映实形 　2. 在其它两个投影面上的投影均积聚为平直线	1. H 面投影反映实形 　2. 在其它两个投影面上的投影均积聚为平直线	1. W 面，投影反映实形 　2. 在其它两个投影面上的投影均积聚为平直线
简单 记忆法	**一面两平线**　解释：重点突出个"面"字，"面"在哪个投影面上，那么就是该投影面的平行面，且反映实形。或俗称：两条直线一个框，这个框是实形框		

表 2-6　投影面垂直面投影特性

名　称	正垂面（⊥V、∠H、∠W）	铅垂面（⊥H、∠V、∠W）	侧垂面（⊥W、∠V、∠H）
立 体 图	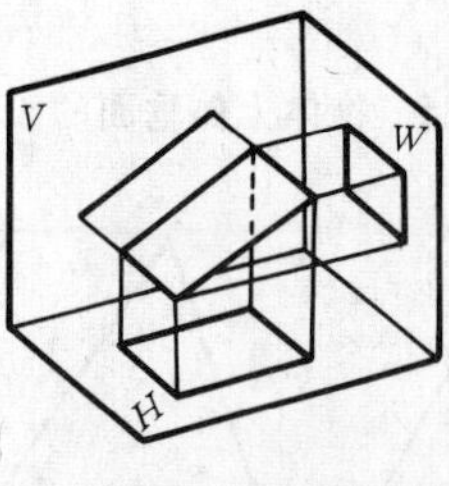	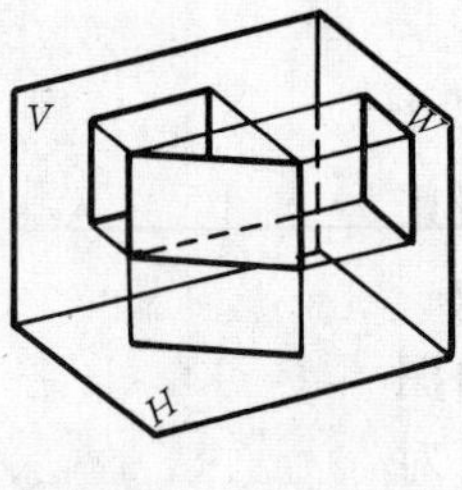	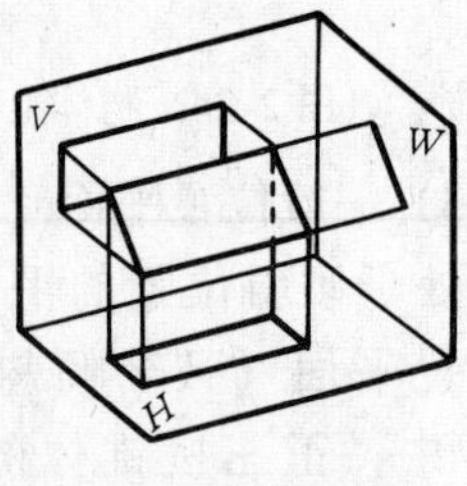
投 影 图	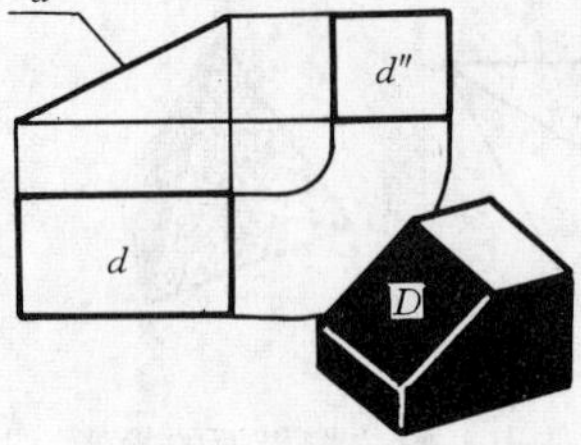	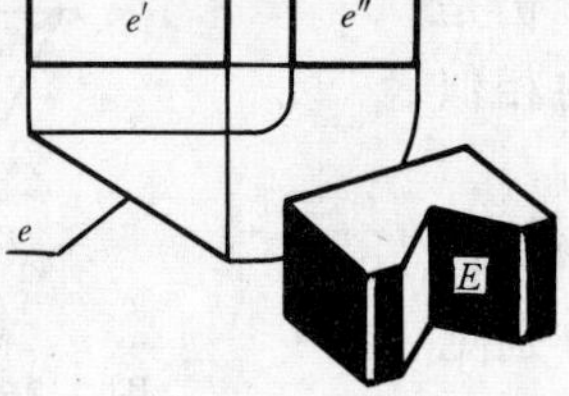	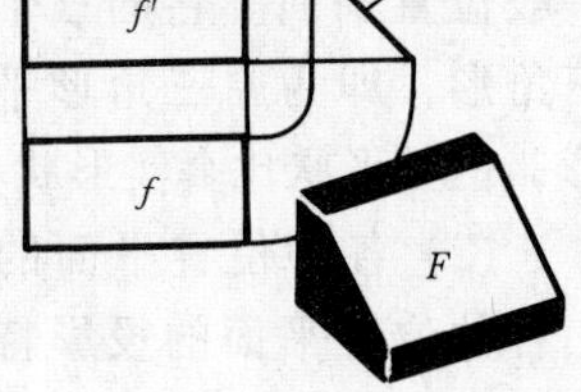

（续）

名 称	正垂面（⊥V、∠H、∠W）	铅垂面（⊥H、∠V、∠W）	侧垂面（⊥W、∠V、∠H）
投影特性	1. V面投影积聚为斜线 2. 在其它两个投影面上的投影均为缩小的类似形	1. H面投影积聚为斜线 2. 在其它两个投影面上的投影均为缩小的类似形	1. W面投影积聚为斜线 2. 在其它两个投影面上的投影均为缩小的类似形
简单记忆法	**两面一斜线** 解释：重点突出个"斜"字，"斜"线在哪个投影面上，那么就是该投影面的垂直面。或俗称：一条斜线两个框，两个都是类似框		

表 2-7 一般位置平面投影特性

名 称	一般位置平面（又名倾斜面）（∠V、∠H、∠W）		
立 体 图	投 影 面	投 影 特 性
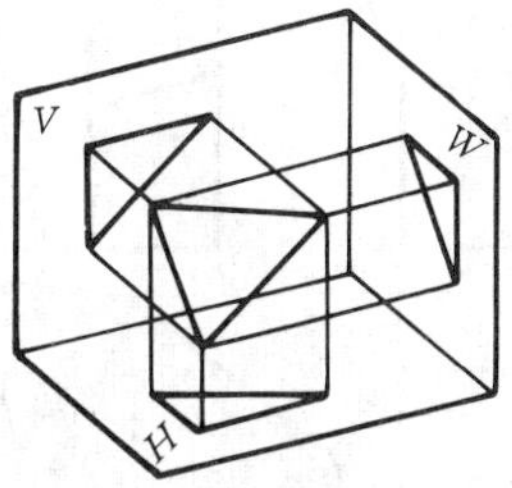	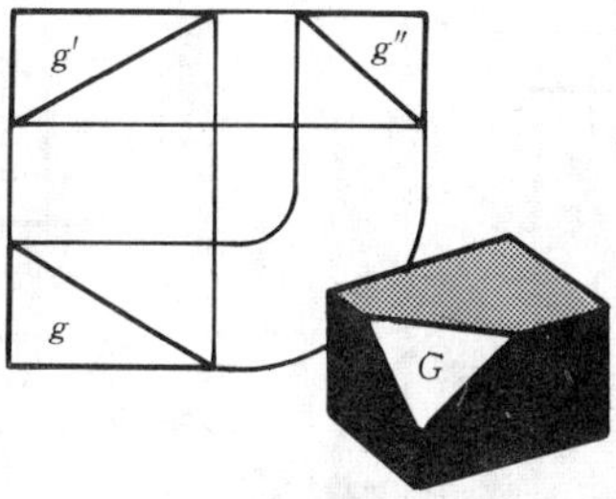	在三个投影面上的投影均为缩小的类似形
简单记忆法	俗称：三个都是类似框		

（3）分析图 2-27 中指定平面的空间位置　根据平面的投影特性，分析两个图例中部分平面的空间位置。

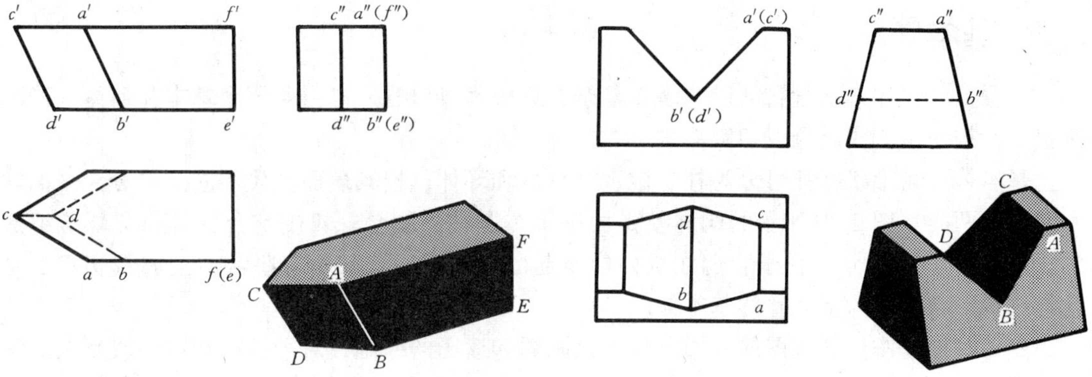

a)

b)

图 2-27　分析图中指定平面的空间位置

例 1　如图 2-27a 所示是车刀的三视图和立体图，分析平面 ABEF 和平面 ABDC 是属于什么位置的平面。

首先根据立体图上所标出的 ABEF、ABDC 两个平面，找出它们在三视图中的相应投影，并注上相应的小写字母。从三视图中可以看出，平面 *ABEF* 的水平投影 *abef* 和侧面投影 *a″b″e″f″* 均积聚为平直线，正面投影反映实形。因此，可知它是一个正平面。平面 *ABDC* 的三个投影都是缩小的四边形。因此，可判断出该平面为一般位置的平面。

例 2　如图 2-27b 所示是 V 形块的三视图和立体图，分析指定平面属于哪种位置的平面。

这里，只分析平面 *ABDC*。从图中可以看出，该平面的正面投影积聚为斜直线，其它两个投影为缩小的类似形。因此，即可断定该平面是一个正垂面。

根据上述线、面投影特性，分析三视图上线、面的投影，进而判断它们的空间位置，这种方法叫做线面分析法。它是看图、画图的一种方法。请按上述方法，分析图 2-28a 和 b 中指定平面的空间位置。

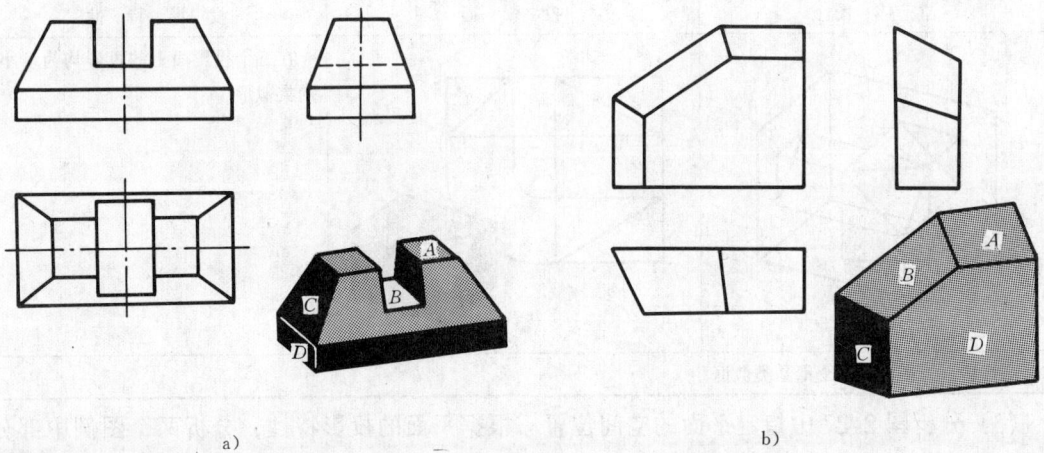

a)　　　　　　　　　　　　　　　　b)

图 2-28　分析图中所指定平面的空间位置

2.2　基本体

工程上的物体，不管它的结构多么复杂，一般都可以看成是由若干个基本几何体（简称基本体）按一定方式组合或切割而成。

基本体按其形状特征可分为柱、锥、台、球和环体；按其表面性质不同又可分为平面体和曲面体两类。图 2-29 所示的阀体就是由基本体圆柱、圆台、四棱锥台、球和圆环等组成的。又如图 2-30 所示，由于它们在机件中所起的作用不同，其中有些常加工成带切口、穿孔等结构形状而成为不完整的基本体。

熟练掌握基本体三视图的投影特性，是画图和读图的基础，对于分析和看懂较复杂的零件图有着重要的意义。

2.2.1　平面体

物体表面都是由平面所构成的形体，称为平面体。平面体上相邻表面的交线称为棱线。平面体分为棱柱和棱锥两种。

2.2.1.1　棱柱

1. 棱柱的三视图　图 2-31 是正六棱柱的三视图。俯视图的正六边形是六棱柱顶面和底面的重合投影，反映该六棱柱顶面和底面的实形。六边形的六边和六个顶点也分别是六个侧

面和六条侧棱在 H 面上的积聚投影。主视图的三个矩形线框是六棱柱六个侧面的投影，中

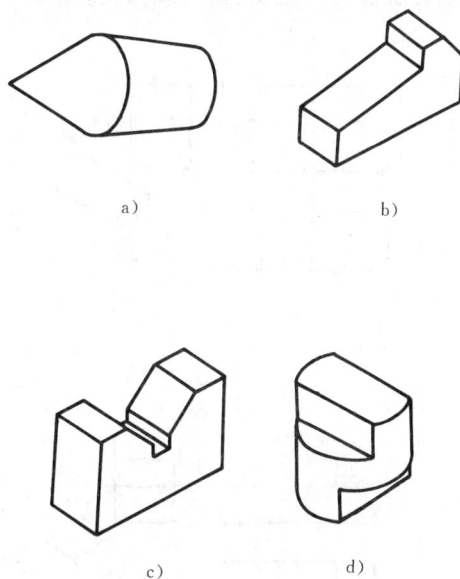

图 2-29 阀体零件立体图

图 2-30 基本体与机件

a）顶尖　b）钩头楔键　c）V形块　d）接头

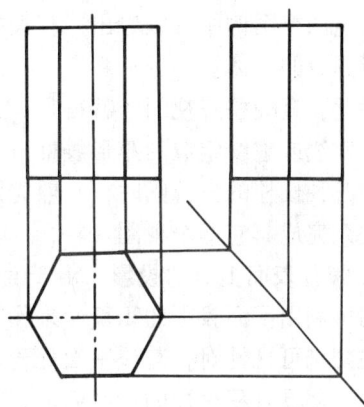

图 2-31 正六棱柱的三视图

a）直观图　b）三视图

间的矩形线框为前、后侧面的重合投影，反映实形。左、右两矩形线框为其余四个侧面的重

合投影，是缩小的类似形。主视图中上、下两条线是顶面和底面的积聚投影，四条竖线是六条侧棱的投影。左视图中的两个矩形线框，读者可自行分析。

棱柱在机件中用得很多，如常见的V形块、导轨以及各种型钢，都属于棱柱。图2-32列出四种棱柱的三视图，供读者自行投影分析。

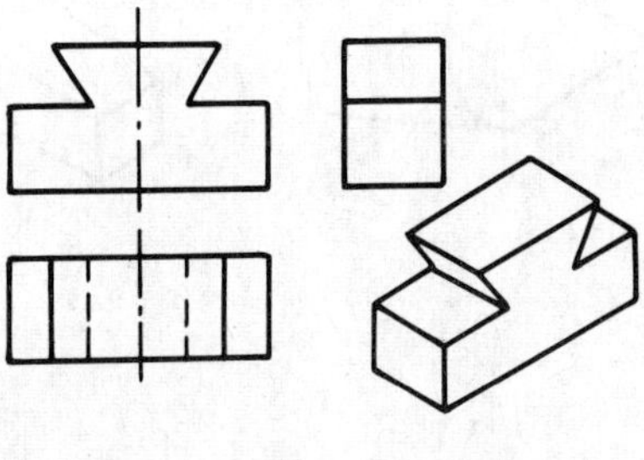

图 2-32 一些常见棱柱体的三视图
a) 燕尾形柱 b) V形槽柱 c) 导轨形柱 d) 工字形柱

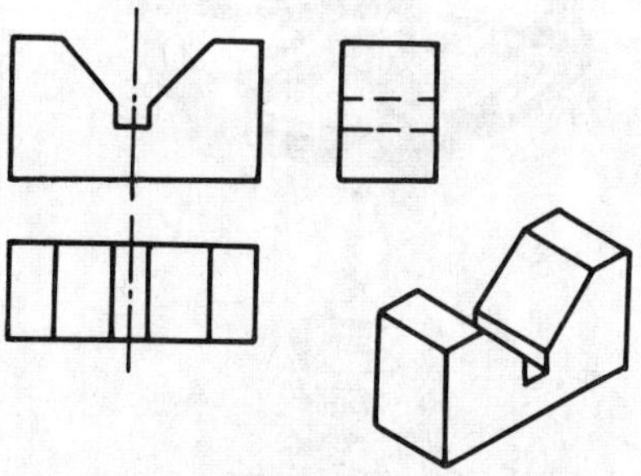

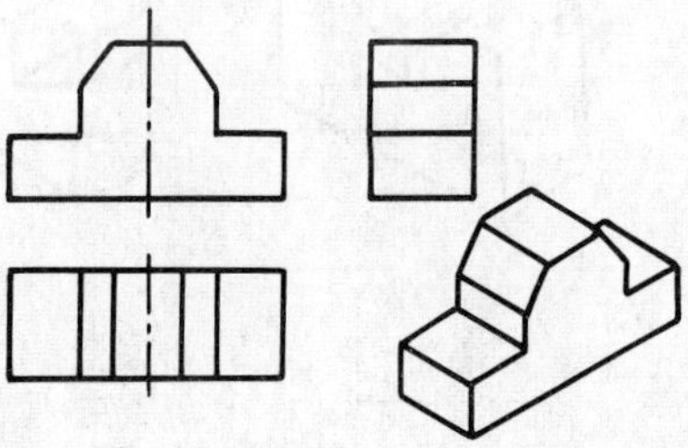

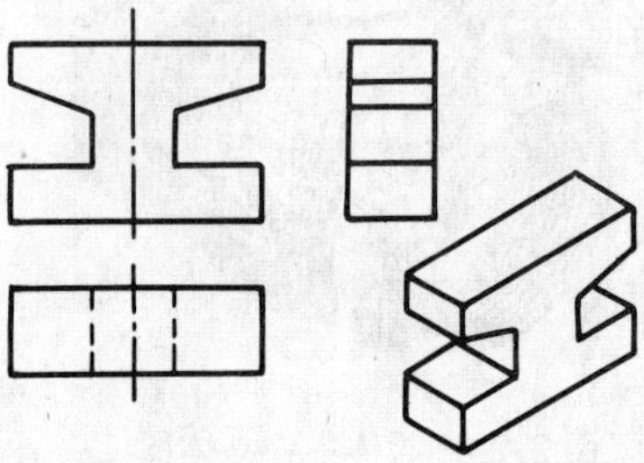

从这四个图例中可以看出：直棱柱都是由两个全等多边形的顶面和底面以及均是矩形的侧面所围成的立体。

因此，直棱柱三视图的特征是：一个视图有积聚性，反映棱柱形状特征；而另两个视图都是由实线或虚线组成的矩形线框。

画各种棱柱的三视图时，一般先画有积聚性的即能反映棱柱特征的视图，然后按视图间投影关系完成其它两个视图。

2. 棱柱表面上点的投影 由于直棱柱的表面都处于特殊位置，所以直棱柱表面上点的投影均可利用平面投影的积聚性来作图。

在判别可见性时，若该平面处于可见位置，则该面上点的同名投影也可见，反之为不可见。在平面具有积聚性的投影面上，该面上点的投影，可以不必判别其可见性。

如图 2-33 所示，已知六棱柱 $ABCD$ 面上 M 点的 V 面投影 m'，求该点的 H 面投影 m 和 W 面投影 m''。

由于点 M 所属棱面 $ABCD$ 为铅垂面，因此 M 点的 H 面投影 m 必在该面在 H 面上的积聚投影 $abcd$ 上，再根据 m' 和 m 求出 W 面投影 m''。由于 $ABCD$ 面的 W 面投影为可见，故 m'' 也为可见。

2.2.1.2 棱锥

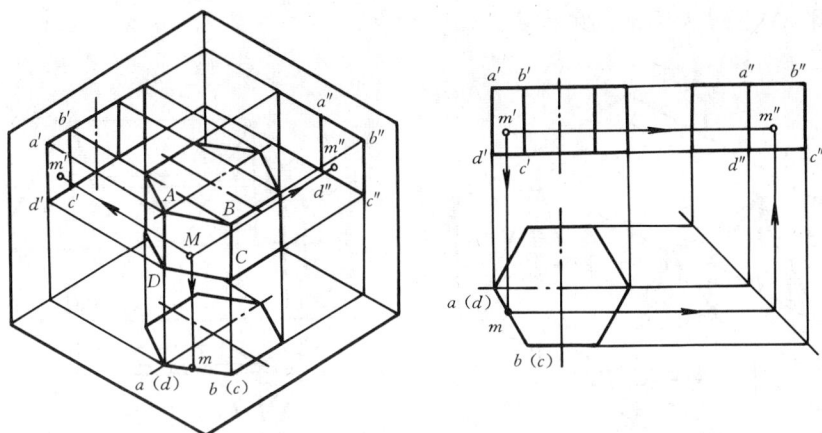

图 2-33　求六棱柱表面上点的投影

1. 棱锥的三视图　图 2-34 是四棱锥的三视图。俯视图的矩形线框是四棱锥底面的 H 面投影，反映了底面的实形，它的 V 面和 W 面投影分别积聚成一条平直线，所以锥底面为水平面。棱锥体前、后侧面的 W 面投影积聚成两条斜线，V 面和 H 面的投影为等腰三角形线框，是缩小的类似形，锥体的前、后侧面为侧垂面。四条侧棱在三个投影面上均为斜线，所以判为一般位置直线。左、右侧面的投影，读者可自行分析。

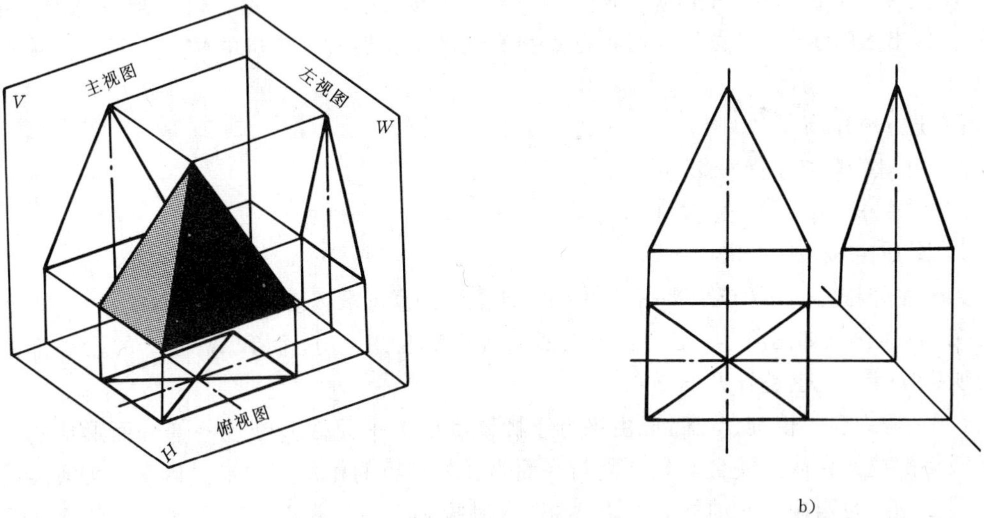

图 2-34　四棱锥的三视图

a) 直观图　b) 三视图

画棱锥的三视图时，一般先画底面的各个投影，再画锥顶的各个投影，同时将它与底面各顶点的同名投影连接起来，即可完成其三视图。

2. 棱锥表面上点的投影　凡属于特殊位置表面上的点，可利用投影的积聚性直接求得；而属于一般位置表面上的点，可通过在该面上作辅助线的方法求得。

如图 2-35 所示，已知棱面 △SAB 上 M 点的 V 面投影 m′ 和棱面 △SAC 上 N 点的 H 面投影 n，求作 M、N 两点的其余投影。

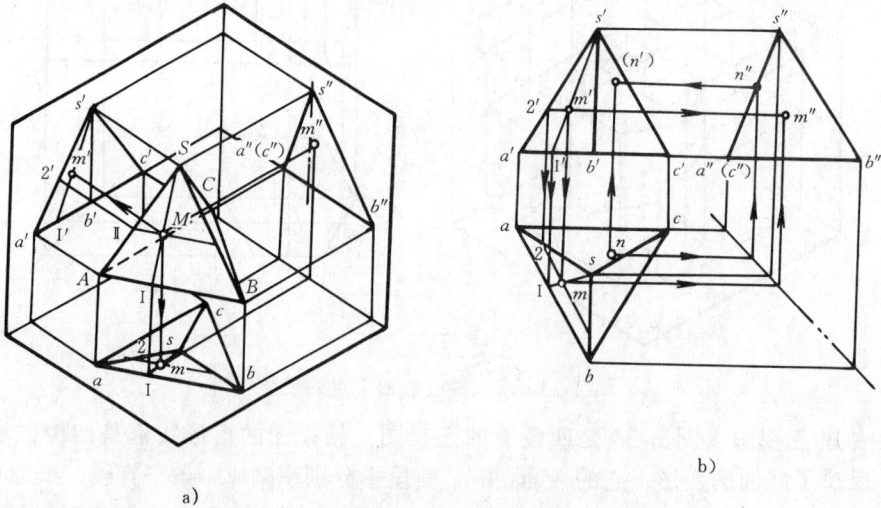

图 2-35　求正三棱锥表面上点的投影

由于 N 点所在棱面 △SAC 为侧垂面，可利用该平面在 W 面上的积聚投影直接求得 n″，再由 n 和 n″ 求得 (n′)。由于 N 点所属棱面 △SAC 的 V 面投影看不见，所以 (n′) 为不可见。

M 点所在的棱面 △SAB 为一般位置平面，可按图 2-35a 所示，过锥顶 S 和 M 引一直线 SI，作出 SI 的有关投影，就可根据点与直线的从属性质求得点的相应投影。具体作图步骤是：

1）过 m′ 引 s′I′。

2）由 s′I′ 求作 H 面投影 sI。

3）再由 m′ 引投影连线交于 sI 上 m 点。

4）最后由 m′ 和 m 求得 m″。

另一种作法是过 M 点引平行于 AB 的 MⅡ 线，也可求得 M 点的 H 面投影 m 和 W 面投影 m″，具体作法如图所示。由于 M 点所属棱面 △SAB 在 H 面和 W 面上的投影都是可见的，所以 m 和 m″ 也是可见。

2.2.1.3　棱锥台　棱锥台可看成由平行于棱锥底面的平面截去锥顶一部分而形成的，由正棱锥截得的棱锥台叫正棱台。其顶面与底面为互相平行的相似多边形，侧平面为等腰梯形。

图 2-36a 为四棱台的轴测图，图 2-36b 为其投影视图，其投影特征读者可自行分析。

2.2.1.4　带有切口或穿孔的平面体　平面体被平面切割或穿孔后，就出现了斜面、缺口、凹槽以及孔洞等结构。在掌握完整平面体三视图画法的基础上，综合应用点、线、面的投影规律以及在直线和平面上取点的方法，就能正确画出切口或穿孔平面体的投影。

1. 棱柱穿孔的画法　图 2-37a 所示为穿孔的四棱柱，其画法如下：

（1）分析　该四棱柱上矩形通孔的两侧面和上、下两面均垂直于 V 面，所以矩形孔的 V 面投影积聚成一个矩形线框。矩形通孔与棱柱侧面相交，交点为 A、B、C、D、E、F，交线 AB、BC 和 DE、EF 为水平线，AF 和 CD 为铅垂线，通孔前、后交线是对称的。在作孔口与棱柱侧面交线时可采用在棱线和棱柱侧面上取点的方法解决。

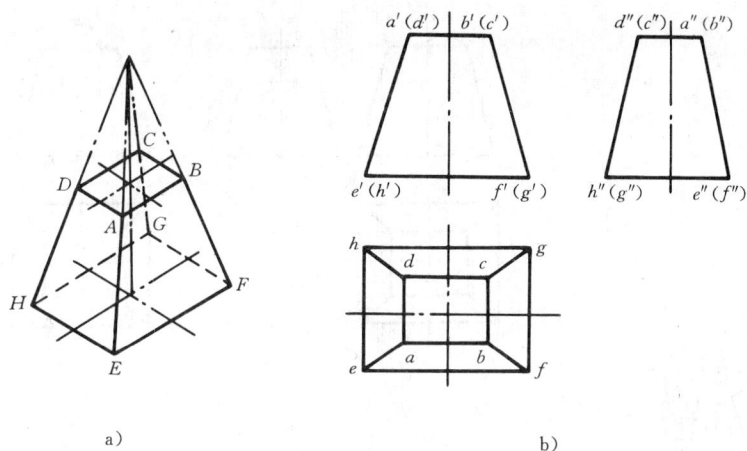

图 2-36　四棱台的三视图
a) 轴测图　b) 三视图

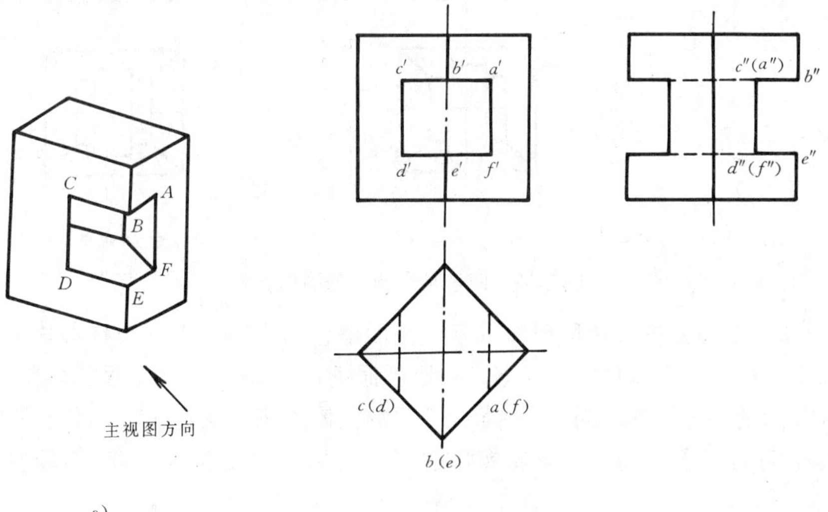

图 2-37　四棱柱穿孔的三视图
a) 轴测图　b) 三视图

（2）作图

1）先画出完整的四棱柱三视图；然后根据孔的大小及位置尺寸再作出其在主视图中的投影。

2）由于孔口与棱柱侧面交线就在四棱柱侧面上，它的 H 面投影，与积聚成四边形的棱柱侧面的投影重合，所以俯视图仅需要画出两条表示穿孔两侧面（不可见）的虚线。

3）由孔口与棱柱侧面交线的 V 面投影和 H 面投影就能求出孔口交线在 W 面上的投影。穿孔上、下面的 W 面投影积聚成直线段，线上 c''、(a'') 和 d''、(f'') 点是虚、实线的分界点。交线后面与前面是对称的。

2．棱锥台切口的画法　图 2-38a 所示为切去一梯形块的四棱锥台，其画法如下：

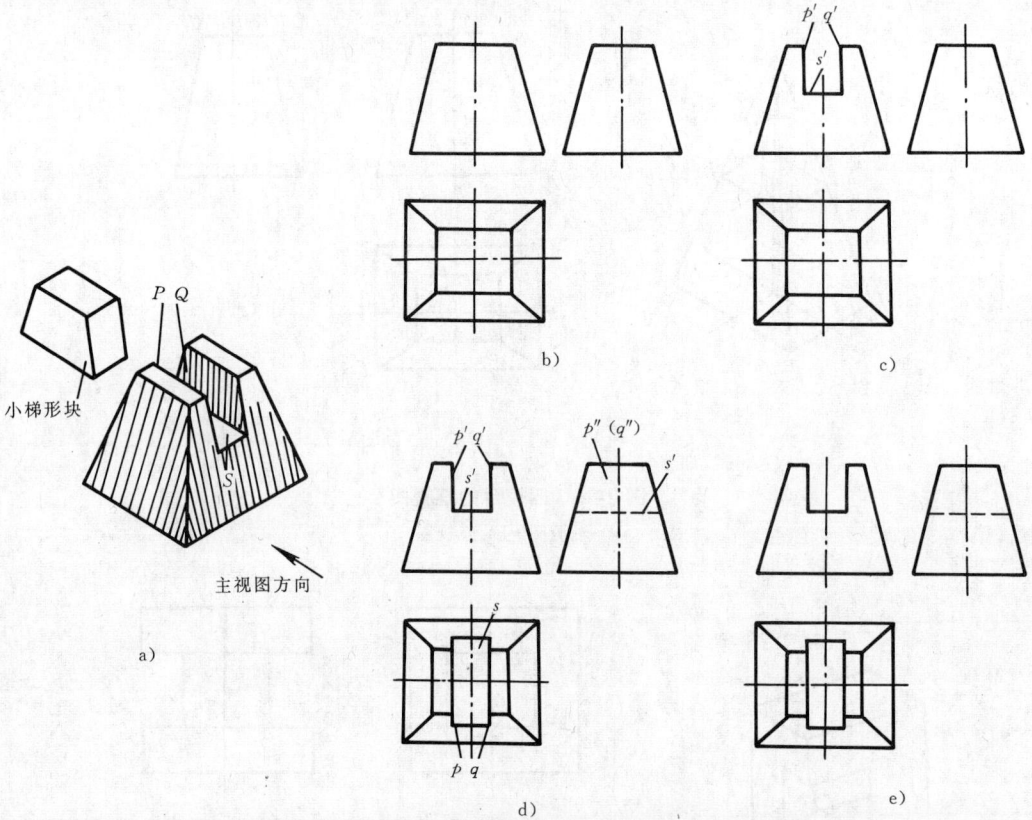

图 2-38　四棱锥台切口的画图步骤

（1）分析　在该四棱锥台顶部加工有一梯形槽，相当于切去一小梯形块。梯形槽的左右是侧平面 P、Q，其底面是水平面 S。由于平面 P、Q 是侧平面，所以其在 W 面的投影为一个反映实形的梯形线框，而在 V 面、H 面的投影则积聚成直线段。由于平面 S 是水平面，所以其在 H 面的投影为一个反映实形的矩形线框，而在 V 面、W 面的投影则积聚成平直线。

（2）作图

1）先画出完整的四棱锥台三视图，见图 2-38b；然后画出 V 面的切口投影，即画出平面 P、Q、S 的 V 面投影 p'、q'、s'，见图 2-38c。

2）由平行面的投影特性，先画出平面 S 在 W 面的投影 s''，再按投影原理完成其在 H 面的投影，即反映实形框的 s，见图 2-38d。同时画出平面 P、Q 的 H 面和 W 面的投影 p、q 和 p''、q''。

3）经检查、修改，擦去不必要的线条，按规定线型加深描粗图线。

3．棱锥切口的画法　图 2-39a 所示为切口的三棱锥，其画法如下：

（1）分析　三棱锥上切口 $DEFG$ 是一个水平面，DE、EF、DG 分别平行于棱锥底面的相应边。切口上的 HFG 面是一个侧平面，HF、HG 是侧平线，由于切口的两个面均垂直于 V 面，其 V 面投影积聚成直线段。作切口的 H 面投影，主要是作 DE、EF、DG 的投影；而在作 W 面投影时，主要是作 HF 的投影。

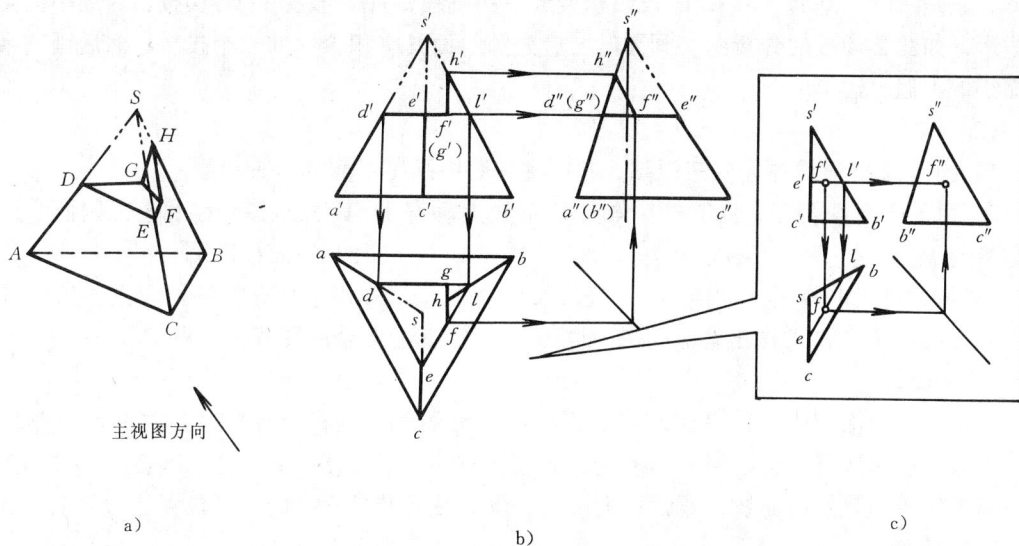

图 2-39　三棱锥切口的三视图
a）轴测图　b）三视图　c）分析图

（2）作图

1）先画出三棱锥的三视图，再根据切口尺寸画切口的 V 面投影。

2）求作切口的 H 面投影，可用作辅助线的方法求得。图 2-39c 的分析图表示求 f、f″ 的方法。另本题也可由 d′ 求作 d，过 d 引 ac 线的平行线交棱线 sc 于 e，再由 d、e 两点分别作 ab 和 bc 的平行线，并与切口上 HFG 面的积聚投影相交于 f、g，即可作出切口的水平投影。

3）切口的 W 面投影的求法请读者自行分析。

4．具有斜面的平面体画法　图 2-40 所示为被斜切的带 V 形槽的四棱柱，其三视图的画法如下：

图 2-40　带 V 形切口四棱柱体的三视图
a）轴测图　b）分析图　c）三视图

58

（1）分析　该平面体为中间带 V 形槽的四棱柱，被斜着切去一部分，形成的斜面为七边形，它是一个正垂面，其 V 面投影积聚成一斜直线，H 面投影和 W 面投影为缩小的类似七边形，如图 2-40b 的分析图。画图时，应先画斜面具有积聚性的一个投影，然后画其余两个缩小的类似七边形。

（2）作图

1）画出带 V 形槽柱体的三视图，并在主视图中画出斜面的积聚投影。

2）由于斜面各点（除 AG 外）均在 V 形柱上垂直于 W 面的各个棱线上，因此它们的投影均与 V 形柱左视图中的相应边重合，只要求出 A、G 的 W 面投影 a″、g″。

3）由主视图中斜面上的点 b′、（c′、e′、f′）、d′求出俯视图中各相应点，然后连接 bc、ef、cd、de，即可作出斜面的 H 面投影。最后擦去多余的图线即为所求。

2.2.2　回转体

由曲面与曲面或曲面与平面围成的形体，称为曲面体。在机件中常见的曲面体是回转体。由直线或曲线绕一轴线回转而形成的曲面体，称为回转体，如圆柱、圆锥、球体和圆环等。这条回转的直线或曲线，通常称为母线；母线在回转过程中的任一位置称为素线。

2.2.2.1　圆柱

1．圆柱的三视图　圆柱是由圆柱面及顶、底平面所围成。图 2-41a 是圆柱的直观图。图 2-41b 是该圆柱的三视图，它们分别为圆柱的顶圆、底圆及圆柱面上相应的转向轮廓线的投影。

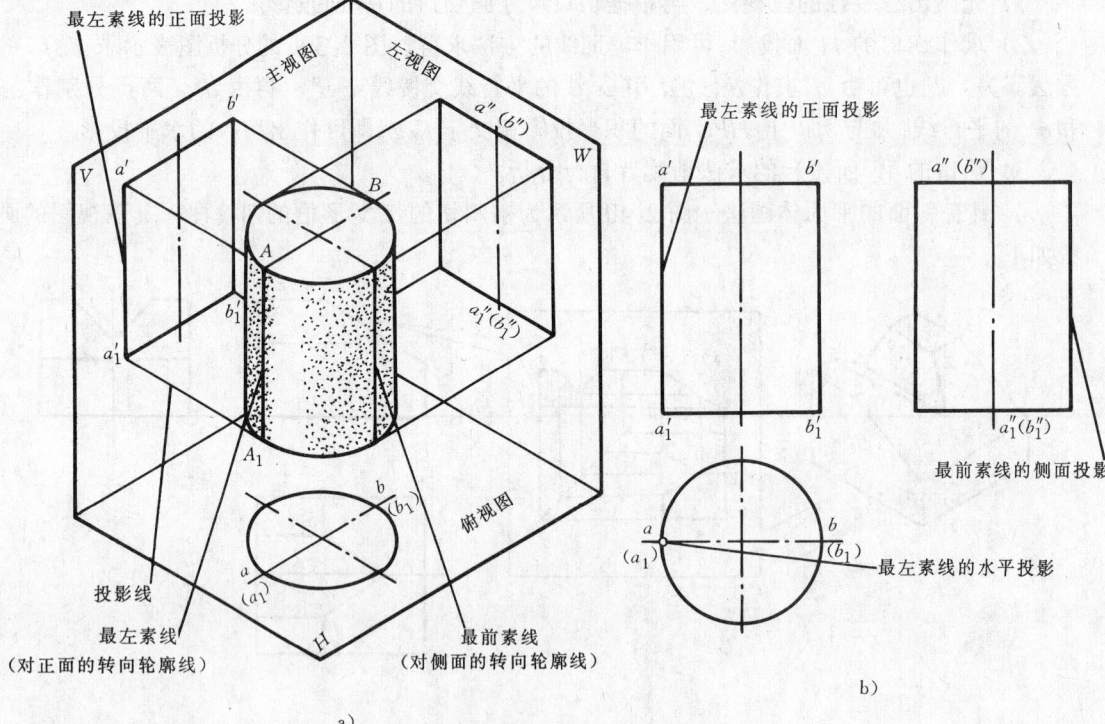

图 2-41　圆柱的三视图
a）直观图　b）三视图

俯视图的圆线框，表示圆柱面的水平投影（图中圆柱轴线为铅垂线，圆柱面的全部素线皆为铅垂线，因此圆柱面的水平投影积聚为一圆）；顶、底面的水平投影反映实形，即由这一圆线框所围成。主视图的矩形线框，表示圆柱面的投影（前半圆柱面和后半圆柱面投影重合）；矩形的上、下两边分别为顶、底面的积聚性投影；左、右两边 $a'a_1'$、$b'b_1'$ 分别是圆柱最左、最右素线的投影，其水平投影积聚成点。在圆周与前后对称中心线的交点处，该两素线的侧面投影与圆柱轴线的侧面投影重合。这两条素线（AA_1、BB_1）是圆柱面由前向后的转向轮廓线，它们把圆柱面分为前、后两半、因此它是主视图上圆柱面的可见与不可见的分界线。左视图的矩形线框，读者可参看图 2-41 和主视图的矩形线框作类似地分析。

　　圆柱三视图的特征是：当圆柱的轴线垂直于某个投影面时，在这个投影面上的视图是圆，而另外两个视图是全等的矩形。

　　画圆柱的三视图时，应先画出轴线和圆的中心线及投影为圆的那个视图，然后画其余两个视图。

　　2. 圆柱面上点的投影　见图 2-42，已知圆柱面上 M 点和 N 点的 V 面投影 m' 和 n'，求作 M、N 两点在 H 面和 W 面上的投影。

　　圆柱面上点的投影，均可利用其投影的积聚性来作图。由于 m' 位于圆柱面前半部分的左边，所以 M 点的 H 面投影 m 必积聚在俯视图中前半个圆的左半部分圆周上。再由 m 和 m' 可求出 m''，由于 M 点处于圆柱面的左半部，所以 m'' 是可见的。

　　N 点的投影读者可自行分析

　　3. 圆柱上切口与凹槽的画法　见图 2-43a，该圆柱上部有左、右对称的切口，下部中间开有凹槽，由圆柱面的形成性质可知：当圆柱上的凹槽、

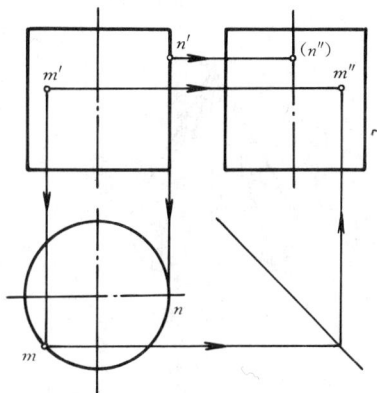

图 2-42　圆柱面上点的投影

切口的平面平行于圆柱体的轴线时，则其与圆柱面的相交线为直线；当切口平面垂直于圆柱

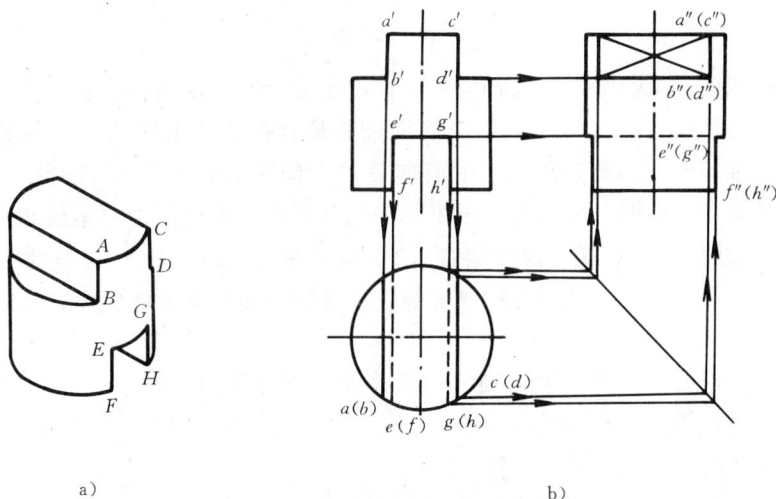

a)

b)

图 2-43　圆柱上切口与凹槽的画法
a) 轴测图　b) 三视图

体的轴线时，则其与圆柱面的交线为圆弧。

作图：

1）先画出圆柱的三视图，然后按所给的尺寸，画出切口与凹槽的 V 面投影。

2）画俯视图中下部凹槽的两条虚线及两侧切口的投影。

3）画左视图时，应注意圆柱体下部最前和最后两条轮廓素线均在切凹槽部位时被切掉，因而其投影是缩进去一部分的轮廓线，见图 2-43b。

2.2.2.2 圆锥及圆台

1. 圆锥的三视图　圆锥由圆锥面及底面围成。图 2-44a 是圆锥直观图，图 2-44b 是该圆锥的三视图，它们分别为圆锥底圆及圆锥面上转向轮廓线的投影。

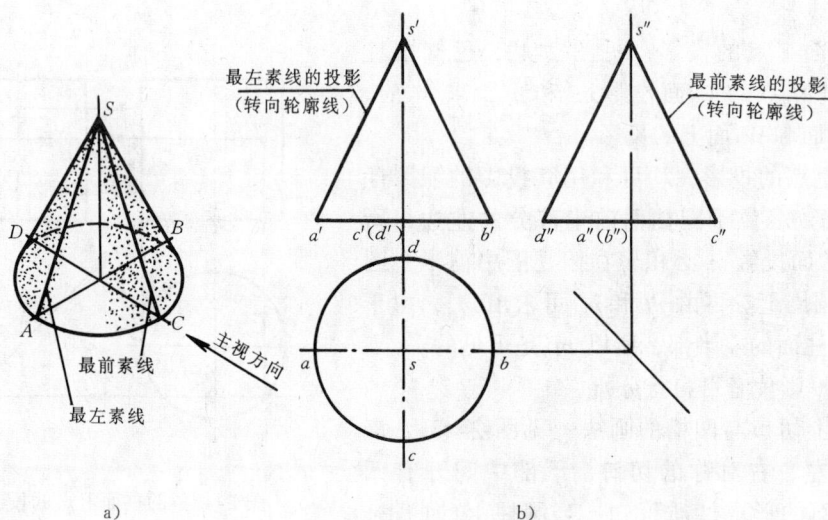

图 2-44　圆锥的三视图
a）直观图　b）三视图

俯视图的圆线框，反映圆锥底面的实形，同时也表示圆锥底面的投影。主、左视图是两个全等的等腰三角形线框，其下边为圆锥底面的积聚性投影。主视图中三角形的左、右两边，分别表示圆锥的最左、最右素线（由前向后的转向轮廓线）SA、SB 的反映实长的投影，它们是圆锥面在主视图上可见与不可见部分的分界线；左视图中三角形的两边，分别表示圆锥面最前、最后素线（由左向右的转向轮廓线）SC、SD 的反映实长的投影，它们是圆锥面在左视图上可见与不可见部分的分界线。上述四条线的其它两面投影，由读者自行分析。

圆锥三视图的特征是：当圆锥的轴线垂直于某个投影面时，在这个投影面上的视图是圆，而另外两个视图是全等的等腰三角形。

画圆锥三视图的方法与画圆柱一样。

2. 圆锥面上点的投影　已知圆锥面上 M 点的 V 面投影 m′，求作其 H 面投影 m 和 W 面投影 m″，作图方法有两种：

（1）辅助素线法　见图 2-45a，过锥顶 S 和锥面上 M 点作一辅助素线 SA，作出其 H 面

投影 sa , 就可求出 M 点的 H 面投影 m , 然后再根据 m' 和 m 求得 m'' , 其作法见图 2-45b。

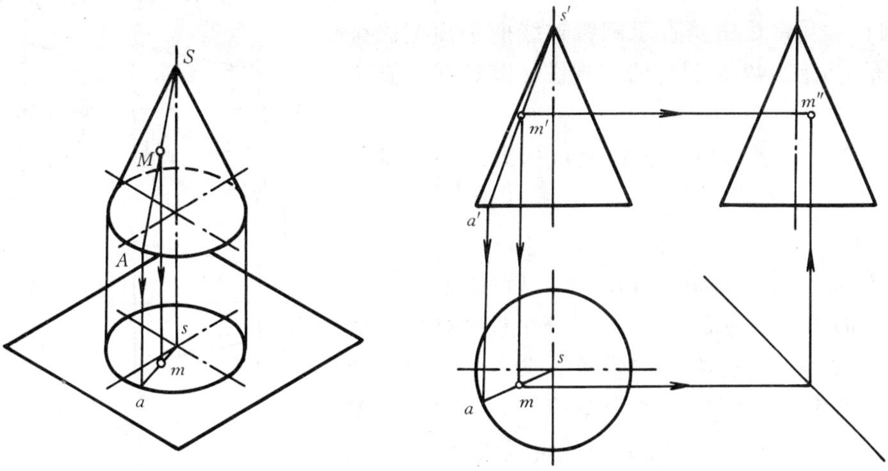

图 2-45　用辅助素线法求作圆锥表面上点的投影

a) 分析图　b) 三视图

由于锥面的 H 面投影均是可见的, 故 m 点也是可见的。又因 M 点在左半部的锥面上, 而左半部锥面的 W 面投影是可见的, 所以 m'' 也是可见的。

(2) 辅助平面法　见图 2-46a, 过 M 点在圆锥面上作一垂直于轴线的辅助平面。该辅助平面与圆锥表面的交线是一个与底面平行的圆, M 点的各个投影必在该辅助平面的相应投影上。

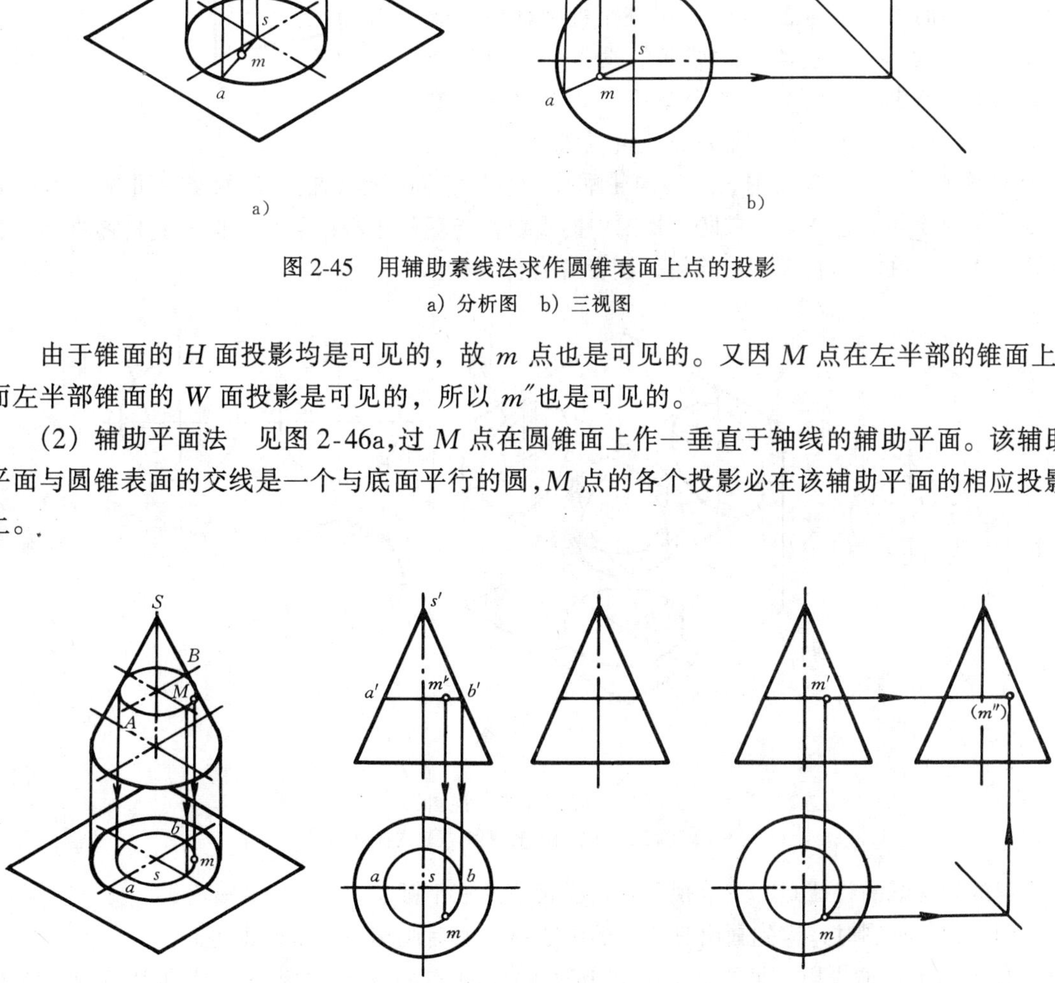

图 2-46　用辅助平面法求作圆锥表面上点的投影

a) 分析图　b)、c) 三视图

作图时, 见图 2-46b、c, 在主视图上过 m' 点作水平线交圆锥轮廓素线于 $a'b'$, (该辅助平面为水平面, 水平面的投影特性在 V 面与 W 面的投影均积聚为一平直线), $a'b'$ 即为辅助平面的 V 面投影。作出辅助平面的 H 面投影（以 s 为圆心，sa 或 sb 为半径画圆），m 点必定在该圆周上，根据投影关系，求出 m 点，最后求得 m″，并判别可见性，即为所求。

3. 圆台　圆台是由垂直于圆锥轴线的平面截去头部后形成的。图 2-47 是圆台的三视图，其轴线垂直于 W 面。

画圆台视图以及求圆台表面上点的方法与圆锥相同。

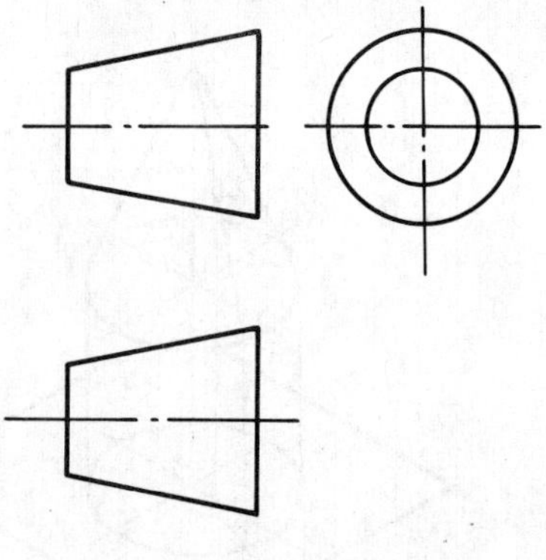

2.2.2.3　球

1. 球的三视图　球面可看作一圆（母线）围绕它的直径回转而成，见图 2-48a。球的三个视图都是与球直径相等的圆形，它们均表示球面的投影。球的各个投影图形虽然都是圆形，但各个圆的意义不同，见图 2-48b、c，主视图中的圆 a′ 是球面上轮廓素线圆 A 平

图 2-47　圆台的三视图

行于 V 面的投影，也就是前、后转向轮廓线的投影，同时也是前、后两半球可见和不可见的分界圆的投影。它在俯、左两个视图中的投影都与球的中心线重合。球面上其它两个轮廓素线圆 B、C 在三个视图中的投影，读者可自行分析。

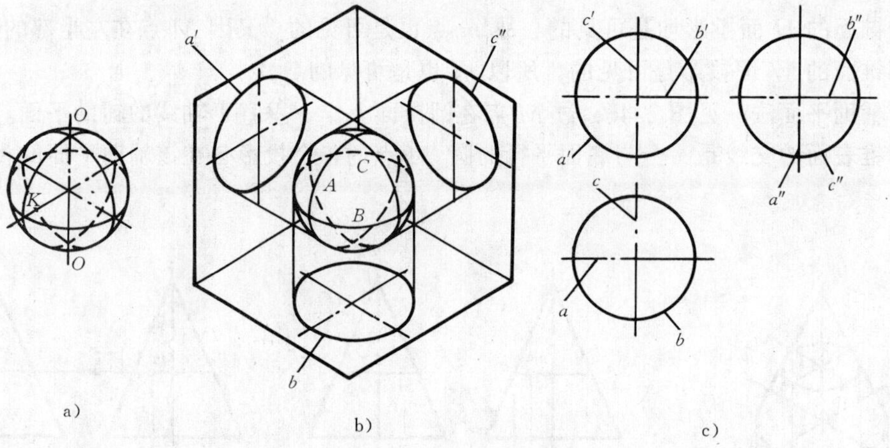

图 2-48　球的三视图
a) 球面的形成　b) 轴测图　c) 三视图

球的三视图的特征是：三个视图是直径相等的三个圆。

画球的三视图时，应先画出三个圆的中心线，然后画出三个等圆即可。

2. 球面上点的投影　见图 2-49，已知球面上 M 点的 V 面投影 m′，求作其另两个投影 m 和 m″。

根据 m′ 的位置和可见性，说明 M 点在前半球的右上部。求点 M 的其它投影时，可采用辅助平面法。在图 2-49a 中，采用的辅助平面为水平面，因此，在球面的主视图上过 m′ 作水平辅助圆的投影 1′2′，在俯视图中作辅助圆的水平投影（即以中心线交点为圆心，1′2′ 为直径画圆），然后由 m′ 作 X 轴垂线，在辅助圆的 H 面投影上求得 m，最后由 m′ 和 m 即可求得 m″。其中 m 为可见，m″ 为不可见。

同样，也可按图 2-49b 所示，采用侧平面为辅助平面，先求作 m'' 的投影，再由 m' 和 m'' 求得 m。

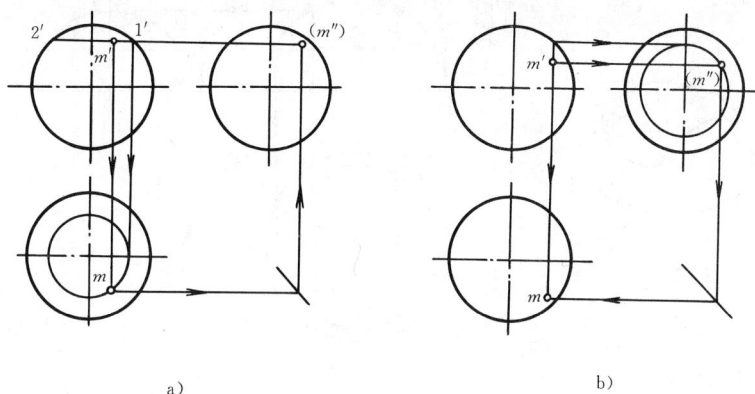

a)   b)

图 2-49 球面上点的投影
a) 用辅助平面法——水平面求投影点 b) 用辅助平面法——侧平面求投影点

3. 球切口的画法 球被任意的平面所截切,所得交线都是圆。圆的直径大小取决于切平面与球心的距离,当切平面通过球心时,交线圆的直径为最大,等于球的直径,见图 2-50。

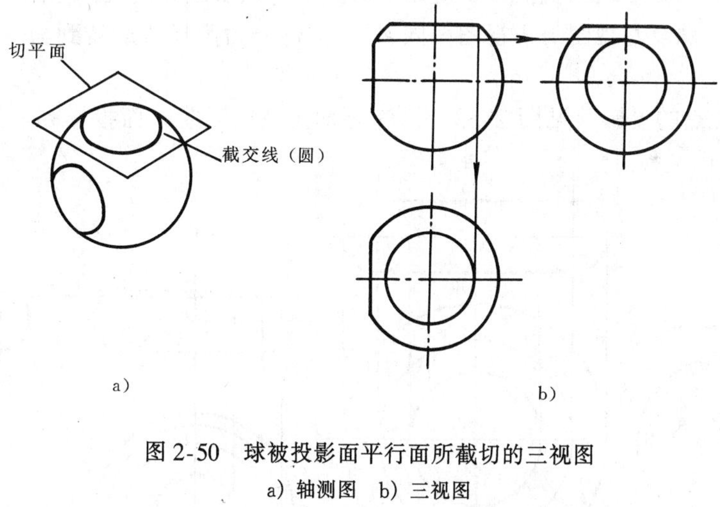

a)   b)

图 2-50 球被投影面平行面所截切的三视图
a) 轴测图 b) 三视图

如图 2-51a 所示,在半球体上切一凹槽,它可以看成是用两个侧平面和一个水平面切割半球而成。凹槽各个面与球表面的交线都是圆弧。

图 2-51b 为在半球上切割一凹槽的三视图。画图时先画主视图,因凹槽的各个面都是垂直于 V 面,所以在主视图上,凹槽各个面都积聚成直线段。其在 W 面和 H 面上的投影,可按球面上平行于投影面的圆的画法作出。

2.2.2.4 圆环

1. 形状分析 圆环可看作是以圆为母线,绕同一平面上的不相交的轴线 OO_1 旋转而成,见图 2-52a。圆环外面的一半表面,称为外环面,是由母线圆的 $\overset{\frown}{ABC}$ 弧旋转形成的。里面的一半表面，称为内环面，是由母线圆的$\overset{\frown}{ADC}$弧旋转形成的。

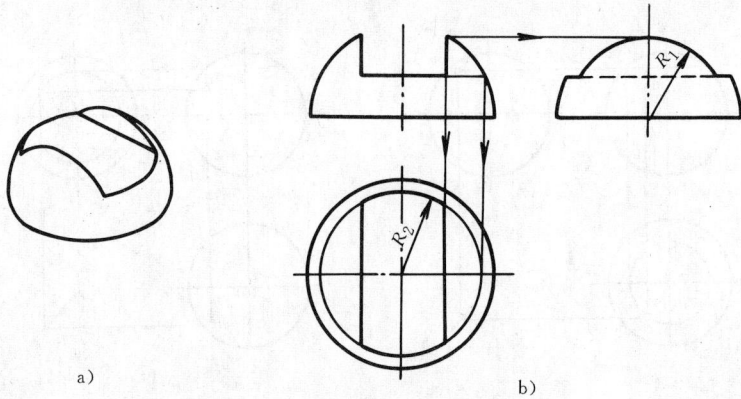

图 2-51　半球体切割凹槽的画法

a) 轴测图　b) 三视图

2. 画法和投影分析　图 2-52b 所示是圆环轴线是铅垂线时的投影图。

画图时，首先画出中心线，其次画主视图中平行于 V 面的素线圆 $a'b'c'd'$ 和 $e'f'g'h'$。然后画上、下两条轮廓线，它们是内、外环面分界处的圆的投影。因为圆环的内环面从前面看是看不见的，所以素线圆靠近轴线的一半应该画成虚线。最后画出俯视图中最大、最小轮廓圆和中心圆，即完成作图。左视图与主视图相同，只是圆部分为圆母线旋转到与 W 面平行时的投影。

3. 圆环面上点的投影　见图 2-53，已知环面上 M 点的 V 面投影 m'，求作其 H 面和 W 面投影 m、m''。

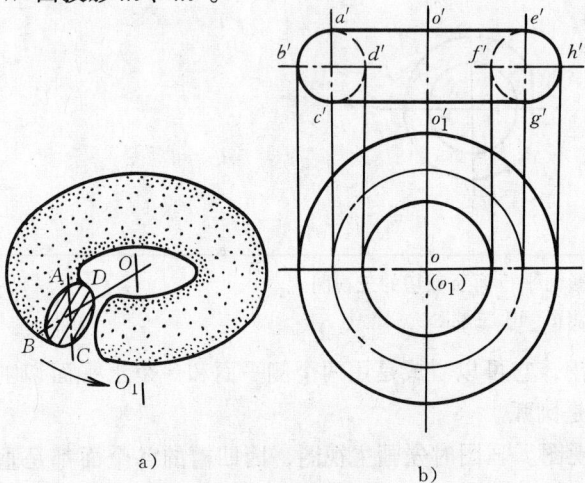

图 2-52　圆环的投影分析

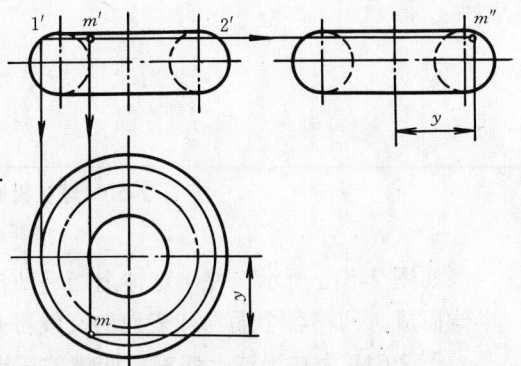

图 2-53　圆环面上点的投影

由于 m' 为可见点，所以 M 点在外环面上的前半部。可采用在环面上过 M 点作一水平辅助圆（纬圆）的方法求点，作图时先由 m' 作一横向线 $1'2'$，它为辅助圆在 V 面上的积聚投影，再以 $1'2'$ 为直径作出辅助圆在俯视图中的投影，并由 m' 作 X 轴垂线求得 m；最后由 m' 和 m 求得 m''。

因为 M 点在左边上半部外环面上，所以 m 和 m'' 均为可见。

2.2.3 基本体及其切口、穿孔的尺寸标注

机械零件是依据图中的尺寸进行加工的。因此，图样中必须正确地注出尺寸。本节是在学习了前面 1.2.2.5 尺寸标注法的基础上，进一步学习尺寸注法。

2.2.3.1 基本体尺寸注法

1. 平面体尺寸注法 平面体一般应注出其长、宽、高三个方向的尺寸，见图 2-54。正方形的尺寸可采用"边长×边长"的形式注出，见图 2-54d

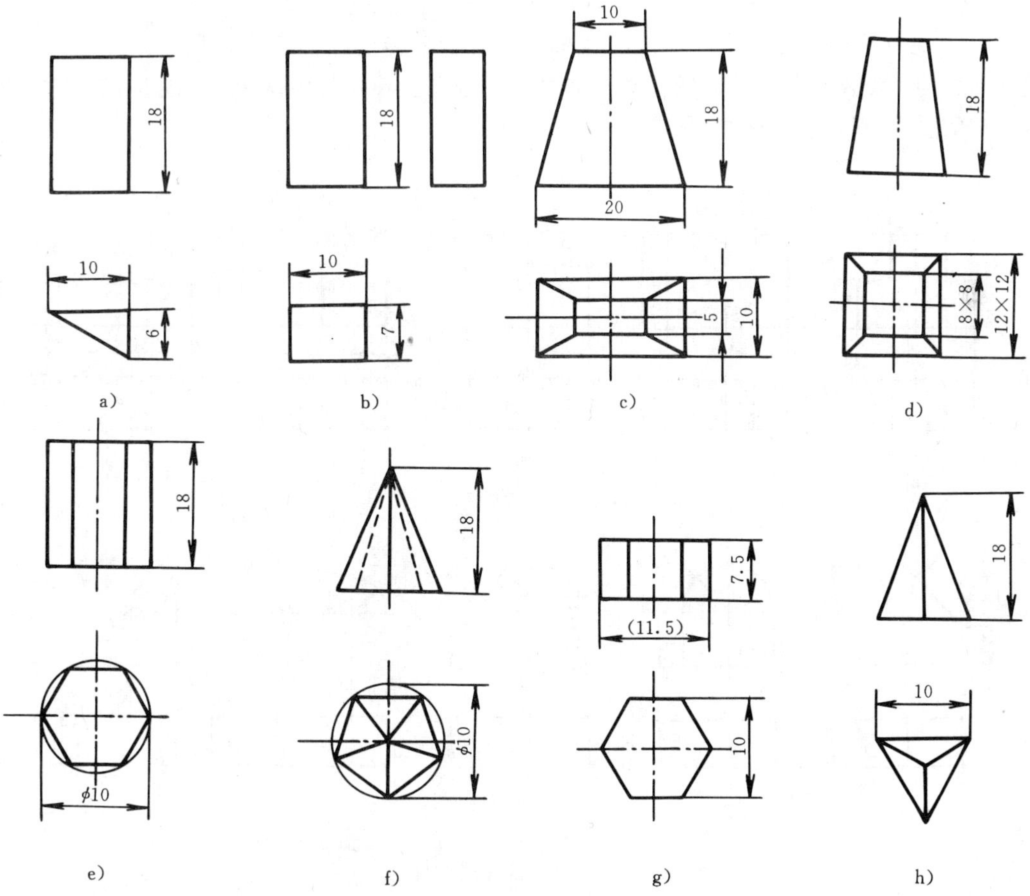

图 2-54 平面体的尺寸注法

棱柱、棱锥以及棱台，除了应标注高度尺寸外，还要标出决定其顶面和底面形状的尺寸，但可根据需要有不同的注法，如图 2-54e 中标出六边形的对角距，而图 2-54g 中则标出其对边距。

2. 回转体尺寸注法 圆柱和圆锥应标出底圆直径和高度尺寸，圆台还应加注顶圆的直径。在注直径尺寸时应注意在数字前面加注"ϕ"，而且往往注在非圆的视图上，用这种标注形式有时只要用一个视图就能确定其形状和大小，其它视图就可省略，见图 2-55。

球在直径数字前加注"$S\phi$"，也只需一个视图，见图 2-55d。圆环应注素线圆的直径和素线圆中心轨迹的直径，见图 2-55e。

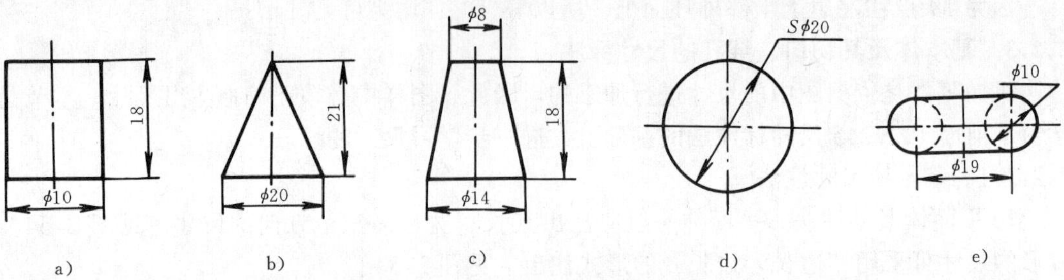

图 2-55　回转体的尺寸注法

3．常见柱体类形体的尺寸注法　在机件中各种各样的柱体最为常见，标注这类柱体的尺寸时，为了读图方便，常在能反映柱体特征的视图上集中标注两个坐标方向的尺寸，但也可根据需要有不同的注法，见图 2-56。

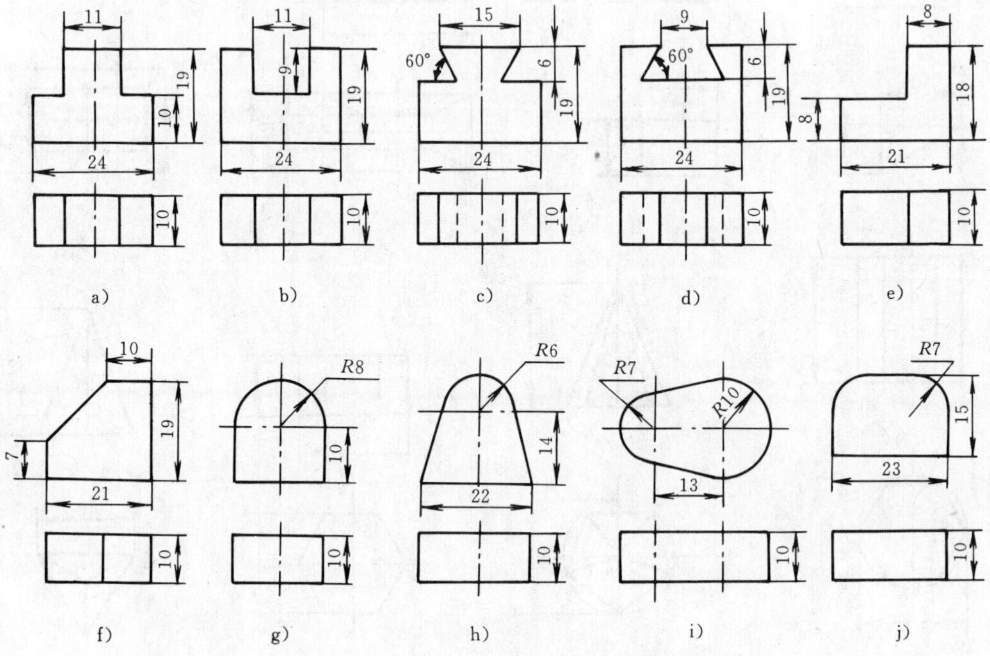

图 2-56　柱体尺寸标注

2.2.3.2　带切口和穿孔的基本体尺寸注法

1．斜面或切口的尺寸注法　这类形体除了注出基本体的大小尺寸外，还应注出确定斜面或切口平面位置的尺寸，见图 2-57a、b、c。

由于切口交线是由切平面位置所确定的，是切平面截断形体而产生的相交线，因此不需要标注尺寸，见图 2-57d、e 中的 17、R9 和 R10 均是错误注法。

2．带凹槽和穿孔的基本体尺寸注法　这类形体除了注出基本体的大小尺寸外，还应注出槽或孔的大小和位置尺寸，见图 2-58。

3．带槽、孔等结构的板状形体尺寸注法　这类形体在机件中也是较常见的，除了应按柱体类注出其大小尺寸外，还应注出孔、槽等结构的大小尺寸和位置尺寸，见图 2-59。如有几处槽、孔以及圆弧等相同结构时，可只注出一处的尺寸。对于圆孔应加注孔数，见图

2-59b 中的 2×ϕ7，即表示两个直径为 7 的圆孔。确定槽或孔定位尺寸一般都应直接注出，但

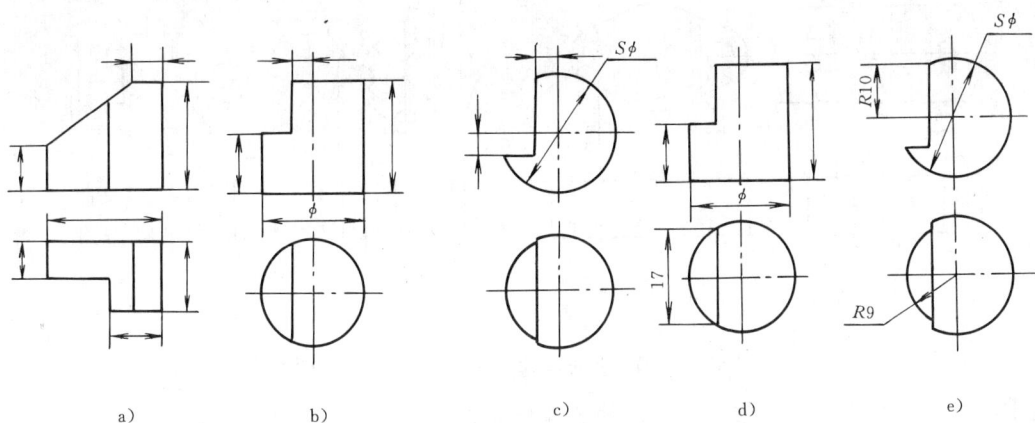

图 2-57　带斜面和切口的基本体尺寸注法

a)、b)、c) 正确　d)、e) 错误

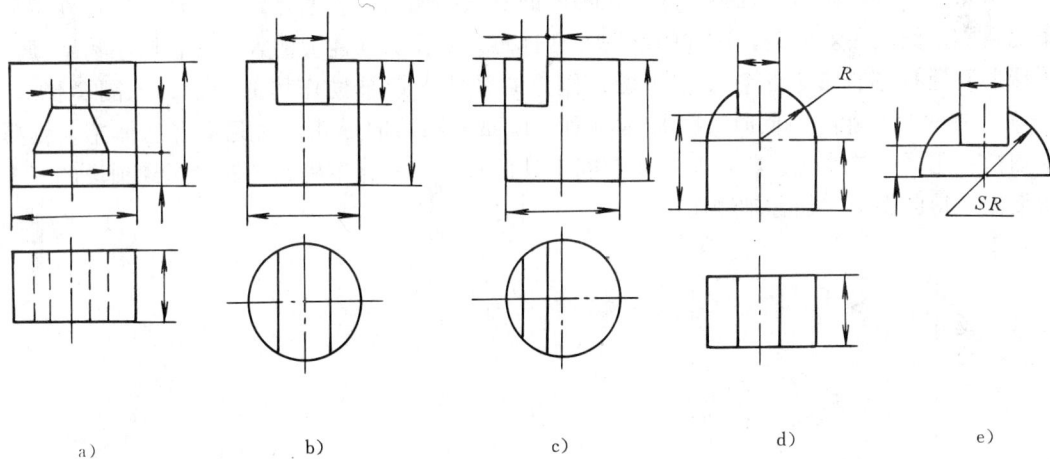

图 2-58　带凹槽和穿孔的基本体尺寸注法

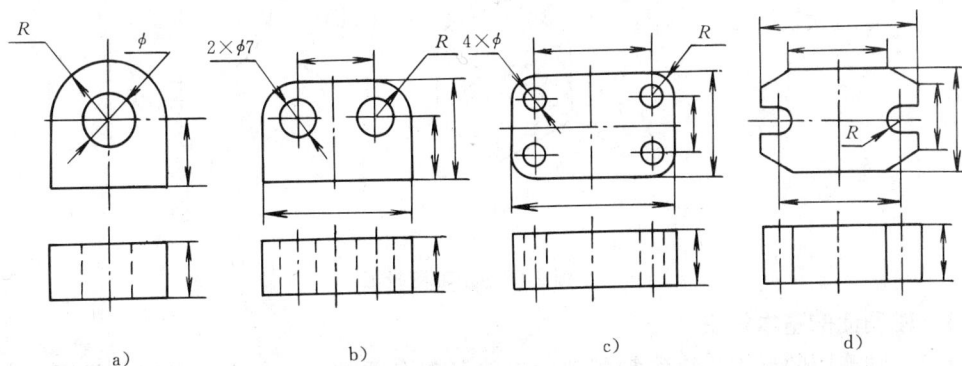

图 2-59　带槽、孔等结构的板状形体尺寸注法（一）

图 2-59　带槽、孔等结构的板状形体尺寸注法（二）

在中心线上时可省略一个或二个方向的定位尺寸。

2.3　轴测图

　　根据正投影法画出的视图，能表达物体的真实结构形状，而且作图方便，因此在工程制图上得到广泛应用。但是，这种图形缺乏立体感，对无看图能力的人来说，则不易看懂。为了帮助看懂视图，常采用轴测投影图，作为看视图时起辅助作用的图形，见图 2-60a。图2-60a，在一个投影上可同时反映物体前面、顶面和侧面的形状，因此富有立体感。轴测投影图是：用平行投影法，将空间物体及确定其位置的空间直角坐标一起投影到预设的一个投影面上所得的图形，简称轴测图。

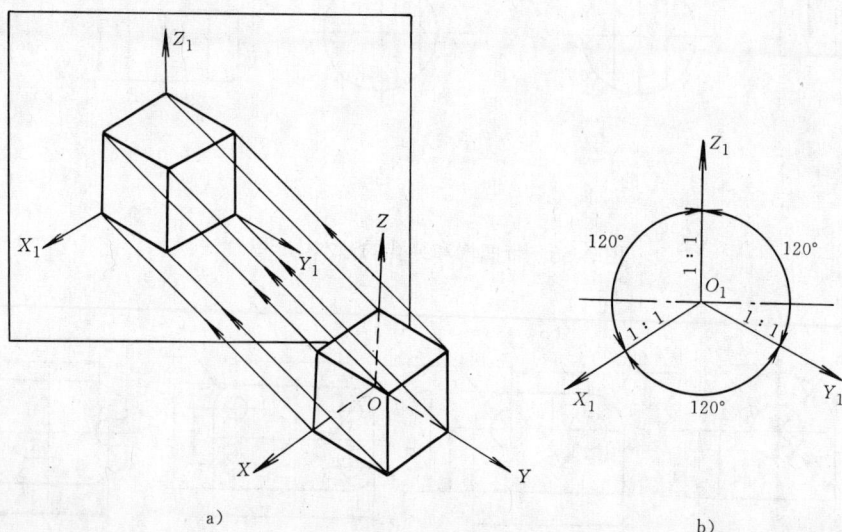

图 2-60　正轴测投影

2.3.1　轴测图的基本知识

2.3.1.1　轴测图的形成　得到轴测图的方法基本有两种。一种方法是在正投影的条件下，将物体转动适当角度，使其前面、顶面和侧面均呈可见状态，见 2-60a。另一种方法是物体

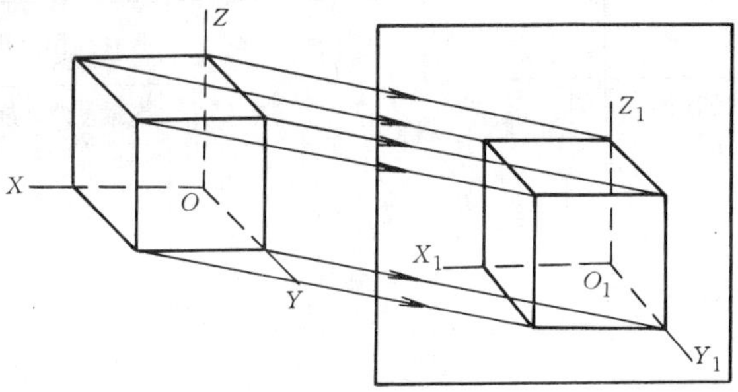

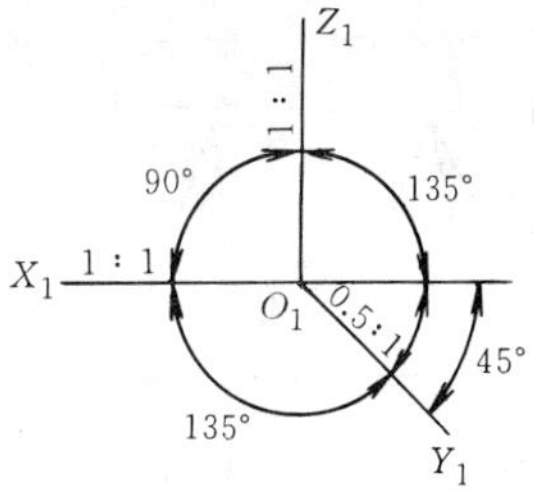

a)

b)

图 2-61　斜轴测投影

仍然正放在投影面前，用斜投影法（即投影线互相平行，但倾斜于投影面）也可使其前面、顶面和侧面均呈可见状态，见图 2-61a。

轴测投影的投影面称为轴测投影面。三向坐标轴 OX、OY、OZ 在轴测投影面的投影 O_1X_1、O_1Y_1、O_1Z_1 称为轴测轴。两轴测轴之间的夹角 $\angle X_1O_1Y_1$、$\angle Y_1O_1Z_1$、$\angle X_1O_1Z_1$ 称为轴间角。

2.3.1.2　轴测图分类　按物体对轴测投影面所放位置和投影方向不同，常用的轴测图分为正等测和斜二测两种轴测图。

（1）正等测轴测图　当三根坐标轴与轴测投影面的倾斜角度都相等时，用正投影法在轴测投影面上画出的轴测图，称为正等测轴测图，简称正等测，见图 2-60a。正等测图的三个轴间角都相等，均为 120°，见图 2-60b。为了作图简便，画图时，所有轴向尺寸可按三视图中的尺寸 1:1 量取。

（2）斜二测轴测图　当物体的 OX 和 OZ 轴与轴测投影面平行，OY 轴与轴测投影面垂直时，用斜投影法在轴测投影面上画出的轴测图，称为斜二测轴测图，简称斜二测图，见图 2-61a。斜二测图的轴间角 $\angle X_1O_1Z_1 = 90°$，$\angle X_1O_1Y_1 = \angle Y_1O_1Z_1 = 135°$，见图 2-61b。画图时，$OX$、$OZ$ 的轴向尺寸可按 1:1 量取，OY 的轴向尺寸按 0.5:1 量取。

（3）轴测图的基本画图规律　从图 2-60 和图 2-61 中可以看出，无论是正等测图或是斜二测图，画图时均应遵守如下规律：

1）物体上各轴向直线段，均可沿轴测轴方向量取尺寸画出。

2）物体上凡是与坐标轴平行的直线，在轴测图中，也必定与相对应的轴测轴平行。

3）物体上凡是互相平行的直线，在轴测图中也必定互相平行。

4）物体上不与坐标轴平行的直线，可用坐标定点法确定其两端点进行画出。

2.3.2　正等测图的画法

2.3.2.1　平面立体的画法　画平面立体的正等测图，一般先按坐标画出物体上各点的轴测图，再由点连成线和面，从而绘成物体的轴测图。这是画轴测图最基本的方法，即坐标法。

坐标法就是将形体上各点的直角坐标位置移置于轴测坐标系统中去，定出各点的轴测投影，从而就能作出整个形体的轴测图。

例 1　求作三棱锥的正等测图，见表 2-8。

表 2-8 三棱锥正等测图的画法及步骤

图 例	作图步骤	图 例	作图步骤
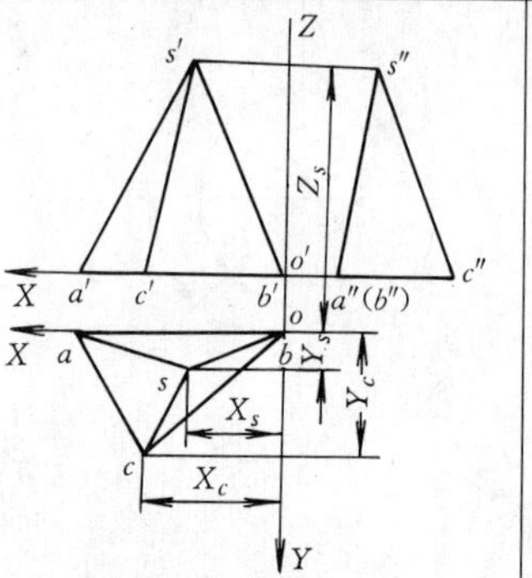	在三棱锥的视图上定坐标轴。考虑到作图方便，把坐标原点选在底面上点 B 处，并使 AB 与 OX 轴重合	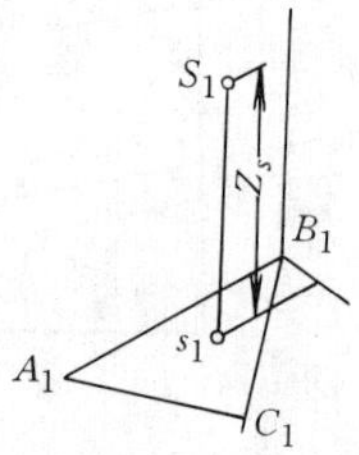	根据 s 的高度定出 s_1
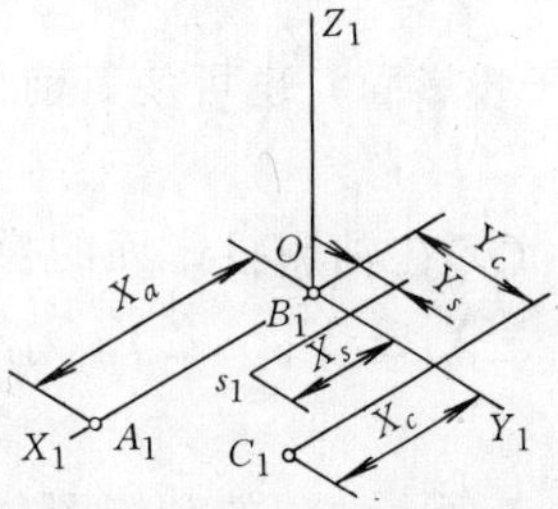	画轴测轴，定底面各顶点和锥顶 s 在底面的投影 s_1	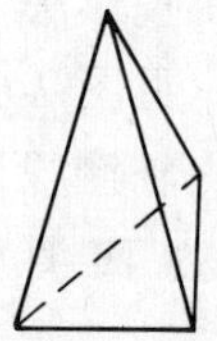	连接各顶点，描深即完成作图

例 2 求作正六棱柱的正等测图，见表 2-9。

表 2-9 正六棱柱正等测图的画法及步骤

图 例	作 图 步 骤	图 例	作 图 步 骤
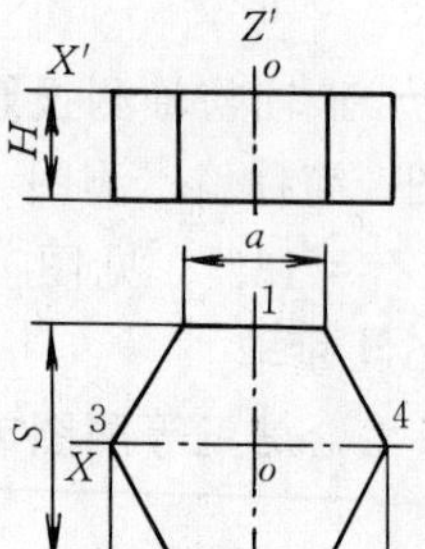	在视图上定坐标轴 由于正六棱柱前后、左右对称，故选择顶面的中点作为坐标原点，棱柱的轴线作为 Z 轴，顶面的两对称线作为 X、Y 轴	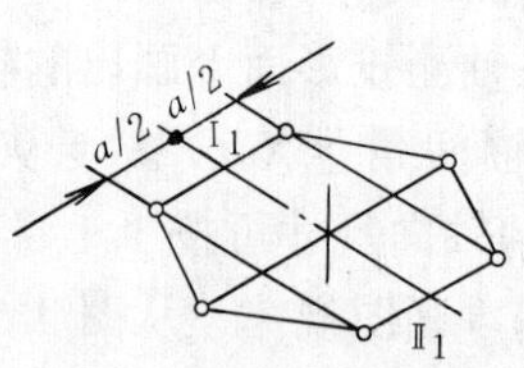	过 I_1、II_1 作直线平行 $O_1 X_1$，并在所作两直线上各取 $a/2$ 和连接各顶点
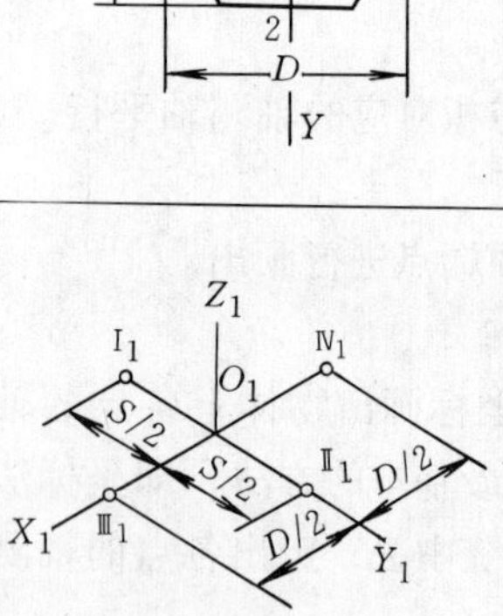	画轴测轴，根据尺寸 S、D 定出 I_1、II_1、III_1、IV_1 点。	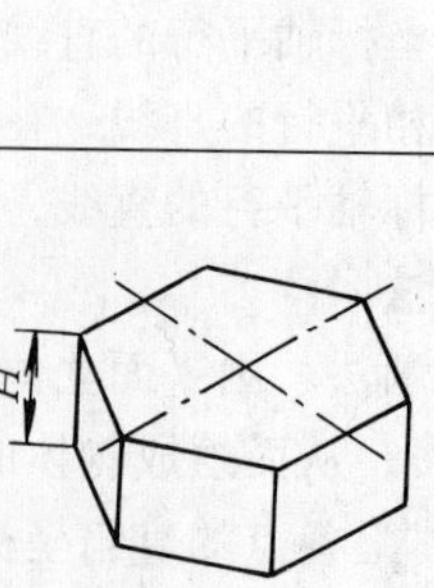	过各顶点向下画侧棱，取尺寸 H，画底面各边，描深即完成全图

从上述两例的作图过程中，可以总结出以下两点：

1）画平面立体的轴测图时，首先应选好坐标轴并画出轴测轴，然后根据坐标确定各顶点的位置，最后依次连线，完成轴测图。具体画图时，应分析平面立体的形状特征，一般总是先画出物体上一个主要表面的轴测图。通常是先画顶面，再画底面，有时需要先画前面，再画后面，或者先画左面再画右面。

2）为使图形清晰，轴测图中一般不画虚线。但有些情况下，为了相互衬托以增加图形的直观性，也可画出虚线。

坐标法的另一种形式——方箱法。

方箱法就是假设将形体装在一个辅助立方体里来画轴测图的方法，实质上它是利用辅助方箱作为基准来定点的坐标位置的，见表 2-10。

表 2-10　方　箱　法

作　法	图　示　步　骤
方箱画法： 一点起画， 每点三线， 每角三面， 面面相连成方箱	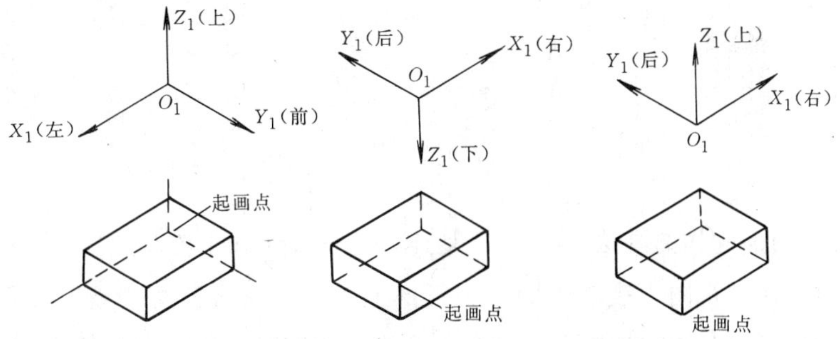
截 切 作 法	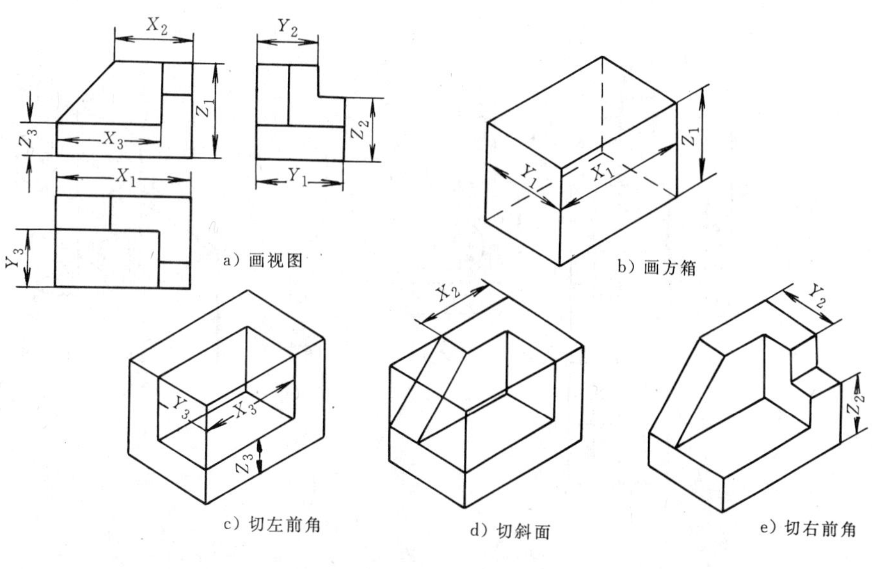 a）画视图　　b）画方箱 c）切左前角　　d）切斜面　　e）切右前角

72

（续）

作　法	图　示　步　骤

叠

加

作

法

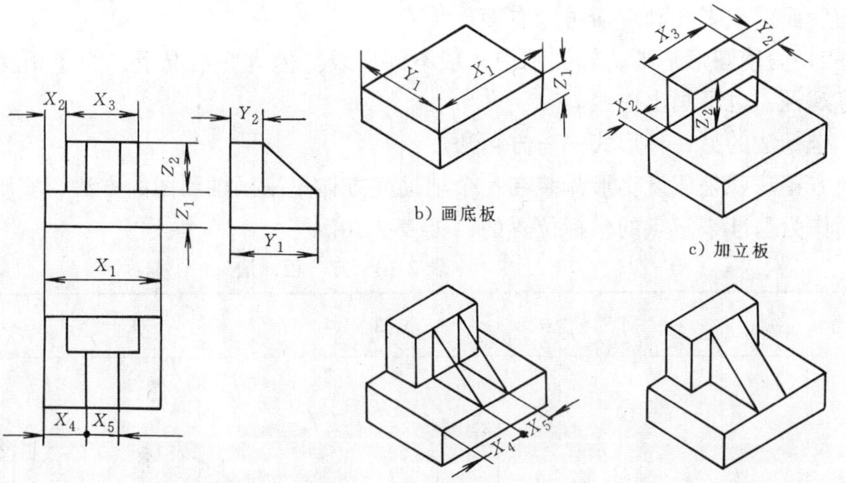

a）画视图　　　b）画底板　　　c）加立板　　　d）加三角板　　　e）完成作图

2.3.2.2　曲面立体的画法　图 2-62 是连杆的三视图和正等测图。从三视图与正等测图对照可以看出，在三视图中表现为圆或圆弧的曲线，在正等测图中就变成椭圆或椭圆弧了。因此，画曲面立体的正等测图，必须学会并掌握椭圆的画法。在正等测图中常采用四心法画椭圆，见表 2-11。

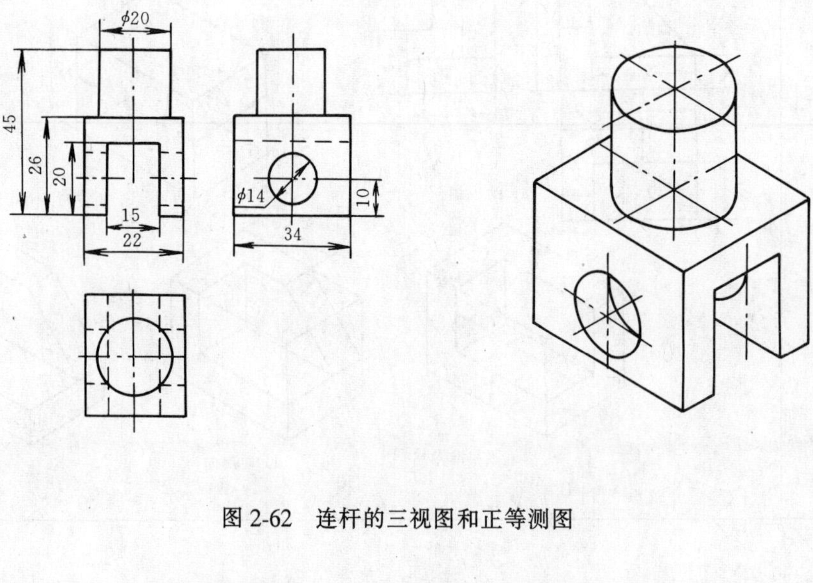

图 2-62　连杆的三视图和正等测图

表 2-11　外切菱形（四心法）法画椭圆

图　例	作图步骤	图　例	作图步骤
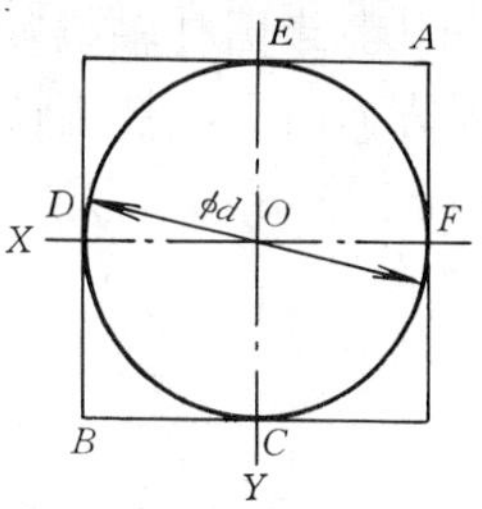	确定坐标轴 OX、OY 与圆的对称中心线重合，然后作圆的外切正方形，切点为 C、D、E、F	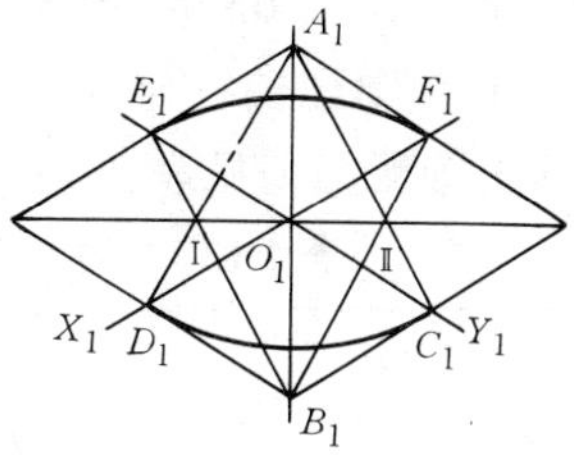	连接 A_1C_1 和 A_1D_1 交椭圆长轴于 I、II 两点
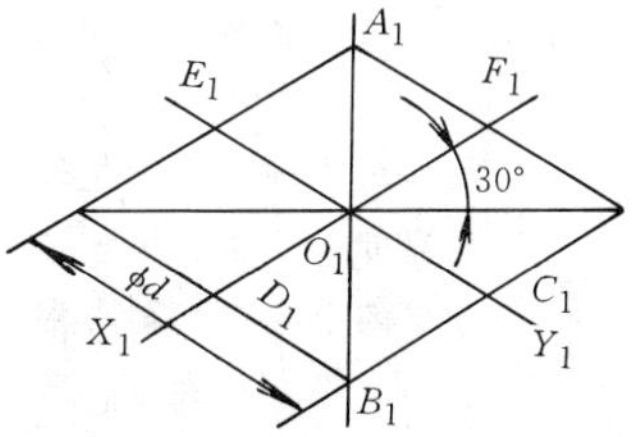	画轴测轴和圆外切正方形的轴测投影（菱形），其边长为圆的直径 d		
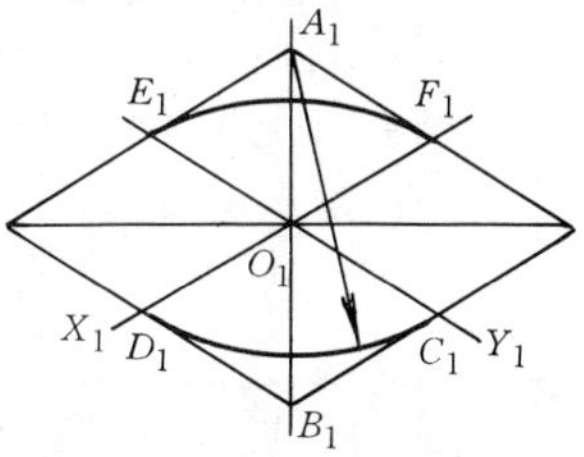	以 A_1、B_1 为圆心，以 A_1C_1 为半径，画出椭圆的两个大圆弧	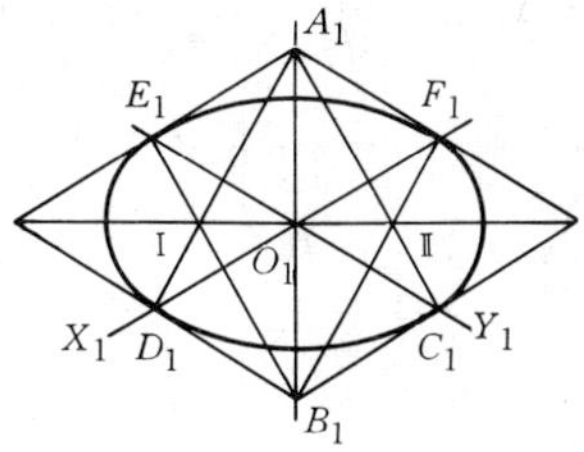	以 I、II 为圆心，ID_1 为半径画出椭圆的两个小圆弧，在 C_1、D_1、E_1、F_1 处与大圆弧相接，即得所画的椭圆

图 2-63a 表示圆在三个不同方向平面内的正等测图。其中椭圆 1 平行于水平面，椭圆 2

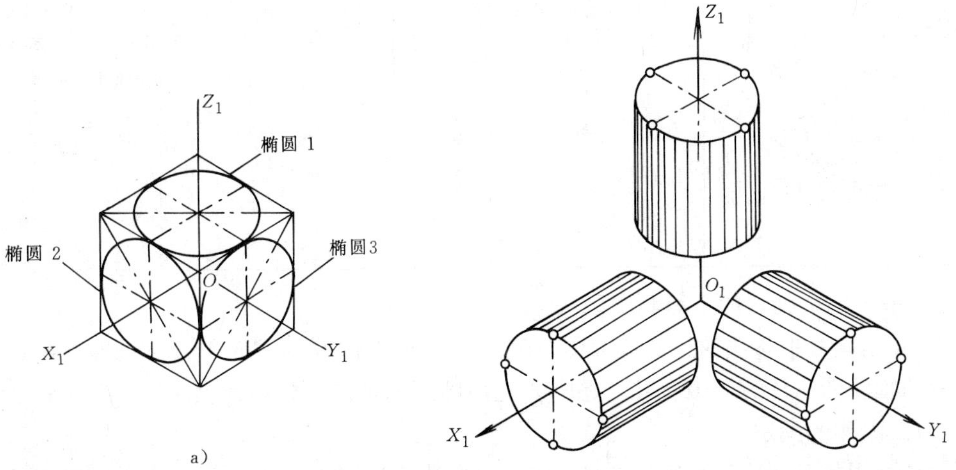

图 2-63　三个方向圆的正等测图画法

平行于侧面，椭圆 3 平行于正面，这三个椭圆都是用菱形法（即四心法）所画出的，它们的画法完全相同（只要将其中一椭圆旋转 60°，便可得到另一个椭圆），所不同的只是画各椭圆的菱形边和轴的方向有所不同，在作图时切不可搞错。在正等测图上，圆柱两端的圆的平面都画成椭圆。而椭圆的位置，则由圆柱的轴线方向所确定，见图 2-63b。当圆柱轴线与 Z 轴同方向时，则椭圆位置如图 2-63b 上方所示；当圆柱轴线与 X 轴同方向时，则椭圆位置如图 2-63b 左下方所示；当圆柱轴线与 Y 轴同方向时，则椭圆位置如图 2-63b 右下方所示。

例 1 求作圆柱的正等测图，见表 2-12。

表 2-12 圆柱正等测图的画法及步骤

图 例	作 图 步 骤	图 例	作 图 步 骤
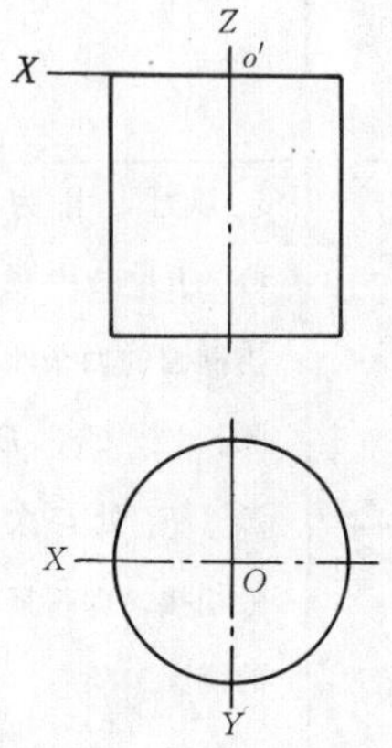	圆柱的顶面和底面都平行于水平面，而且是同样大小的圆 把坐标轴选定在圆柱体的上（或下）端面上。	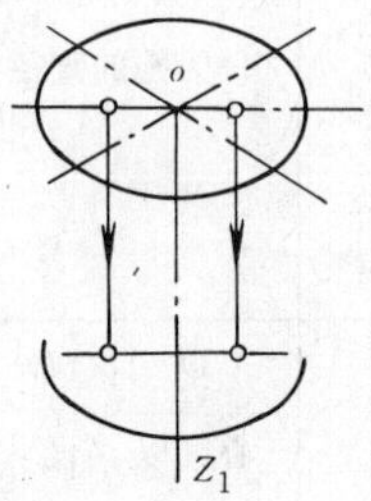	另一种画法：若完成顶圆的轴测图后，再在 Z_1 轴上直接量取高度尺寸 H，再由顶面椭圆的四个圆心都向下度量 H 距离，即可得底面椭圆各个圆心的位置，并由此画出底面椭圆。这种方法称圆心平移法
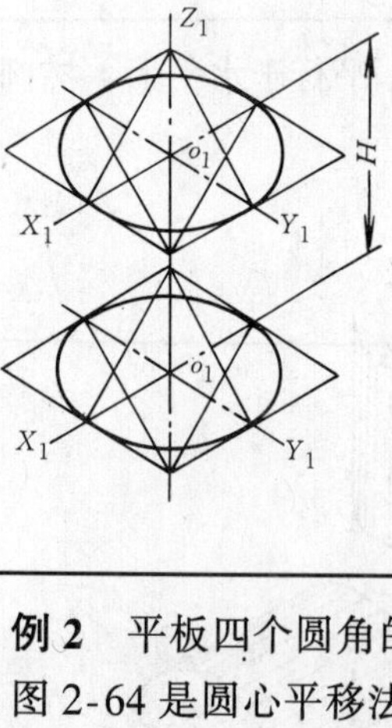	画出轴测轴。按圆柱高度尺寸 H 在 O_1Z_1 轴上确定圆柱上，下两面的中心位置 用四心法画出上、下两端面的椭圆	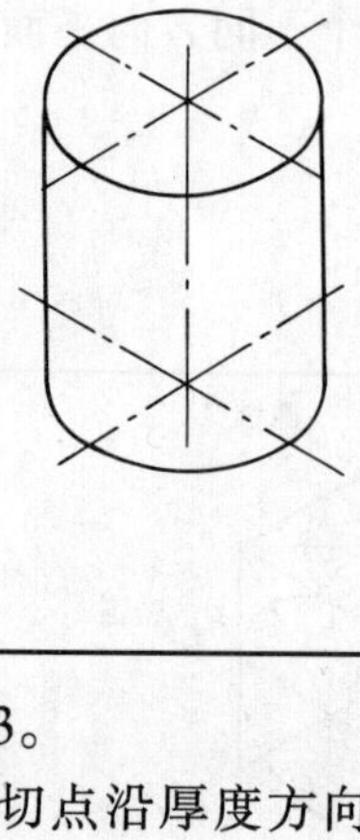	画出平行于 O_1Z_1 轴线两椭圆的相切的轮廓线 擦去多余的线条，将图线加深（不可见的线可省略不画），即得圆柱的正等测图

例 2 平板四个圆角的正等测图画法，见表 2-13。

图 2-64 是圆心平移法的局部放大图，将圆心和切点沿厚度方向平移 h，即可画出相同部分圆角的轴测图。注意图中有几处还需要在两圆弧间加画一根切线。

2.3.3 斜二测图的画法

因斜二测图能反映物体平行于 XOZ 坐标平面的实形所以画图方便，特别适宜于画该方向圆比较多的机件的轴测图，见图 2-65。利用这一特点来画单方向形状复杂的物体，使其轴测图简便易画。

表 2-13　平板四个圆角的正等测图的画法

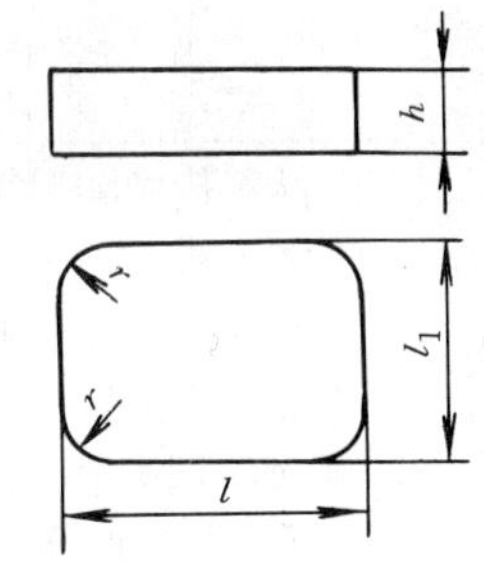 平板的两视图	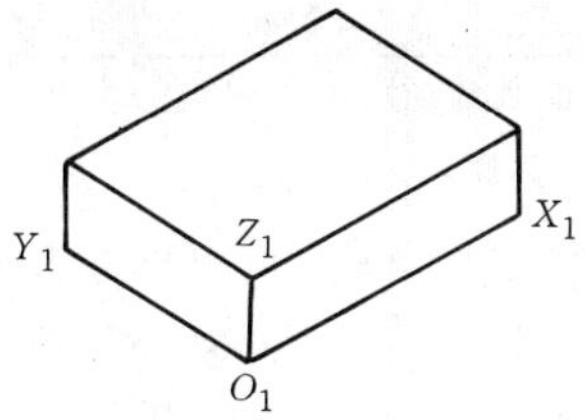 1）先画轴测轴 O_1X_1、O_1Y_1、O_1Z_1，根据平板的长、宽、高画出它的正等测图	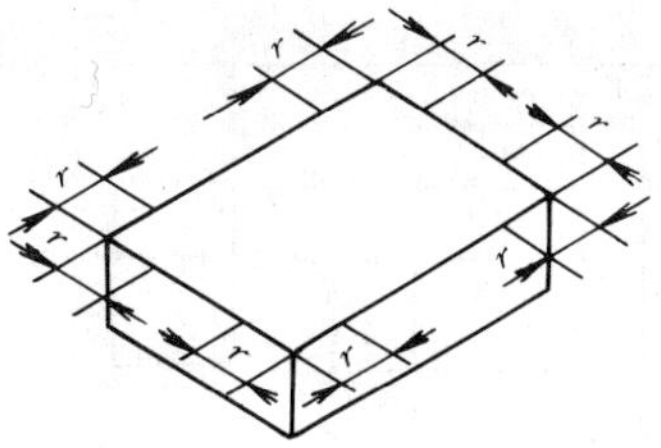 2）从长方体顶面四个角的顶点向四条边截取 8 个连接点（切点），其长度等于圆角半径 r
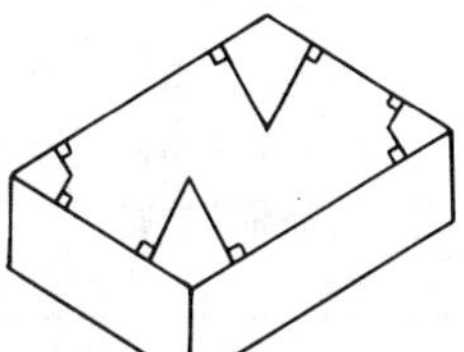 3）从各连接点（切点）作各条边的垂线，得四个交点，即为各圆角的圆心	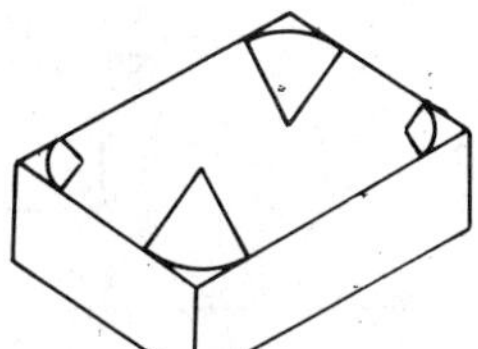 4）以交点为圆心，交点至切点距离为半径画弧，光滑地连接直线 5）将顶面圆心向 Z 方向下移 h 高，即可照上面方法画出底面的可见部分圆角	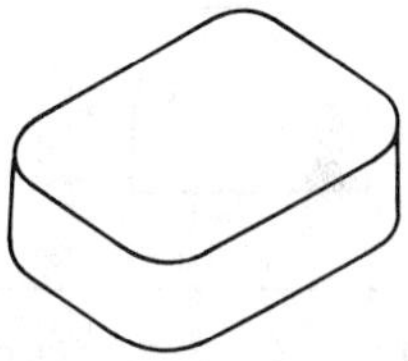 6）完成整个图形，擦去不必要的线条，并加深轮廓线

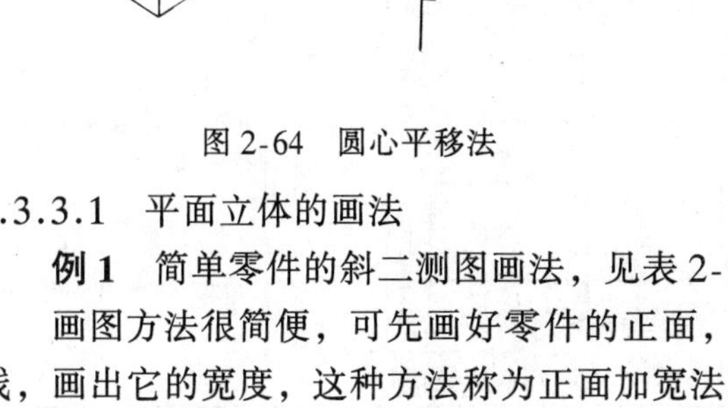

图 2-64　圆心平移法 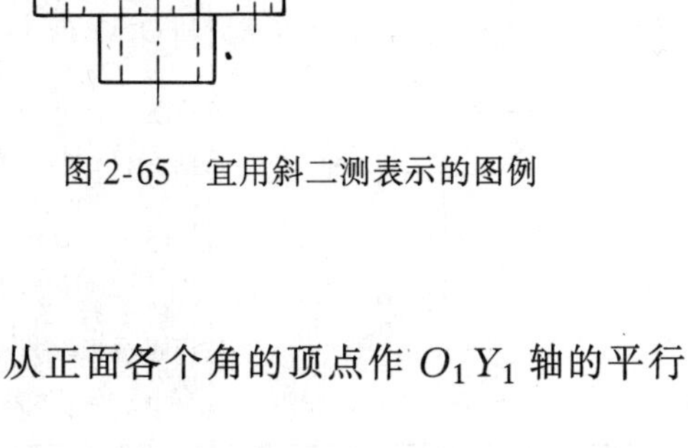　　　　图 2-65　宜用斜二测表示的图例

2.3.3.1　平面立体的画法

例 1　简单零件的斜二测图画法，见表 2-14。

画图方法很简便，可先画好零件的正面，然后从正面各个角的顶点作 O_1Y_1 轴的平行线，画出它的宽度，这种方法称为正面加宽法。

表 2-14 简单零件的斜二测图画法及步骤

图 例	作 图 步 骤	图 例	作 图 步 骤
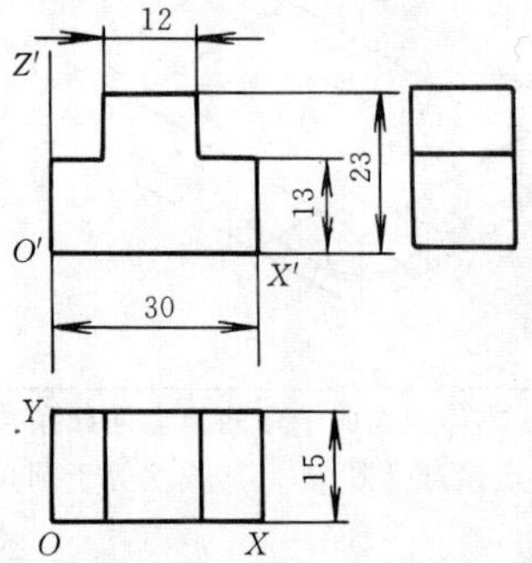	在视图上取其前面左下角的顶点为原点,定三条坐标轴	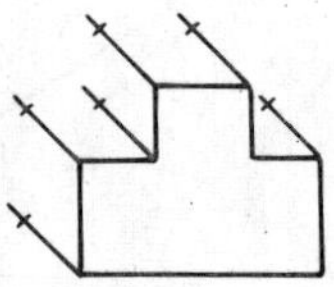	从零件前面各个角的顶点引 O_1Y_1 轴的平行线,并取其宽度尺寸 15/2(因 Y 轴的轴向缩短率为 0.5),得后面各个角的顶点
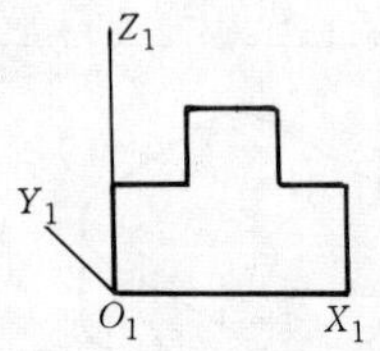	画轴测轴 再按尺寸作出零件前面的图形	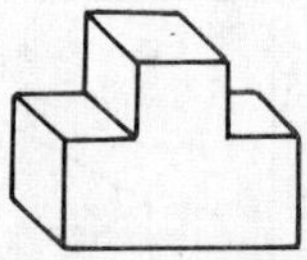	参考前面图,连接后面各个角的顶点,即完成斜二测图 擦去不必要的线条,加深轮廓线

例 2 求作正六棱柱的斜二测图,见表 2-15。

表 2-15 正六棱柱斜二测图的画法及步骤

图 例	作 图 步 骤	图 例	作 图 步 骤
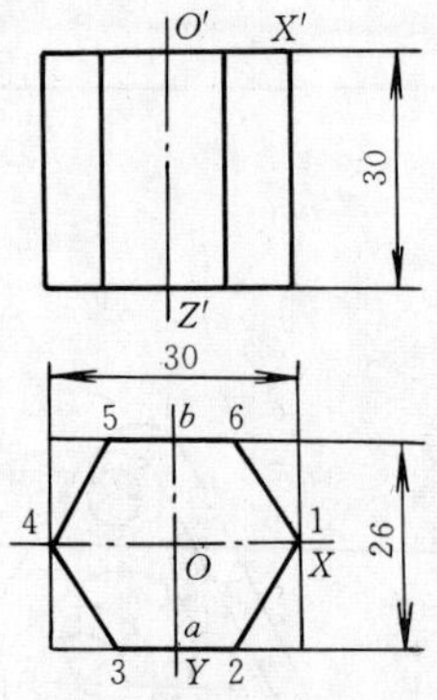	取六棱柱顶面的中心为原点,包含正六边形作一矩形框,如俯视图所示	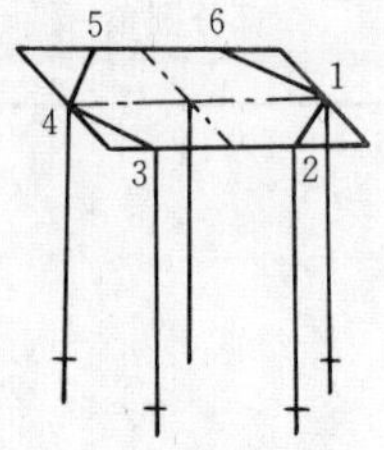	在平行四边形上作出 2、3、5、6 点(尺寸在俯视图中量取),并连接六点 在 1、2、3、4 点作 O_1Z_1 轴的平行线,并取其高等于 30,得六棱柱底面四个可见角的顶点
		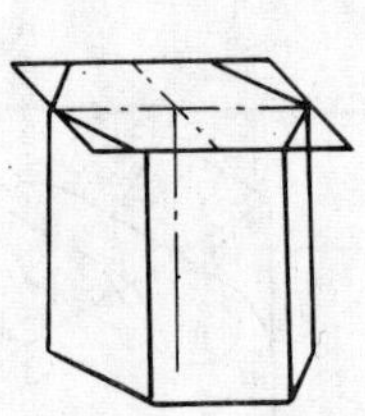	连接底面四个可见的顶点,即完成作图
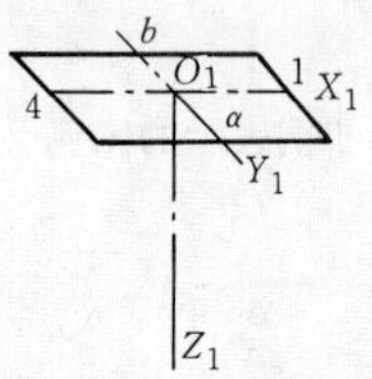	以 O_1 为原点作轴测轴 O_1X_1、O_1Y_1、O_1Z_1;以 O_1 为中心,在 O_1X_1 轴上截取 30,在 O_1Y_1 轴上截取 26/2 = 13,得 1、4、a、b 四点,过四点分别作 O_1、X_1、O_1Y_1 两轴的平行线,得一平行四边形(即矩形的斜二测图)	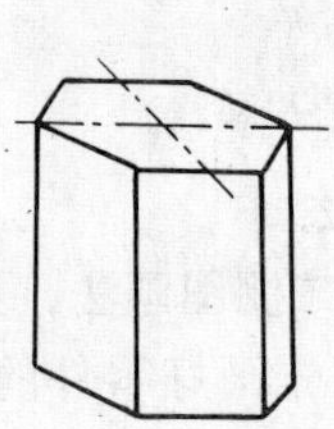	擦去不必要的线条,并加深轮廓线,即得六棱柱的斜二测图

例 3 求作四棱锥台的斜二测图，见表 2-16。

表 2-16 四棱锥台斜二测图的画法及步骤

图 例	作 图 步 骤	图 例	作 图 步 骤
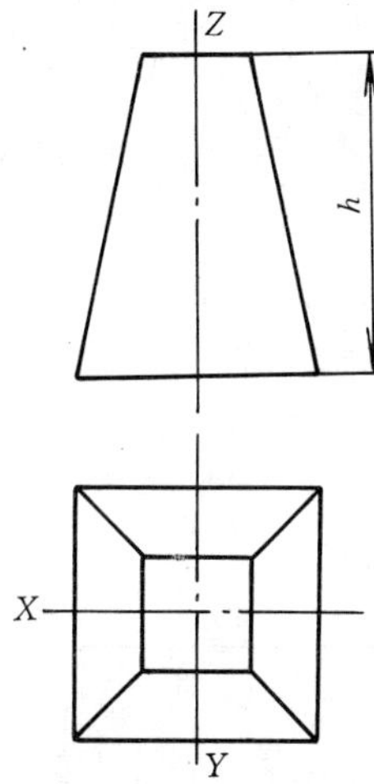	在视图上选好坐标轴	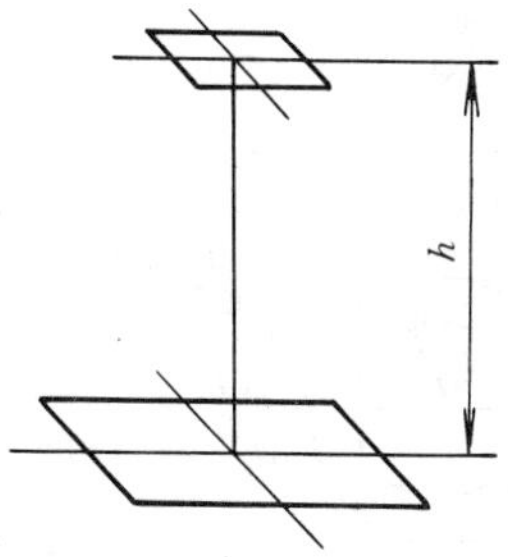	再以底面中心向上作出顶面的中心（即量取锥台高度 h），然后再作出顶面的斜二测图
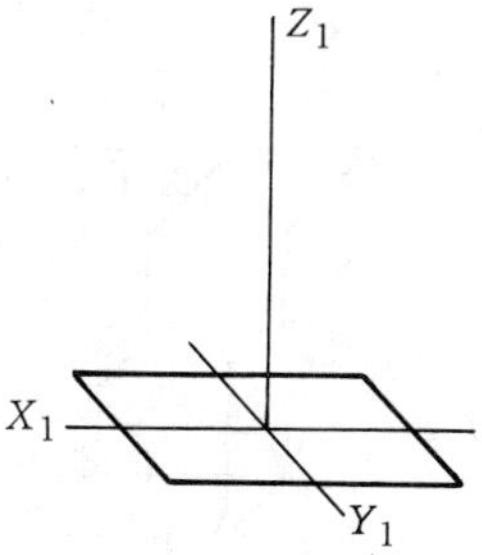	画轴测轴，先以底面中心为原点，作底面的斜二测图	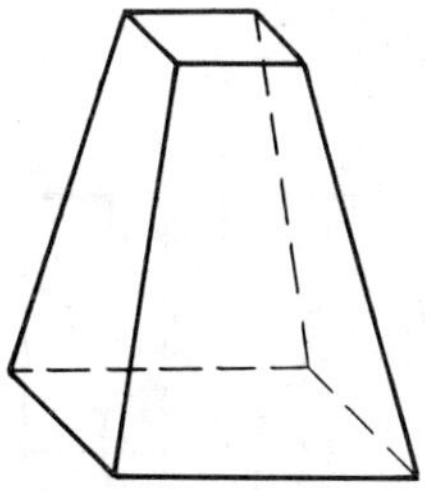	最后分别连接顶面和底面的相应四个角的顶点，加深，即完成斜二测图

2.3.3.2 曲面立体的画法 由于斜二测图的 $X_1O_1Z_1$ 坐标面平行于轴测投影面，所以物体上凡是平行于该坐标面的圆，在斜二测图中都反映实形。因此，斜二测图较适用于表达正面形状为圆的零件。

圆柱套筒的斜二测画法，见表 2-17。

表 2-17 圆柱套筒斜二测图画法

图 例	作 图 步 骤
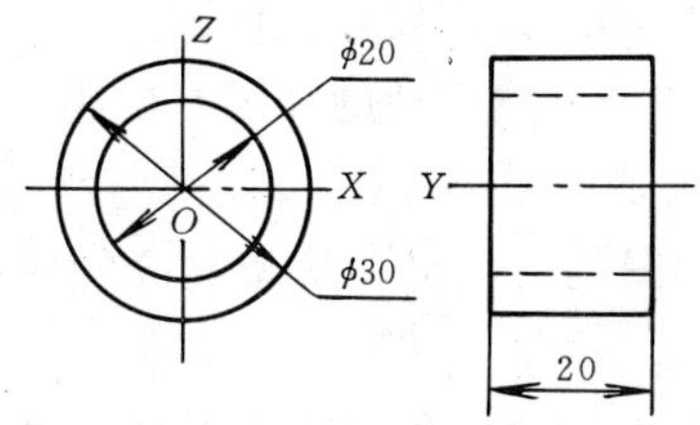	取圆柱前端面的圆心 O_1 为坐标原点

（续）

图　　例	作　图　步　骤
	以套筒轴向尺寸的 $\frac{1}{2}$ 在 O_1Y_1 轴上确定套筒前后端面的圆心位置，并分别画出两端面的圆
	画出前后两外圆的公切线，擦去不必要线条，加深可见轮廓线，即得圆柱套筒的斜二测图

图 2-66 为斜二测图应用实例。

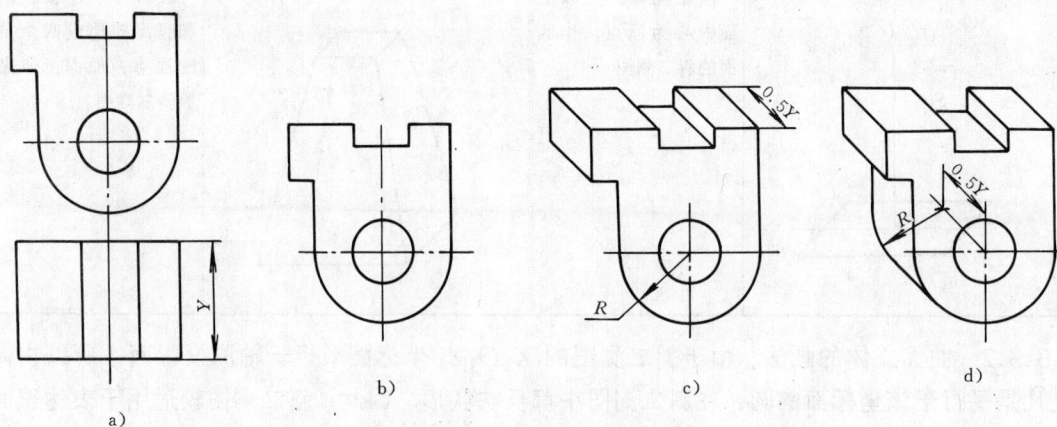

图 2-66　斜二测图画法

a）画视图　b）画正面形状　c）按 O_1Y_1 轴方向画 45°平行斜线（运用正面加宽法画）

d）圆心向后斜移，画出后面的圆弧，并作前、后圆弧的切线

2.3.4　轴测草图的画法

2.3.4.1　轴测草图的用途　在构思一部新机器或新结构的过程中，可先用轴测草图将结构的概貌初步地表达出来，然后画出设计草图，最后再仔细地完成设计工作图。

其次，可以用轴测图向没有能力读正投影图的人作产品或设计的介绍、说明。

所以，轴测草图是一种表达设计思想的很有用的工具。

2.3.4.2　基本技巧　除了在 1、2、6 中介绍的徒手画图的方法外，这里再介绍一些画轴测草图的技巧。

（1）徒手均匀分划等长线段　见图 2-67a，若以长方体的一条棱线作单位长度 L，则其另两棱线的长度可按一定比例画出，并可再将 L 划分为需要的等分。也可以按图 2-67b 所示的方法成比例地放大或缩小矩形尺寸。

（2）利用对角及中心线作图　在作图过程中，经常要确定图形的对角线、中心线和圆心的位置等，按图 2-67c 所示的方法，可以迅速地确定它们的位置。

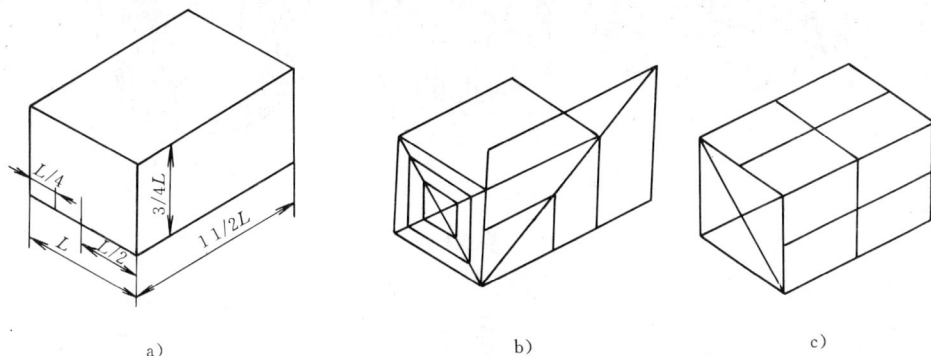

图 2-67　徒手画长方体

（3）圆的轴测草图　圆的轴测投影是椭圆，椭圆的长轴方向垂直于回转轴，椭圆的短轴方向与回转轴一致。利用棱形画椭圆，与四边的中点相切。徒手勾出大、小圆弧，画出光滑的椭圆曲线，见图 2-68a、b。

利用方箱法画圆柱体，先画出圆柱前面椭圆的外切棱形，再按圆柱体厚度 S 画出后面椭圆的外切棱形，就可迅速画出圆柱的轴测草图，见图 2-68c。

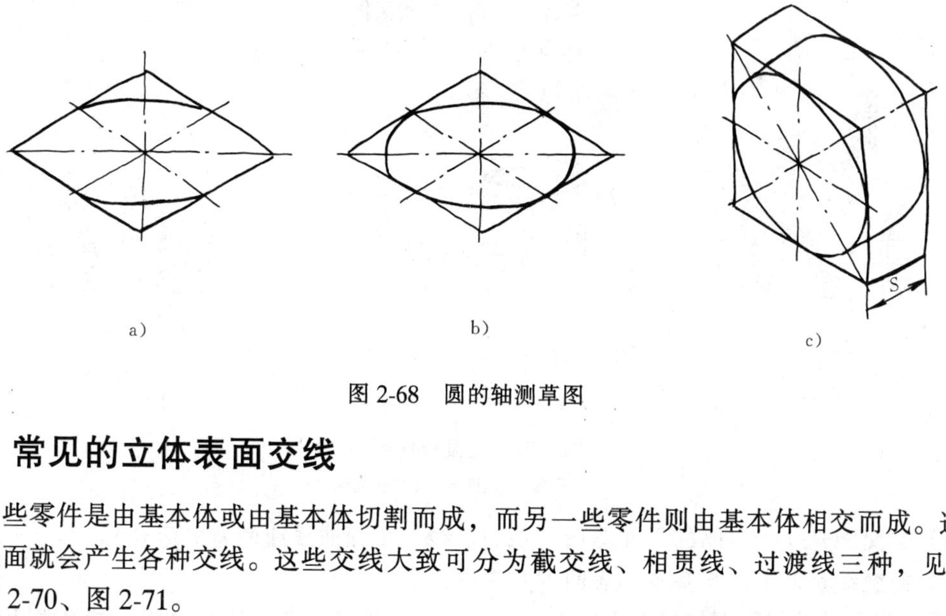

图 2-68　圆的轴测草图

2.4　常见的立体表面交线

一些零件是由基本体或由基本体切割而成，而另一些零件则由基本体相交而成。这样，零件表面就会产生各种交线。这些交线大致可分为截交线、相贯线、过渡线三种，见图 2-69、图 2-70、图 2-71。

2.4.1　截交线

基本体被平面截断后的部分称为截断体，截断基本体的平面称为截平面，基本体被截切后的断面称为截断面，截平面与基本体表面的交线称为截交线，见图 2-72。

基本体有平面体与回转体两类，又因截平面与基本体的相对位置不同，其截交线的形状也不同。但任何截交线都具有下列两个基本性质：

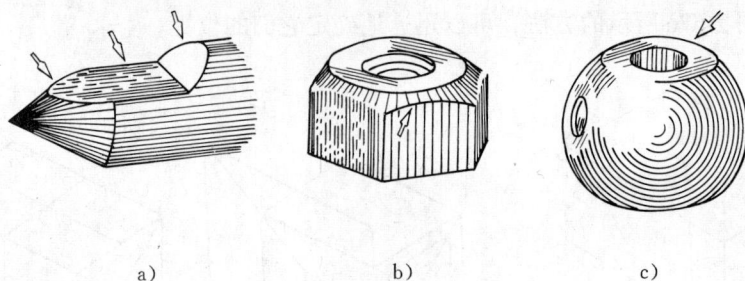

图 2-69 截交线的实例

a）顶尖 b）六角螺母 c）手柄上的球

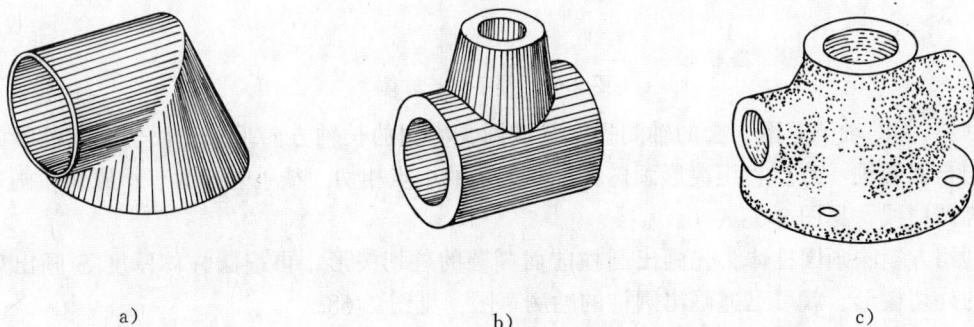

图 2-70 相贯线的实例

a）弯头 b）三通 c）盖

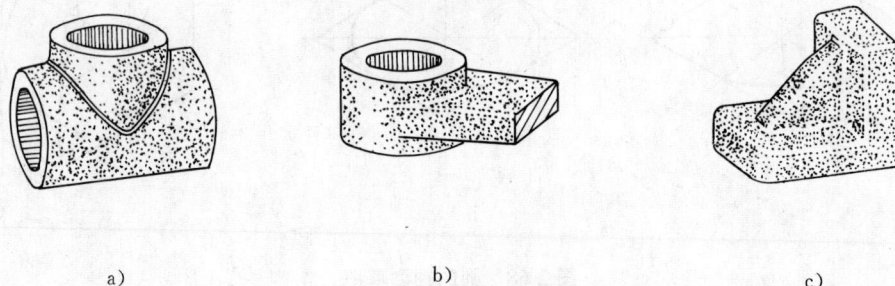

图 2-71 过渡线的实例

a）三通 b）连杆 c）直角架

1）截交线是一个封闭的平面图形（平面折线、平面曲线或两者的组合）。

2）截交线是截平面与基本体表面的共有线。

因为截交线是截平面与基本体表面的共有线，所以求作截交线的实质，就是求出截平面与基本体表面的一系列共有点的集合。当截平面垂直于某投影面时，可利用截平面的积聚性投影直接判定截交线在该投影面的投影范围，其余二投影，可由截交线已知的一面投影出发，按在体表面上求点的方法求出，将求得的共有点的同名投影依次光滑地连接起来，即可得到所求截交线的投影。

2.4.1.1 平面体的截交线 平面体的表面是由若干个平面图形所组成的，所以它的截交线是由直线所组成的封闭的平面多边形。多边形的各个顶点是棱线和截平面的交点，多边形的每一条边是棱面与截平面的交线。因此，作平面体的截交线，就是求出截平面与平面体上各被截棱线的交点，然后依次连接即得截交线。

例1 求作斜切四棱锥的截交线，见图2-73。

（1）分析 四棱锥被正垂面 P 斜切，截交线为四边形，其四个顶点分别是四条侧棱与截平面的交点。因此，只要求出截交线四个顶点在各投影面上的投影，然后依次连接其同名投影，即得截交线的投影。

图 2-72 截交线

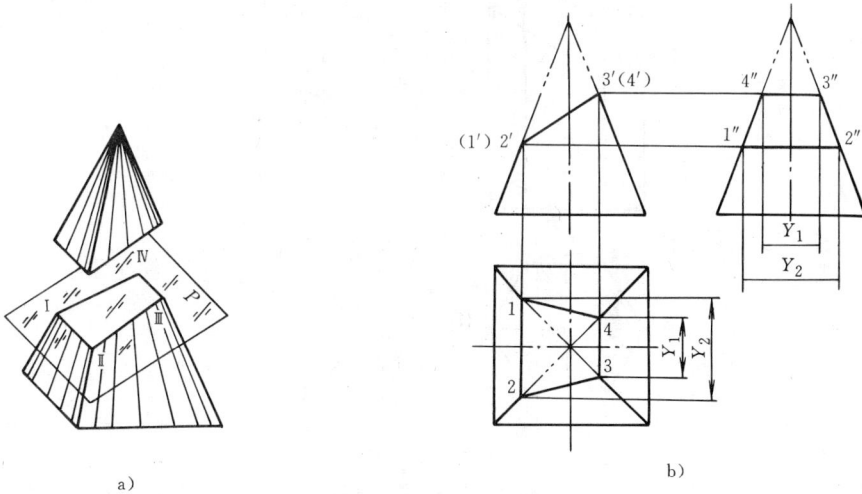

图 2-73 斜切四棱锥

（2）作图

1）因截断面的正面投影积聚成斜直线，可直接求出截交线各顶点的正面投影 (1′)、2′、3′、(4′)。

2）根据点的投影规律，求出各顶点的水平投影1、2、3、4和侧面投影1″、2″、3″、4″。

3）依次连接各顶点的同名投影，即得截交线的投影。

例2 求作用正垂面斜切六棱柱的截交线。读者自行分析。

作图步骤见图2-74a、b、c，叙述从略。

2.4.1.2 回转体的截交线 回转体的表面是由曲面或曲面和平面所组成的，它的截交线一般是封闭的平面曲线，特殊情况也可能是平面折线。截交线上的任一点都可看作是回转面上的某一素线与截平面的交点。因此，适当地选用辅助素线法或辅助平面法，求出它们与截平

82

面的交点，然后依次光滑连接其同名投影即得截交线。

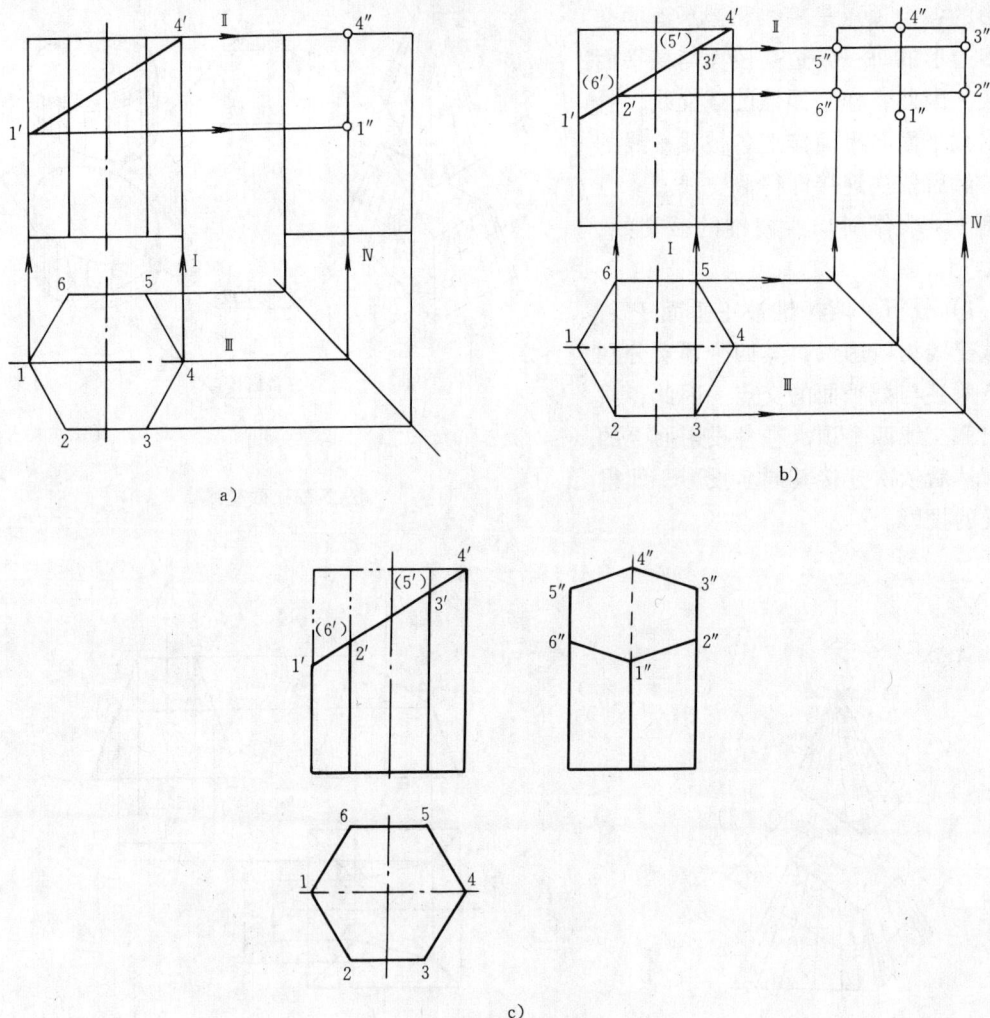

a)

b)

c)

图 2-74 斜切六棱柱

1．圆柱的截交线 由于截平面与圆柱轴线的相对位置不同，其截交线有三种不同的形状，见表 2-18。

例 求作斜切圆柱的截交线，见图 2-75。

（1）分析 圆柱被正垂面斜切，截交线为椭圆。椭圆的正面投影积聚为一斜直线，椭圆的水平投影与圆柱面投影重合为圆，椭圆的侧面投影为缩小的类似形椭圆。根据投影规律可由正面投影和水平投影求出侧面投影。

（2）作图

1）先求出截交线上的特殊位置点。截交线椭圆的长轴的两个端点Ⅰ、Ⅱ是最低点和最高点，位于圆柱的最左、最右两条素线上；短轴的两个端点Ⅲ、Ⅳ是最前点和最后点，位于圆柱的最前、最后两条素线上。它们的水平投影和正投影面均处于已确定的特殊位置，按投影关系即可求出侧面投影1″、2″、3″、4″，见图 2-75b。

表 2-18　圆柱截交线

截平面位置	与 轴 线 平 行	与 轴 线 垂 直	与 轴 线 倾 斜
截交线形状	直　线	圆	椭　圆
立体图	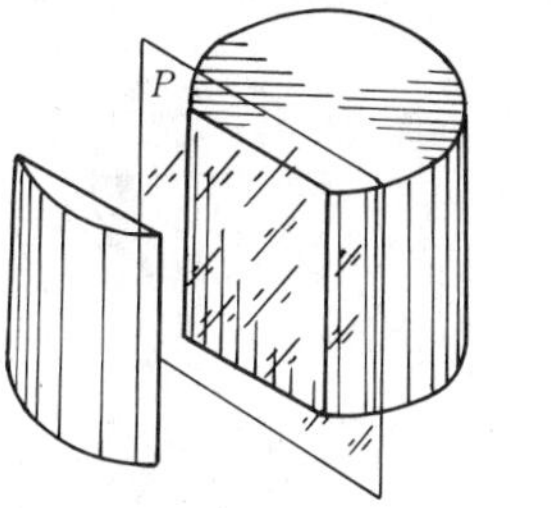	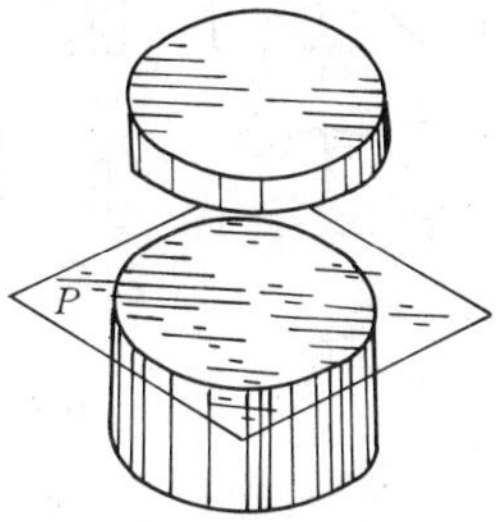	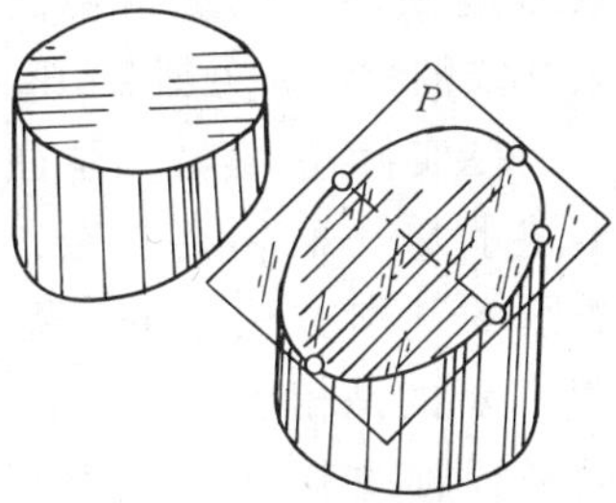
投影图	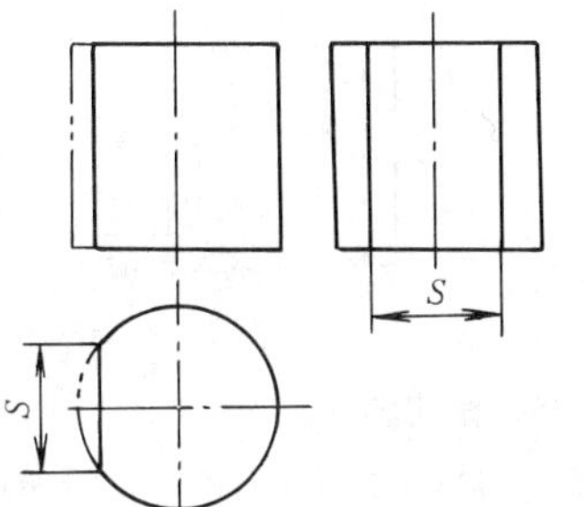	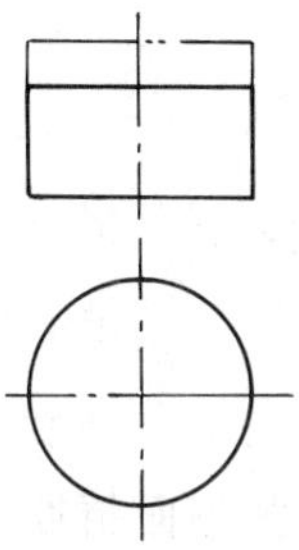	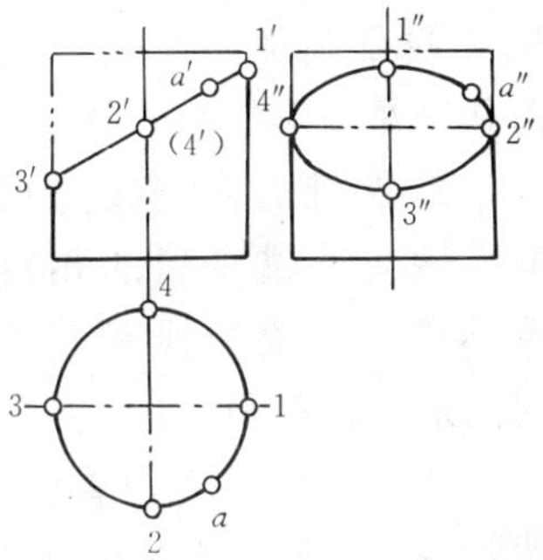
说明	截平面平行轴线，截交线是平行轴线的两条直线。两直线间的距离为切平面与圆周两交点间的距离	截平面垂直于轴线，截交线为圆	截平面倾斜于轴线，截交线为椭圆。其大小与截切平面的倾斜度有关。Ⅰ、Ⅱ、Ⅲ、Ⅳ是特殊位置点，A 为一般位置点

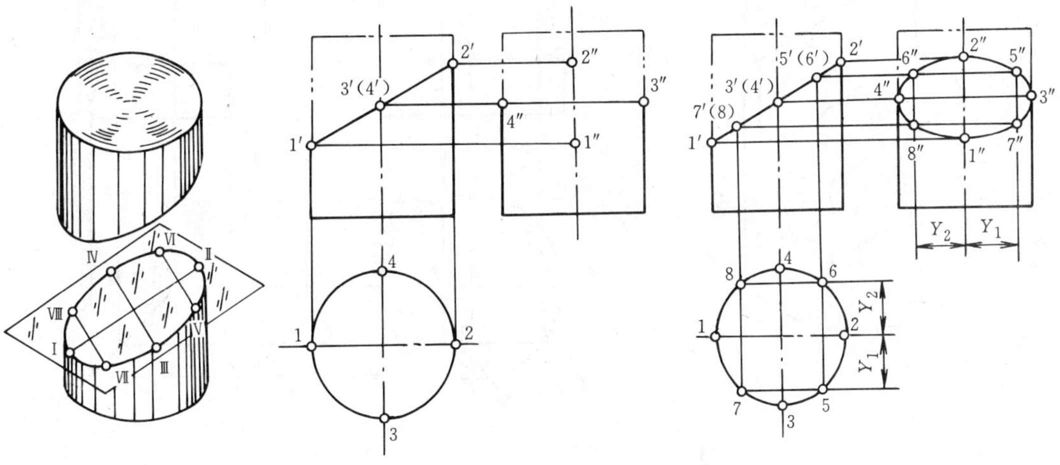

图 2-75　斜切圆柱

2）再求出截交线上的一般位置点。Ⅴ、Ⅵ、Ⅶ、Ⅷ这四个一般位置点是利用椭圆在正面水平面投影的积聚性，求出的见图 2-75c。

84

3）依次光滑连接 1″、2″、3″、4″、5″、6″、7″、8″，即得截交线的侧面投影。

当截平面与圆柱轴线成45°时，截交线仍为椭圆，在与截平面倾斜的投影面上的投影呈圆形。这是斜切圆柱截交线的特例，见图2-76。

在实际应用时，往往比上述的单一截切要复杂，但作图的基本方法不变。图2-77所示的是相当于表2-18中的平行轴线和垂直轴线两种截切的综合应用。水平截切截交线是圆的一部分，垂直截切则是矩形的一部分。

2．圆锥的截交线　由于截平面与圆锥轴线的相对位置不同，其截交线有五种不同的形状，见表2-19。

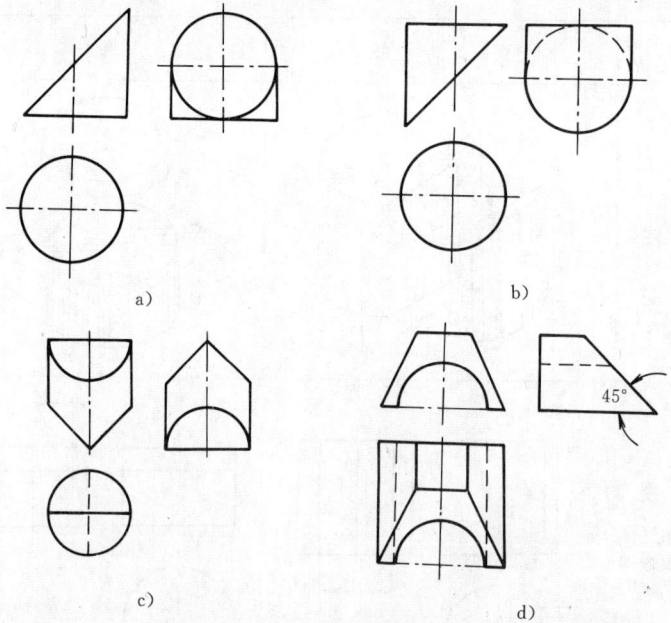

图 2-76　45°截切圆柱示例

从表2-19中可以看出，第一种截交线为平面折线，第二种截交线为圆。这两种截交线，按对应的投影关系是比较容易画出的。而后三种截交线均为非圆曲线，应用辅助平面法求。

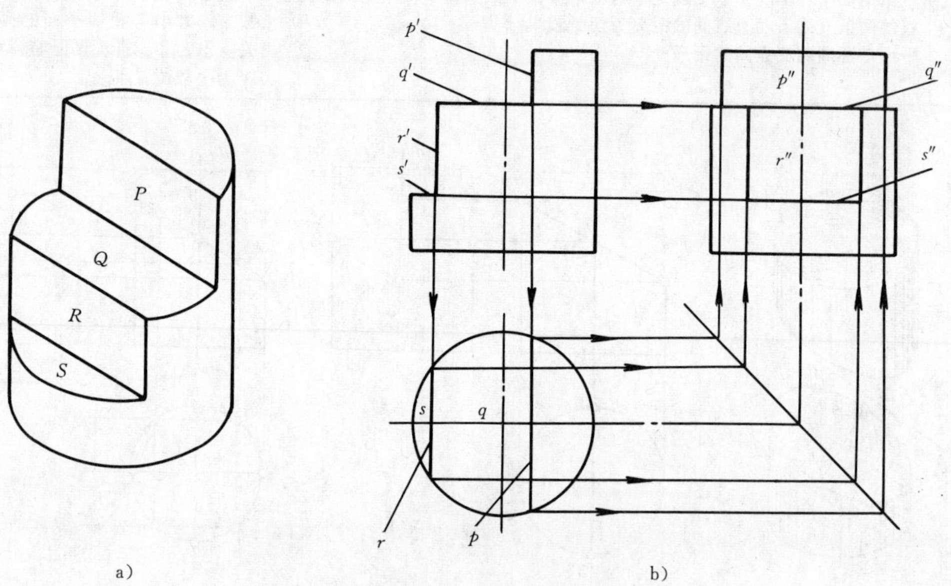

图 2-77　圆柱体截交线的综合应用
a）立体图　b）三视图

辅助平面法，就是作一些辅助平面与基本体表面和截平面相交，其所得两交线的交点，即为所求截交线上的点。这种方法实质上是应用三面共点的原理。

表 2-19 圆 锥 截 交 线

截平面位置	过锥顶	垂直于轴线 θ=90°	倾斜于轴线 θ>α	平行于一条素线 θ=α	平行于轴线,θ=0; 平行于两条素线,θ<α
截交线形状	直线(三角形)	圆	椭圆	抛物线	双曲线
立体图					
投影图					

为了作图简便，选择辅助平面的原则是：要使辅助平面为特殊位置平面，并与基本体交线的投影为直线或圆。如图2-78所示，作垂直于圆锥轴线的辅助平面 Q 与圆锥面交得一水平圆 K，与截平面 P 交得一直线 CD，则圆 K 与直线 CD 的交点 Ⅰ、Ⅱ 即所求截交线上的点。

例 求作被正平面截切的圆锥截交线，见图2-79。

（1）分析 圆锥被正平面 P 截切，因正平面 P 平行于圆锥轴线，其截交线为双曲线。截交线的水平投影和侧面投影都积聚为平直线，见图2-79a，正面投影为双曲线实形。

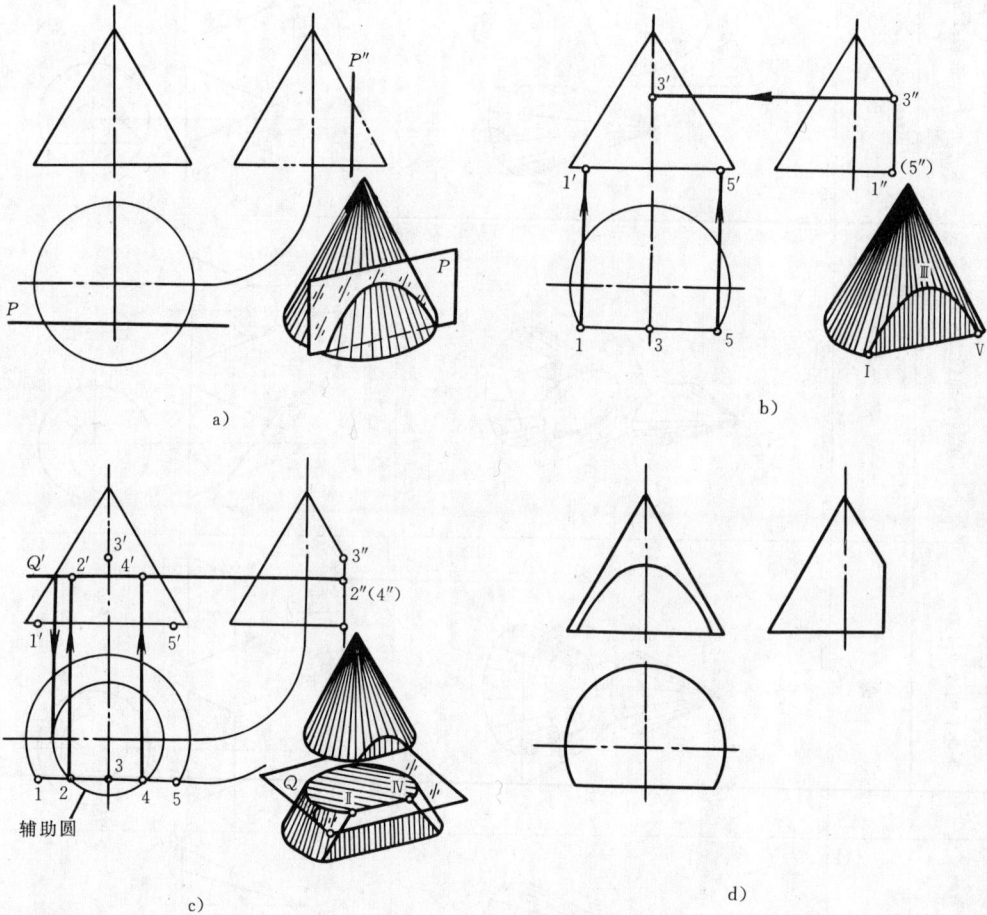

图 2-78 辅助平面法

图 2-79 正平面截切圆锥

（2）作图

1）先求出截交线上的特殊位置点。最高点Ⅲ的正面投影 3′可从侧面投影中的 3″引线画出，最低点Ⅰ、Ⅴ的正面投影 1′、5′可从水平投影中 1、5 引线画出，见图2-79b。

2）用辅助平面法求出截交线上的一般位置点。作辅助平面 Q 与圆锥相交得一圆，该圆的水平投影与截平面 P 的水平投影相交得 2、4 两点。2′、4′可从水平投影中 2、4 引线画出，见图2-79c。

3）依次光滑连接 1′、2′、3′、4′、5′即得双曲线的正面投影，见图 2-79d。

例 求作被截平面 P 截切的圆锥截交线，见图 2-80。

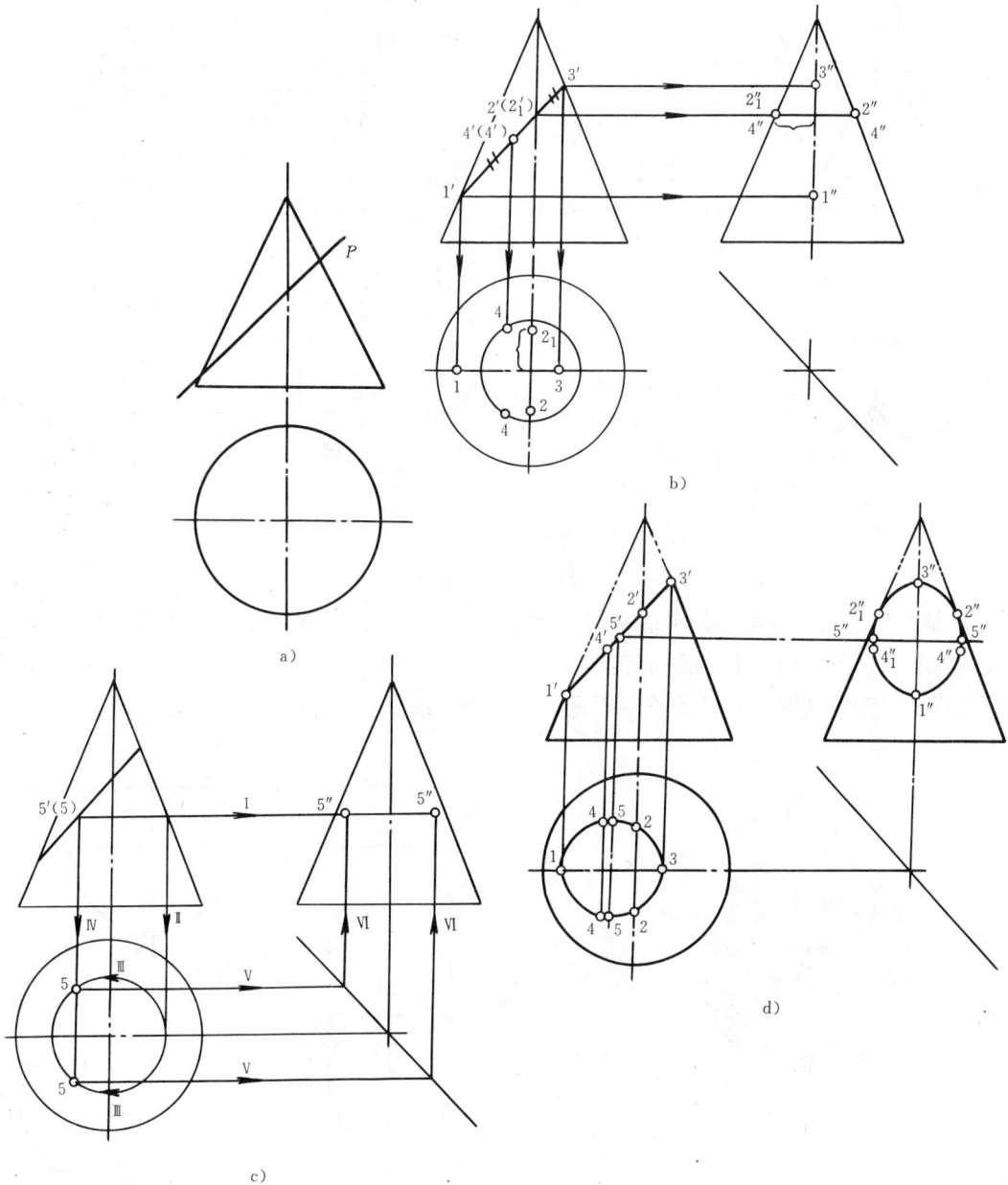

图 2-80 正垂面截切圆锥

a)、b) 求出截交线上的特殊位置点 c) 用辅助平面法求出截交线上的一般位置点

d) 依次光滑连接投影点，即得类似椭圆的水平投影和侧面投影。

（1）分析 由图 2-80a 分析可知，截平面 P 截断圆锥全部素线，并且不平行于任一素线，故其截交线必定为一椭圆。截平面 P 为正垂面，截交线的正面投影积聚为一斜直线，

88

在水平投影和侧面投影分别为缩小的类似椭圆形。求作水平投影和侧面投影的截交线。

（2）作图　步骤见图2-80b、c、d。

也可用辅助素线法求作圆锥截交线上的各点投影，见图2-81。作图步骤叙述从略。

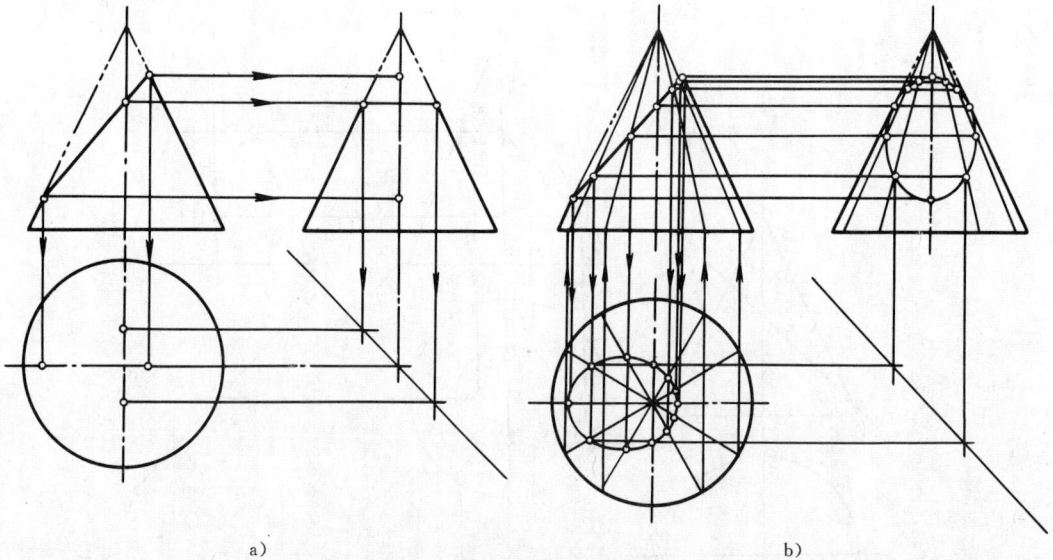

a)　　　　　　　　　　　　　b)

图 2-81　用辅助素线法求作圆锥截交线

3. 球的截交线　球被任意平面截切，其截交线都是圆。当截平面平行于某一投影面时，截交线在该投影面上的投影为圆的实形，在其它两投影面上的投影都积聚为平直线，见图2-82。该直线的长度等于圆的直径，其直径的大小与截平面至球心的距离 B 有关。

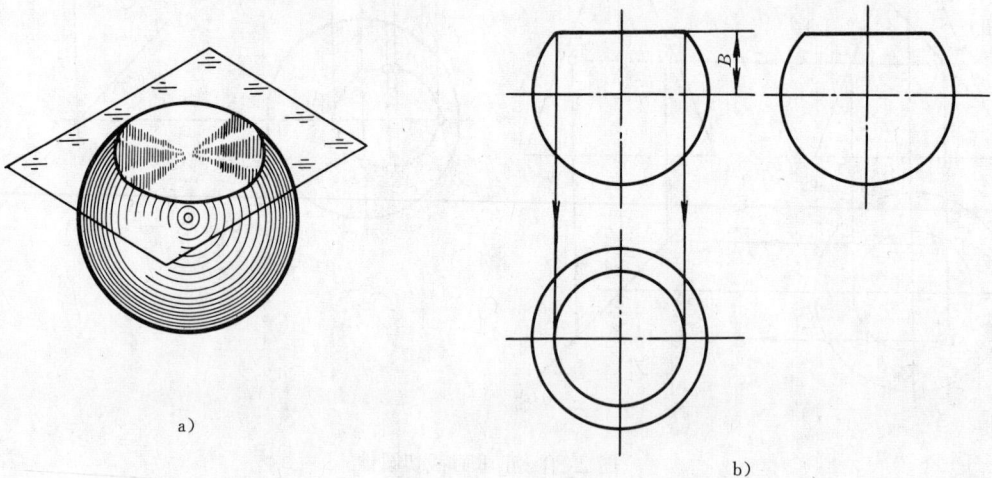

a)　　　　　　　　　　　　　b)

图 2-82　水平面截切球

当截平面垂直于某一投影面时，截交线在该投影面上的投影积聚为一斜直线，在其它两投影面上的投影均为缩小的类似形——椭圆，见图2-83。

例　求正垂面截切的球的截交线，见图2-83。

（1）分析 因是正垂面
截球，所以截交线的正面投
影积聚为斜直线，其水平投
影和侧面投影均为椭圆。

（2）作图

1）先求出特殊位置点。
椭圆形的长短轴的端点分别
为ⅢⅣ和ⅠⅡ。短轴的水平
投影点1、2和侧面投影点
1″、2″可根据正面投影点1′、
2′直接求得。长轴的水平投影
3、4和侧面投影3″、4″其长
度等于截交线圆的直径1′2′。

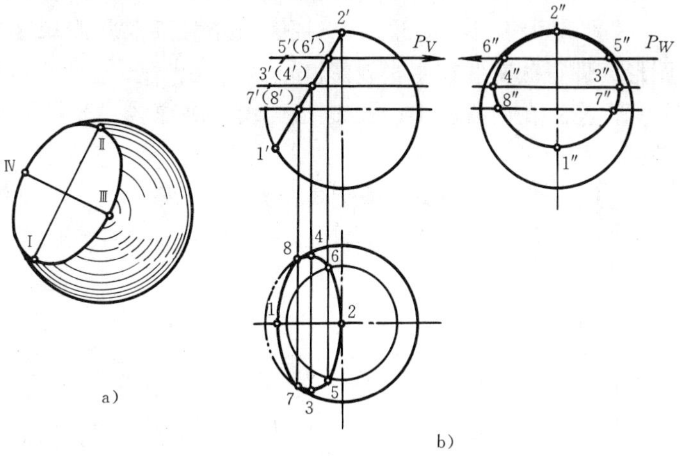

图2-83 正垂面截切球

再求出球面水平投影轮廓线上的点。由7′、（8′）求出7、8和7″、8″。

2）利用辅助平面法求一般位置点。作辅助平面P，由正面投影点5′、（6′）求出水平投影点5、6和侧面投影点5″、6″，还可求出其它一系列点。

3）将各点的同名投影依次光滑连接，即得截交线的水平投影和侧面投影。

2.4.1.3 同轴复合回转体的截交线 求同轴复合回转体的截交线时，首先要分析立体是由哪些基本体所组成，再分析截平面与每个被截切的基本体的相对位置、截交线的形状和投影特性，然后逐个画出基本体的截交线，围成封闭的平面图形。

例1 求作顶尖的截交线，见图2-84。

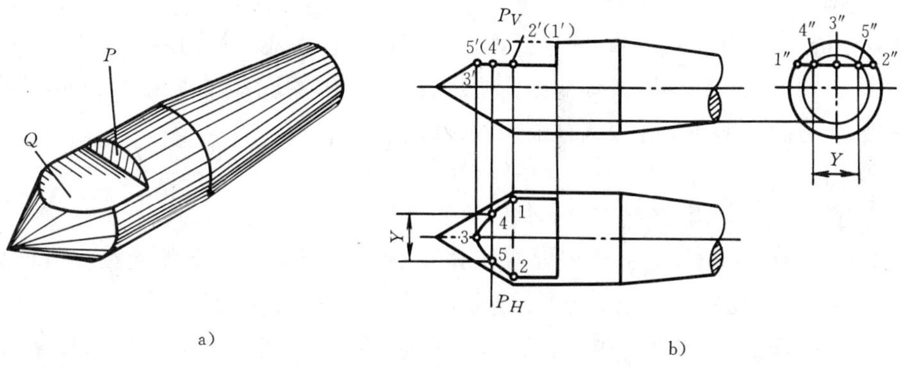

图2-84 顶尖

（1）分析 顶尖头部是由同轴的圆锥与圆柱组合而成。被互相垂直的平面P、Q所截切，其中平面Q平行于轴线，平面P垂直于轴线。截平面Q截切圆锥所得截交线为双曲线，截切圆柱所得截交线为两条直线。截平面P截切圆柱得截交线是一圆弧。

（2）作图

1）截交线的正面投影都积聚为直线，截交线的侧面投影是平面P反映实形的部分圆，平面Q积聚为平直线，都可直接画出。

2）根据截交线的正面投影和侧面投影画截交线的水平投影。首先求出双曲线上的三个特殊位置点1、2、3。再用辅助平面法求出双曲线上一般位置点4、5。

3）最后将1、4、3、5、2各点光滑地连成双曲线并和圆柱截交线组成一个封闭的平面图形，即得截交线的水平投影。

注意：在俯视图中，12这条连线应画虚线，表示同轴的圆锥和圆柱相交的轮廓线被遮盖部分的投影。

例2 求作连杆头的截交线，见图2-85。

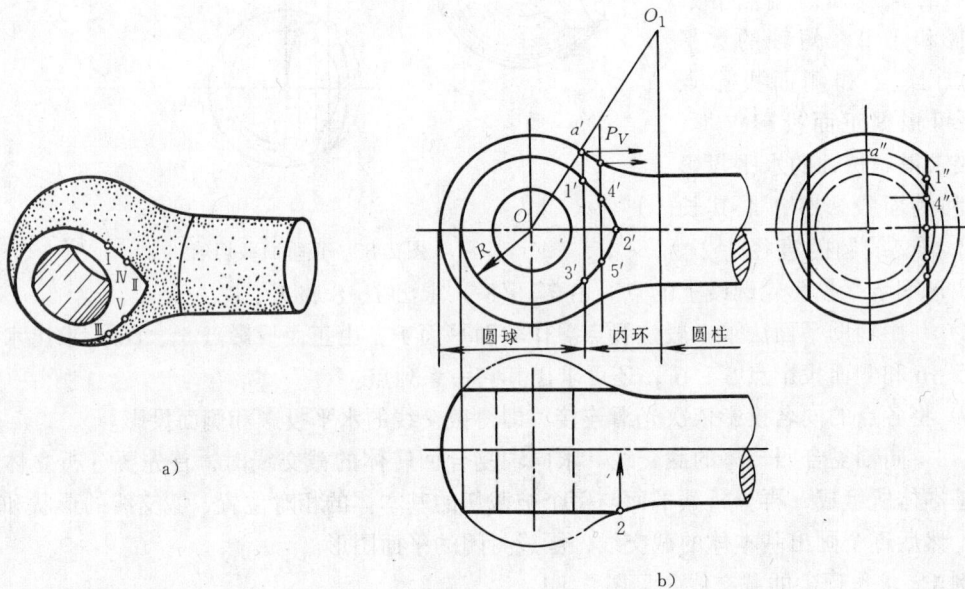

图2-85 连杆头

（1）分析 连杆头是由同轴的球、内环和圆柱组合而成。被前后两个正平面对称地截切球和内环，所得截交线为圆弧和非圆曲线组成。这两段截交线的连接点在球与环的分界圆上。因截平面与圆柱不相交，故圆柱上无截交线。

（2）作图

1）截交线的水平投影和侧面投影都积聚为直线，可直接画出。

2）画截交线的正面投影。首先要求出截交线上圆与非圆曲线的连接点（即分界点），$1'$、$3'$，可用作图方法求得（由OO_1连线得a'，由a'得a''，由$1''$得$1'$）。$1'$、$3'$点左面球的截交线为半径等于R的部分圆周，右面内环的截交线最右点$2'$可从水平投影2直接求得。再用辅助平面法（作侧平面为辅助平面）作出一般位置点$4'$、$5'$。

3）最后将$1'$、$4'$、$2'$、$5'$、$3'$各点光滑地连成曲线并和球的截交线组成一个封闭的平面图形，即得截交线的正面投影。

2.4.2 相贯线

两个基本体相交称为相贯体，在其表面产生的交线称为相贯线。如图2-86a所示的是圆柱与圆柱相交，图2-86b所示的轴承轴盖是圆台与球相交，都产生相贯线。为了清晰地表示出机件各部分的形状和相对位置，在图中必须绘出相贯线。尤其在绘制金属板制件展开图时，必须准确地画出相贯线的投影，以便下料成形。

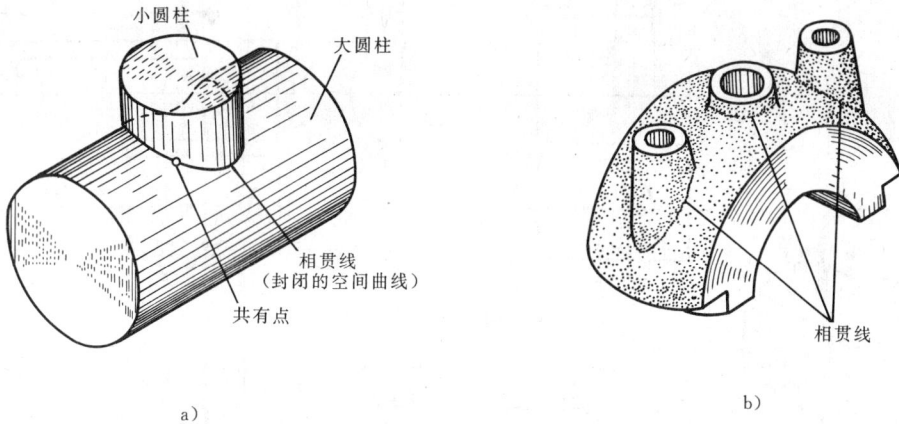

图 2-86　相贯线

由于组成机件的各基本体的几何形状、大小和相对位置不同，相贯线的形状也不相同，但任何相贯线都具有以下两个基本性质：

1）相贯线是两个基本体的共有线，是一系列共有点的集合。

2）因为基本体具有一定的范围，所以相贯线一般是封闭的。

根据上述性质可知，求相贯线的实质，就是求两基本体表面的共有点，将这些点光滑地连接起来，即得相贯线。

求相贯线常用的方法有下列三种：

1. 表面取点法　用表面取点法求相贯线，就是利用在相贯线具有积聚性的投影上，直接找出一系列点的两个投影求另一个投影的方法。

2. 辅助平面法　用辅助平面法是求相贯线的基本方法，它是利用三面共点原理求出共有点的。

3. 辅助球法法　仍然是利用三面共点原理，与辅助平面法不同的是用球面作辅助面求共有点的。本教材对此方法不作介绍。

至于用哪种方法求相贯线，要看两相交基本体的几何性质、相对位置及其投影特点而定。作图时，一般应先求出相贯线上的一些特殊位置点，例如相贯线上的最上、最下、最前、最后，最左、最右以及位于曲面轮廓转向素线上的点。这些点能使我们初步看出相贯线的投影范围和转折情况。然后再求出一般位置点，最后判断可见性并光滑连线。下面分别介绍两回转体相贯线的画法。

2.4.2.1　用表面取点法求相贯线　当两个圆柱正交且轴线垂直于某投影面时，则有一圆柱面在该投影面上的投影积聚为圆，而相贯线的投影也重合在这个圆上，可利用两个已知投影求另一投影的方法画出相贯线的投影。

例 1　求作两个不同直径圆柱正交的相贯线投影，见图 2-87。

（1）分析　由图 2-87a 可知，两圆柱面间的相贯线是一条封闭的空间曲线。由于两圆柱轴线分别垂直于水平投影面和侧投影面，因此，相贯线的水平投影积聚在小圆柱水平投影的圆周上，相贯线的侧面投影积聚在大圆柱侧面投影的部分圆周上。所以只需求出相贯线的正面投影，见图 2-87b。

图 2-87　两个不同直径圆柱正交

（2）作图

1）先求出决定相贯线范围的特殊位置点，按已知条件可直接求出最高点Ⅰ、Ⅲ（也是最左、最右点）；最低点Ⅱ、Ⅳ（也是最前、最后点），1′、2′、3′、4′，见图 2-87c。

2）求一般位置点。利用积聚性和投影关系，选取相贯线上一般位置点的投影 5、6、7、8 和 5″、6″、7″、8″，求出正面投影 5′、6′、7′、8′，见图 2-87d。

3）将各点光滑连接，即得相贯线的正面投影。因相贯体前后对称，故相贯线正面投影的前半部分与后半部分重合为一段曲线，见图 2-87e。

图 2-88 所示为圆柱穿孔（即内外圆柱正交），其相贯线画法与两外圆柱面相交的画法相

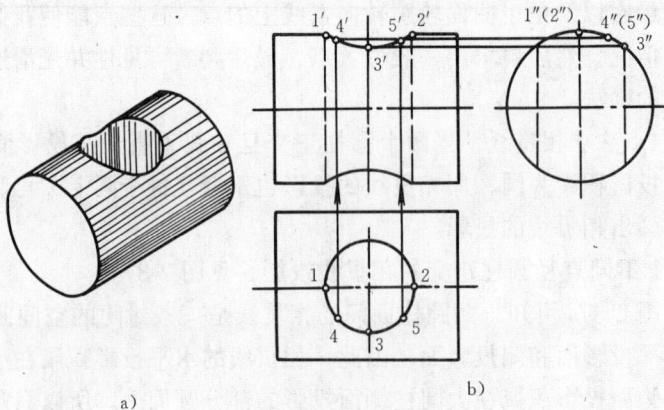

图 2-88　圆柱穿孔

同，不再赘述。

例2 求作两相同直径圆柱正交的相贯线投影，见图2-89。

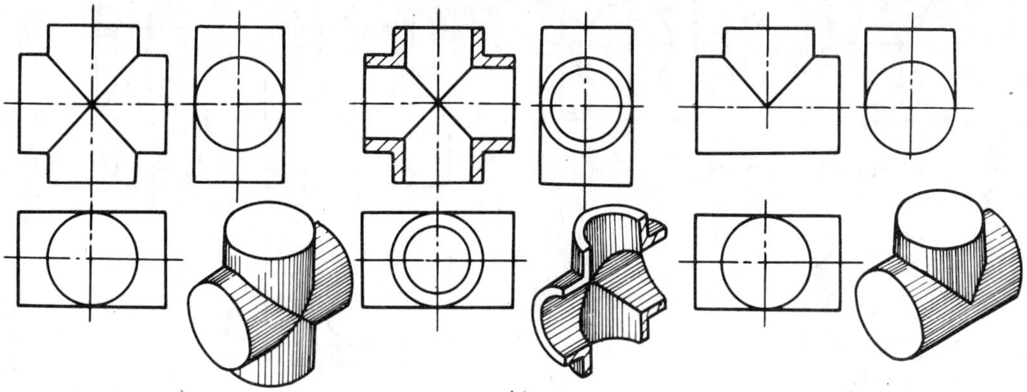

图2-89 两相同直径圆柱正交

两相同直径圆柱正交并如图所示放置时，其相贯线在正投影面上的投影为 45°倾斜直线。

两个不同直径圆柱正交相贯线的简化画法：实际画图时，当两圆柱的直径差别较大，并且对交线形状的准确度要求不高时，允许采用简化画法，用大圆柱的半径作圆弧来代替交线，见图2-90。两圆柱的直径相近时，不宜采用此法。

它们的相贯线投影形状为曲线，并凸向大圆柱体的轴线方向；该曲线画在圆柱体的投影面不具有积聚性的投影面上。

以上两点，读者必须熟悉，这对今后画图和看图将带来很大方便。

图2-91所示，为孔、孔正交时相贯线的画法示例。

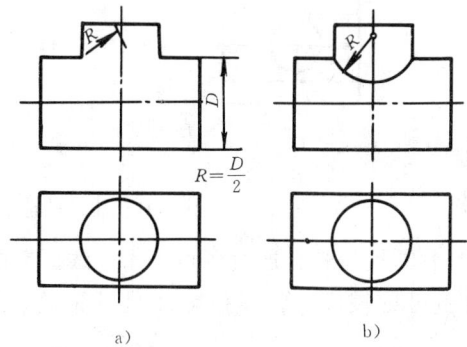

图2-90 两不同直径圆柱正交相贯线的简化画法
a) 找圆心 b) 作圆弧

例3 求作两圆柱偏交的相贯线，见图2-92。

(1) 分析 两圆柱轴线垂直交叉，其相贯线为封闭的空间曲线。由于两圆柱轴线分别垂直于水平投影面和侧投影面，因此，相贯线的水平投影积聚在小圆柱水平投影的圆周上，相贯线的侧面投影积聚在大圆柱侧面投影的部分圆周上，所以只需求出相贯线的正面投影即可。

(2) 作图

1) 求特殊位置点。最前点的正面投影 1′最后点 (6′)、最左点 2′和最右点 3′可根据侧面投影 1″、6″、2″、(3″) 求出。最高点的正面投影 (4′) 和 (5′) 可根据水平投影 4、5 和侧面投影 4″、(5″) 求出。

2) 求一般位置点。在相贯线的水平投影和侧面投影上定出 7、8 和 7″、(8″)，再按点的投影规律求出正面投影点 7′、8′。

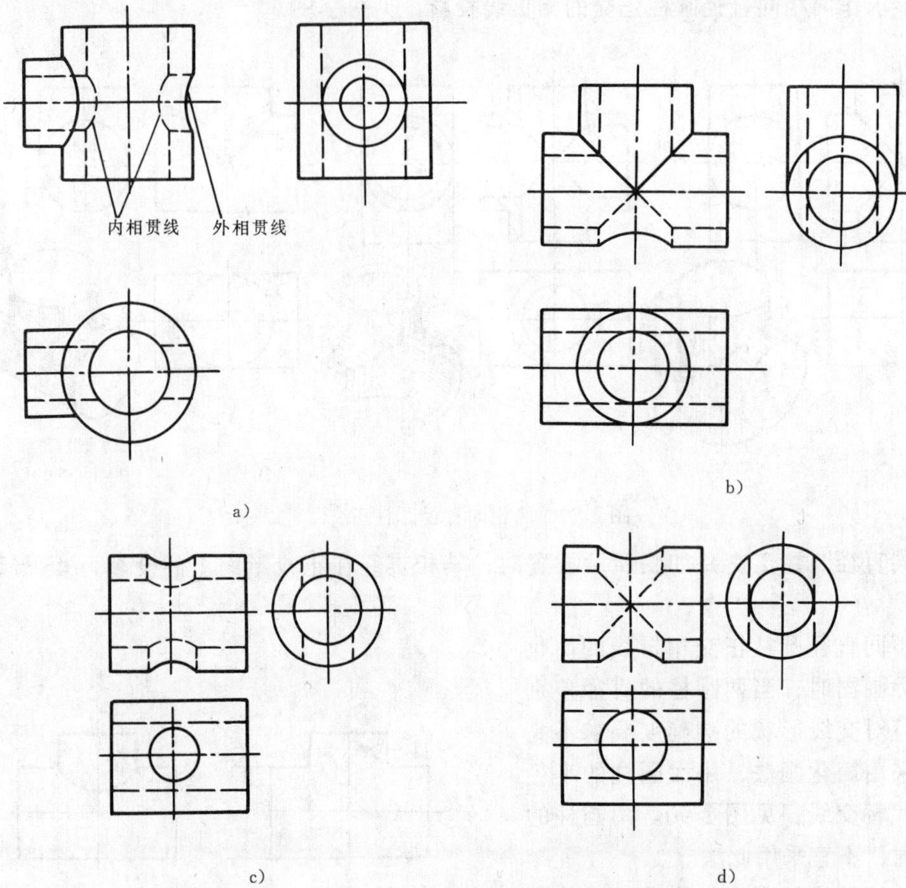

图 2-91　孔、孔正交时相贯线的画法示例

3) 判断可见性,通过各点光滑连线。判断可见性的原则是:只有当交线同时位于两个基本体的可见表面上,其投影才是可见的。2′和3′是可见与不可见的分界点。将2′、7′、1′、8′、3′连成实线,3′、(5′)、(6′)、(4′)、2′连成虚线即为相贯线的正面投影。

2.4.2.2　用辅助平面法求相贯线　辅助平面法就是用辅助平面同时截断相贯的两基本体,找出两截交线的交点,见图 2-93b。这些点既在两回转体表面上,又在辅助平面内。因此,辅助平面法就是利用三面共点原理,用若干个辅助平面求出相贯线上一系列共有点的。

为了作图简便,选择辅助平面的原则是:应使其截交线的投影为直线或圆,通常多选用与投影面平行的平面作为辅助平面。

例1　求作圆锥与圆柱正交的相贯线,见图 2-93 和图 2-94。

(1) 分析　圆锥与圆柱轴线正交,其相贯线为封闭的空间曲线。由于圆柱的轴线垂直于侧投影面,因此,相贯线的侧面投影积聚在圆柱的侧面投影的部分圆周上。所以需求出相贯线的正面投影和水平投影,见图 2-94a。

(2) 作图

1) 求特殊位置点。根据相贯线最高点 Ⅰ、Ⅴ(也是最左、最右点)和最低点Ⅲ、Ⅶ(也是最前、最后点)的侧面投影 1″、(5″)、3″、7″可求出正面投影 1′、5′、3′、(7′)和水平投影 1、5、3、7，见图 2-94b。

2）求一般位置点。在适当位置选用水平面 P 作为辅助平面，圆锥截交线的水平投影为圆，圆柱截交线的水平投影为两条平行直线，截交线的交点 2、4、6、8 即相贯线上的点的水平投影。再根据水平投影 2、4、6、8 求出正面投影 2′、4′、(6′)、(8′) 点，见图 2-94c。

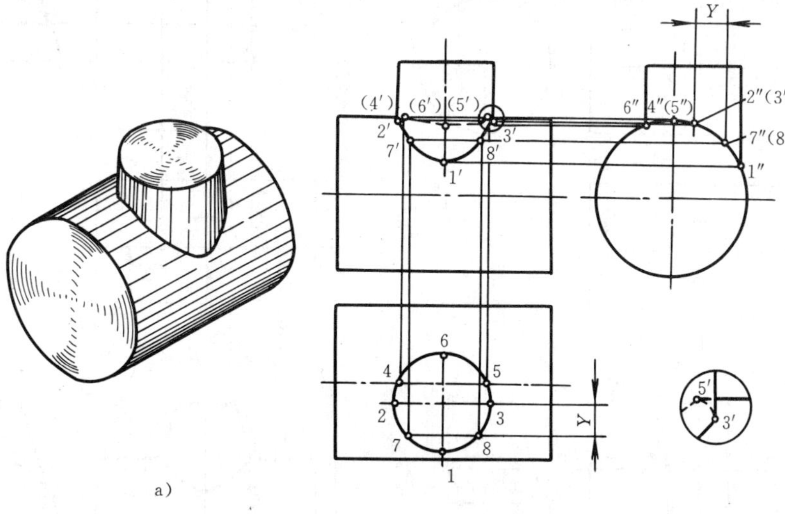

图 2-92　两圆柱偏交

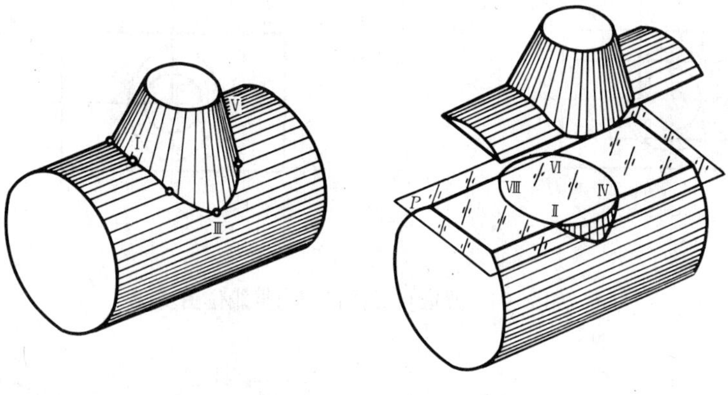

图 2-93　圆锥与圆柱正交

3）判断可见性，通过各点光滑连接。因相贯体前后对称，相贯线正面投影的前半部分与后半部分重合为一段曲线。光滑连接各点的同名投影，即得相贯线的正面投影和水平投影，见图 2-94d。

例 2　求作圆柱与半圆球的相贯线，见图 2-95。

（1）分析　由于圆柱轴线垂直于侧投影面，因此，相贯线的侧面投影积聚在圆柱侧面投影的圆周上。所以需求出相贯线的正面投影和水平投影。

（2）作图

1）求特殊位置点。最高点Ⅰ和最低点Ⅱ的正面投影 1′、2′ 可直接定出，水平投影 1、

（2）可根据正面投影求出。最前点 V 和最后点 VI 的投影，可用辅助水平面 Q 作出水平投影 5、6 和正面投影 5′、(6′)。

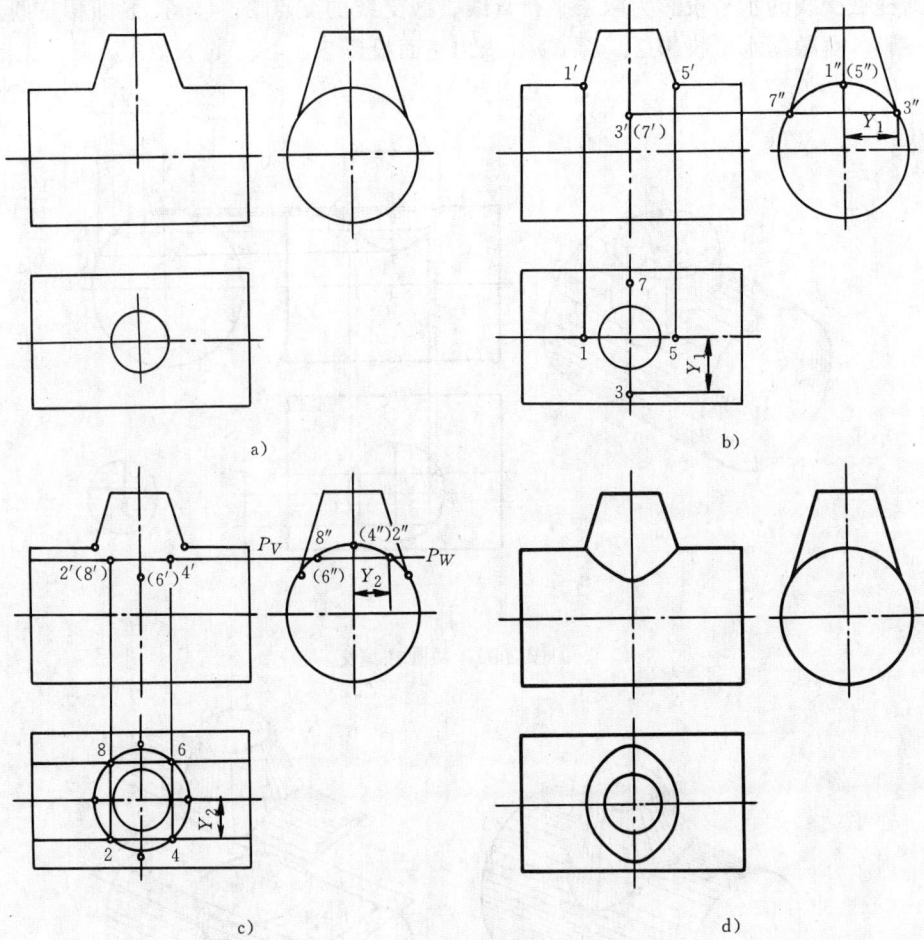

图 2-94　圆锥与圆柱正交相贯线作图步骤

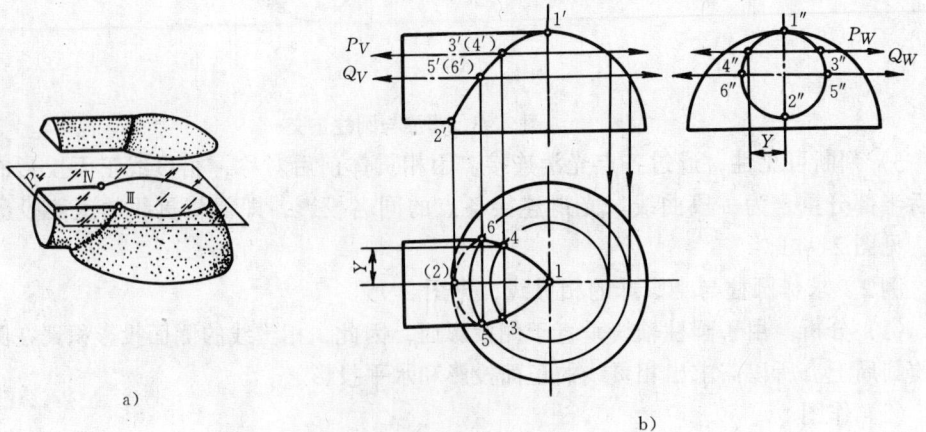

图 2-95　圆柱与半圆球相交

2）求一般位置点。用辅助水平面 P 求出Ⅲ、Ⅳ点的水平投影 3、4 和正面投影 3′、(4′)。

3）判断可见性，通过各点光滑连线。因相贯体前后对称，所以相贯线正面投影的前半部分和后半部分重合为一段曲线。水平投影 5、6 为可见和不可见的分界点，所以把 5、3、1、4、6 连成实线，把 6、(2)、5 连成虚线。

例3 求作轴承盖上的圆台与球的相贯线，见图 2-96。

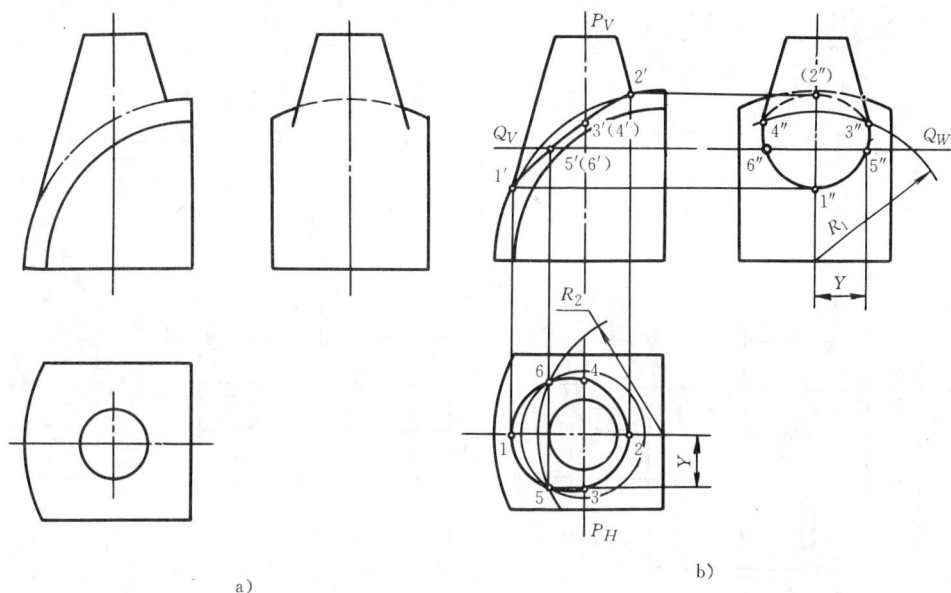

图 2-96 圆台与球相交

（1）分析　圆台与球相交，其相贯线为封闭的空间曲线，见图 2-86b。从图 2-96a 可知，圆锥面和球面的三面投影都没有积聚性，所以相贯线的三面投影都需求出。

（2）作图

1）求特殊位置点。相贯线上最左点Ⅰ（也是最低点）和最右点Ⅱ（也是最高点）的正面投影 1′、2′可直接定出，根据正面投影 1′、2′求出水平投影 1、2 和侧面投影 1″、(2″)。侧面投影可见与不可见的分界点Ⅲ和Ⅳ在圆台的最前、最后素线上，这两点不能直接定出。需要过这二素线作辅助侧平面 P：该平面通过圆台的最前、最后素线，截球得交线为 R_1 圆弧，与最前、最后的交点 3″、4″即所求。再根据 3″、4″求出 3′、(4′) 和 3、4 点。

2）求一般位置点。作辅助水平面 Q，与圆台得截交线为圆，与球得截交线为 R_2 圆弧，两截交线在水平面上的交点 5、6 即所求。再根据 5、6 求出 5′、(6′) 和 5″、6″。

3）判断可见性，通过各点光滑连线。因相贯体前后对称，故相贯线正面投影的前半部分与后半部分重合为一段曲线。相贯线水平投影均为可见。相贯线的侧面投影 3″、4″为可见与不可见分界点，所以 3″、(2″)、4″连成虚线，将 4″、6″、1″、5″、3″连成实线。

例4 求作圆柱与圆锥正交的相贯线，见图 2-97。

由读者自行分析，作图步骤叙述从略。

例5 求作正六棱锥与正六棱柱相交的相贯线，见图 2-98。

这是两平面体的相贯线。由读者自行分析，作图步骤叙述从略。

98

图 2-97　圆柱与圆锥正交相贯线作图步骤

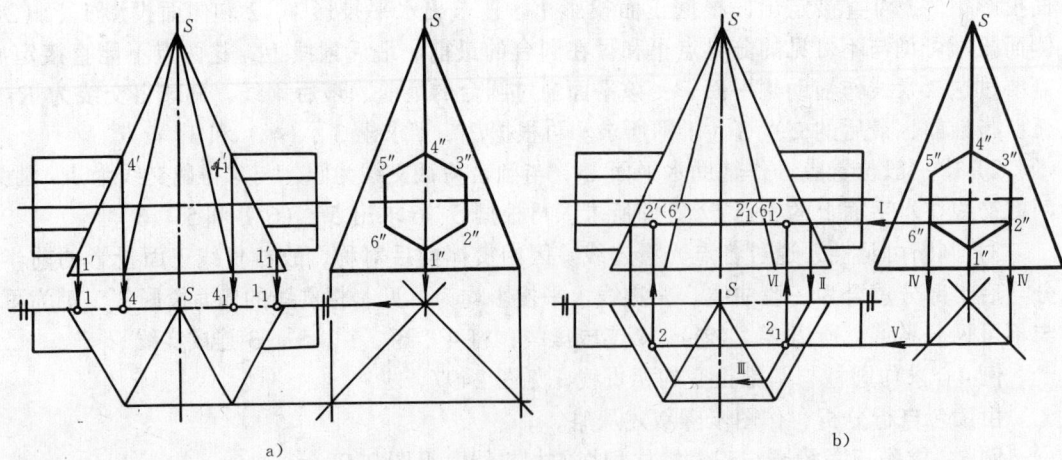

图 2-98　正六棱锥与正六棱柱相交相贯线作图步骤（一）

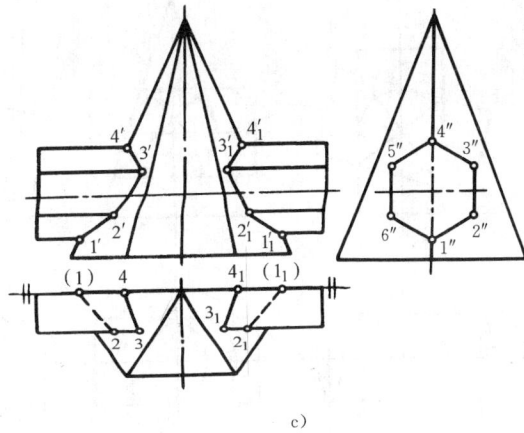

图 2-98　正六棱锥与正六棱柱相交相贯线作图步骤（二）

2.4.2.3　相贯线的特殊情况　两回转体相交其相贯线一般为空间曲线。但在特殊情况下，也可能是平面曲线或是直线。

当两个回转体具有公共轴线时，相贯线为圆，该圆在与其轴线相平行的投影面上的投影积聚为一平直线，在与其轴线相垂直的投影面上的投影为圆的实形，见图 2-99。

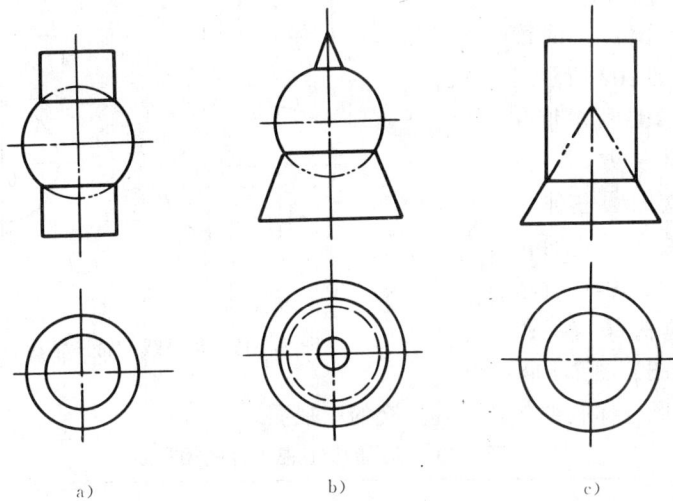

图 2-99　相贯线的特殊情况（一）

当圆柱与圆柱、圆柱与圆锥轴线相交，并公切于一圆球时，相贯线为椭圆，该椭圆在与其相交二轴线平行的投影面上的投影积聚为一斜直线，在与轴线之一相垂直的投影面上的投影呈圆形见图 2-100。

当两圆柱轴线平行或两圆锥共顶相交时，相贯线为直线，见图 2-101。

2.4.2.4　常见的穿孔基本体的相贯线　在零件上常见的一些穿孔基本体的相贯线投影，见表 2-20。

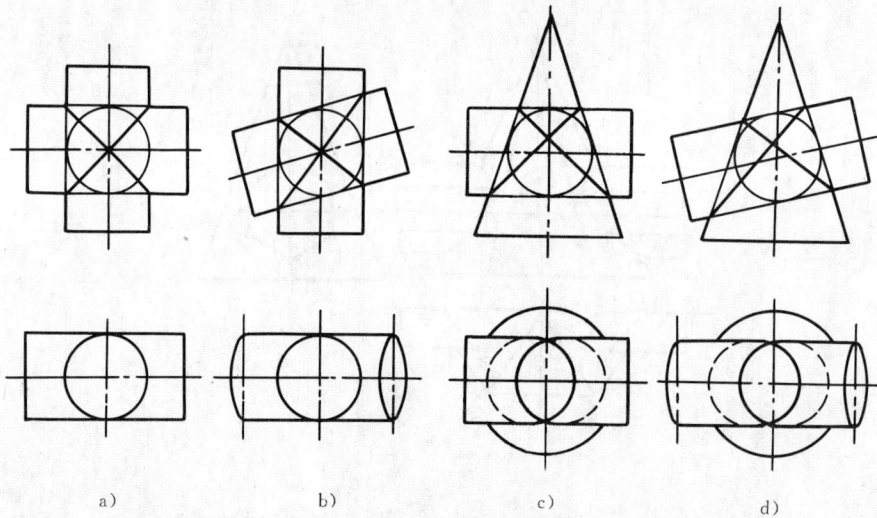

图 2-100　相贯线的特殊情况（二）

2.4.2.5　相贯线的综合应用
图例　有些机械零件实际上
可以认为是由多个基本体组
成的，交线也往往比较复杂，
但作图的方法仍基本相同。

　　以下有六个图例，请读
者自行分析。图 2-102 所示三
圆柱相贯。图 2-103 所示带有
正交的半圆柱孔长方体。图
2-104a 所示直立的圆柱体头
部与直径相同的半圆柱面正
交的三视图，图 2-104b 所示
带有切口圆柱体头部与半圆
柱面正交的三视图，图 2-104c
所示带有球面的圆柱体头部与圆柱孔正交的三视图。

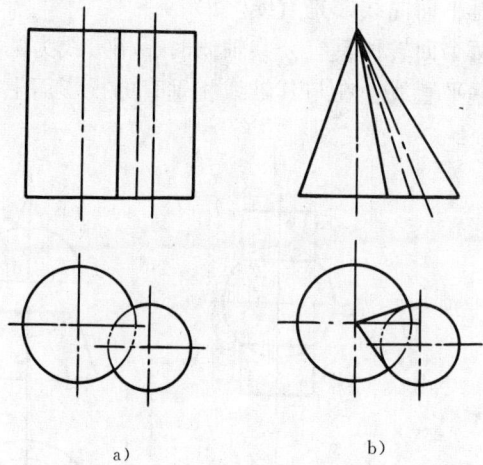

图 2-101　相贯线的特殊情况（三）

表 2-20　常见的穿孔基本体的相贯线

轴上的圆柱孔	两不等直径圆柱孔正交于轴内	两等直径圆柱孔正交于轴内

轴上的长方形孔	轴上的键槽	圆锥体上的长方形孔

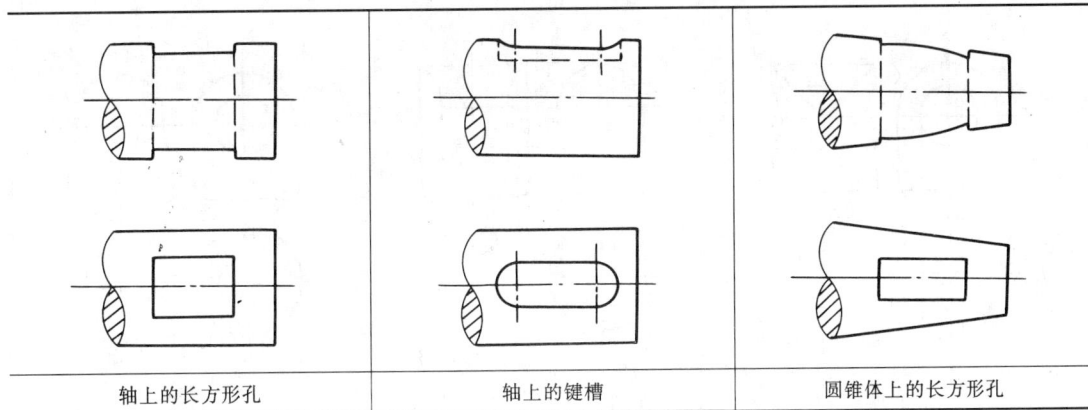

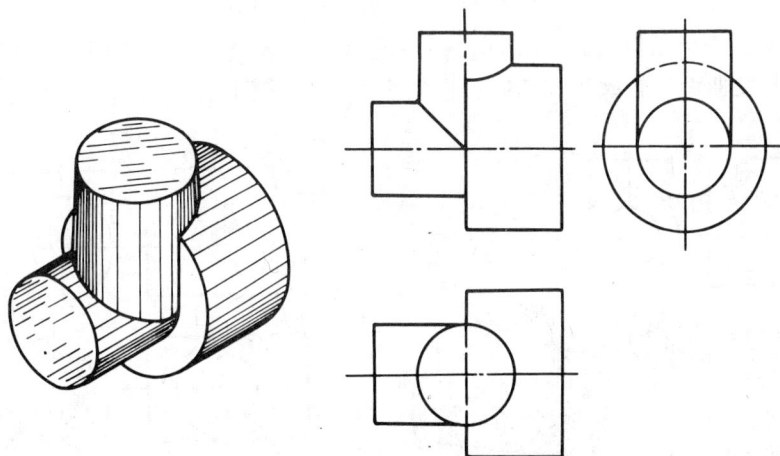

图 2-102　三圆柱相贯

图 2-103　带有正交的半圆柱孔长方体

a）相同直径的半圆柱孔正交　b）不同直径的半圆柱孔正交

2.4.3　过渡线

在铸件或锻件中，由于工艺上的要求在两个表面相交处常用一个曲面圆滑地连接起来，这个过渡曲面叫圆角。由于圆角的存在，使零件表面的交线看起来不明显，但为了使看图容易区分形体界限，仍画出理论上的相贯线，这条线叫做过渡线。

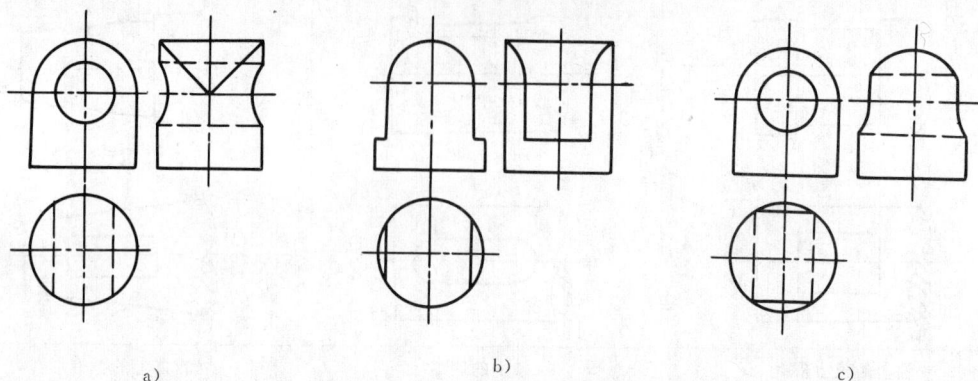

a)　　　　　　　　　　　b)　　　　　　　　　　　c)

图 2-104　相贯线的综合应用图例

过渡线的画法与相贯线画法相同，但过渡线的两端与小圆角之间应留有空隙，见图 2-105a。当两相交曲面的轮廓线相切时，过渡线在切点处画成断开形式，见图 2-105b。

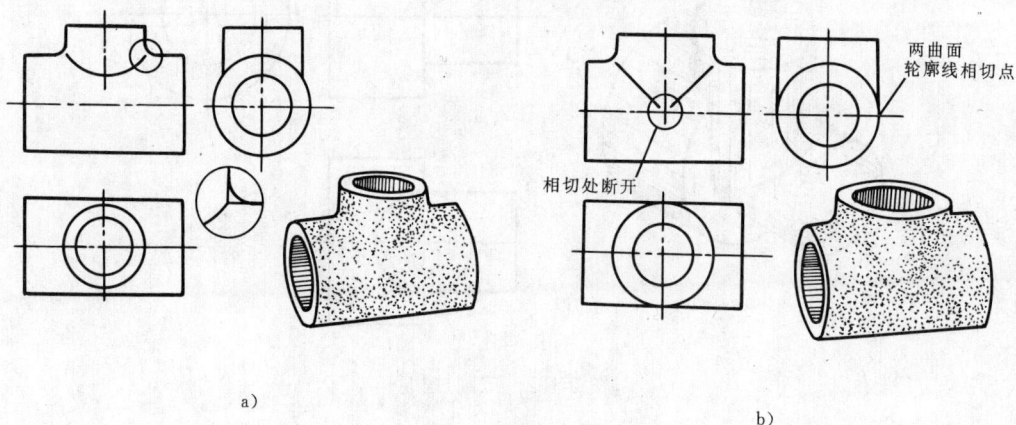

a)　　　　　　　　　　　　　　　　　　　b)

图 2-105　过渡线的画法

图 2-106 列出了几种过渡线画法示例。

a)　　　　　　　　　　　　　　　　　　　b)

图 2-106　过渡线画法示例

由于零件的结构和组合形式不同，过渡线画法也不同。表 2-21 为几种常见结构过渡线的画法。

表 2-21　几种常见结构过渡线画法

表面接触形状	直　观　图	投　影　图	过　渡　线　特　点
平面与曲面相交			过渡线为一直线，两端不与轮廓线接触，平面轮廓线用圆弧向两边分开
平面与曲面相切			过渡线不画，平面轮廓线用圆弧向两边分开
曲面与曲面相交			过渡线为不与轮廓线接触的曲线
曲面与曲面相切			过渡线为曲线，顶端分开
平面与平面相交（光滑过渡）			过渡线为直线，两端不与轮廓线接触

（续）

表面接触形状	直 观 图	投 影 图	过 渡 线 特 点
平面与平面相交 （光滑过渡）			过渡线为直线，两端不与轮廓线接触

2.5　组合体

2.5.1　组合体的形体分析法

在机械制图中,把由两个或两个以上基本体所组成的形体叫组合体。在前述各章中已接触过一些简单的组合体,并已介绍了它们的画法和看图的方法,工程技术上所遇到的一些机件远较这些物体复杂,因此要有意识的运用形体分析方法来解决这些机件的画图和看图问题。

2.5.1.1　形体分析法　形体分析法就是假想把组合体分解成由若干个基本体组成,弄清楚各部分的形状、相对位置、组合形式以及表面连接关系,进而运用学过的投影知识来解决画图和看图的问题。它的实质是帮助我们把复杂问题化整为零,然后一个个地来解决。

例如图 2-107a 的轴架,可以假想分解为如图 2-107b 所示的底板圆筒、支承板及肋板四个基本组成部分,而底板是两角倒圆的长方体,上面还钻有两个圆柱孔;圆筒的上方有一个直立小圆柱孔。

注意:实际组合体是一个整体,切勿认为是积木式拼凑起来的。

2.5.1.2　组合体的组合形式及其表面连接处的画法

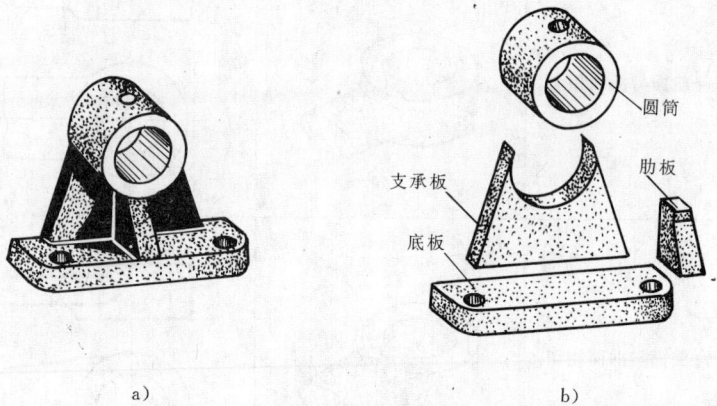

a)　　　　　　　b)

图 2-107　组合体的形体分析法
a) 轴架　b) 分解图

1) 组合体的组合形式有叠加和切割两种基本形式,见图 2-108,而常见的是两种形式的综合,即组合加切割见图 2-107a。

画组合体的视图时,必须注意其组合形式和各组成部分表面间的连接关系,这样才能不多画线或漏画线。在读图时,也必须注意这些关系,才能想清楚整体结构形状。

2) 组合体各形体之间的表面连接关系可以分为四种:即平齐（即共面）、不平齐（即异面）、相切和相交,见图 2-109。

① 当两形体的表面平齐时,中间没线隔开,见图 2-110a、c。图 2-110b 多画了图线,是

错误的。因为是平齐的（即共面），构成一个完整的平面，就不存在分界线。若画成两个线框，就是两个面的投影了，所以是错的。

② 当两形体的表面不平齐时，中间应该有线隔开，见图 2-111a、c。若中间漏画线，见图 2-111b，就成为一个表面的投影了，因此是错误的。

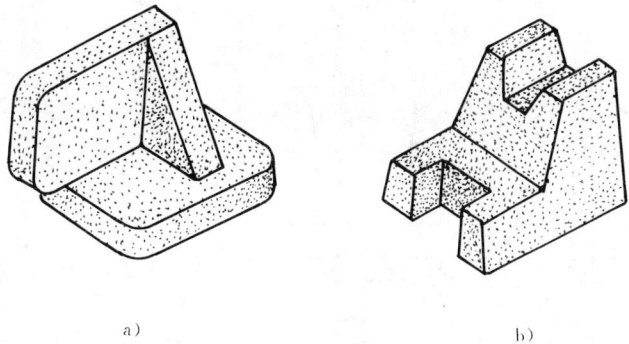

图 2-108　组合体的基本组合形式
a) 叠加类（支架）　b) 切割类（支座）

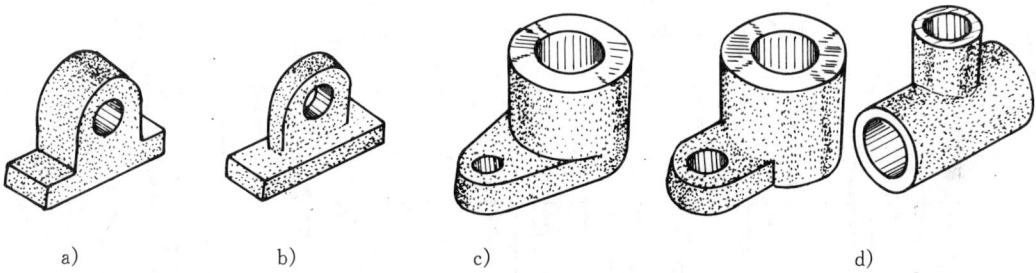

图 2-109　组合体的表面连接关系
a) 平齐　b) 不平齐　c) 相切　d) 相交

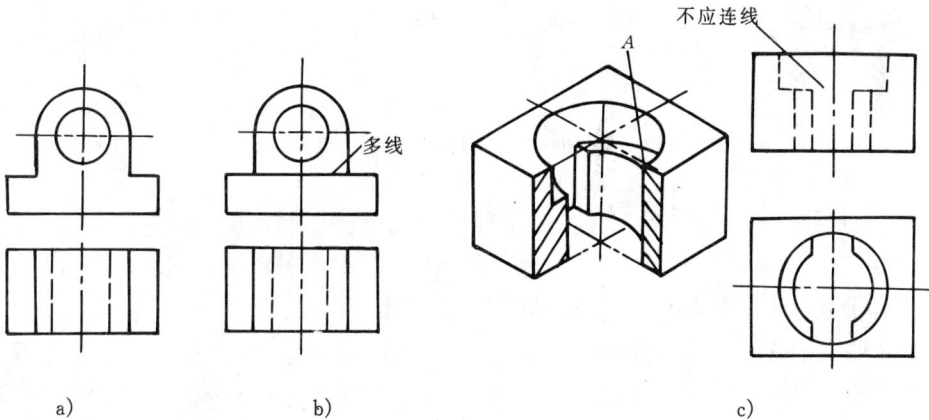

图 2-110　形体间表面平齐时的投影特点及画法
a)、c) 正确　b) 错误

③ 当两形体的表面相切时，在相切处应该不画线。见图 2-112a 与 b 是平面与曲面相切时正确与错误画法的对比；图 2-112c 与 d 是曲面与曲面相切时正确与错误画法的对比。

④ 当两形体的表面相交时，在相交处应该画出交线。见图 2-113a 为机座轴测图，它是由耳板、肋板、大圆筒和小圆筒组成的，画这些形体间表面的交线时，应该首先分析这些交线的性质，然后画出这些交线的投影，画法见图 2-113c、d、e、f。

图 2-111　形体间表面不平齐时的投影特点及画法
a)、c) 正确　b) 错误

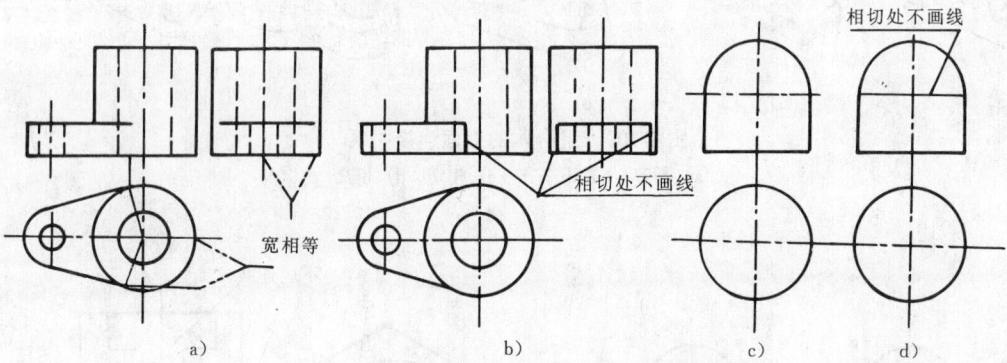

图 2-112　形体间表面相切时的投影特点及画法
a)、c) 正确　b)、d) 错误

2.5.1.3　应用形体分析法对"物"看图　形体分析法是画图和看图的最基本方法。为了使读者加深理解"图"与"物"之间的对应关系，从而提高画图和看图能力，下面举例说明如何应用形体分析法对照物体的立体图分析它的三视图。

例 1　对照支架的立体图，分析它的三视图，见图 2-114a。

分析　对照三视图在"物"上确定三个视图的投影方向（如图 2-114a 立体图中箭头所指），然后应用形体分析法，分析支架的各组成部分和它们的相对位置、组合形式以及表面连接关系。

支架的主体可分为形体Ⅰ和形体Ⅱ两部分，见图 2-114b，形体Ⅰ是一角倒圆的三棱柱，其上钻有一个圆柱孔；形体Ⅱ是有两角倒圆的长方体，其上钻了两个圆柱孔。形体Ⅰ叠加在形体Ⅱ的正上方且与形体Ⅱ后面平齐的位置上。根据形体Ⅰ和形体Ⅱ的形状特征，分别在三视图上找出表示它们投影的线条和线框，见图 2-114b。形体Ⅰ和形体Ⅱ的相对位置在左视图上表示较清楚。明确了支架主体的结构以后，还要进一步看细部结构，如三个小孔的投影要分别在三视图中找出。

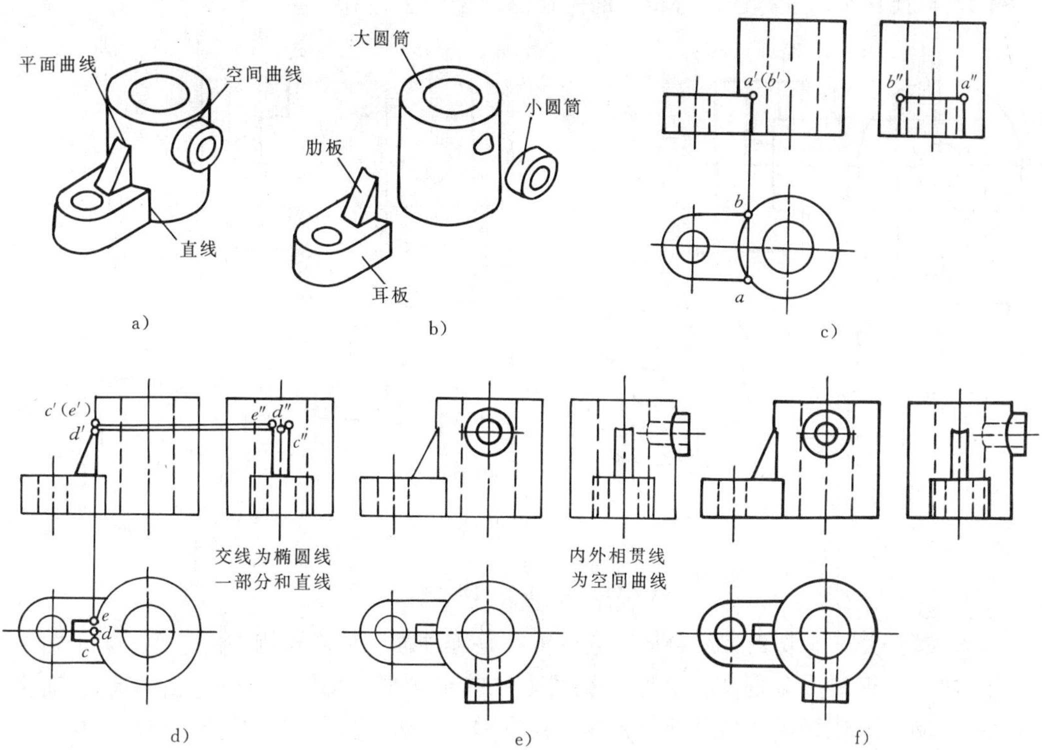

图 2-113 形体间表面相交时的投影特点及画法

a）机座 b）机座形体分析 c）耳板与圆筒相交时的画法

d）肋板与圆筒相交时的画法 e）两圆筒正交时的画法 f）完整的机座三视图

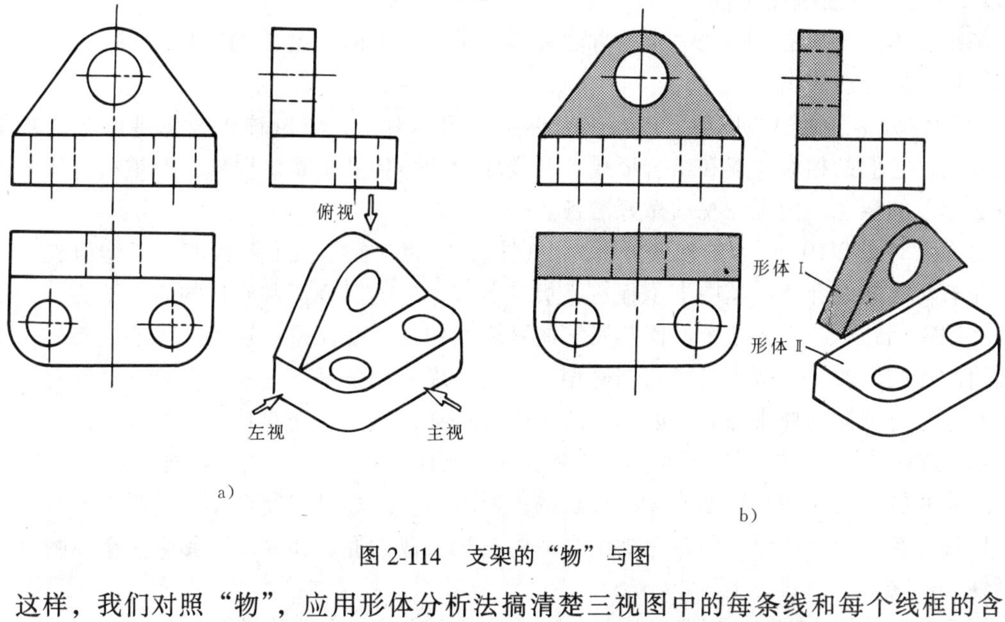

图 2-114 支架的"物"与图

这样，我们对照"物"，应用形体分析法搞清楚三视图中的每条线和每个线框的含义，就是离开"物"，也能想象出"图"中所表示"物"的空间形状了。

例2 对照接头的立体图，分析它的三视图，见图2-115a。

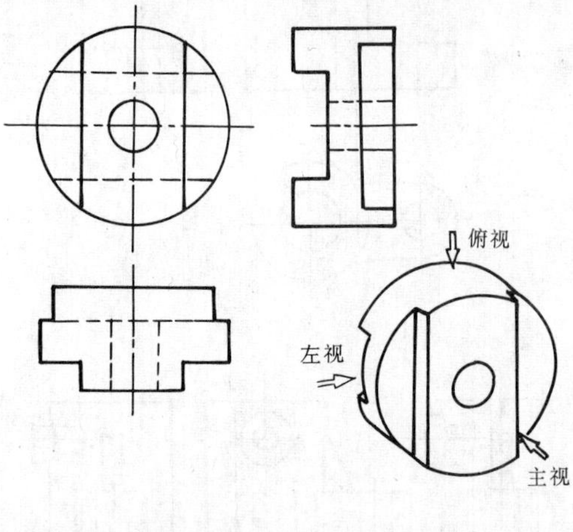

图 2-115　接头的"物"与图

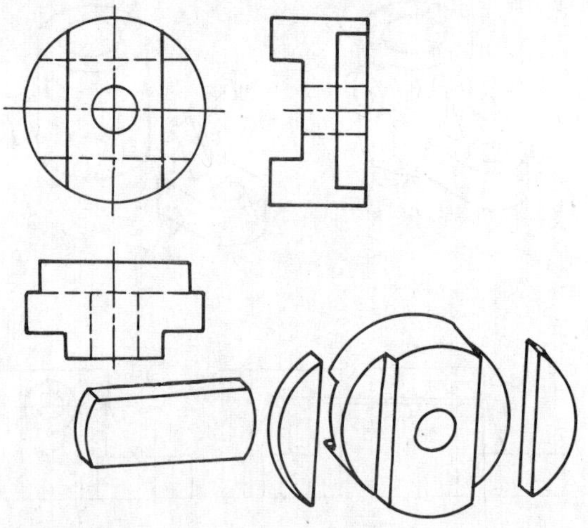

　　分析　接头是一个切割类组合体，它的前部是圆柱被正平面和侧平面在左、右两侧分别切去了一块，所得断面分别在主、左两视图上反映出实形，见图2-115b。由于切平面都是特殊位置平面，所得交线分别是圆和直线。其投影可对照"物"在三视图中找出。接头后部的槽请读者自己分析。

　　图2-116中四个例子，请对照立体图，应用形体分析法，分析三视图上线条和线框的含义和物体的组合形式、相对位置及表面连接关系，并用不同颜色在三视图上标出立体图上指定的线、面、体的投影。

2.5.2　组合体的三视图画法

　　画组合体的三视图，应按一定的方法和步骤进行，下面以图2-107所示的轴架为例，说明怎样用形体分析法画图。

　　1. 形体分析　画三视图前，应对组合体进行形体分析，了解该组合体是由哪些基本体所组成的，它们的相对位置和组合形式以及表面间的连接关系是怎样的，对该组合体的形体特点有个总的概念，为画三视图做好准备。

　　前面已对图2-107所示的轴架分析为由底板、圆筒、支承板及肋板四个形体组成。轴架是个左右对称的组合体。其中支承板在底板的上方，它的后表面和底板的后面平齐，支承板上方和圆筒相结合，它的两个侧面与圆筒的外表面相切。肋板是一块形似梯形的平板，上方与圆筒相连结，左、右两个侧面与圆筒相交，交线应是两条平行线段。圆筒上方钻有一个小圆柱孔，它与圆筒的外表面和空心部分的内表面相交，它们的交线是相贯线。

　　2. 选择主视图　主视图一般应能较明显反映出组合体形状的主要特征，即把能反映组合体形状和位置特征的某一面作为主视图的投影方向，并尽可能使形体上主要面平行于投影面，以使投影能得到实形，同时考虑组合体的自然安放位置，还要兼顾其它两个视图表达的清晰性。

　　图2-107所示的轴架，应选择从前向后看的方向为其主视图的投影方向。

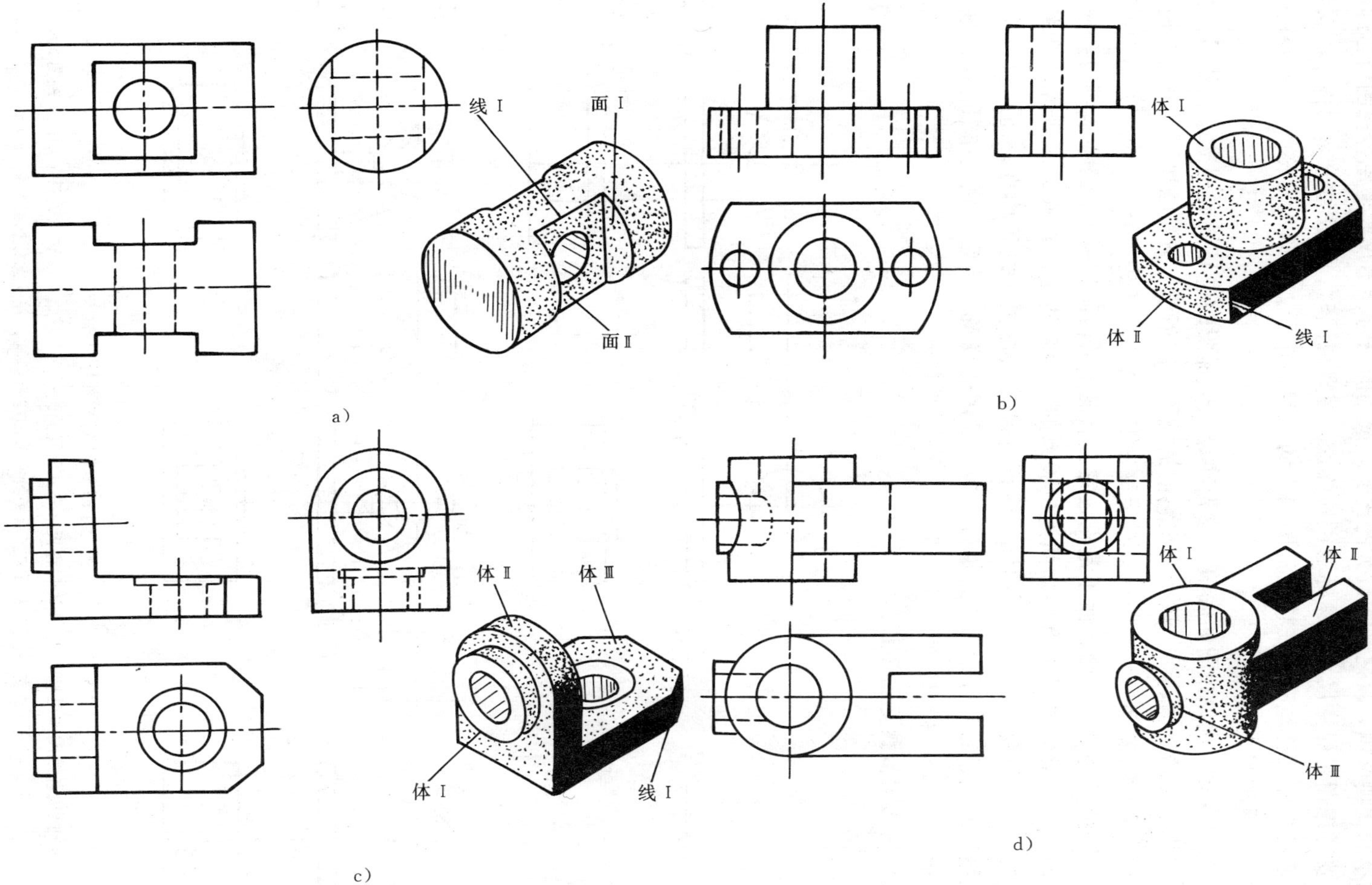

线 I

体 I

体 II

b)

体 II

体 III

体 I

d)

面 I

线 I

面 II

a)

体 III

线 I

体 II

体 I

c)

图 2-116 应用形体分析法对"物"看图

3. 选取比例、确定图幅和布置视图位置　视图确定后，便要根据实物大小，按标准规定选择适当的比例和图幅。在一般情况下，尽可能选用1:1的比例，如物体过大且形状简单可用缩小的比例来画，反之选用放大的比例。选用图幅时，不仅要考虑各视图所占的图幅面积，还要考虑留足标注尺寸和画标题栏的位置。布置视图时，要注意分布匀称，不要偏向一方。要使各视图匀称地布置在选定的图幅上的关键，在于如何画出对称线、轴线或上、下、前、后表面等基准线。

4. 画图步骤　画各视图的底稿。首先确定三个视图的中心线或基准线，然后按照分析的形体，从主要的形体着手，逐个画出它们的视图。应用形体分析法画图，一般来说，先画主要部分，后画次要部分，画图时，对于每一个部分，最好是三个视图配合着画，每部分也应先画反映形状特征的视图，而不是先画完一个视图后再画另一个视图。画图时要注意分析清楚各部分的相对位置及留意表面间连接关系的正确表达法，这样，不但可以提高画图速度，而且还可以避免漏画和多画图线，保证各部分投影关系的正确性，高质量地画好三视图。底稿完成后，必须仔细检查，修改，擦去没用的线条，然后按规定加深各类图线。加深顺序同前1、2、5、4（3）所述。

轴架的画图步骤见图 2-117。

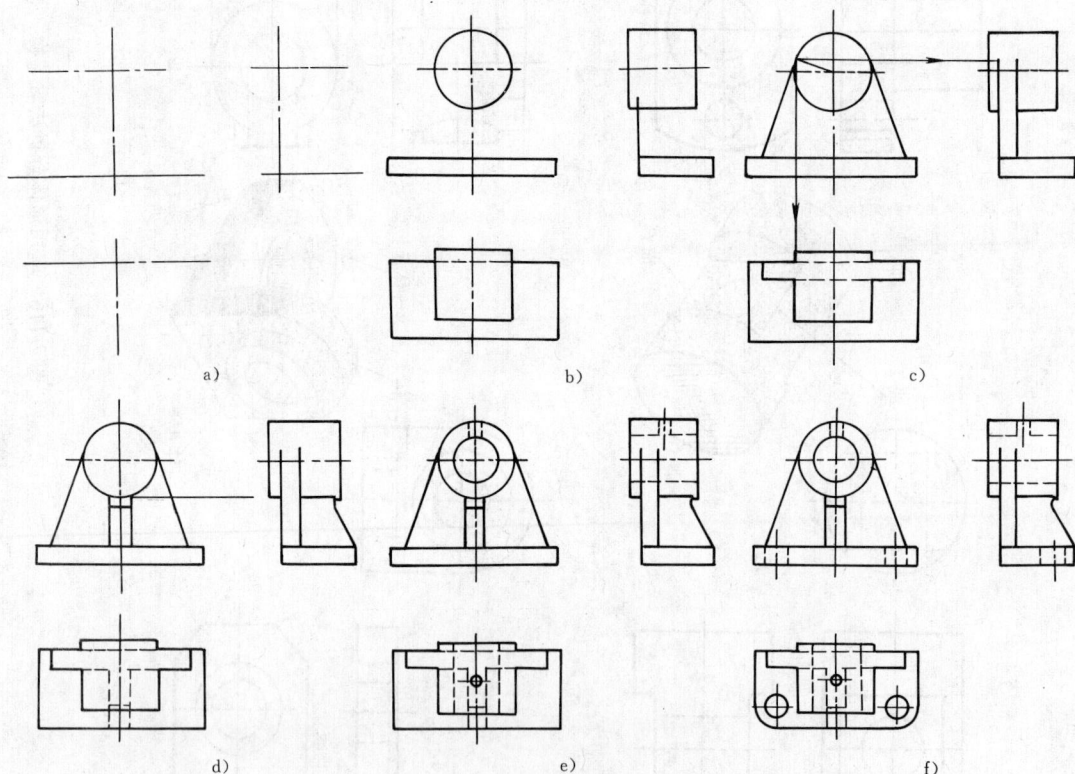

图 2-117　轴架的画图步骤

a）画出各视图作图基准线　b）画底板，先从俯视图画；画圆筒，从反映圆筒特征形的主视图先画

c）画支承板，从反映支承板特征形的主视图画，并注意相切处的画法

d）画肋板，主、左视图配合先画，并注意相交处的画法

e）画圆孔，并注意相贯线的画法　f）画出其余细节，检查后加深

以下再举两个简单的例子，由学员自行分析，对照学习。

例1 画支架的三视图（叠加类），见表2-22。

表 2-22　支架的形体分析及画三视图的步骤

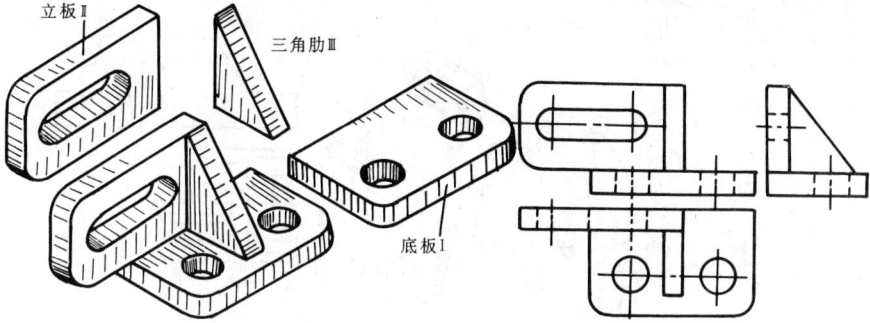

1）画出底板Ⅰ的三视图

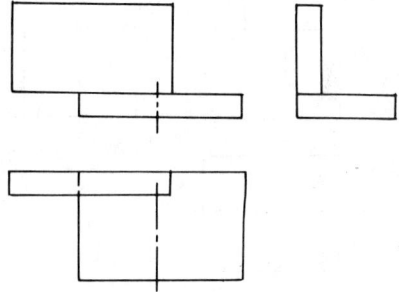

2）画出立板Ⅱ的三视图

3）画出三角肋Ⅲ的三视图

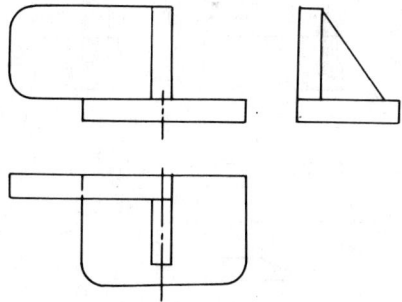

4）画出底板和立板上的圆角

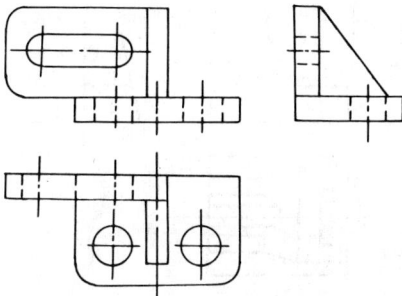

5）画出孔和槽的三视图

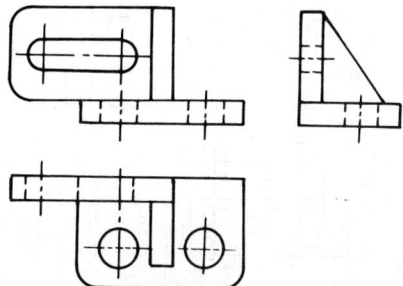

6）检查后按规定的线型加深

例 2 画支座的三视图（切割类），见表 2-23。

表 2-23 支座的形体分析及画三视图的步骤

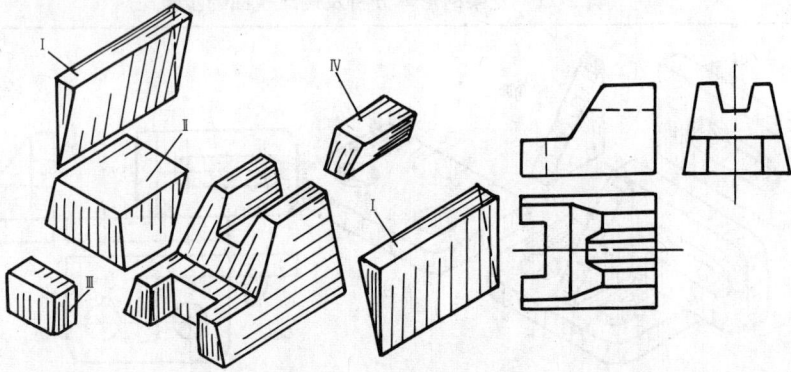

1）画出长方体的三视图

2）切去前后各一片三角块Ⅰ

3）切去左上角梯形块Ⅱ

4）左下方中间部位切成长方形缺口Ⅲ

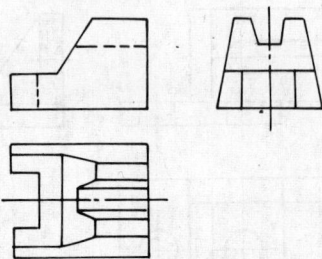

5）右上方中间部位切成梯形槽Ⅳ

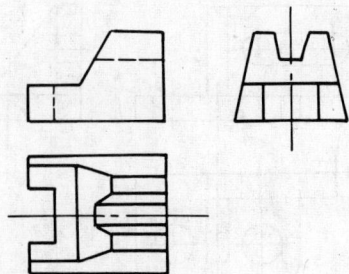

6）检查后，擦去作图线，按规定的线型加深

由实物画三视图时，应特别注意以下四点

1）先对物体进行形体分析，再选定主视图的投影方向，将物体放正（即物体的主要表面应平行或垂直于投影面）后不动，画出主俯、左视图，切勿任意转动实物，造成投影关系的混乱。

2）画出各部分的两个视图后，第三个视图不必再度量其尺寸，应根据三等关系用投影方法画出第三视图。再对照实物检查各视图是否有误，应使物体的整体和局部都符合投影规律。

3）对于物体的曲面部分（如圆柱、圆孔等），应先画出中心线和轴心线，然后再画曲面的轮廓线。

4）三视图底稿完成后，要特别留意检查各部分表面（特别是斜面和曲面）之间的连接在三视图中的投影是否正确。如有不符合投影规律的情况（例如俯、左视图宽度不等，类似形表面形边数不同等），应仔细分析这些表面对投影面的相对位置及其投影特点，找出问题所在，改正后再加深三视图。

2.5.3 组合体视图的尺寸注法

2.5.3.1 标注组合体视图尺寸的几点要求 机件的图样，除了用视图表达形状外，还要用尺寸表示其大小，因此正确标注尺寸极为重要。

在组合体的视图上标注尺寸，一般要求做到以下几点：

1．准确 是指所标注的尺寸要符合 GB4458.4—84 规定（已在 1.2.2.5 中略介绍）。

2．完整 是要求所注各类尺寸齐全，做到不遗漏，不重复。

3．清晰 是要求所注尺寸布置整齐、恰当、不模糊，便于读图。

4．合理 是要求所注的尺寸既符合设计要求，又符合工艺要求。

本节主要介绍如何使组合体视图的尺寸标注完整和清晰。至于设计、工艺上的要求将在 5.3 中介绍。

2.5.3.2 组合体视图中的尺寸种类 根据尺寸在视图中的作用，可将其分为三类：

1．定形尺寸 确定各基本体形状大小的尺寸，叫定形尺寸，也称为大小尺寸。

各种常见基本体的尺寸的具体注法，已在 2.2.3.1 介绍，见图 2-54、图 2-55。

图 2-118a 所示的轴承座，用形体分析法分为由底板、立板和肋板三个基本部分组成。图 2-118b 所示为三个部分的定形尺寸：底板的长 43、宽 34、高 10、圆角 R8 以及板上两圆孔直径 φ8；立板的长 12、宽 27 和 17、高 32 和 10 以及板上圆孔直径 φ14；肋板的长 12、宽 6 和高 7。

2．定位尺寸 确定各基本体之间相对位置的尺寸，叫定位尺寸，也称为位置尺寸。

为了确定各基本体之间的位置，应注出其 X、Y、Z 三个方向的位置尺寸。有时由于在视图中已能确定其相对位置，也可省略某方向的定位尺寸，见表 2-24。

图 2-118d 所示轴承座的定位尺寸：左视图中的 28 是立板上孔的轴线在高度方向的定位尺寸；主视图中的 5 是立板在长度方向的定位尺寸；俯视图中的 18 是两圆孔在宽度方向的定位尺寸（即两圆孔中心与轴承座前后对称面的相对位置），而 35 是两圆孔离底板右端面的定位尺寸。其它定位尺寸，或者由于在对称轴线上（如大圆孔的前后位置），或者由于和某个表面平齐（如肋板和立板），故均可省略。

3．总体尺寸 确定组合体外形总长、总宽和总高的尺寸，叫总体尺寸，也称为轮廓尺寸。

当注了总体尺寸后，可以省略某些定形尺寸。例如在图 2-118d 中，主视图上的 42 为总高尺寸，省略了立板高 32 的尺寸；俯视图上的尺寸 43 和 34，是底板的定形尺寸，也是轴承座总长和总宽尺寸。

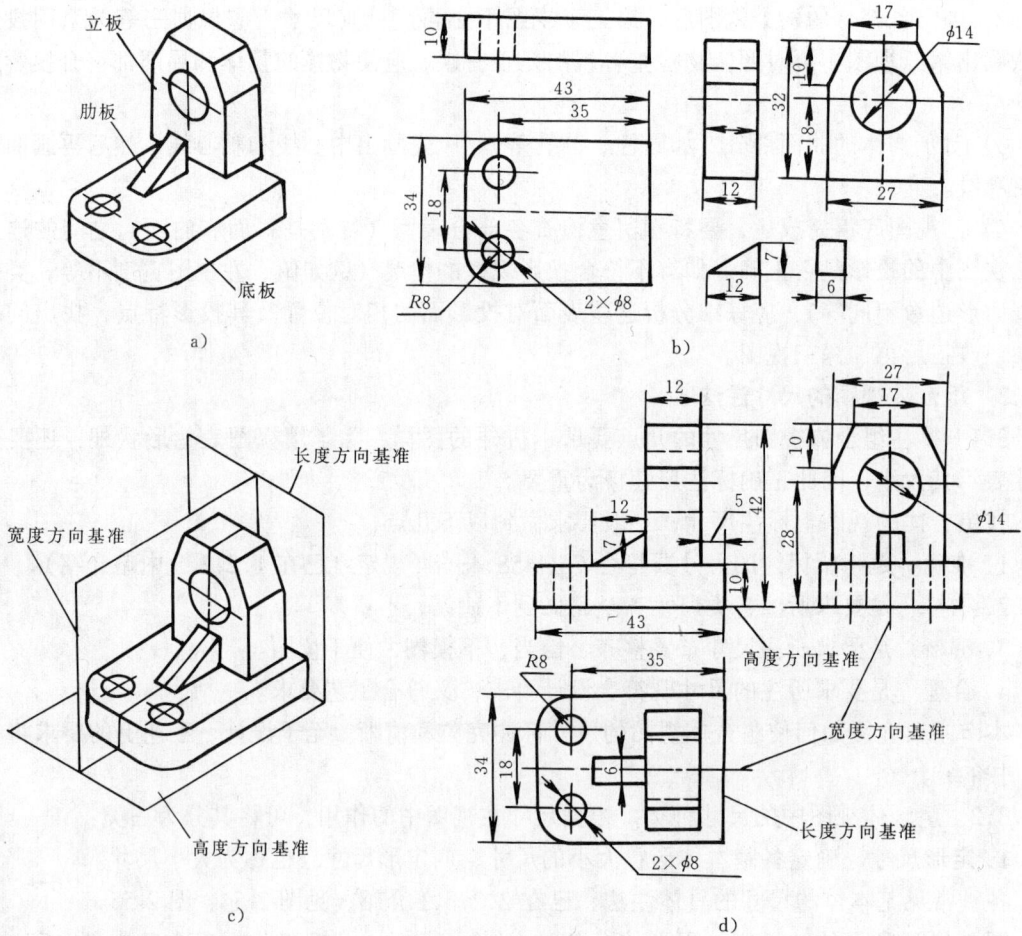

图 2-118　轴承座的尺寸分析

表 2-24　定位尺寸的注法

图例			
说明	确定孔板与底板相对位置，需要注 X、Y、Z 三个方向的定位尺寸	孔板与底板左右对称排列，仅需注 Y、Z 方向的定位尺寸，省略 X 方向的定位尺寸	孔板与底板左右对称、背面靠齐，仅需注确定孔的 Z 向定位尺寸

对于具有圆弧面的结构，为了明确圆弧的中心和孔的轴线的确切位置，通常只把尺寸注到中心线位置，而不注总尺寸，见图2-119。即组合体的一端或两端为回转体时，必须采用这种标注形式，否则就会出现尺寸重复。

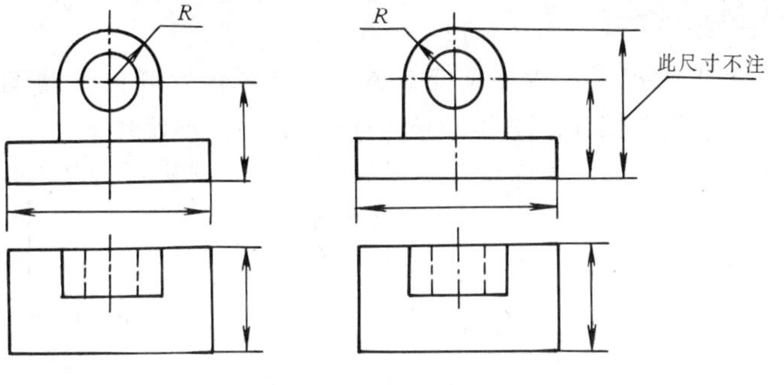

2.5.3.3 尺寸基准的确定
为了使组合体视图上的尺寸达到完整的要求，在明确了视图中应标注哪些尺寸外还须考虑尺寸基准的问题。

所谓尺寸基准，就是标注尺寸的起点。

图 2-119　总体尺寸

组合体具有长、宽、高三个方向的尺寸，标注每一个方向的尺寸都应先选择好基准，以便从基准出发确定各部分形体间的相对位置。各方向的主要尺寸也应从相应的尺寸基准进行标注。

基准要选择得合理，以便于加工和测量。组合体的基准，通常选取其底面、端面、对称平面、回转体的轴线以及圆的中心线等作为尺寸基准。例如图2-118c中，选择底板的右端面，前、后对称面和底板的底面为轴承座长、宽、高三个方向的尺寸基准。有时选择的基准，除了三个方向都应有一个主要基准外，还需要有几个辅助基准。如表2-25中的左图，高度方以底面为主要基准，而以顶面为辅助基准来确定槽深。如表2-25中的右图，轴线方向以右端面为主要基准，而以左端面为辅助基准确定孔深。辅助基准必须用尺寸与主要基准相联系。

表 2-25　尺寸的基准

图例	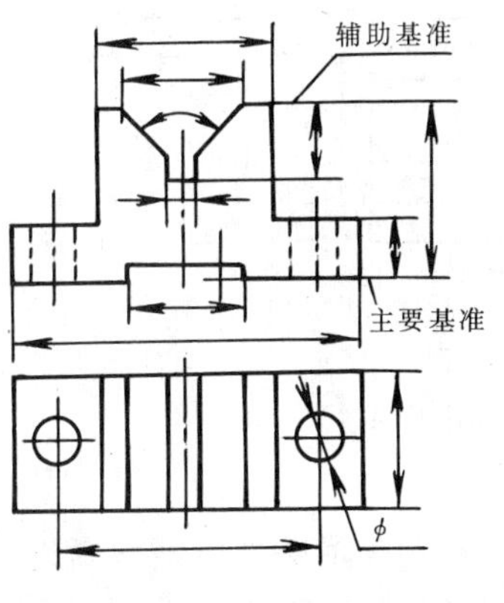	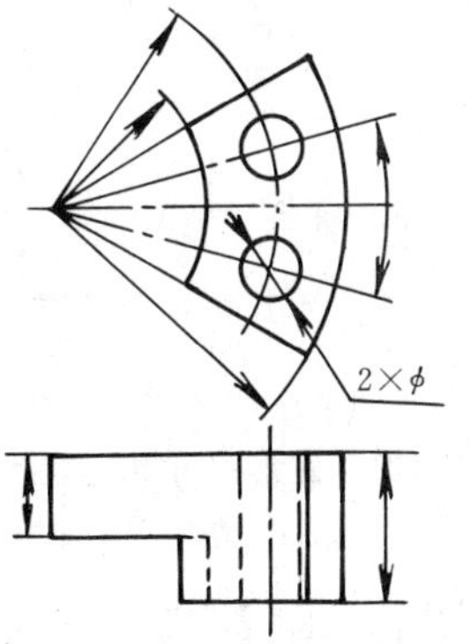	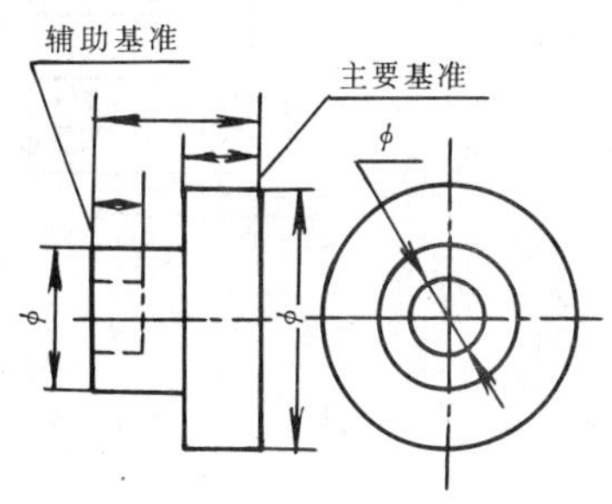
说明	以对称面为长方向和宽方向的基准，以底面为高方向的主要基准，顶面为高方向的辅助基准	以圆心为径向基准，以后端面为宽方向的基准	以轴线为径向基准。以右端面为轴向的主要基准，左端面为轴向的辅助基准

2.5.3.4　尺寸布置的要求　标注组合体视图的尺寸时，除了要求准确，完整地注出上述三类尺寸外，还要注意尺寸的布置，以使尺寸标注得清晰，便于读图。因此，为了保证所注尺

寸清晰，除了严格遵守机械制图国家标准（GB4458.4—84）的有关规定外，还应注意下列几点：

1）定形尺寸应尽量注在反映形体特征的视图上，见图2-120a所示，而图2-120b中所示的注法不好。

2）定位尺寸应尽量注在反映形体间位置明显的视图上，并且尽量与定形尺寸集中在一起，见图2-121a，图2-121b中所示的注法不集中。

a)   b)

图 2-120　尺寸注在反映形体特征的视图上
a）清晰　b）不好

a)   b)

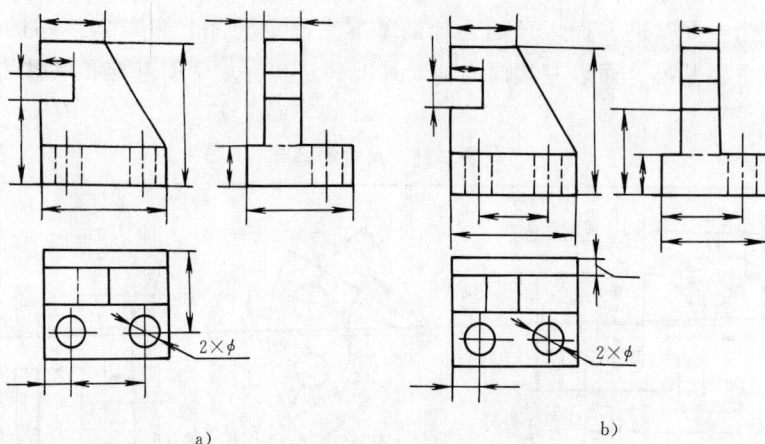

图 2-121　定形尺寸和定位尺寸集中标注
a）清晰　b）不好

3）尺寸应尽量注在视图外面，见图2-122a，但当视图内有足够地方能清晰地注写尺寸数字时，也允许注在视图内，见图2-122a中主视图上的半径尺寸 R 和尺寸 L。图2-122b中所示的注法影响图形清晰性。

4）同轴回转体的径向尺寸，一般注在非圆视图上，圆弧半径应标注在投影为圆弧的视图上，见图2-123a。图2-123b中圆弧半径 R 的注法是不允许的。

5）同方向的并联尺寸，将大尺寸排在小尺寸之外，应排列整齐，间隔均匀，避免尺寸线与尺寸界线相交。同一方向串联的尺寸，箭头应互相对齐，排在一直线上。

6）有关尺寸应尽量布置在两个视图之间，便于读图。

7）基本体的截交线和相贯线是由于相交而产生的，所以不必另注尺寸。

8）虚线上尽量不注尺寸。

以上各点在标注尺寸时，有时不能兼顾，应灵活应用，合理布置尺寸。

2.5.3.5 尺寸标注举例 标注组合体的尺寸时，应先进行形体分析，选择基准，并按分析的形体依次有条理地标注尺寸，每注一个形体尺

图 2-122 尺寸的布局
a) 清晰 b) 不好

寸时，首先要注出它的定位尺寸，以确定它和已标注形体之间的相对位置，然后再注出它的定形尺寸。用形体分析法标注尺寸时，要注意物体的各组成部分相互联系，它们的尺寸是相互关联的。总体尺寸的标注要根据物体的结构来定。最后全面进行核对、调整和改正错误，使所注的尺寸完整、正确、清晰。

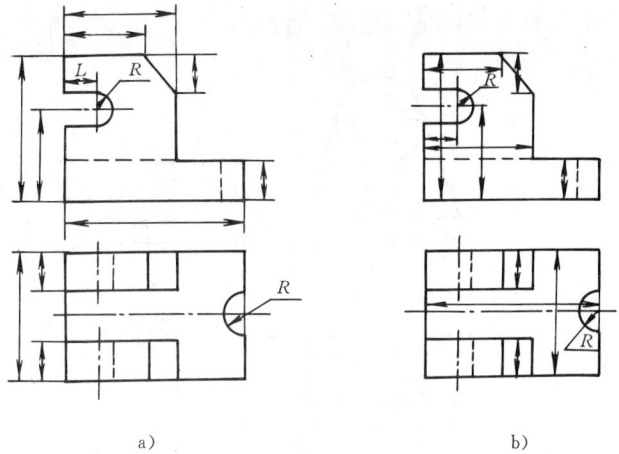

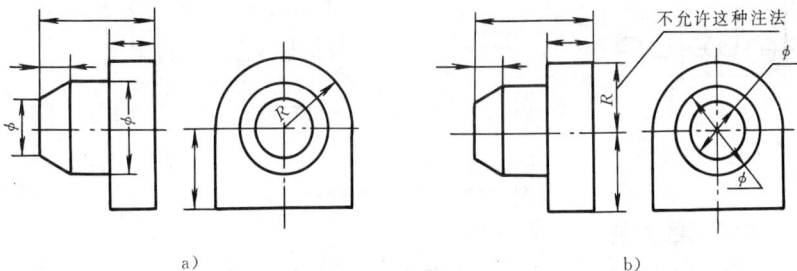

图 2-123 圆柱、圆锥、圆弧尺寸的注法
a) 清晰 b) 不好

以图 2-124 的轴架为例，说明用形体分析标注尺寸的过程。轴架由底板、支承板、圆筒和肋板四个部分组成。首先确定尺寸基准：根据轴架结构特点，长度方向的尺寸以左、右对称平面为基准；宽度方向的是以底板、支承板的后面为基准；高度方向的尺寸以底板的底面为基准。然后从基准出发，在考虑标注底板的定形尺寸时，先把底板上两个小孔的定位尺寸 32 和 14 标齐全（小尺寸应注在大尺寸里面），见图 2-124a。然后再注圆筒的定位尺寸 26、2 和它的定形尺寸，见图 2-124b、d。支承板部分只要注出底部长度 38、板厚 5 即可，它的上部两侧和圆筒相切，尺寸已确定。肋板的底部宽度也不用标注，因为有了底板宽度 20 和支承板宽度 5，它的宽度就确定了，见图 2-124c、d。如图 2-125 注了（15）这个尺寸反而重复。轴架的总长尺寸就是底板的长度尺寸 44；总宽尺寸不用标注，从结构角度来看，还是

注底板宽度 20 和圆筒伸出底板的距离 2 这两个尺寸较好；总高尺寸也不标注，因为上部有圆柱面，从制造工艺角度标注圆柱轴线的高度和直径，而不标注如图 2-125 中的总高 H。最后进行核对和调整，见图 2-124d。

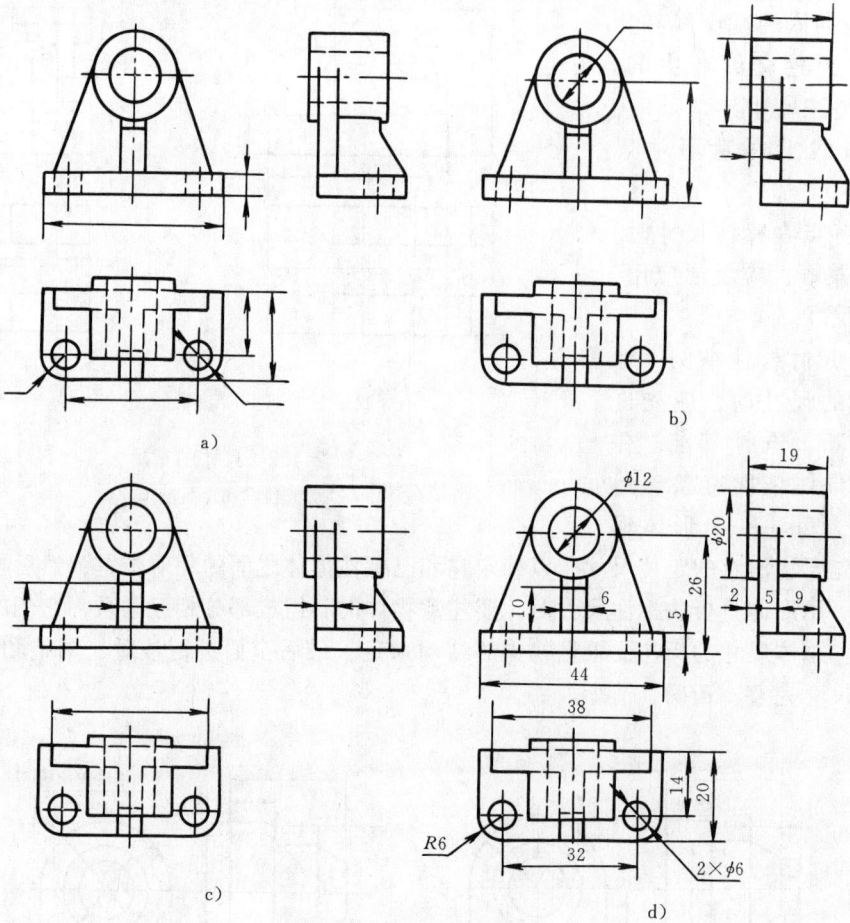

图 2-124　轴架的尺寸标注

2.5.4　看组合体视图的方法

2.5.4.1　看图是画图的逆过程　画图，是运用正投影规律将物体画成若干个视图来表达物体形状的过程，见图 2-126。

　　看图，是根据视图想象物体形状的过程，见图 2-127，使正面保持不动，将水平面、侧面按箭头所指方向旋回到三个投影面相互垂直的原始位置。然后由各视图向空间引投影线，即将主视图各点沿投影线向前移出，将俯视图上各点沿投影线向上移，将左视图上各点沿投影线向左移，则同一点的三投影线必相交（如图中由 a'、a、a''所引的投影线相交于点 A），即物体上所有的点，都将由于过其三个投影所引的返回空间的投影线汇交而得到复原。由于这

图 2-125　尺寸注法的比较

种投影的可逆性，视图上各点的"旋转归位"，就使整个物体的形状"再现出来了。由此可见，看图是画图的逆过程。

图 2-126　画图的过程　　　　　　　　　图 2-127　看图的过程

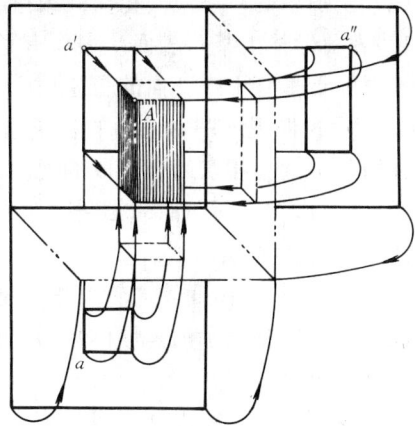

2.5.4.2　看图时需要注意的几个问题

1．要搞清视图中点、线条和线框的空间含义　分析视图中点、线条和线框的空间含义是看图的基础，需要应用前述点、线、面的投影规律和投影特性。在 2.1.2 中曾叙述线条和线框的意义，在此有必要再重复一遍。现以图 2-128a、b 两图为例说明如下：

图 2-128　视图中点、线条和线框的空间含义

（1）视图中的一个点

1）表示形体上的某一点。这个点是棱线、素线或其它线交点的投影，见图中 a'、p'、m' 等点。

2）表示形体上的某一直线。这个点是线段处于垂直于投影面位置时的积聚投影，见图中的 a（a_1）、a''（b''）、m（m_1）等点。

视图中的一个点是表示空间形体上的某一点还是某一直线，需要通过与相邻视图对投影

关系，找到其对应投影，才可识别。如果是一个点，它的三面投影均是点；如果是直线，它在三面投影中的另二个投影一定是直线。

（2）视图中的一条线（粗实线或虚线）

1）表示形体上某一表面。表面有平面、曲面以及平面与曲面相切组合成的面。当平面和回转面处于垂直于投影面的位置时，其投影积聚成为线。见图中线条 5′和线条 5″。如图 2-128a 所示，俯视图中六边形的各条边线表示六棱柱的六个侧面；半圆和直线相切的线框表示柱面与半圆柱相切组合而成的面。

2）表示形体上面与面的相交线。这种交线有直线，平面曲线或空间曲线，见图中 $a'a_1'$ 为直线，$m'n'$ 为平面曲线。

3）表示形体上曲面转向轮廓线，见图中 $p'm'$、$m'm_1'$。

视图中的线条表示的是形体上的线还是面，需要与相邻视图对投影关系加以识别。如果是面，其三个投影中必有一个或两个是封闭线框。

（3）视图中的封闭线框（粗实线或虚线组成的线框）

、1）一个封闭线框：①表示形体上的平面。这种平面对于投影面有垂直位置、平行位置及一般位置三种情况，见图中的线框 1′、2′、4 和 5 等。②表示形体上的曲面。见图中的线框 7′和 8′分别表示圆柱曲面和圆锥台曲面。③表示形体上曲面与曲面相切或曲面与平面相切的一个表面，是图中的线框 3′。

2）相邻的两个封闭线框，一般表示形体上不同位置的表面，而线框间的公共边则可能表示把形体两表面隔开的第三个表面的积聚投影或表示形体两表面交线的投影。如图中的线框 1″和线框 6″表示两个位置不同的面，线框 1′与线框 2′的公共边表示两个平面相交的交线；线框 7′与线框 8′的公共边表示圆柱面与圆台面相交的交线。

3）在大封闭线框内所包括的小线框，可能表示凸面或凹面，也可能表示孔通。如图中的线框 5 内包含了线框 4，即表示了六棱柱叠加在半圆头长方体之上。线框 9 表示了在圆锥台和圆柱的组合体上开了个方形通孔。

2. 要把几个视图联系起来进行识读　在没注尺寸的情况下，只看一个视图不能确定物体的形状。有时虽有两个视图，如视图选择不当，物体的形状也不能确定。例如图 2-129a，若只看主、俯两个视图，物体的形状仍难以确定，因随着左视图的不同，所示物体可能是长方体、1/4 圆柱或三棱柱等等，又如图 2-129b 和 c，它们的主、左两个视图完全相同，俯视图不同，它们却是两个形状不同的物体。

因此，看图时，必须把所给的视图联系起来识读，才能想象出物体的形状。

2.5.4.3　看图的方法和步骤

1. 形体分析法　形体分析法也是看图的基本方法。看图时，根据物体视图的特点，用形体分析的方法，将图形分解为几个部分，然后逐个分析每一部分的三个投影，想象出其形状以及各部分之间的相对位置和组合形式，最后进行综合，想象出物体的整体结构形状。运用形体分析法看懂视图的关键是要求读者必须熟练掌握各种基本体的投影特性。例如，在某一视图上出现一个矩形线框，你就应该立刻自问：是四棱柱还是圆柱体？遇到一个圆形线框，脑子里也应马上反映出：是圆柱、圆锥还是球？然后再从相关的其它视图上找出它们的投影，便会很快地做出正确的答案。

组合体上面的基本体，如同文章里的字和单词，若字和单词都不认识，文章也就看不懂了。因此，熟悉每一种基本体的投影特性，对看图是十分必要的。

看图的一般步骤：

（1）抓住特征分部分 所谓特征，就是抓住物体的形状特征和组成物体的各基本形体间的位置特征。

1）形状特征 如图 2-130a 所示底板的三视图，假如只看主、左两个视图，那么除了底

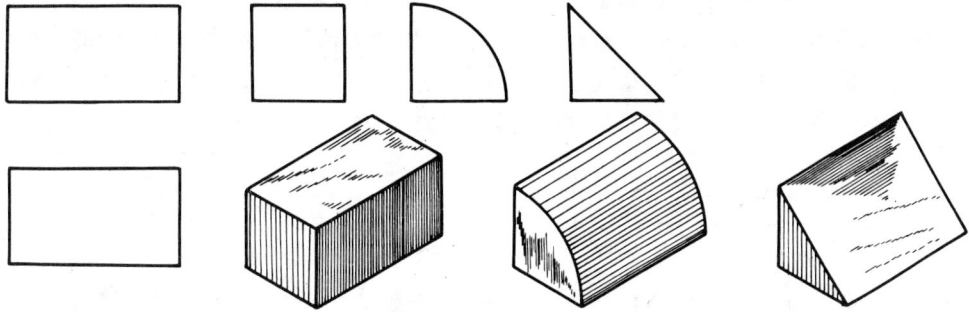

a)

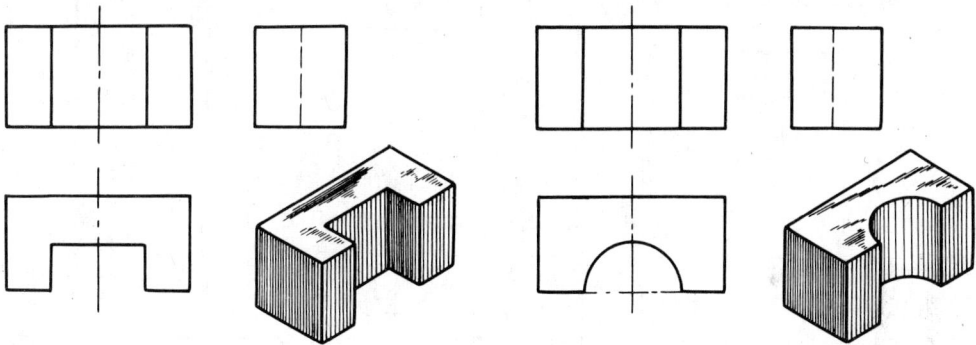

b)

c)

图 2-129 几个视图配合看图示例

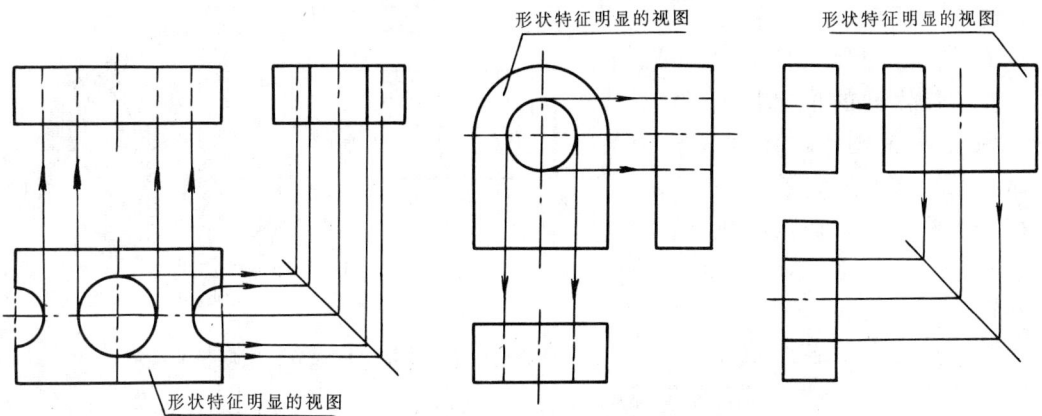

形状特征明显的视图

形状特征明显的视图

形状特征明显的视图

a)

b)

c)

图 2-130 形状特征明显的视图

板的长、宽及高度之外，其它形状就看不出来了。如果将主、俯视图配合起来看，即使不要左视图，也能想象出它的全部形状。显然，俯视图是反映该物体形状特征最明显的视图。用同样的分析方法可知，图 2-130b 中的主视图，图 c 中的左视图是反映物体形状特征最明显的视图。

2）位置特征 见图 2-131a，如果只看主、俯视图，物体上Ⅰ、Ⅱ两处形体哪个凸出哪个凹进是不能确定的。因为，这两个图可以表示图 2-131b 的结构，也可以表示图 2-131c 的结构。但如果将主、左视图配合起来看，则不仅清楚地表示了物体的形状，而且Ⅰ、Ⅱ两形体前者凸出，后者凹进的位置也确定了，只能是见图 2-131c 所示的一种情况。显然，左视图是反映该物体各组成部分间相对位置特征最明显的视图。

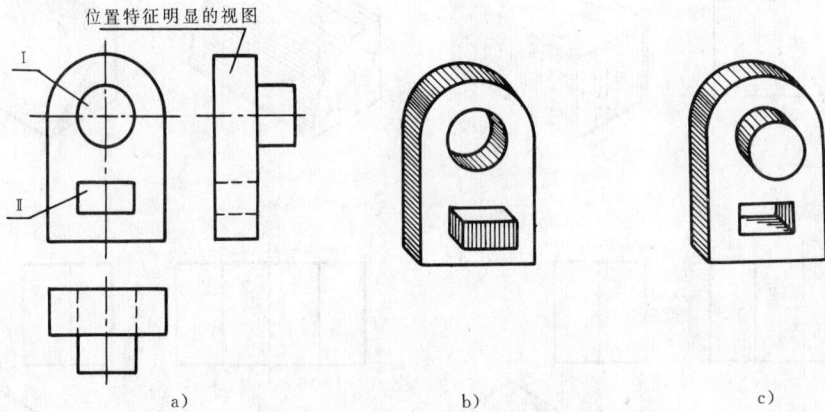

图 2-131 位置特征明显的视图

这里应注意一点，物体上每一组成部分的特征，并非总是全部集中在一个视图上。如图 2-132 所示，形体Ⅰ的形状特征及Ⅰ、Ⅱ两形体间的位置特征反映在主视图上，而形体Ⅲ的形状特征及Ⅱ、Ⅲ两形体间的位置特征则反映在左视图上。因此，在抓特征分部分时，不要只盯在一个视图上，而是不论哪个视图，只要其形状、位置特征明显，就应从那个视图入手，把物体的各组成部分很快地"分解"出来，提高看图速度。

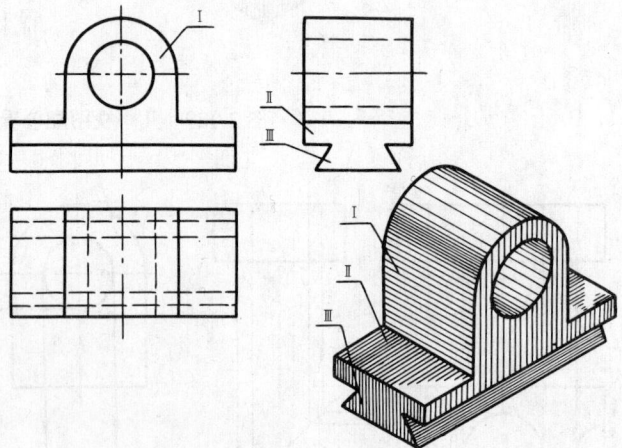

图 2-132 物体各组成部分特征明显的视图

（2）旋转归位想形状 运用形体分析法将组合体分解成若干个较简单的组成部分，是为了分别识别它们的基本体形状。为此，在分清形体的组成部分后，就应分别从体现每部分特征的视图出发（如图 2-130 中箭头所指），根据"三等"规律把其它视图上的对应投影找出来，然后通过旋转归位，逐个想出每部分的形状。

（3）综合起来想整体　想出各组成部分的形状之后，再根据它们之间的相对位置和组合形式，综合想象出该物体的整体形状。

例1　看轴承座的三视图，见图2-133。

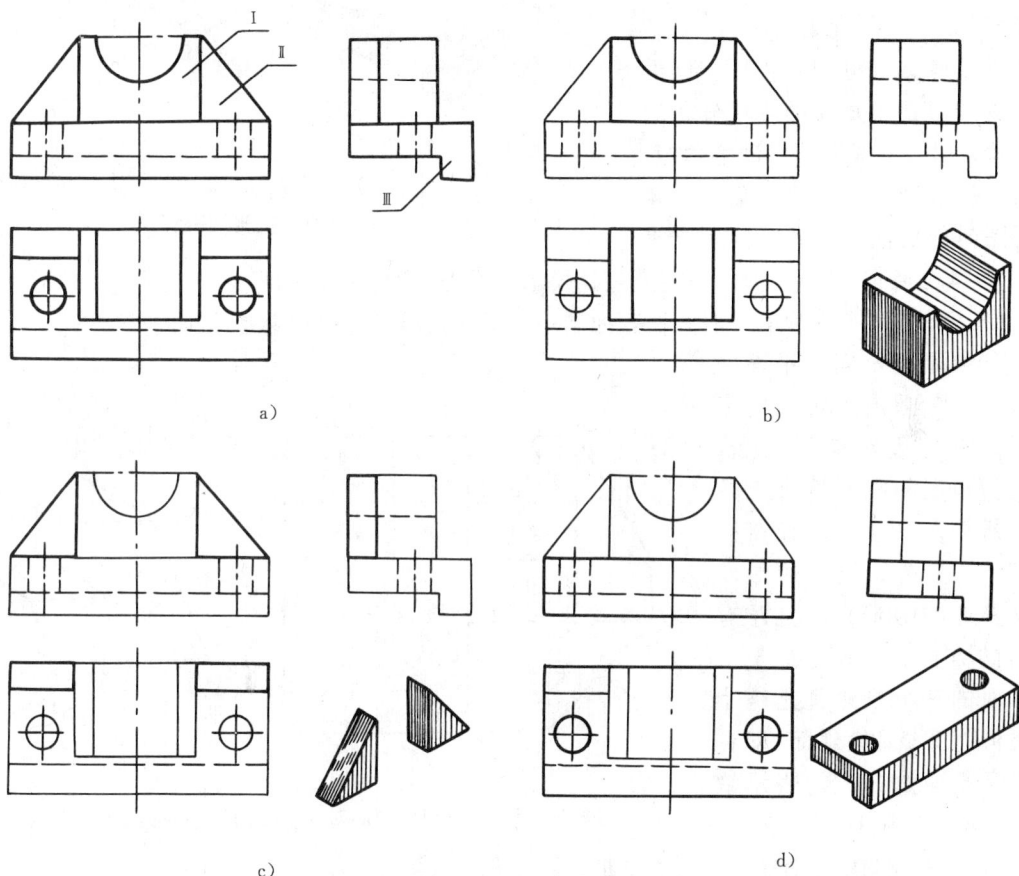

图 2-133　轴承座图的识读方法

步骤1：抓住特征分部分该轴承可以分为三部分，见图2-133a。通过分析可知，主视图较明显地反映了形体Ⅰ、Ⅱ的特征，而左视图则较明显地反映了形体Ⅲ的特征。

步骤2：旋转归位想形状，形体Ⅰ、Ⅱ从主视图出发，形体Ⅲ从左视图出发，根据"三等"规律分别在其它视图上找出对应的投影，见图中粗实线所示，然后经旋转归位即可想象出各组成部分的形状，如图2-133b、c、d中的立体图所示。

步骤3：综合起来想整体，轴承座的位置特征从主、俯两个视图上可以清楚地表示出来。上部挖去一个半圆槽的长方体Ⅰ在底板Ⅲ的上面，位置是中间靠后与底板平齐；三角肋板Ⅱ在长方体Ⅰ的左、右两侧，且与其相接，后面平齐；底板Ⅲ是前面带有弯边的四方板，上面钻了两个对称的小通孔，见图2-134。

在一般情况下，形体清晰的物体，用上述形体分析法看图即可解决问题。然而有些形状复杂的物体，仅用形体分析法看图还不够。此时可用线面分析法认识某些局部形状，把形体分析法和线面分析法结合起来识读。

2. 线面分析法 用线面分析法看图,就是运用投影规律,把物体表面分解为线、面等几何要素,通过识别这些要素的空间位置、形状,进而想象出物体的形状。

图 2-134 轴承座的形体分析

看图时怎样分析点、线、面的对应的投影是很重要的。在分析对应的投影时,一般需要借助三角板、分规,按投影关系进行。除了要掌握看图时需要注意的几个问题之外(即 2.5.4.2 所述),下面介绍一些通过找投影关系来识别线、面的方法:

1)相邻视图中对应的一对线框若为同一平面的投影,它们必定是缩小的类似形。

如果是表示同一平面的类似形,它必定是对应的多边形,平行边对应平行边,线框各顶点的投影符合点的投影规律,且各顶点连接顺序相同。另外,线框的形状不仅具有类似形,而且还有相同的方位。见图 2-135,L 形平面的三个投影都是缩小的类似 L 形,属倾斜面(即一般位置平面)的投影,表示缺口的方位都是在上与朝前。

图 2-135 相邻视图中的对应投影为缩小的类似形

2)相邻视图中的对应投影无类似形,必定积聚成线。

如果某一视图中的一个线框在相邻视图中找不到对应的类似形线框时,则在这个视图中必定能找到其积聚为线的投影。见图 2-136a,俯视图中的线框 1 和 2,在主视图中无类似形,

图 2-136 相邻视图中的对应投影为线框与线条

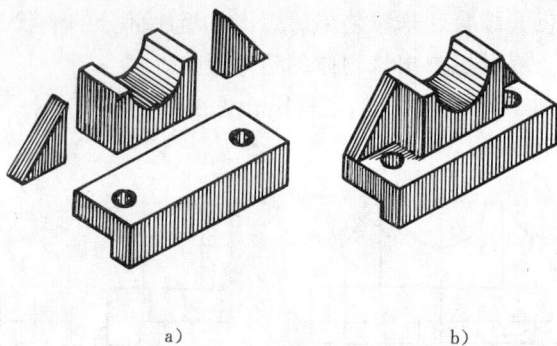

按"长对正"关系只能对应主视图中的斜线 1′和平线 2′，见图 b，积聚为斜线的平面 I 是正垂面，积聚为水平线的平面 II 是水平面。同理，主视图中的线框 3′和 4′只能对应俯视图中的水平线 3 和圆弧线 4，见图 c，它们分别为正平面和铅垂面。

3）分析线框和按投影关系想象出形体。

在看图过程中，可先从主视图较容易看懂的线框看起，然后逐个找出各线框的投影关系，判断各线框所表示的表面的形状与位置。

在分析各个线框的同时，还应搞清楚线框四周各条边线（包括相邻线框的公共边）的空间含义，确定它们是形体上的轮廓线还是积聚性的表面，这样就能把形体各部分的形状和位置逐个想象出来，再综合起来想象出整体的形状。

在看切割式组合体的视图时，主要靠线面分析。

下面以图 2-137 所示的压块为例，说明切割式组合体的看图步骤：

首先用形体分析的方法看压块的三视图：由于压块三个视图的轮廓基本上都是矩形（只切掉了几个角），所以它的原始形体是个长方体。

步骤 1：抓住特征分清面，所谓抓住特征，就是指看懂物体上各被切面的空间位置和几何形状。

从压块的外表面来看，压块的顶部有一个阶梯孔，从主视图看出，左上方切掉一角，是用正垂面切出的；从俯视图看出，左端切

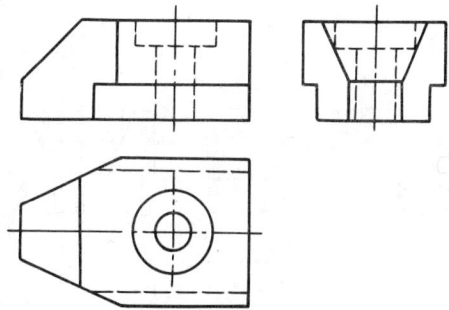

图 2-137　压块的三视图

掉前、后两个角，是分别用两个铅垂面切出的；从左视图看出，下方前、后两边各切去一块，则是分别用正平面和水平面切出的。可见，压块的外形是一个长方体被几个特殊位置平面切割后形成的。由此可知，物体被特殊位置平面切割，因其平面的某些投影有积聚性，所以，在视图上都较明显地反映出切口的位置特征。

搞清楚被切平面的空间位置后，再根据平面的投影特性，分清各切面的几何形状：

1）当被切面为"垂直面"时，一般应先从该平面投影积聚成"斜"直线的视图出发，再在其它两视图上找出对应的线框。

见图 2-138a，应先从主视图中的斜线（正垂面的积聚性投影）出发，在俯视图中找出与它对应的梯形线框，在左视图中的对应投影也一定是一个梯形线框，将其旋转归位便可知，p 面是垂直于正面而倾斜于水平面和侧面的梯形平面。

见图 2-138b，再从俯视图中的斜线（铅垂面的投影）出发，在主、左视图上找出与它对应的投影——一对缩小的类似七边形，将其旋转归位便可知，q 面是垂直于水平面而倾斜于正面与侧面的七边形。

2）当被切面为"平行面"时，一般也应先从该平面投影积聚成平直线的视图出发，再在其它两视图上找出对应的投影——一平直线和一反映该平面实形的线框。

见图 2-138c，应先从左视图中的平直线 $r″$ 入手，再在主视图上找出相对应的反映实形的矩形线框 $r′$ 和俯视图上相对应的一条积聚的平直线（虚线）的投影 r。见图 2-138d，再从左视图中的平直线 $s″$ 入手，在俯视图上找出相对应的反映实形的四边形线框 s 和主视图上

相对应的一条积聚的平直线的投影 s'。可知 R 面是正平面，s 面是水平面。

在图 2-138d 中，$a'b'$ 不是平面的投影，而是 r 面和 q 面的交线，同理，$c'd'$ 是 T 面和 q 面的交线，见图 2-140。其余表面比较简单易看，不再一一分析。

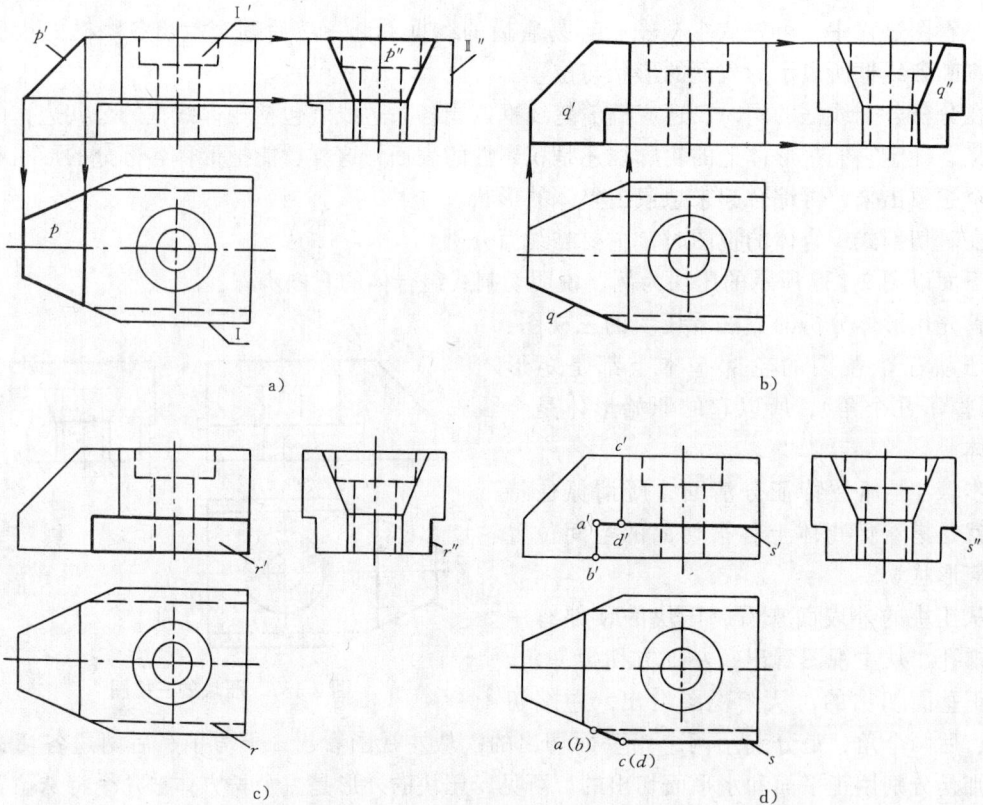

图 2-138　压块的看图方法

3）当被切面为"一般位置平面"时，对于初学者一般采用点，线的投影分析。

如图 2-139a 所示的三视图，其主体形状（长方体）比较容易看出，但视图中斜线的意义就较难分辨。这种情况，就应进行点、线的投影分析。必要时需加注字母（如图中的 a、a'、a''······）找投影，然后将其点、线进行旋转归位。则可知，AB、BC、CA 是三条特殊位置的直线，由它们所围成的 $\triangle ABC$ 是一个一般位置平面。图 2-139b 表示了该物体的形状，即在长方体的左、前、上方切掉一个角。

步骤2：综合起来想整体，在看懂压块各表面的空间位置与形状后，还必须根据视图搞清面与面间的相对位置，进而综合想象出压块的整体形状。图 2-140 是压块的立体图，对照一下，与你的分析及想象是否一致。

应当指出，在上述看图过程中，没有利用尺寸来帮助看图。但有时图中的尺寸是有助于分析物体的形状的。如直径代号 ϕ 表示圆孔或圆柱形、半径代号 R 则表示圆角等等。

综合上述的分析可知，看图时应以形体分析法为主，而线面分析在一般情况下只作为一种辅助手段，用来分析视图中难以看懂的图线和线框的含意。

例2 读组合体的三视图，见图 2-141。

图 2-139 用点、线分析的看图方法

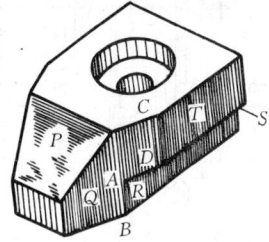

图 2-140 压 块

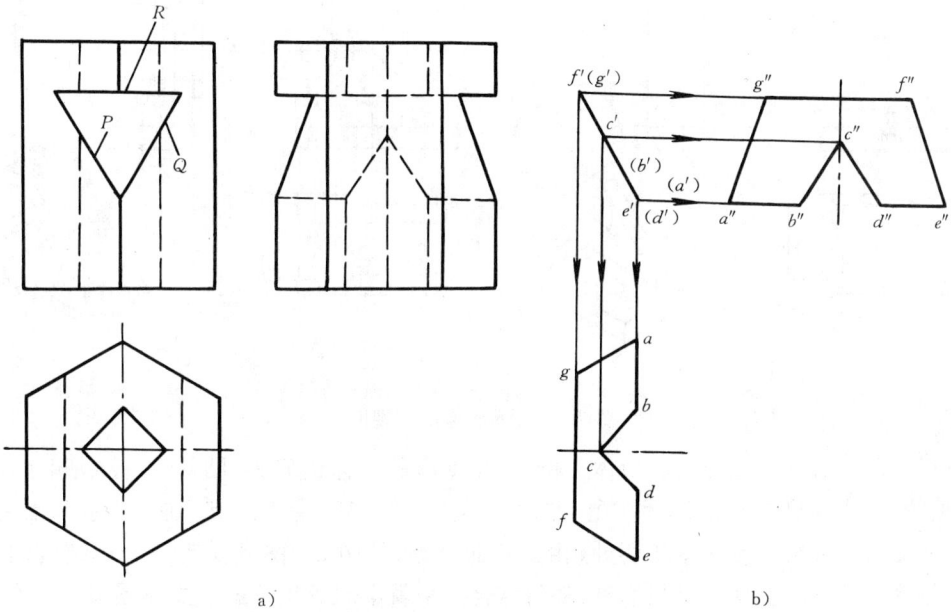

图 2-141 看组合体三视图

分析：从主、俯视图对照可以看出，该组合体是一个直放的六棱柱，中间铅直方向穿通一个四棱柱孔，腰部前、后方向穿通一个三棱柱孔。但要看懂左视图就不那么容易，因为四棱柱孔与三棱柱孔的形状特征在左视图中表达得都不明显，尤其是两孔相贯的内表面就更不易看懂。

为此，可把 P 平面单独分离出来，见图 2-141b 所示对其进行线面分析。

首先，由于 P 平面在主视图中的投影为斜直线，可知 P 平面为正垂面，在俯、左视图中可找到其缩小的类似七边形投影。进而再分析该七边形各边的意义可知，bc 和 cd 是 P 平面与四棱柱孔的交线，ag 和 ef 是 P 平面与六棱柱表面的交线，ab 和 de 是 P 平面和 Q 平面的交线，fg 是 P 平面和 R 平面的交线。最后，将 P 平面移入视图内，因为它是内表面，所以在俯、左视图中多数图线为虚线，在左视图中，P 平面与 Q 平面投影重合。

2.5.4.4 综合举例　以下所选的例题，只作简述，读者可自行详细分析。

128

例1 看懂支座的三视图，见图 2-142a。

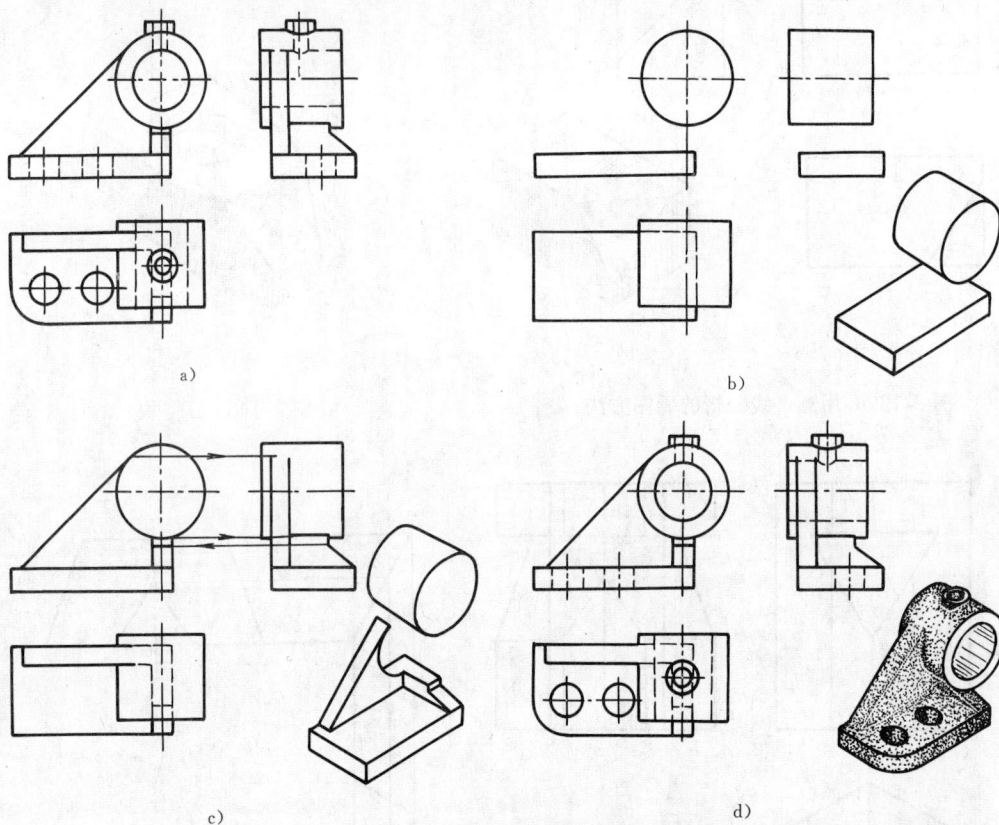

图 2-142 看支座的三视图

分析：通过对支座三视图的形体分析,可知支座的主体由底板、圆筒、支撑板和肋板叠加而成,见图 b、c。它们的相对位置在主、左两视图上反映得很清楚。支撑板、肋板和圆筒分别相切和相交,看图时,应该注意相切处、相交处的投影,见图 c。图 d 是支座全部结构的分析,底板的结构在俯视图上反映得很清楚,最后综合起来就会想象出象图 d 立体图那样的形状了。

例2 看懂支架的三视图,见图 2-143a。

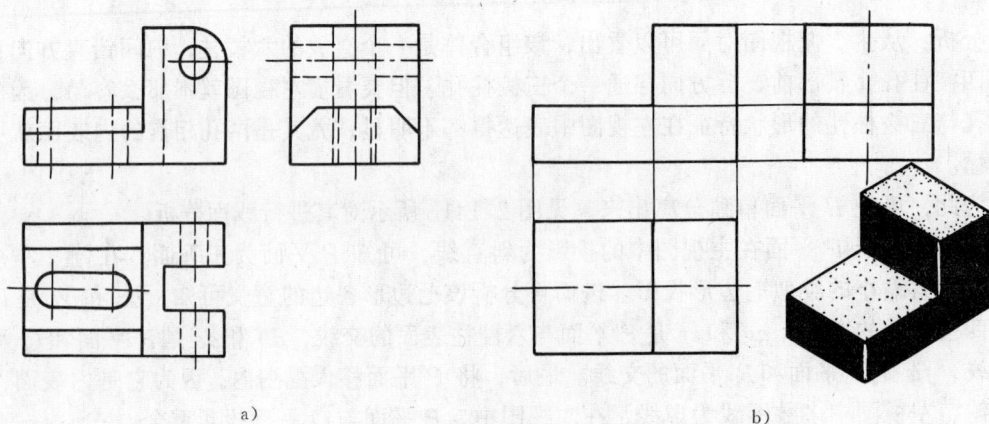

图 2-143 看支架的三视图（一）

c)   d)

图 2-143　看支架的三视图（二）

分析：从三个视图中的最大外围线框来看，支架的立体形状是个"⌐"形的柱体，见图 b。再进一步分析视图上的线条、线框，可以想象出支架是经过图 c、图 d 两步切割而成的，最后看细节，再综合起来想象出象图 d 立体图那样的形状。

例3　看图找"物"，见图 2-144。

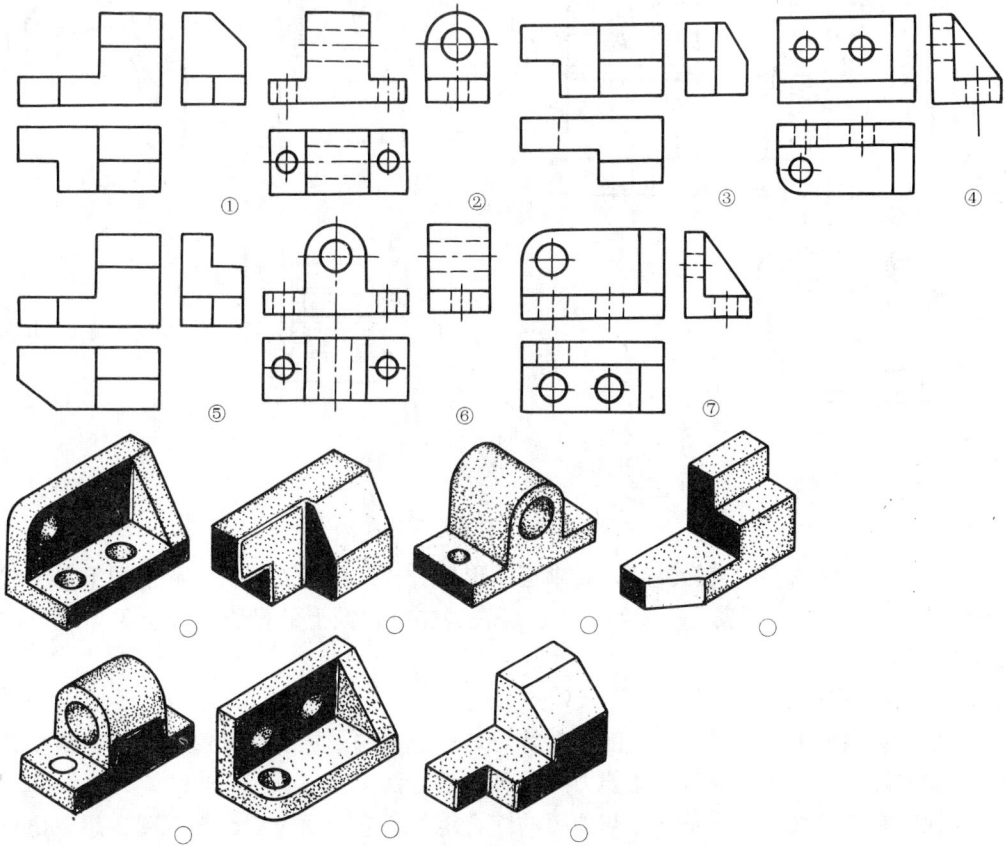

图 2-144　看图找"物"

物体的三视图和立体图都已画出，先分析三视图，想象出它的空间形状，再找到相应的立体图，测试自己看图的能力。

例4 看图想"物"，见图2-145。

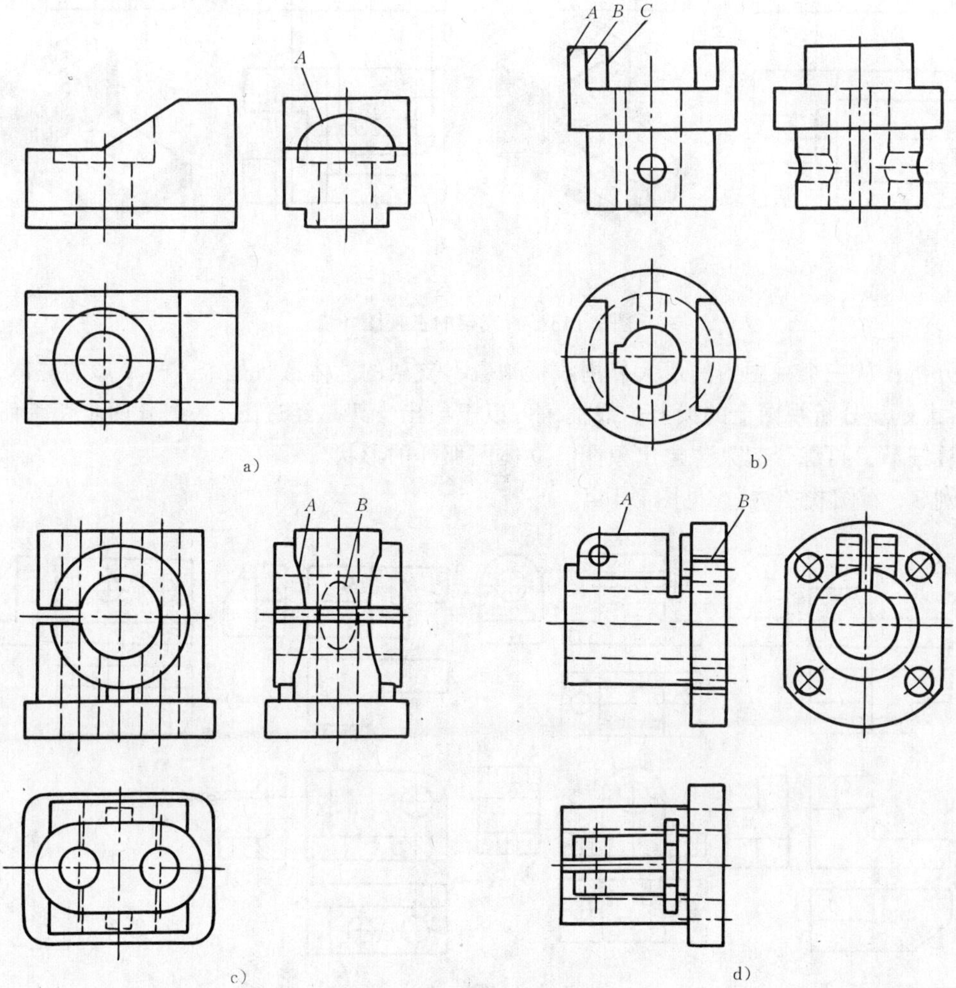

图 2-145 看图想"物"

这四个组合体的形状较为复杂，要求运用形体分析法和线面分析法弄清图上每条线和线框的含义。A、B、C线表示什么？指出它们在另二个视图上的投影，并想象出组合体的形状，见图2-146。

2.5.5 补视图和补缺线

较强的看图能力，是靠经常性的识图练习培养起来的。提高看图能力的方法很多，补视图和补缺线练习是培养和检验看图能力的一种有效方法。

补视图和补缺线，实际是看图与画图的综合练习，它是通过读已知视图，想象出空间物体的结构形状，再补未知视图或补缺线，最终完成三视图。

2.5.5.1 补视图 由两个已知视图补画第三视图，可按下列步骤进行：

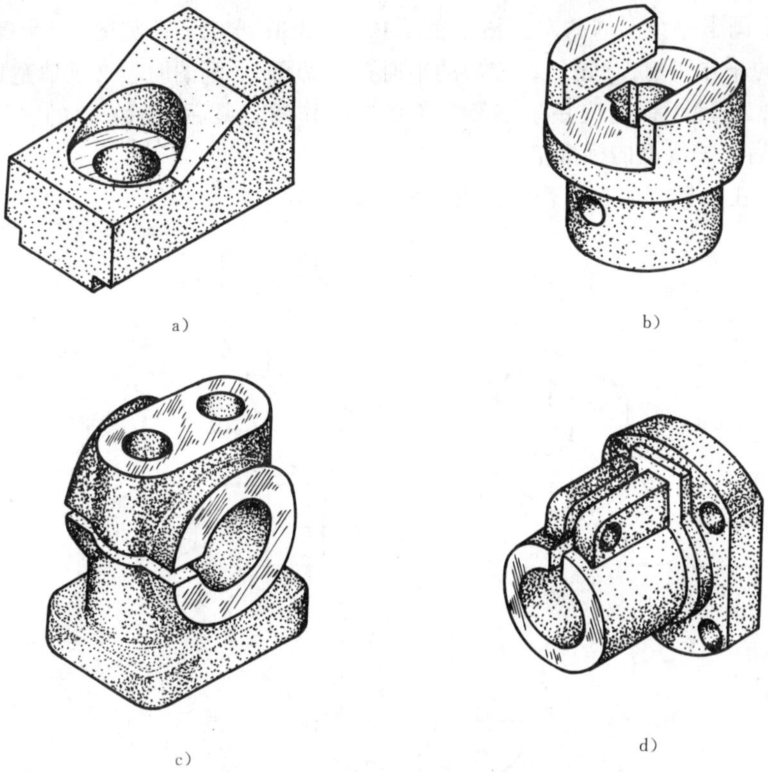

图 2-146　想象中的组合体答案

1）根据已知的两面视图，想象组合体的形状。根据视图具体情况，运用形体分析法和线面分析法弄清每一封闭线框所表示的内容（即形状特点及空间位置），可以徒手画出有关部分形体的轴测图帮助想象或做模型验证。

2）根据三视图的投影规律，逐个画出每一部分的第三视图的投影，作图过程中要注意保持长对正、高平齐、宽相等的规律，并从整体出发，分辨物体可见与不可见部分在第三视图中的投影。

3）检查底稿，擦去多余的图线，并按国标规定的线型加深全图。

例 1　由已知两视图补画左视图，见图 2-147。

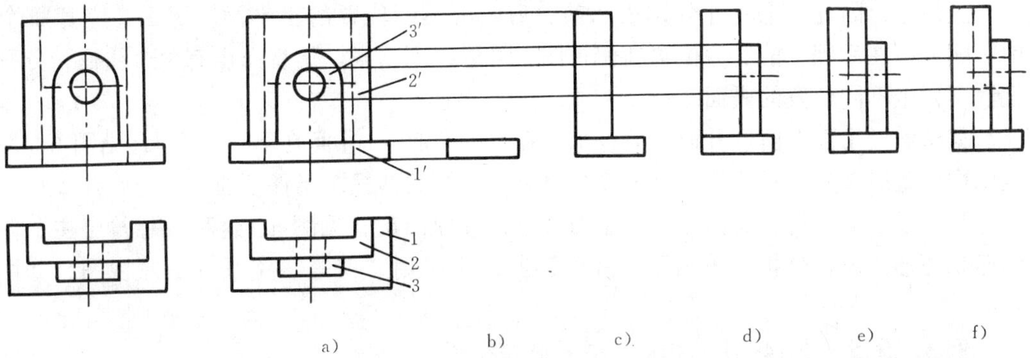

图 2-147　由已知两视图补画第三视图的步骤

步骤：根据已知的两视图，用形体分析法，对线条找投影，可分解为三个组成部分，见图 a。然后逐个画出每个形体的左视图：底板 1，见图 b；竖板 2，见图 c；半圆头棱柱体 3，见图 d；挖去的长方凹槽，见图 e；前后的小通孔，见图 f。画图时，必须清楚地分清各形体间的相对位置，正确无误地应用"三等"关系投影作图。最后，以想象的整体形状进行校核，确认无误后，按线型的标准描深。

例 2 已知主、俯视图、求作左视图，见图 2-148a。

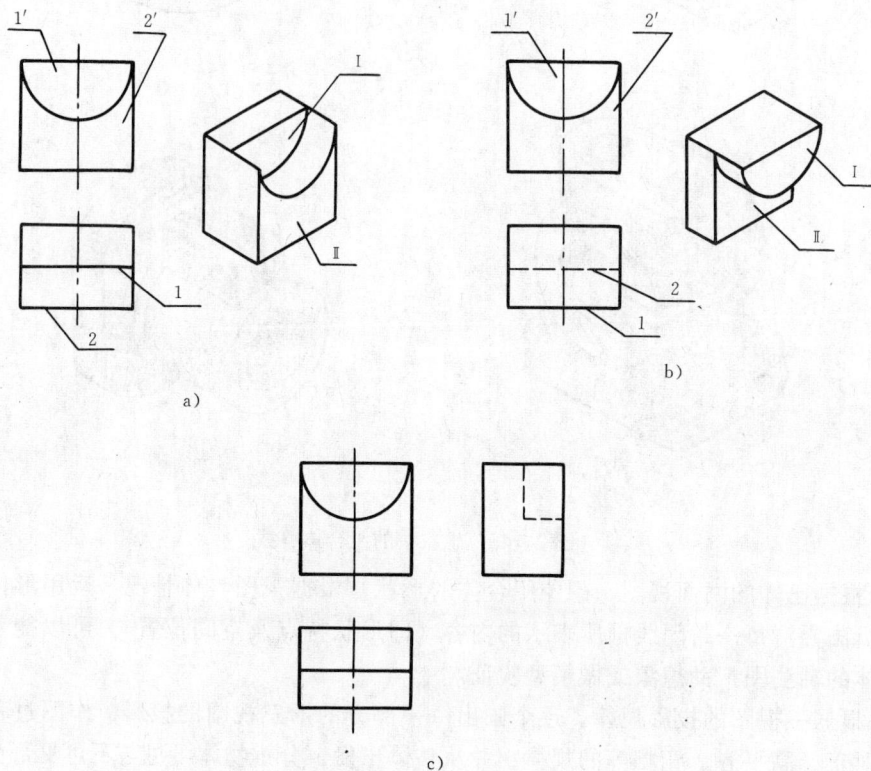

图 2-148 补画左视图

步骤：根据主、俯视图的外形线框均为长方形，则可断定此形体的原始形状为长方体。用线面分析法，主视图中的线框 1′和 2′在俯视图中无对应的类似形，也不可能同时积聚在一条直线上，因此，Ⅰ、Ⅱ分别表示前、后两个不同位置的正平面。那么，究竟哪个面在前、哪个面在后呢？前、后位置在俯视图上可以判别出来。俯视图也有两个线框，分别表示上、下两个不同位置的表面。

如果假设Ⅰ面在前、Ⅱ面在后；Ⅰ面在上（凸起），Ⅱ面在下（凹下），见图 b，那么俯视图中的直线 2 应该是虚线才能成立，这是与已知的两视图条件不符。

再假设Ⅰ面在后，Ⅱ面在前；Ⅰ面凹下，Ⅱ面凸起，见图 a，这种设想符合主、俯视图的已知图形，通过分析，想出了形体的形状，再应用"三等"关系补画左视图，如图 c 所示。

例 3 看懂图 2-149 所示物体，并补画左视图。

步骤：

1）根据主、俯视图的外形线框，可以想象这个物体可能是一个长方体经过多次截切和穿孔形成的。用形体分析法，对线条找投影，从主视图的形状特征来看，物体的上部是个半圆筒，见图 2-150a，物体的下部如图 2-150b 所示的结构，中间有板联接，板的中间有圆柱孔。

2）把主视图分为三个线框 *A*、*B*、*C*，它们表示了三个前、后不同位置的表面，那么上述各部分的相对位置谁前、谁后，只有在俯视图中才能断定（因为俯视图反映物体的左、右和前、后四个方位），同例 2 的分析相同，由于 *A*、*B*、*C* 面在俯视图中都积聚为粗实线，因此，即可确定下部的 *C* 面在前，中间的 *B* 面居中，上部的 *A* 面最靠后。线框 *B* 表示的板厚是从俯视图上孔的轮廓线（虚线）定出其平面位置的。然后综合起来就想象成图 2-151 所示的形状。

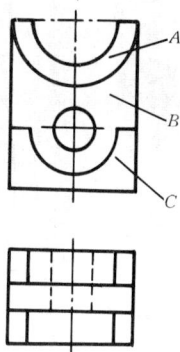

图 2-149　看图的实例

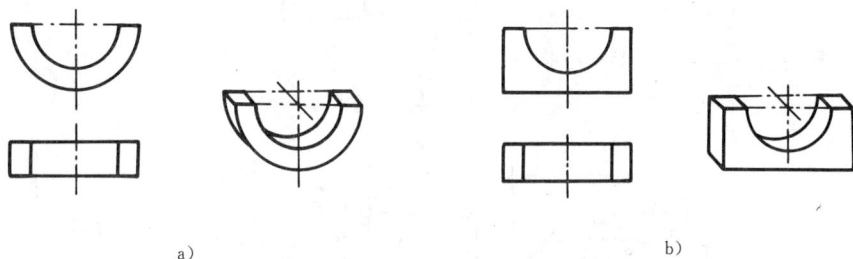

a)　　　　　　　　　　　b)

图 2-150　看图的分析

3）补画左视图。在看懂视图，想象出物体空间形状的基础上，采用形体分析的方法逐步画出所缺视图。画图过程见图 2-152。

例 4　已知轴承盖的主、左视图，补画俯视图，见图 2-153。

读 2-153a 的视图时，若能把形体分析和线面分析法结合起来读，就能较容易认识形体。

步骤：

1）看懂主、左视图　主视图中线框 1′所示形体比较容易看懂，由左视图中所对应的矩形线框就能确定是个长方体，上面左、右带圆角并钻有二个圆孔，下面中间处为一半圆孔。主视

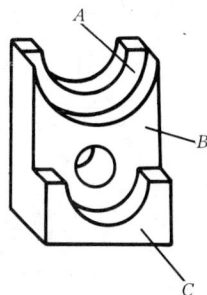

图 2-151　想象出的物体形状

图中线框 3′、4′、5′所示形体不易一下想出，这就需要通过线面分析法，确定该部分的形状。由主视图中的半圆 2′对照左视图中线框 2″的形状，可知该部分基本形体是半圆筒Ⅱ见图 e。线框 3′、4′、5′可以从左视图中看出其前、后位置关系后，就能确定它们是半圆筒上三个切口面，该圆筒被切掉一块弓形柱Ⅴ和两块左、右对称的扇形柱Ⅲ与Ⅳ，见图 f。

2）画俯视图　作图步骤见图 b、c、d，先画主体Ⅰ与Ⅱ两部分，再逐个画出切去Ⅲ、Ⅳ、Ⅴ三部分。

2.5.5.2　补缺线　视图上的每一条线所表示的含义，在第 2.5.4.2 中阐述得很清楚了。

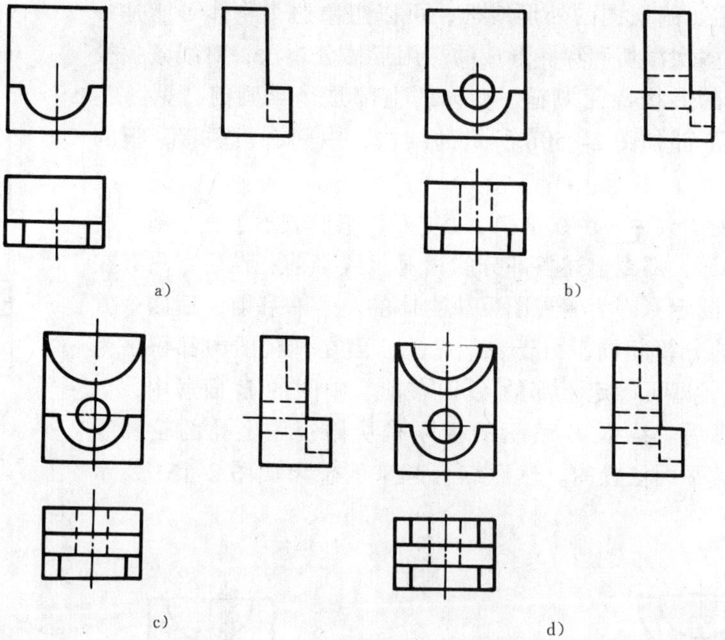

图 2-152　用形体分析法补画视图

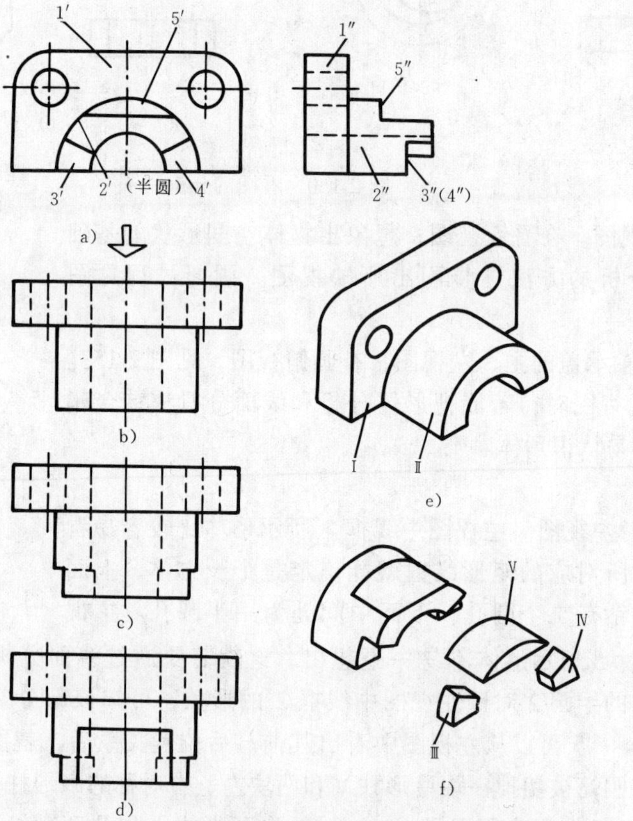

图 2-153　读轴承盖主、左视图并补画俯视图

a) 已知的主、左视图　b) Ⅰ与Ⅱ叠起来画　c) 画切去的Ⅲ、Ⅳ
d) 画切去的Ⅴ　e) Ⅰ与Ⅱ叠起来的轴测图　f) 切去Ⅲ、Ⅳ、Ⅴ的分解图

因此，在分析已知视图时必须搞清楚每一条线所表示的意义，不可多画线也不可缺漏线。

对视图中缺漏的线，一般是通过形体分析和“对投影”的方法，想象出空间形状，将缺线补画出来，但有些缺线还需要通过线面分析法才能补画出来。

例 1 补全主、俯视图中的缺线，见图 2-154。

a) b) c)

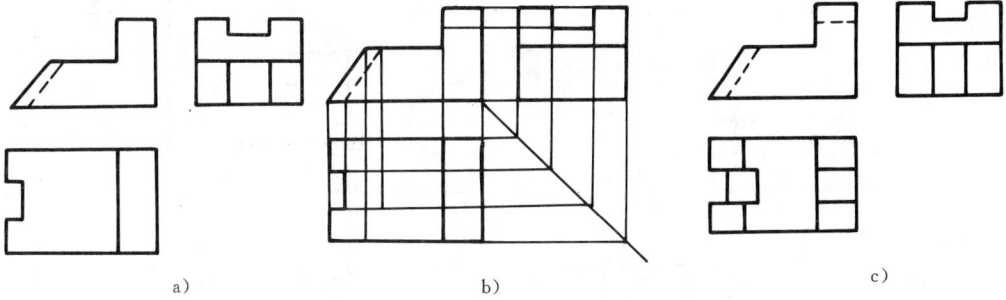

图 2-154 补全主、俯视图中的缺线

例 2 补画视图中的缺线，见图 2-155。

a) b) c)

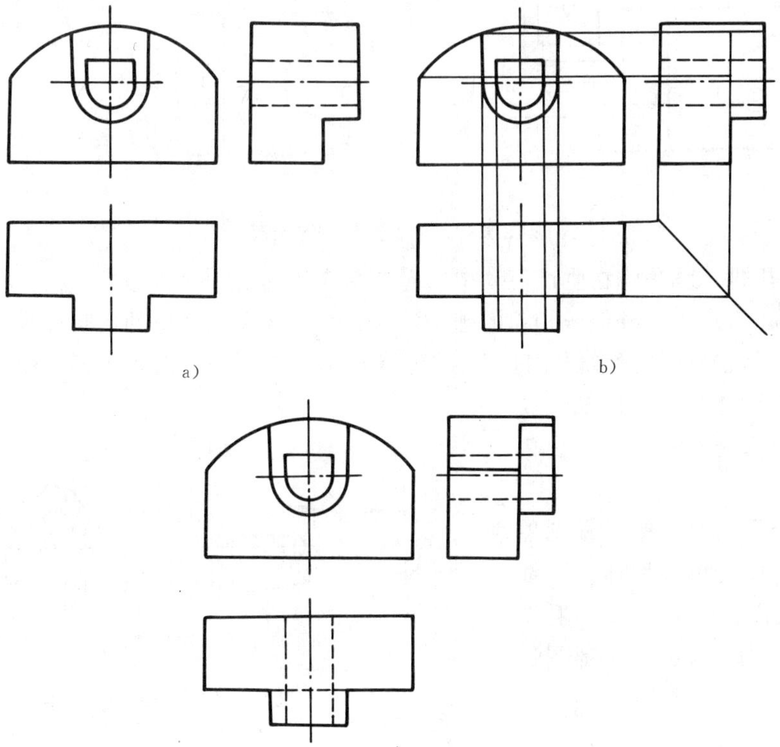

图 2-155 补画视图中的缺线

例 3 补画视图中的缺线，见图 2-156。

生产实践和加强作业练习是提高看图能力的重要途径。

实践证明参加一定时间的生产劳动，多接触一些机件，再来学看图就比较容易。这是因

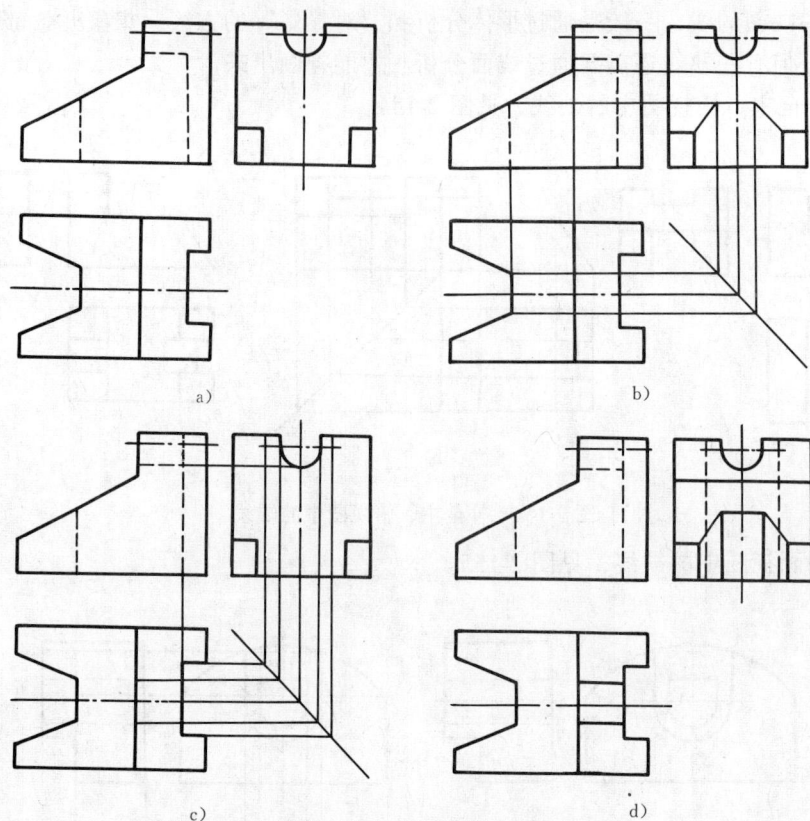

图 2-156 补画视图中的缺线

为图上所画的机件，就是你在生产劳动中所看到和摸到的实物，或是类似的实物，有时你在看某张图样时，会产生一种似曾相识的感觉，这就是实物在脑海里的反映。脑海里"装"的实物越多，一般说来就越能增强空间思维和想象能力。零件上的倒角、退刀槽、法兰盘等结构，都是很常见的，一看便知，就用不着再作投影分析了，见图 2-157。

要通过作业练习，逐步做到熟练掌握形体分析法想象形体，以线面分析法攻难点，这是画图和看图的基本方法，同时也是机械制图这门学科能否学好的关键所在。

图 2-157 零件上的常见结构

3 表达机件的各种方法

3.1 视图

根据机件的结构形状特点，其外形可分别采用基本视图、局部视图、斜视图和旋转视图来表示。在视图上一般只画出机件的可见部分，必要时才画出其不可见部分。

3.1.1 六个基本视图及其应用

3.1.1.1 六个基本视图 一个物体有上、下、左、右和前、后六个面，见图 3-1a。

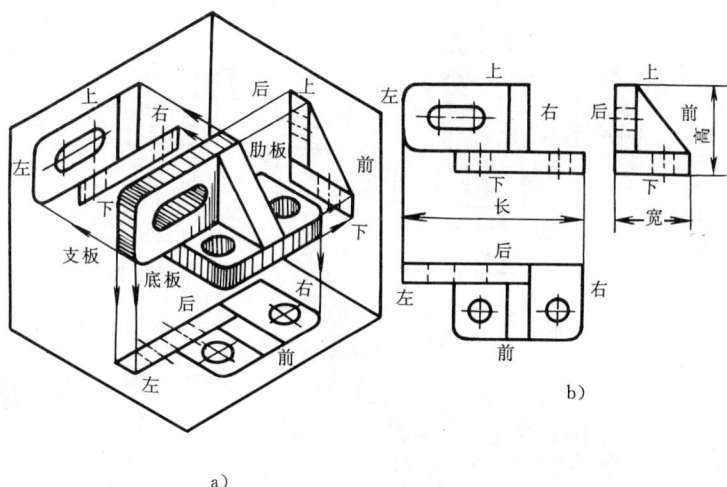

图 3-1 从视图上找各部分关系

当机件的形状比较复杂时，它六面的形状可能都不相同。为了表达机件各面的形状，可以把图 3-2 所示机件围在一方箱当中，见图 3-2a。这个方箱的六个面即是国家标准《机械制图》中规定的六个基本投影面。由机件的前、后、左、右、上、下六个方向，分别向六个基本投影面投影，就得到六个基本视图。

图 3-2b 为六个基本投影面及它的展开方法。展开方法是：正投影面不动，其余按各箭头所指的方向旋转，与正投影面展开成一个平面，形成六个基本视图，各视图配置关系和名称，见图 3-2c。

六个基本视图的投影规律是：主、俯、仰、后长对正；主、左、右、后高平齐；俯、左、右、仰宽相等，见图 3-3。

主视图——从前向后投影得到的视图；

俯视图——从上向下投影得到的视图；

左视图——从左向右投影得到的视图；

仰视图——从下向上投影得到的视图；

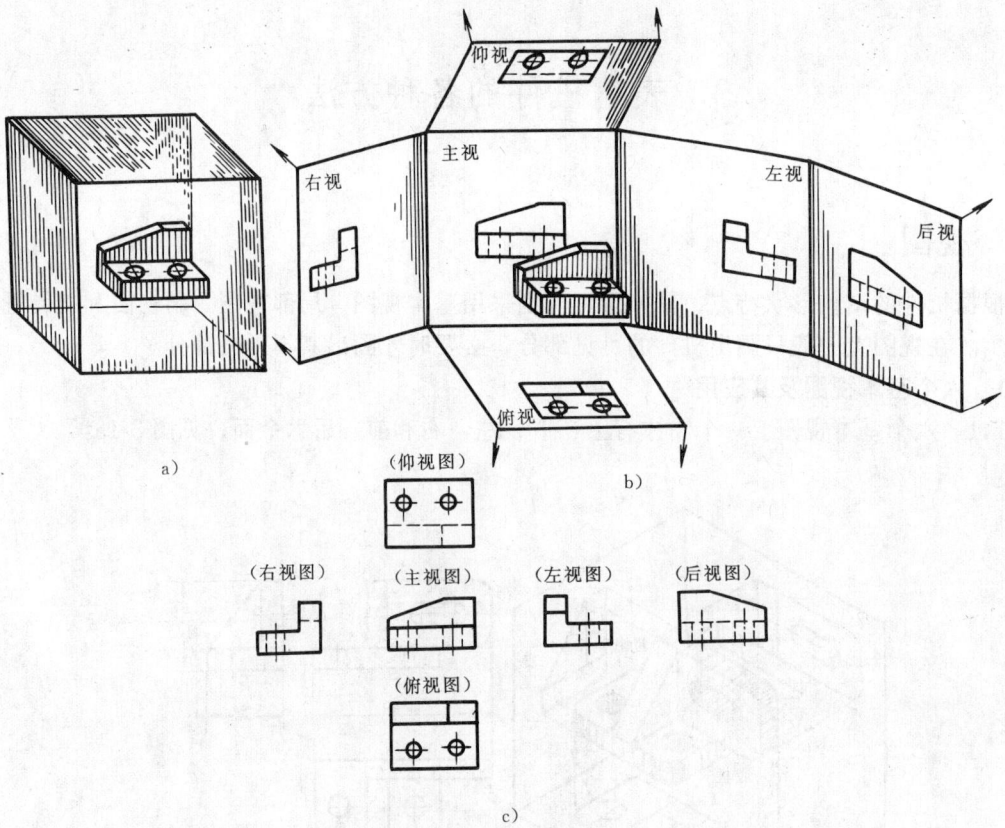

a)

b)

c)

图 3-2　六个基本视图

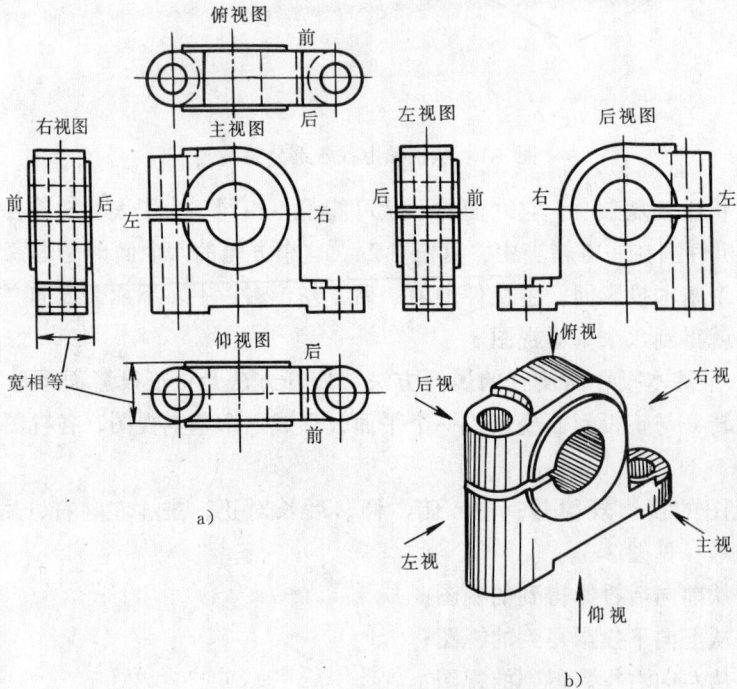

a)

b)

图 3-3　六个基本视图相互位置关系

右视图——从右向左投影得到的视图;

后视图——从后向前投影得到的视图。

在同一张图纸内按照图 3-2 位置配置视图时,一律不标注视图的名称;如果不能按照图 3-2 配置视图时,则应在视图的上方用字母标注出视图名称"X 向",并在相应视图的附近用箭头指明投影方向,标上同样的字母,见图 3-4。

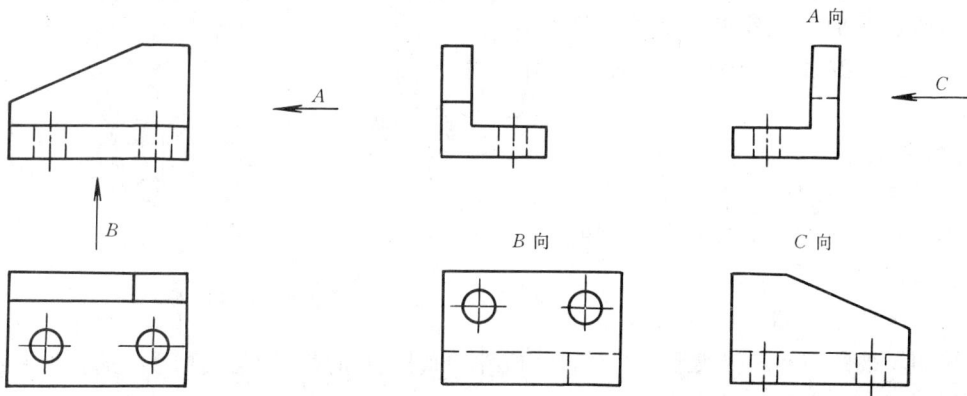

图 3-4 基本视图需用标注示例

3.1.1.2 基本视图的应用 虽然机件可以用六个基本视图来表达,但究竟要画几个视图和几个什么样的视图,要根据零件的具体情况确定。例如图 3-5 所示零件,若只画主视图和俯视图则零件形状不能确定,它可能是长方体的组合,也可能是圆柱和长方体的组合,见图 3-5a;画出主视图和左视图可以确定零件的形状,见图 3-5b。若再画俯视图和其它视图,就重复了。

3.1.2 局部视图

3.1.2.1 局部视图的概念 将机件的某一部分向基本投影面投影而得到的视图,叫局部视图。如图 3-6 所示的机件,画了主视图和俯视图后,机件的形状还没有完全表达清楚,若再画左视图和右视图来表达左凸台和右凸台,则大部分投影重复,没有必要。如果按图 3-6 所示的那样,仅将左凸台和右凸台部分画出来,就能完整简洁地表达出机件的形状。

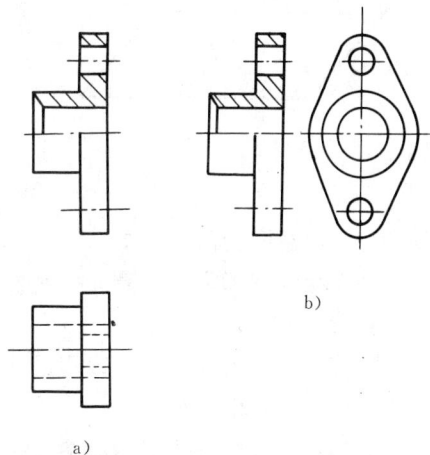

局部视图是不完整的基本视图,利用局部视图,可以减少基本视图的数量,补充基本视图尚未表达清楚的部分;简化了表达方法,节省了画图的工作量。

3.1.2.2 画局部视图时应注意的问题

1)在相应的视图上方用带字母的箭头指明所表示的部位投影方向,并在局部视图的上方用相同的字母标明"X 向"。

图 3-5 基本视图应用举例

当局部视图按投影关系配置，中间又没有其它图形隔开时，可省略标注，见图3-7。

2）局部视图最好画在有关视图附近，并保持投影对应关系。也可以画在图纸内的其它地方，见图3-6右下角画出的"B向"。

3）局部视图的断裂边界线用波浪线表示，当所表示的结构完整，而外轮廓线又封闭时，则波浪线可省略，见图3-6"B向"。

3.1.3 斜视图

3.1.3.1 斜视图的概念 机件向不平行于任何基本投影面的平面投影所得到的视图，称斜视图。

如图3-8所示为弯板，其倾斜部分

图3-6 局部视图

的俯视图和左视图均不反映实形，此时可将机件的倾斜表面投影到与其相平行的新设的投影面上，得到的视图为斜视图，见图3-8"A向"。

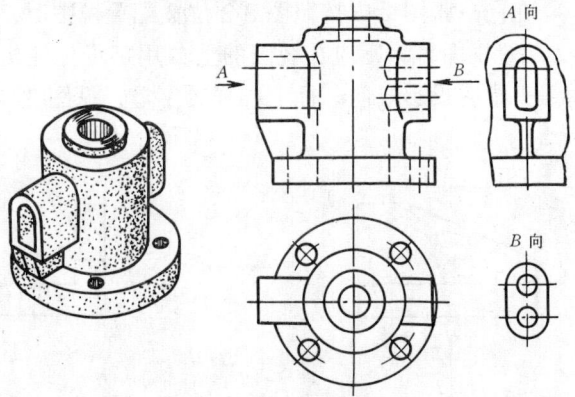

图3-7 压紧杆的局部视图

3.1.3.2 斜视图画法的要求

1）在相应视图附近用箭头指明投影方向，用字母表示斜视图的名称，并在斜视图的上方标出"X向"。

2）箭头旁边所注字母一律写成水平方向。斜视图允许转正画出，并在斜视图上方写出"X向 ⌒"，见图3-8。

3）斜视图的断裂边界用波浪线表示。

3.1.4 旋转视图

当机件上的倾斜部分具有回转轴线时，假想将其绕回转轴线旋转到平行于某一基本投影面的位置，进行投影，这样的视图叫旋转视图，见图3-9。

画旋转视图时应注意：旋转视图不加标注。旋转视图用点划线表示零件旋转部分的旋转轨迹。

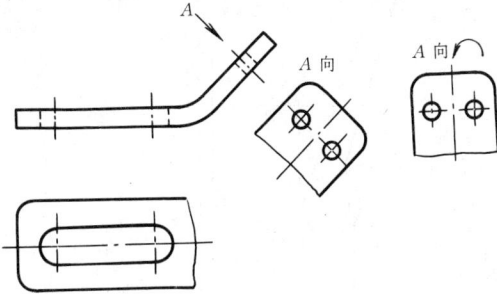

图 3-8 斜视图

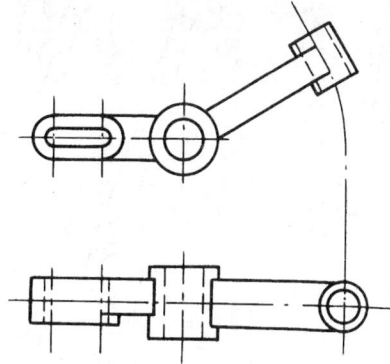

图 3-9 旋转视图

3.1.5 综合举例

例1 见图 3-10，看懂三视图，想象立体形状，补齐六视图（图 3-10 中Ⅰ、Ⅱ、Ⅲ为答案）。

例2 见图 3-11，在括号内填写各视图的名称（图 3-11 中括号内汉字为答案）。

例3 见图 3-12，参照 a 图，在 b 图中把左视图改画成旋转视图（图 3-12 中Ⅰ为答案）。

图 3-10 补视图

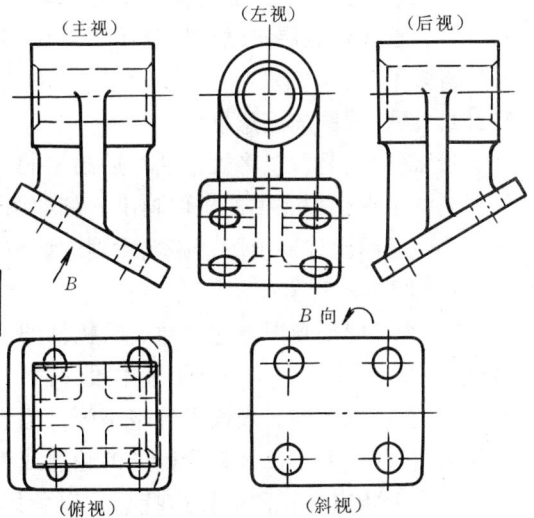

图 3-11 填视图名称

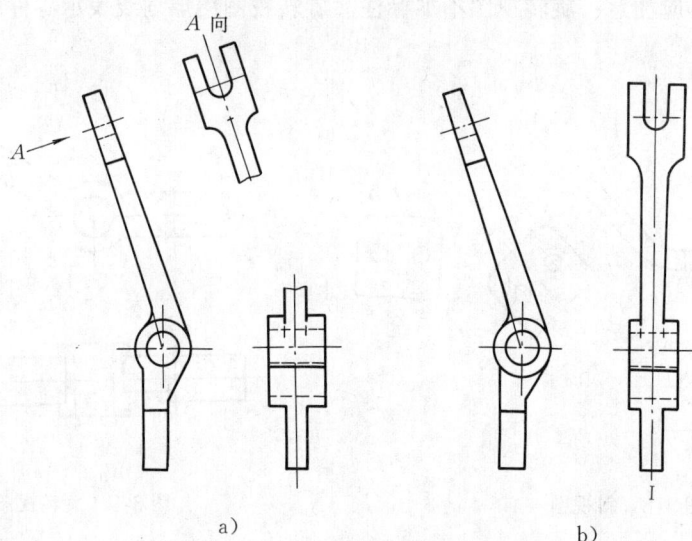

图 3-12 画旋转视图

3.2 剖视图

3.2.1 剖视图的概念

当机件内部结构较复杂时，视图中将出现许多虚线，影响视图的清晰程度，标注尺寸也不方便，给画图和读图带来不便。为了清晰地表达机件的内部形状，《机械制图》国家标准规定采用剖视图画法。

假想用剖切平面将机件剖开，移去观察者与剖切平面之间的部分，将剖切平面上和剖切平面后面的部分向投影面投影所得到的图形称为剖视图。见图 3-13c。

在剖视图上不可见的孔转化为可见的，并在切口上（剖切平面与机件接触部位）画上剖面符号，这样远近层次就比较分明了。比较图 3-13a 和图 3-13c，就可看出剖视图比视图要清楚得多了。

3.2.2 画剖视图的注意事项

1）剖视图是假想将机件剖开后画出的，并非真的把机件切掉一部分。因此，除剖视图外，其它视图仍按完整的机件画出。例如图 3-14a 中机件是假想被平行于正投影面的平面剖开，将主视图画成剖视图，俯视图则应该按完整的机件画出，见图 3-14b，而不应该只画一半，见图 3-14c 所示。

2）为了使剖视图能充分地反映机件的内部结构，应使剖切平面通过机件的内部结构的对称平面或轴线，并应平行于基本投影面，以便得到实形。

3）在剖视图中，虚线可省略不画，但当用虚线表示可以减少视图时，则仍需画出。

4）机件剖开后，凡是看得见的轮廓线都应画出，不能遗漏，要仔细分析剖面后面的结构形状，分析有关视图的投影特点，以免画错。图 3-15 所示是三种底板，它们的剖面形状相同，但剖面后面结构不同的剖视图的例子。

3.2.3 剖面符号及其画法

国家标准《机械制图》中规定在剖视图中凡被剖切的部分均应画出剖面符号。不同的材

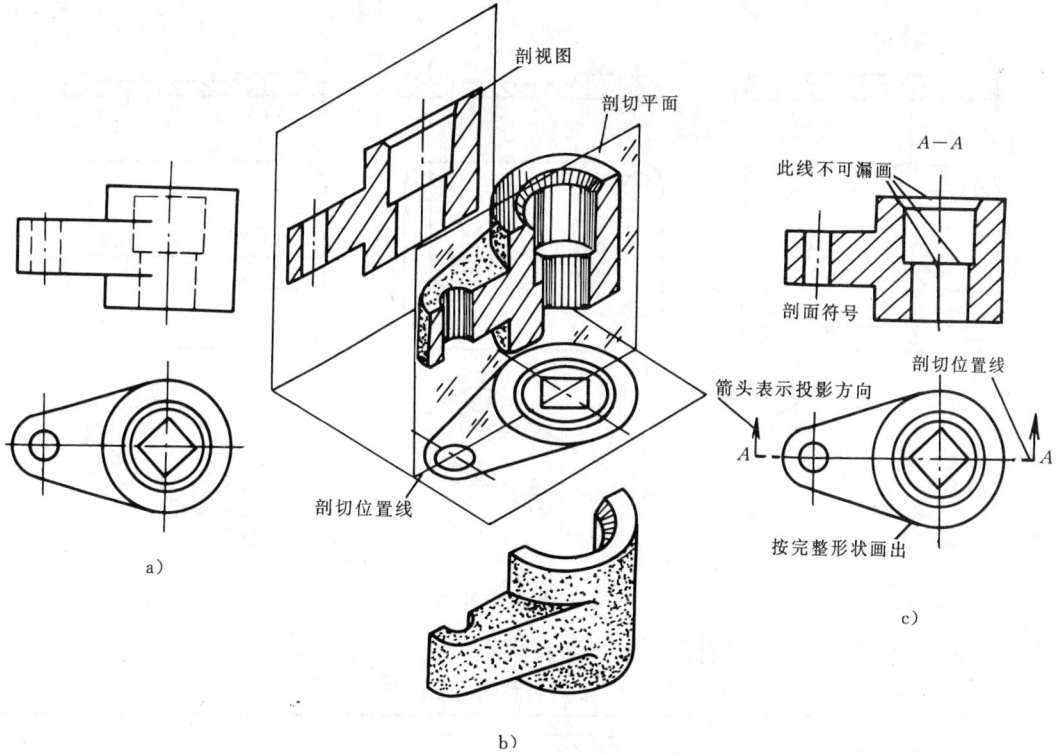

图 3-13　剖视图的形成及画法

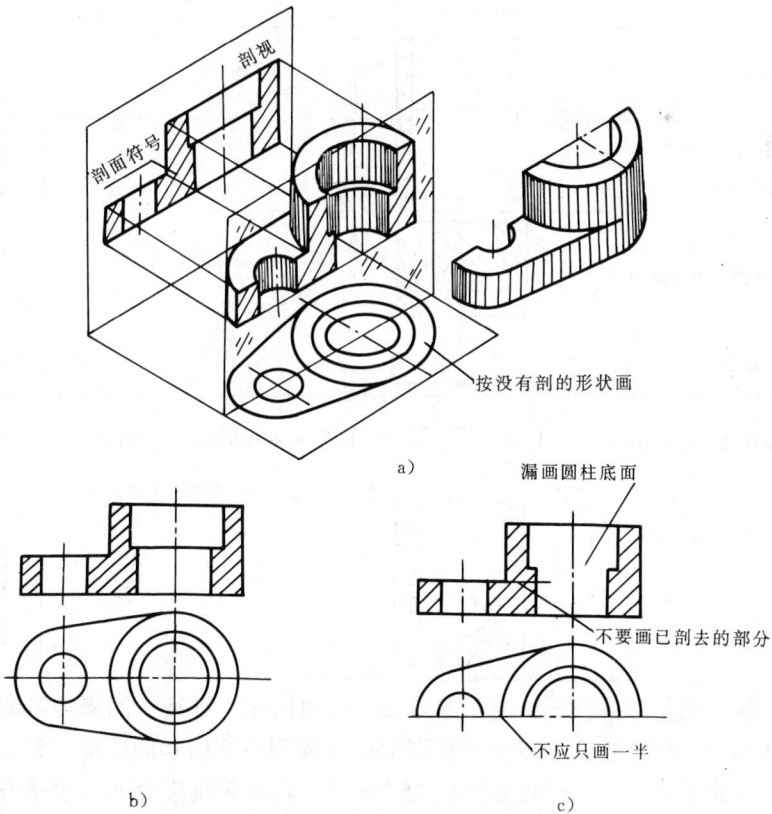

图 3-14　剖视的正误对比

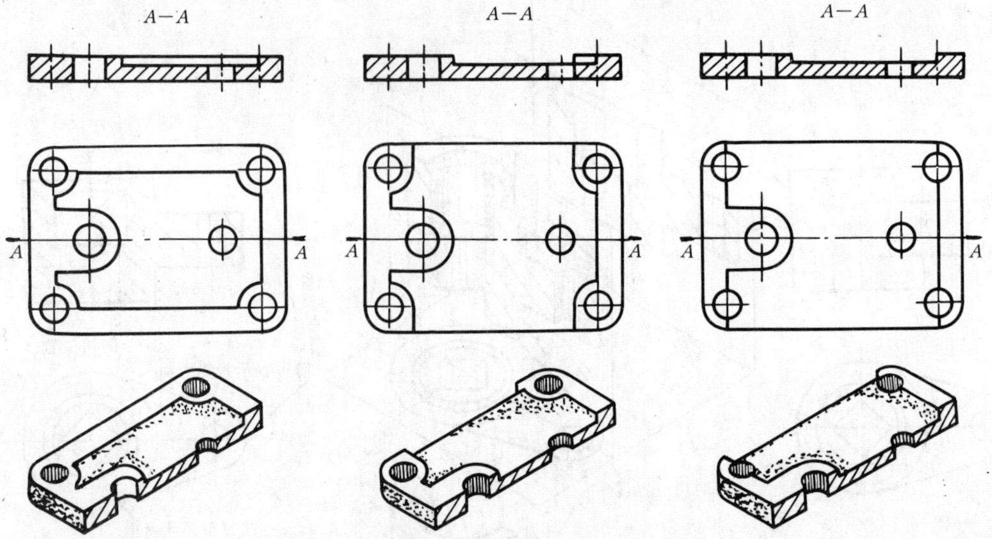

144

图 3-15　几种底板的剖视图

料，采用不同的剖面符号。各种材料的剖面符号见表 3-1。

表 3-1　各种材料的剖面符号

金属材料 （已有规定剖面符号者除外）	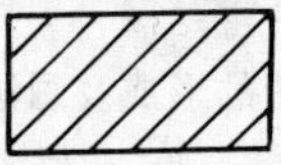	木质胶合板（不分层数）	
线圈绕组元件	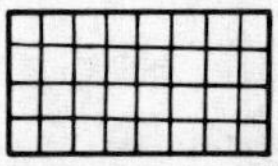	基础周围的泥土	
转子、电枢、变压器、 电抗器等的迭钢片		混　凝　土	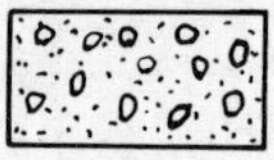
非金属材料 （已有规定剖面符号者除外）		钢筋混凝土	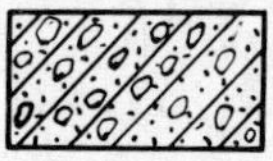
型砂、填砂、粉末冶金、砂轮、 陶瓷刀片、硬质合金刀片等	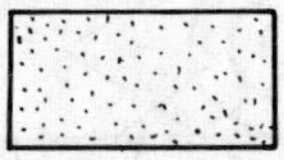	砖	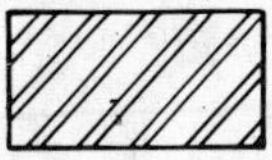
玻璃及供观察用的其它透明材料	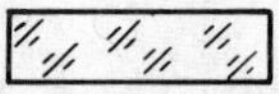	格网（筛网、过滤网等）	
木材 纵剖面	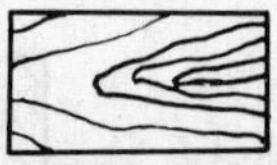	液　体	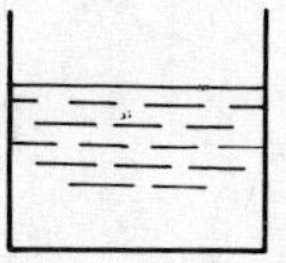
木材 横剖面			

　　金属材料的剖面符号一律画成与水平线成 45°角的相互平行、间隔均匀的细实线，其方向可以向右或向左，同一物体的各个剖视图剖面线的倾斜方向和间距应一致。当某一剖视图的主要轮廓线与水平方向成 45°角或接近 45°角时，其剖面线应画成与水平方向成 30°角或 60°角，其余图形中的剖面线仍与水平方向成 45°角，但两者的倾斜趋势应相同，见图 3-16。

3.2.4 剖切位置与剖视图的标注

1. 剖切位置 在画剖视图时，若要对主视图取剖视，剖切平面应平行于正投影面，而且要通过物体的中心轴线或对称面。不仅可以在一个视图上取剖视，而且可以根据需要，在几个视图上同时取剖视图。若要对俯视图取剖视图，剖切平面应平行水平投影面；若要对左视图取剖视图，剖切平面应平行侧投影面。图 3-17、图 3-18、图 3-19 分别表示在主、俯、

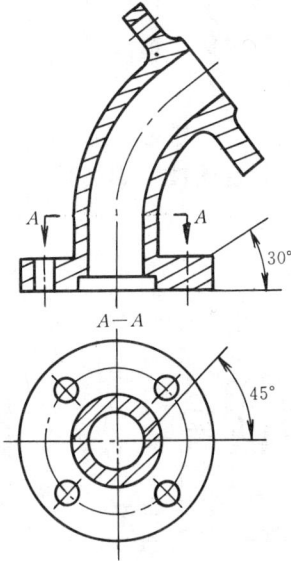

图 3-16 剖面线与水平线
成 30 °或 60 °的角

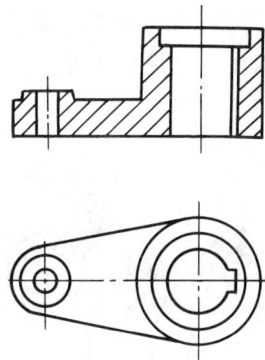

图 3-17 对主视图取剖视图

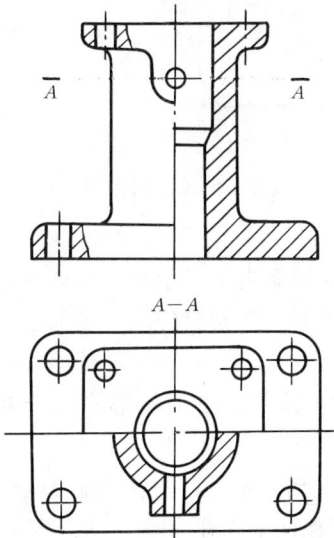

图 3-18 对俯视图取剖视图

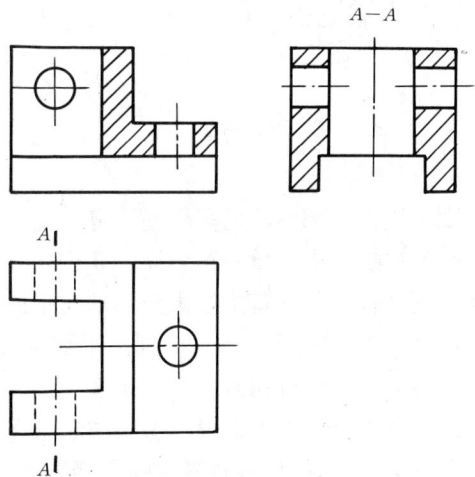

图 3-19 对左视图取剖视图

左视图上取剖视图时剖切平面位置的例子。

2. 剖视图的标注 剖视图标注包括以下三项内容：

146

（1）剖切位置　通常以剖切平面与投影面的交线表示剖切位置。在它的起迄处用加粗的短划粗实线表示，但不要与图形轮廓线相交。

（2）投影方向　在剖切位置线的两外端，用箭头表示剖切后的投影方向。

（3）剖视图名称　在箭头外侧用相同的大写拉丁字母表示，并在相应的剖视图上方标出"X—X"字样。如果在同一张图上，同时有若干个剖视图时，其剖视图名称的字母不得重复，见图3-20。

3.剖视图标注的简化或省略　剖视图的完整标注如前所述三项内容。但在下列情况下允许简化或省略。

1）当剖视图按投影关系配置，中间又无其它图形隔开，此时允许省略箭头。

2）当剖切平面与零件的对称或基本对称平面重合，剖视图按投影关系配置，中间又无其它图形隔开，可省略标注，见图3-21。

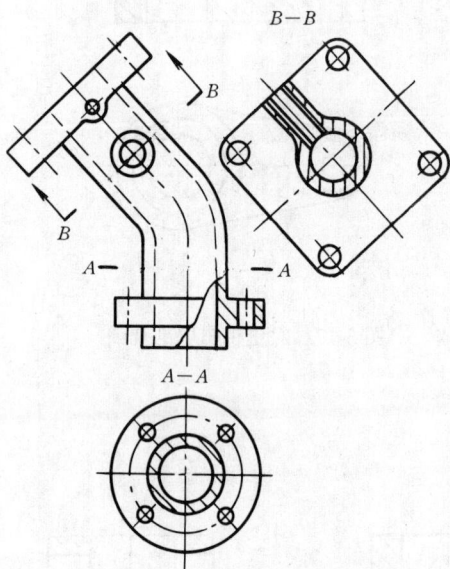

图 3-20　剖视图的标注　　　　　图 3-21　剖视图的标注

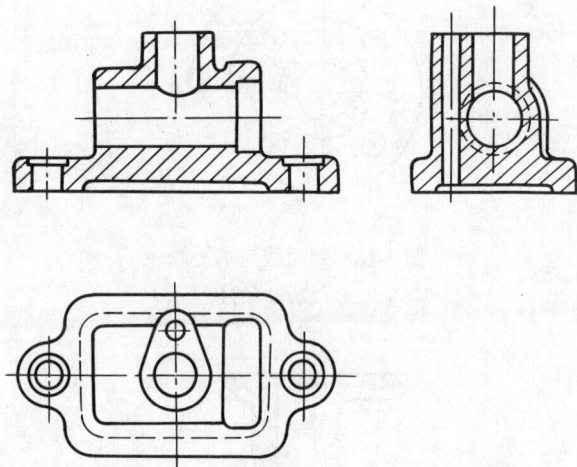

3.2.5　剖切面

因为机件内部形状的多样性和复杂性，剖切机件的剖切面也不完全相同。国家标准《机械制图》中规定有：单一剖切面、几个相互平行的剖切平面、两相交的剖切平面、组合剖切平面和不平行于任何基本投影面的剖切平面等。

1.单一剖切平面　用一个剖切平面剖开机件的方法。该剖切平面一般平行于基本投影面。这种剖切方法应用最多，见图3-22。

2.几个平行的剖切平面　用几个互相平行的剖切平面剖开机件的方法，称为阶梯剖视。图3-23所示机件有较复杂的内部结构，且轴线又不在同一个平面内，采用单一剖切面剖开机件已不能完全表达出内部形状，这时采用两个平行的剖切平面剖开机件，画出主视图。

画阶梯剖视图时应注意下列几点：

1）必须在相应的视图上用剖切符号表示剖切位置，在剖切平面的起迄和转折处，用相

图 3-22 全剖视图

同的字母标注，在剖切符号外端用箭头指明投影方
向，并在剖视图上方注出相同的字母"X—X"。

2）当阶梯剖按投影关系配置，中间又没有其
它图形隔开时，可省略箭头，见图 3-24。

3）在剖视图上不应画出剖切平面转折处的投
影，见图 3-24c。

4）用阶梯剖画出的剖视图中，一般不允许出
现不完整要素，见图 3-24d。仅当两个要素在图形
中具有公共对称中心线或轴线时，可以各画一半，
此时应以对称中心线或轴线为界，见图 3-25。

3．两相交的剖切平面　用两相交的剖切平面
（交线垂直于某一基本投影面）剖开机件的方法称

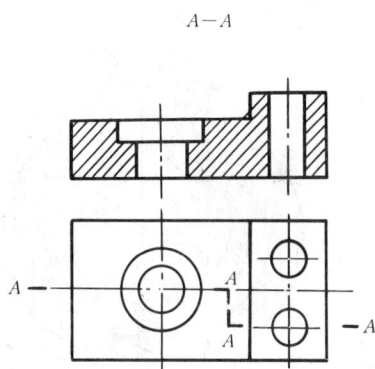

图 3-23　阶梯剖视图

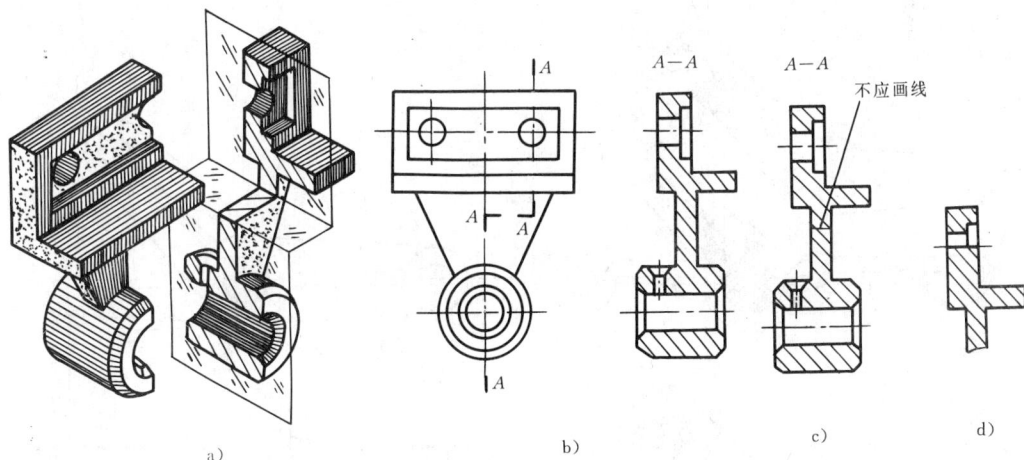

图 3-24　阶梯剖（一）

为旋转剖视，见图 3-26。

旋转剖适用于剖切有回转轴线的机件，而轴线恰好是两剖切平面的交线。

采用旋转剖画剖视图应注意几点：

1）假想用相交剖切平面剖开机件后，应将剖开的倾斜结构及其有关部分旋转到与选定

148

的投影面平行位置再进行投影。但在剖切平面后的其它结构一般仍按原来位置投影，见图 3-27 所示的小油孔。

2）必须用剖切符号表示剖切位置，在它的起迄和转折外，用同样的字母标出，在剖切符号外端用箭头指明投影方向，并在剖视图上方用相同的字母标出"X—X"。

4. 不平行任何基本投影面的剖切面 用不平行于任何基本投影面的剖切平面剖开机件的方法，称为斜剖视，见图 3-28。

图 3-28 所示机件，要表达它上部的孔和其截面的实形，所用的剖切平面必须通过孔的中心线并与圆筒轴线垂直。

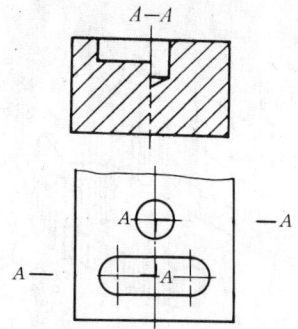

图 3-25 阶梯剖（二）

图 3-26 旋转剖视

仍按原来位置投影

图 3-27 旋转剖视

画斜剖视图时应注意几点：

1）斜剖视应配置在箭头所指的方向，并与基本视图保持对应的投影关系，见图3-28所示的"*B—B*"剖视。

2）为了合理地利用图纸和方便画图，允许将图形放在其它适当的位置。也可将图形转正画出，其标注形式为"*X—X*↰"，见图3-28c。

图 3-28　斜剖视

3）采用斜剖视方法所画的剖视图,必须标注,标注方法见图3-28,字母一律水平书写。

5. 组合剖切平面　当机件的内部结构比较复杂，用旋转剖视或阶梯剖视仍不能完全表达清楚时，可以采用以上几种剖切平面的组合来剖切机件，这种剖切方法，称为复合剖，见图3-29。

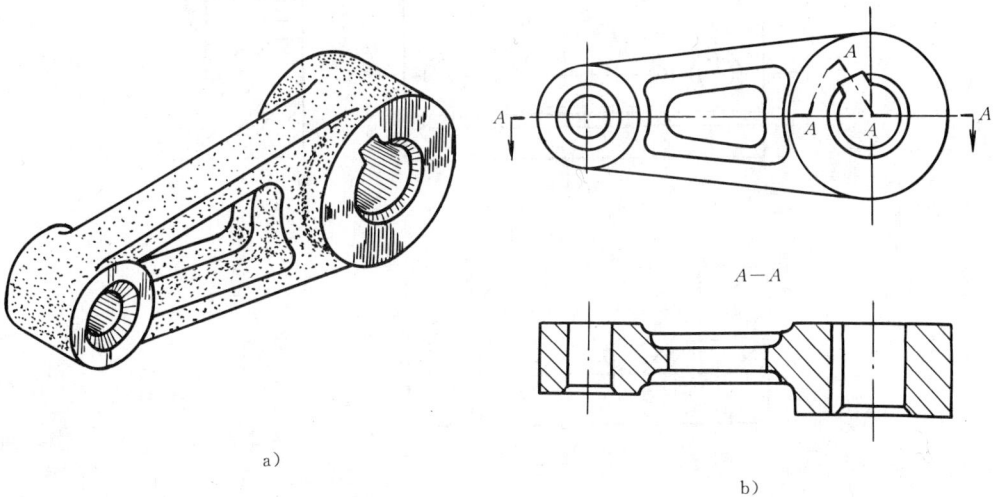

图 3-29　复合剖视

150

采用复合剖切方法所画的剖视图必须标注，注法见图 3-29b。当采用连续几个旋转剖视的复合剖时，一般应采用展开画法，这时在对应的剖视图上方应标注"*X—X* 展开"字样，见图 3-30。

图 3-30　复合剖视的展开画法

3.2.6　剖视图的种类

按剖切范围的大小，剖视图可分为全剖视图、半剖视图和局部剖视图。

1. 全剖视图　用剖切平面完全地剖开机件所得到的剖视图称为全剖视图，见图 3-31。同一个内部结构形状，可以采用不同形式的剖切平面来得到全剖视图，如单一剖切平面、两相交的剖切平面等等。

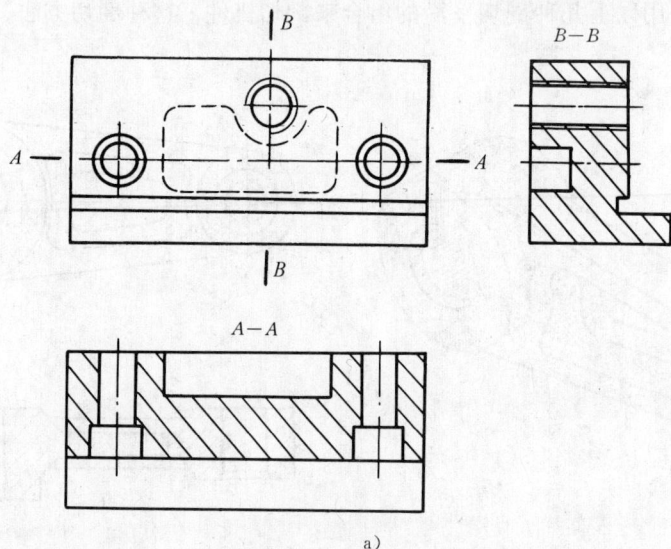

图 3-31　全剖视图投影分析（一）

a）全剖视图

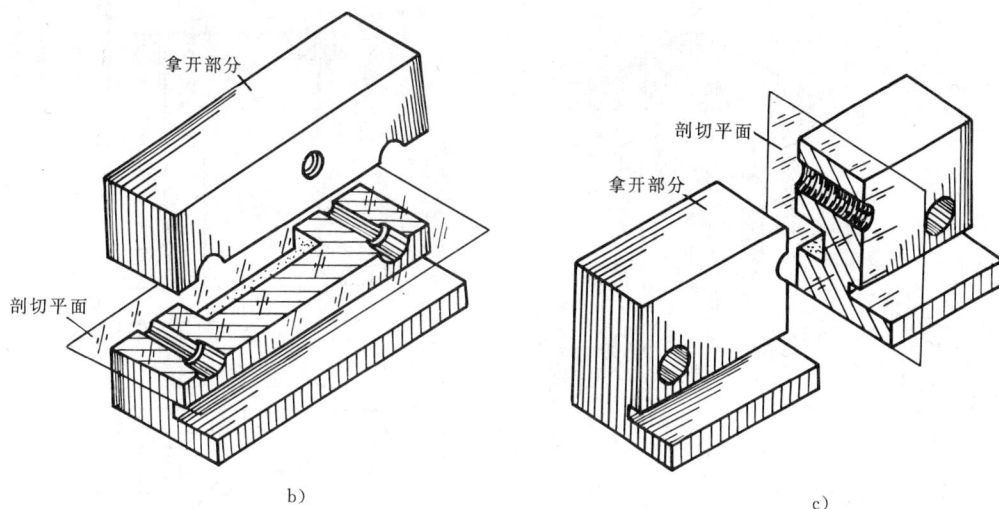

图 3-31 全剖视图投影分析（二）

b）俯视图取剖视的情况　c）左视图取剖视的情况

全剖视图的标注，应分别不同情况对待。当剖切平面通过机件的对称（或基本对称）平面，且剖视图按投影关系配置，中间又无其它视图隔开时，可省略标注，见图 3-32 中主视图；而左视图不具备以上条件，则必须按规定方法标注。

图 3-32　全剖视图的标注

2．半剖视图　当机件具有对称平面时，在垂直于对称平面的投影面上投影所得到的视图，可将一半画成剖视图，另一半画成视图，并以对称中心线为界，这种剖视图称为半剖视图，见图 3-33。

图 3-33a 是支架的立体图，从图可知该机件的内外形状都较复杂，前、后、左、右对称，故可将主视图和俯视图画成半剖视图，见图 3-33b，剖切方法见图 3-33a。通常半剖视图

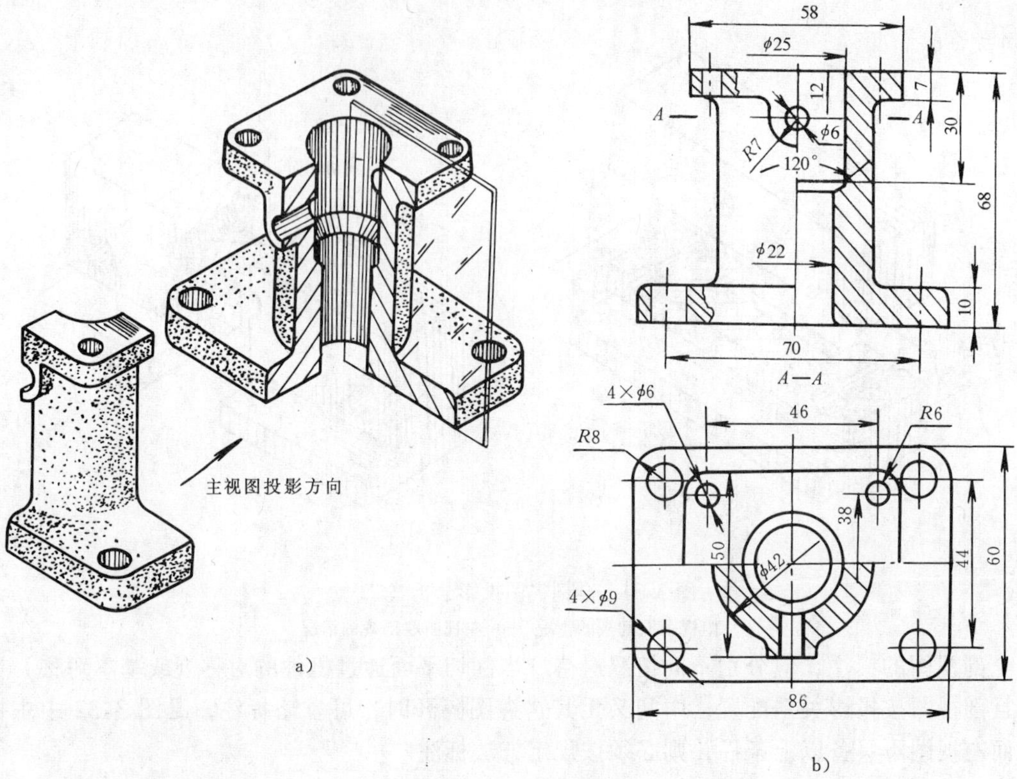

a)

b)

图 3-33 半剖视图

画在俯视图水平中心线的下面和主视图垂直中心线的右面。

半剖视图的标注方法与全剖视图相同。

画半剖视图时应注意以下几点：

1）具有对称平面的机件，在垂直于对称平面的投影面上，宜采用半剖视。如机件形状接近于对称，而不对称部分已另有视图表达清楚时，也可以采用半剖视图，见图 3-34。

图 3-34 用半剖视图表达基本对称零件

2）半个视图和半个剖视图必须以点划线为界。如作为分界的点划线与轮廓线重合时，则应避免使用，见图 3-35 的主视图。此时宜采用局部剖视图表示，用波浪线将内外形分开。

3）半个剖视图中的内部轮廓在半个视图中不必再用虚线表示。

4）半剖视图中，因为有些部分的轮廓只画出一半，所以标注尺寸时，尺寸线上只能画出一端箭头，而另一端只需超过中心线，且不画箭头，见图 3-33b 中 $\phi25$、$\phi22$、120°等。

3．局部剖视图　用剖切平面局部地剖开机件所得的剖视图，称为局部剖视图。见图 3-36所示的机件，只有左端钻了孔，没有必要画成全剖视图，只要把钻孔部分剖开就行了。局部剖视图和外形之间要用一条波浪线分界。

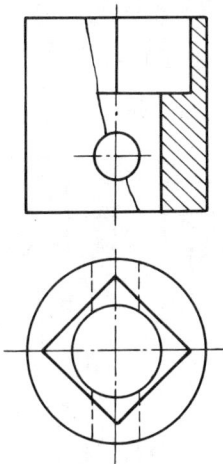

图 3-35　内轮廓线和对称线
　　　　　重合，不应采用半剖视

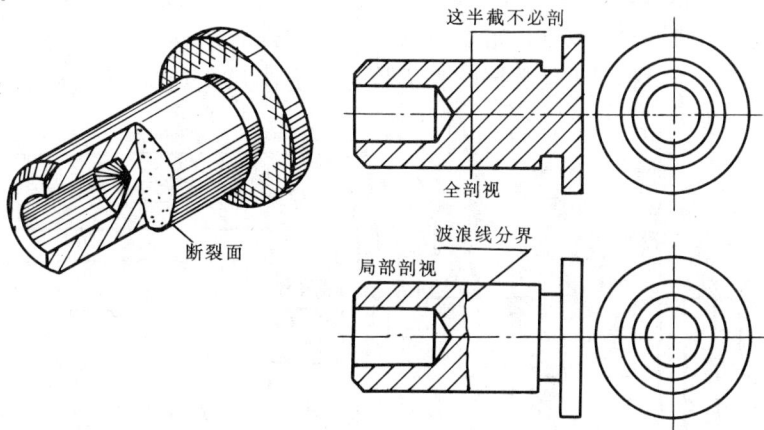

图 3-36　局部剖视图

画局部剖视图时应注意以下几点：

1）波浪线好比断裂面的投影，当外形有孔、空洞等结构时，波浪线就应当在那些地方截止，不要穿空而过，更不要超出视图的轮廓线外，见图 3-37。

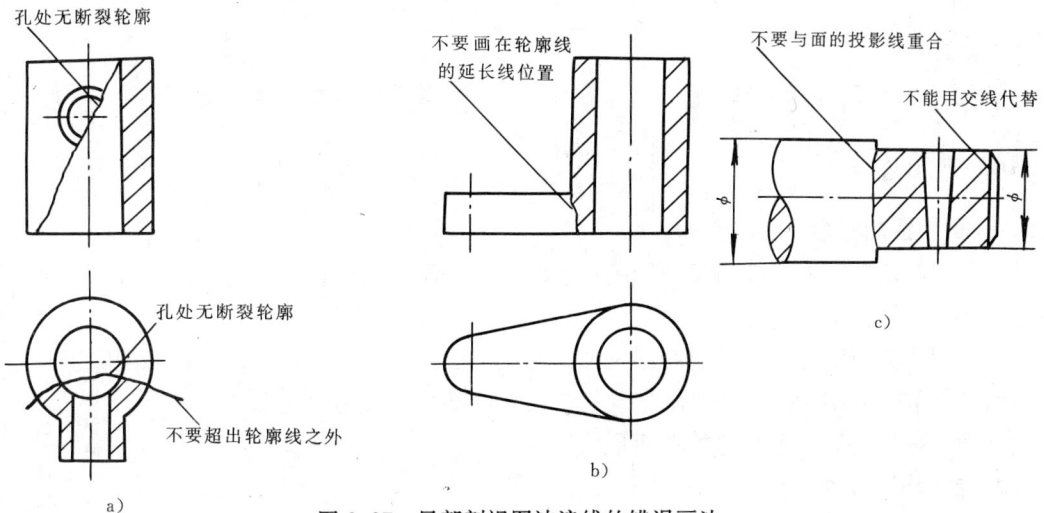

图 3-37　局部剖视图波浪线的错误画法

154

2）局部剖视图与视图之间以波浪线为界，波浪线不应与轮廓线重合，见图3-37c。

3）当被剖切结构为回转体时，允许将该结构的中心线作为局部剖视图与视图的分界线，见图3-38。

4）当机件对称，且恰有一轮廓线与对称线重合不宜采用半剖视图时，可采用局部剖视，见图3-39。

局部剖视图是一种较灵活的表达方法，在图形上，局部剖视的位置和剖切范围的大小，可以根据需要来选择。它常用于下列情况：

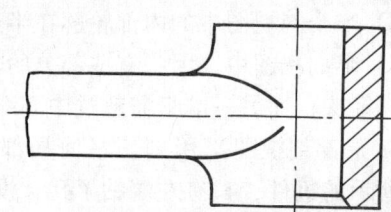

图 3-38 拉杆局部剖视图

1）机件只有局部内形要表示，而又不必或不宜采用全剖视图时，见图3-36。

2）不对称机件需要同时表示其内、外形状时，宜采用局部剖视图，见图3-40。

局部剖视（没有标注、缝中剖切 A—A 处）　　半剖视图

局部剖视图

正确　　　　错误

(1)

盖板

图 3-39　对称零件局部剖视图　　　　图 3-40　盖板的局部剖视图

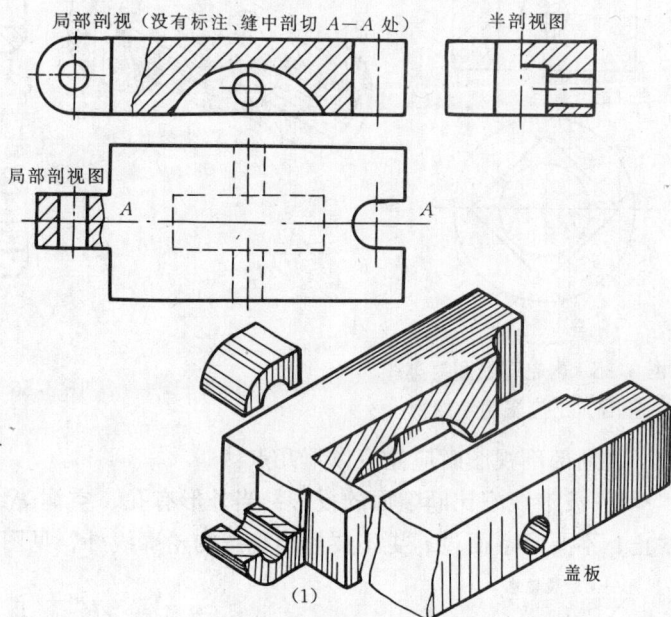

3.3　剖面图

3.3.1　剖面图的概念

假想用剖切平面将机件的某处切断，仅画出切断面的图形，并画上剖面符号，这种图形称为剖面图，简称剖面，见图3-41。

剖面图和剖视图的区别是剖面图仅画出与剖切面接触部分的图形；而剖视图除了画出与剖切面接触部分的图形外，还要画出剖切平面后面部分的投影。见图3-41c。

剖面图主要用于表达零件的断面形状。

3.3.2　剖面图的分类

剖面图分为移出剖面图（简称移出剖面）和重合剖面图（简称重合剖面）两种。

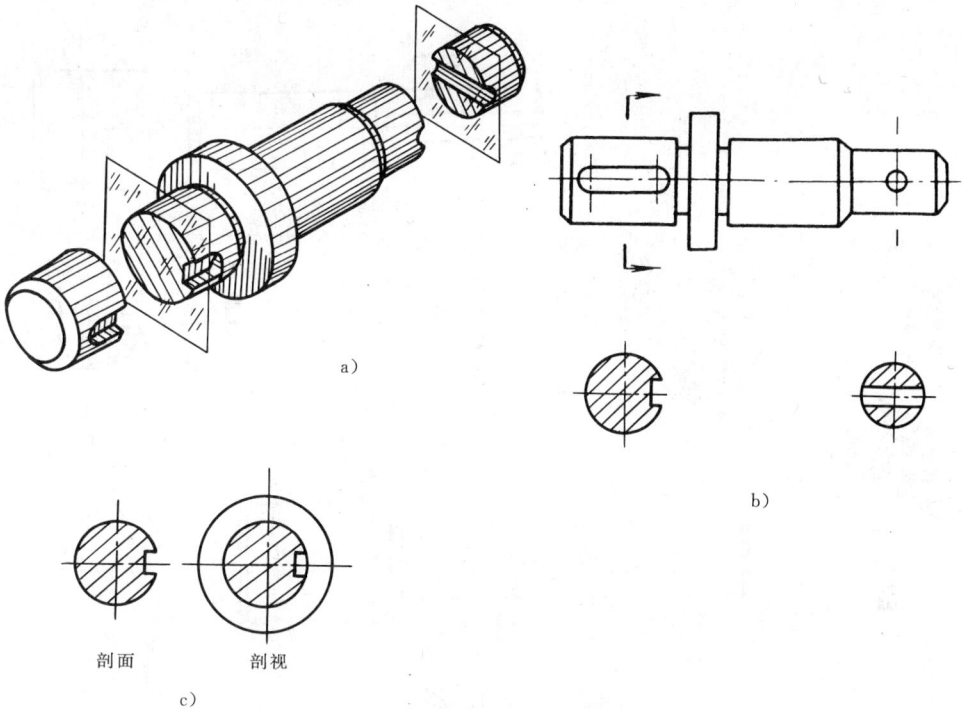

a)

b)

c)

剖面   剖视

图 3-41　剖面图的画法

1．移出剖面　画在视图轮廓线之外的剖面称为移出剖面，见图 3-42。

画移出剖面时应注意下列几点：

1）移出剖面的轮廓线用粗实线画出，并尽量配置在剖切位置线的延长线上，见图 3-43a。必要时也可画在其它位置，见图 3-43b。

2）画剖面图时，应设想把它绕着剖切平面旋转 90°后与图面重合。因此，同一位置的剖面因剖切平面画在不同的视图上，可能会使图形的方向不同，见图 3-44a、b。

3）当剖切平面通过由回转面形成的孔或凹坑的轴线时，这些结构应按剖视图绘制，见图 3-45。

4）为了得到剖面的实形，剖切平面应与被剖切部分的主要轮廓线垂直，见图 3-46。

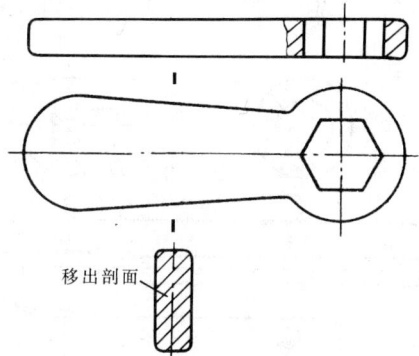

移出剖面

图 3-42　移出剖面

5）当剖切平面通过非回转面导致出现完全分离的两部分剖面时，也应按剖视图绘制，见图 3-47。

6）由两个或多个相交的剖切平面剖切得出的移出剖面，中间一般应断开绘制，见图 3-48。

2．重合剖面　画在视图轮廓内的剖面，称为重合剖面，见图 3-49。

画重合剖面时应注意下列几点：

156

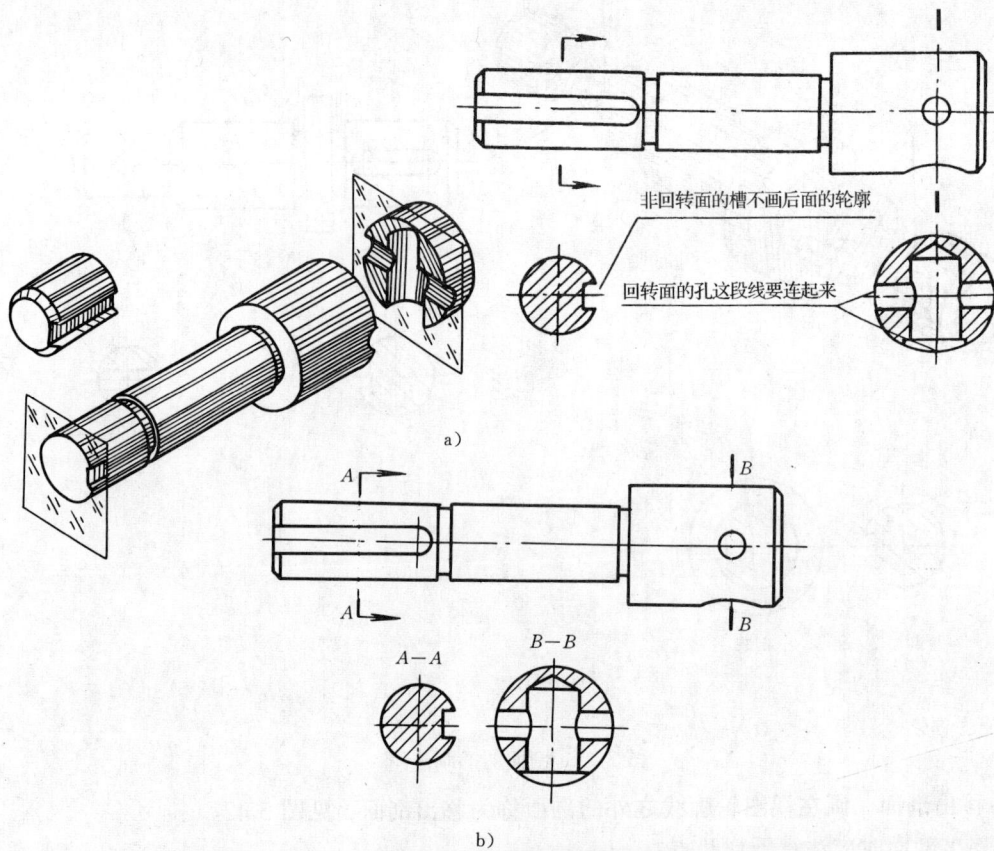

非回转面的槽不画后面的轮廓

回转面的孔这段线要连起来

a)

b)

图 3-43　剖面图的画法
a) 画在剖切线上　b) 画在剖切线外

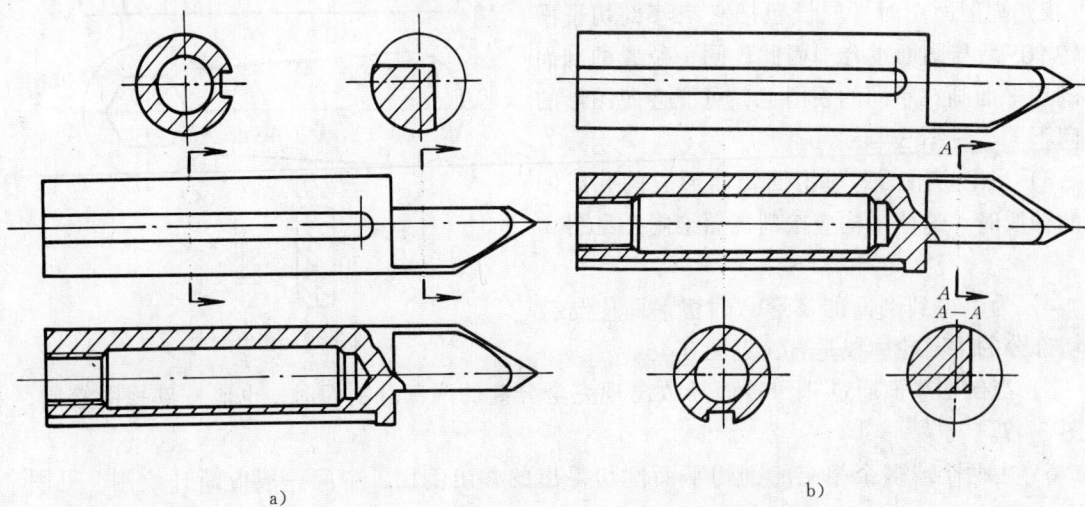

a)

b)

图 3-44　剖面图形与剖切位置标注的关系
a) 在主视图上标注剖切位置　b) 在俯视图上标注剖切位置

图 3-45　通过回转面轴线的剖面画法

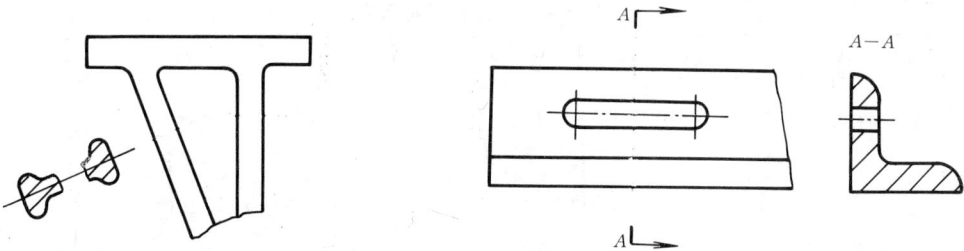

图 3-46　相交剖切的移出剖面

图 3-47　剖面分离时的画法

1）重合剖面轮廓线用细实线绘制。

2）当视图中的轮廓线与重合剖面的图形重叠时，视图中的轮廓线仍应连续画出，不可间断，见图 3-49。

3.3.3　剖面图的标注

移出剖面一般应用剖切符号表示剖切位置，用箭头指明投影方向，用字母表示剖面的名称，并在剖面图上方标出"$X—X$"。移出剖面的标注方法，见表 3-2。

重合剖面对称时，可省略标注，见图 3-50a；不对称时需表示剖切位置和投影方向，见图3-50b。

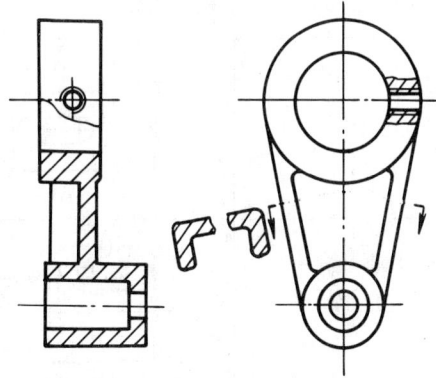

图 3-48　用两个相交且垂直于肋板剖切出的剖面

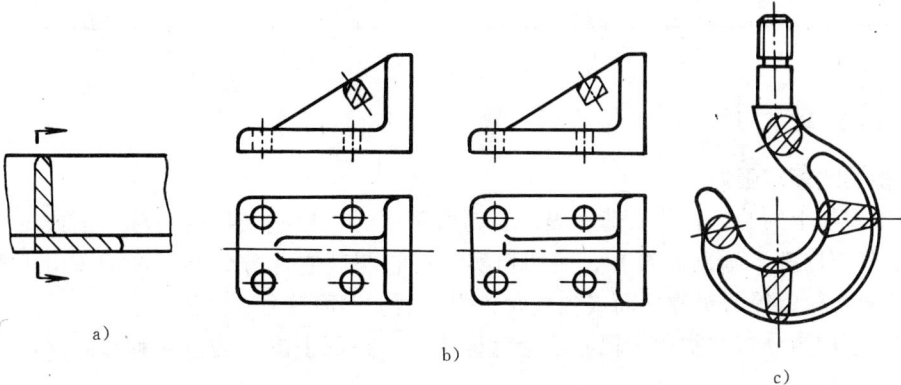

图 3-49　重合剖面

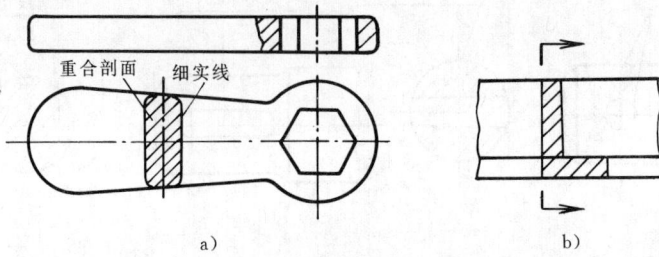

图 3-50　重合剖面的标注

表 3-2　移出剖面的标注

剖 面 位 置	剖 面 形 状 对 称	剖 面 形 状 不 对 称
在剖切位置线的延长线上		
按投影关系配置		
在其它位置		

3.4　其它表达方法

3.4.1　剖视图的规定画法

1）对于零件上的肋、轮辐及薄壁等，若剖切平面通过这些结构的对称平面或基本对称平面时，这些结构都不画剖面符号，而用粗实线将它与其它部分分开，见图 3-51。当剖切平面垂直于肋和轮辐等的对称平面或轴线时，仍应画上剖面符号，见图 3-51。

2）零件上均匀分布的肋和轮辐，不论对称与否，在剖视图中均按对称形式画出，见图 3-52。

3）零件经剖切后仍有部分内部结构未表达清楚，又不宜采用其它表达方法时，允许在

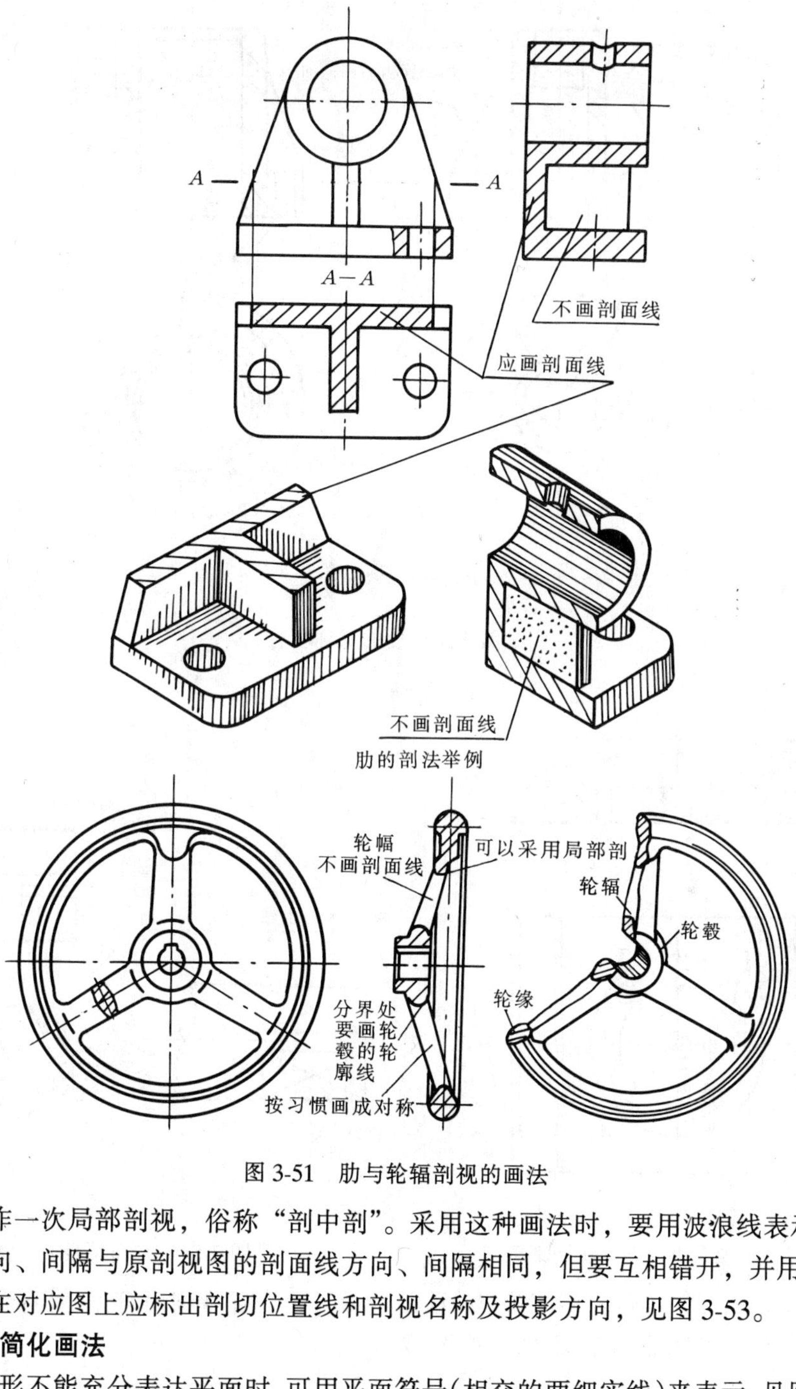

图 3-51 肋与轮辐剖视的画法

剖视图中再作一次局部剖视，俗称"剖中剖"。采用这种画法时，要用波浪线表示剖切范围，其剖面线方向、间隔与原剖视图的剖面线方向、间隔相同，但要互相错开，并用引出线标注它的名称，在对应图上应标出剖切位置线和剖视名称及投影方向，见图 3-53。

3.4.2 其它简化画法

1）当图形不能充分表达平面时，可用平面符号(相交的两细实线)来表示，见图 3-54。

2）在不致引起误解时，对于对称零件的视图可以只画一半或四分之一，并在对称中心线的两端画出两条与其垂直的平行细实线，见图 3-55。

3）较长的机件（轴、杆、型材等），沿长度方向的形状一致或按一定规律变化时，可断开绘制，但必须按原来实长标注尺寸，见图 3-56。

机件断裂处边缘常用波浪线画出，圆柱与圆筒的断裂处常采用图 3-57 所示画法。

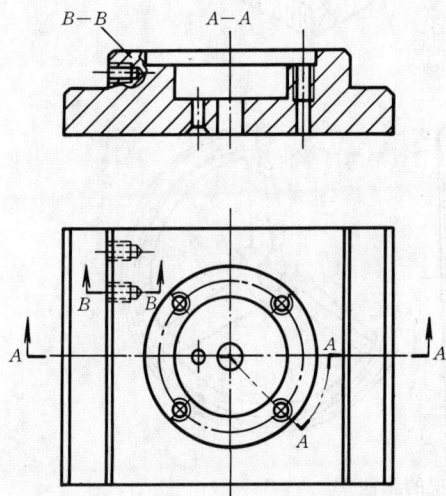

肋画成对称形式　　肋的剖面内不画剖面线

孔未剖到,应按剖到一个画出

3×φ6

4×φ2 均布

均匀分布的孔画一个,其余用中心线表示

图 3-52　肋的对称画法

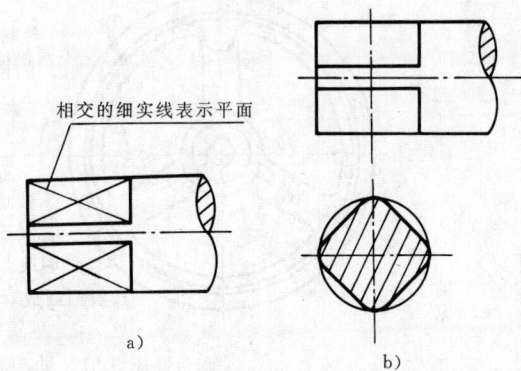

图 3-53　剖视图中再作一次局部剖视

相交的细实线表示平面

a)

b)

图 3-54　平面符号表示法

4）在不致引起误解时，零件图中的移出剖面，允许省略剖面符号，但剖切位置和剖面图的标注，必须按规定方法标出，见图 3-58。

5）当机件具有若干相同结构（齿、槽等）并按一定规律分布时，只需画出几个完整的结构，其余用细实线连接，在零件图中则必须注明该结构的总数，见图 3-59。

6）若干直径相同且按一定规律分布的

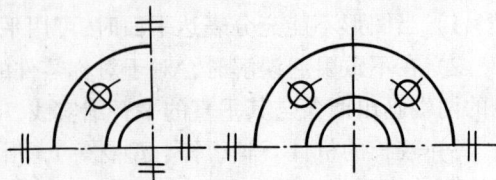

图 3-55　对称机件的简化画法

图 3-56　较长机件的折断画法

a)　　　　　　b)

图 3-57　圆柱和圆筒断裂处的画法

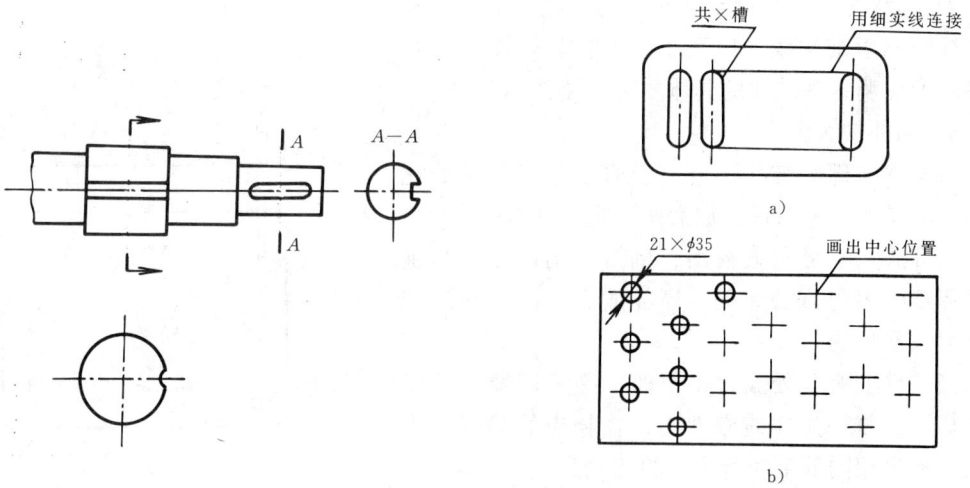

图 3-58　移出剖面的简化画法

图 3-59　相同要素的简化画法

孔类（圆孔、锥孔、沉孔、螺孔），允许只画一个或几个，其余只需用细实线表示出中心位置即可，但在图上应注明孔的总数，见图 3-60。

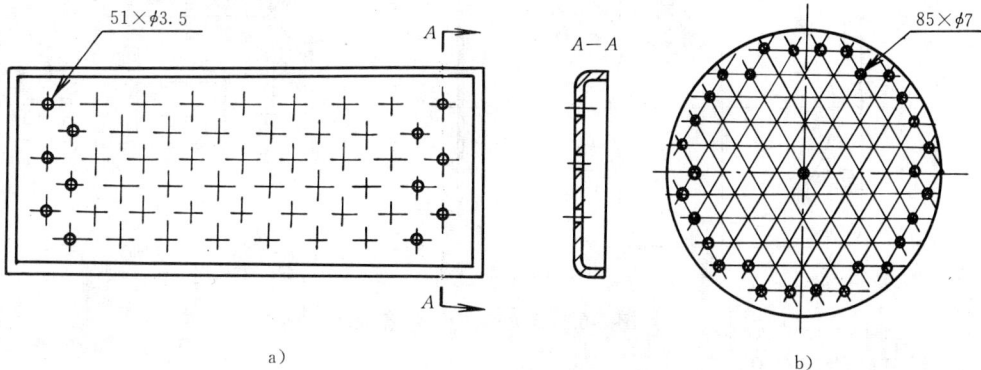

a)　　　　　　b)

图 3-60　相同结构且均布的画法

162

7）在不致于引起误解时，零件上的小圆角、锐边的小倒角、小倒圆等允许省略不画，但需注明尺寸或在技术要求中加以说明，见图 3-61。

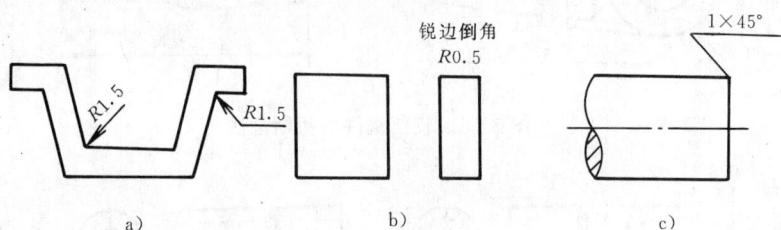

图 3-61　倒角、倒圆的简化画法

8）与投影面的倾斜角度≤30°的圆或圆弧，其对应投影可以用圆或圆弧代替，见图 3-62。

9）网状物、编织物或机件上的滚花部分，可在轮廓线附近用细实线示意画出，并在零件图上或技术要求中注明这些结构的具体要求，见图 3-63。

3.4.3　局部放大图

将机件的部分结构，用大于原图形所采用的比例画出的图形，称为局部放大图，见图 3-64。

局部放大图可画成视图、剖视、剖面，它与被放大部位的表达方法无关。局部放大图应尽量配置在被放大部位的附近。

当机件上有几处放大部位时，必须用罗马数字依次标明，并用细实线圆圈出，在相应的局部放大图上方标出相同数字和所采用的比例。

同一机件上不同部位的局部放大图，当图形相同或对称时，只需画出一个，见图 3-65。

图 3-62　≤30°的圆或圆弧简化画法

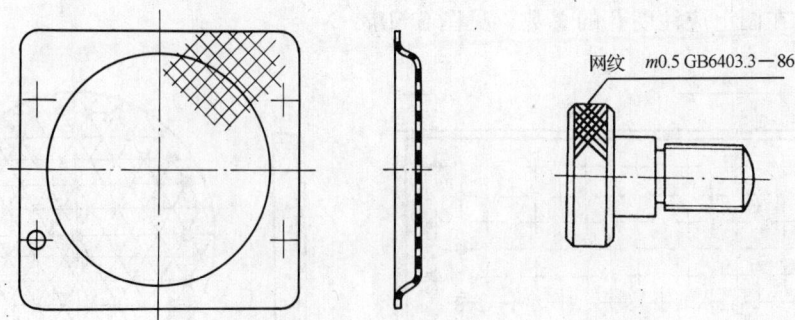

图 3-63　某些结构的示意画法

3.4.4　第三角投影简介

在 GB4458—84 中规定，我国采用第一角投影法。但有些国家则采用第三角投影法。为

a)   b)

图 3-64 局部放大图

了更好地进行国际间的技术交流和发展国际贸易应该了解第三角投影法。

1) 机件在投影体系中的位置 图 3-66 所示为两个相互垂直的投影面,把空间分成Ⅰ、Ⅱ、Ⅲ、Ⅳ四个分角。机件放在第一分角称为第一角投影法;机件放在第三分角称为第三角投影法,见图 3-66b。

2) 投影面、机件和观察者的相互位置关系由图 3-66b 看出,第一角投影法是把机件放在投影面与观察者之间,从投影方向看,是人→机件→图(投影面);而第三角投影法则是人→图(投影面)→机件。

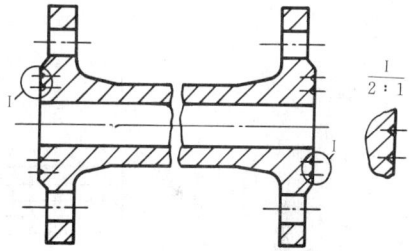

图 3-65 当图形相同或对称时局部放大图的画法

习惯上,机件放在第一分角中得到的三视图是主视图、俯视图和左视图;而在第三分角中得到的三视图是前视图、(从前向后投影)顶视图(从上向下投影)和右视图(从右向左投影)。

3) 视图的配置 第一角投影法是正投影面不动,而将另外两个投影面旋转摊平在主视图所在的投影面上,六个基本视图的配置如图 3-2。第三角投影法是正投影面不动,而将另外两个投影面旋转摊平在前视图所在的投影面上,其中顶视图位于前视图的上方;右视图位于前视图的右方;左视图位于前视图的左方;六个基本视图的配置,见图 3-67。第一角投影法中所有正投影的特性及对应关系,如"长对正、高平齐、宽相等",对第三角投影一样适用。

4) 第三角投影法的标志 在国际标准 ISO 中规定:可以采用第一角投影法,也可以采用第三角投影法。为了区分两种画法,规定在标题栏内(或栏题栏外)用一个标志符号表示,见图 3-68。

图 3-66　第三角投影中三视图的形成

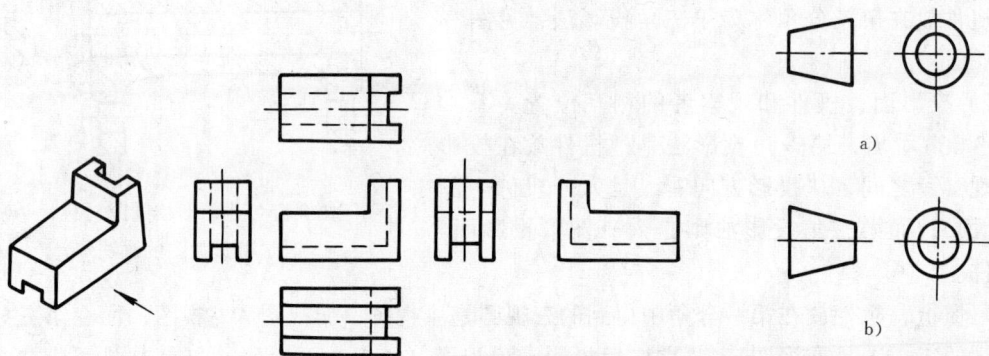

图 3-67　第三角画法六个基本视图的配置

图 3-68　两种画法的标志符号
a) 第一角画法用的标志符号
b) 第三角画法用的标志符号

3.5　综合应用举例

　　本章讲述的视图、剖视、剖面及其它表达方法，应根据机件结构的具体情况选择使用，以达到用最少最简练的图形完整清晰地表达机件形状的目的。现将各种表达方法的综合应用通过读图加以说明。

　　识读视图的过程包括：分析视图和想象零件形体两大步骤。其中，分析视图是非常重要的基础工作，它关系到读者能否正确地识读视图，最终想象出零件的形体来。

　　1. 支架（图 3-69）

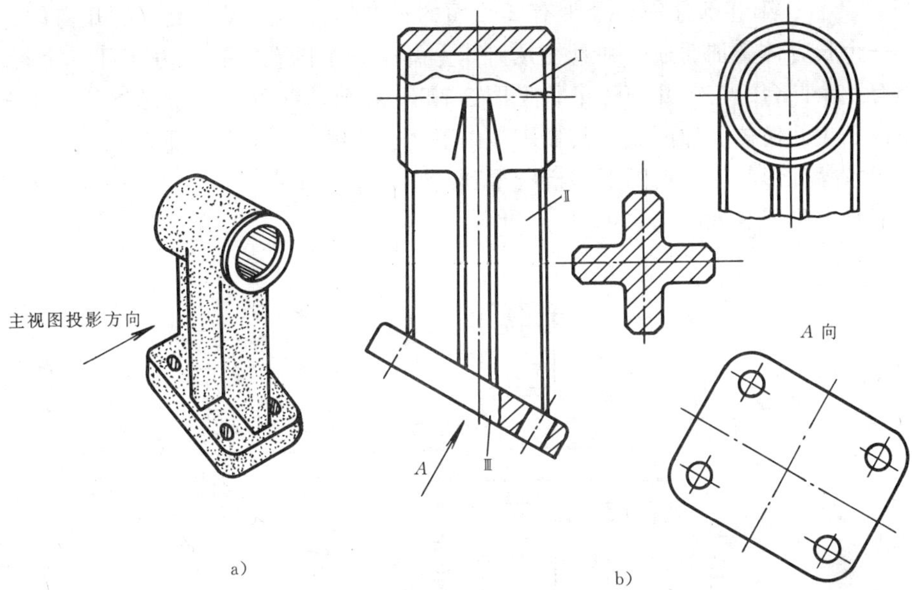

图 3-69 支架

a) 支架立体图   b) 支架视图

(1) 图形分析   支架的形状用四个图形表达，一个基本视图（主视图）、一个局部视图（左视图）、一个斜视图（A 向）和一个移出剖面。在主视图中两处采用局部剖视图。

基本视图对零件的外部形状反映的比较全面。因此，在分析过程中，应从基本视图入手，按照"分线框、定形体、辨清零件各组成部分的相对位置和组合方式"的方法进行分析。

反映支架形体特征较多的是主视图，根据这个视图可以把主视图线框分成三部分，由线框 I 并参照左视图上的对应投影，可以看出线框 I 反映的是一个圆柱体，中间有一个圆孔；由线框 II 并参照移出剖面，可以看出线框 II 反映的是一个十字形的肋板。同理，可以从主视图并参照 A 向斜视图看出线框 III 反映的是一个四周带圆角的长方形板，板上均布四个小圆孔。在分清线框，定出形体的基础上，再根据三视图的读图方法，得到支架由圆筒、均匀分布的十字形肋板和长方形底板三部分组成，由主视图看出底板倾斜于肋板和圆筒；局部视图主要反映了圆筒以相切的方式与肋板组合。

根据剖视图及剖面图的标注，逐个分析各剖视图及剖面图，以确定零件上相应位置的内部形状和断面形状，在图 3-69b 中，主视图圆筒处的局部剖视表达了圆筒两端的内、外倒角、而底板处的局部剖视则反映底板上的四个圆孔均为通孔；移出剖面反映了肋板的十字形断面等。

(2) 想象零件形状   根据图形分析得到的零件内、外形状，综合起来想象出整体形状，见图 3-69a 所示支架的立体图。

2. 底座（图 3-70）

(1) 图形分析   底座以主、俯、左三个基本视图来表达形状，其中主视图为全剖视图，其剖切平面与零件的对称面重合。在弄清视图关系的基础上，可把底座分为三部分。第 I 部分是一个带有四个圆角的长方体，左右两边在对称位置各挖出一个 U 形槽，并且高出长方体形成 U 形凸台；第Ⅱ部分是一个带有凹弧面的长方体；第三部分反映的几何体是由半个圆柱体和一个长方体叠加而成，并且在几何体上开了一个圆孔，孔下方还开一个长方体槽，孔右端还有一个凸台，三个几何体形状见图 3-70b。在分清线框，定出形体的基础上，得出该底座是由三个几何体叠加而成，其顺序是由下而上为线框Ⅰ、Ⅱ、Ⅲ。

（2）想象零件形状 根据图形分析所得到的Ⅰ、Ⅱ、Ⅲ三部分形状，综合起来想象出零件的整个形状，见图 3-70c。

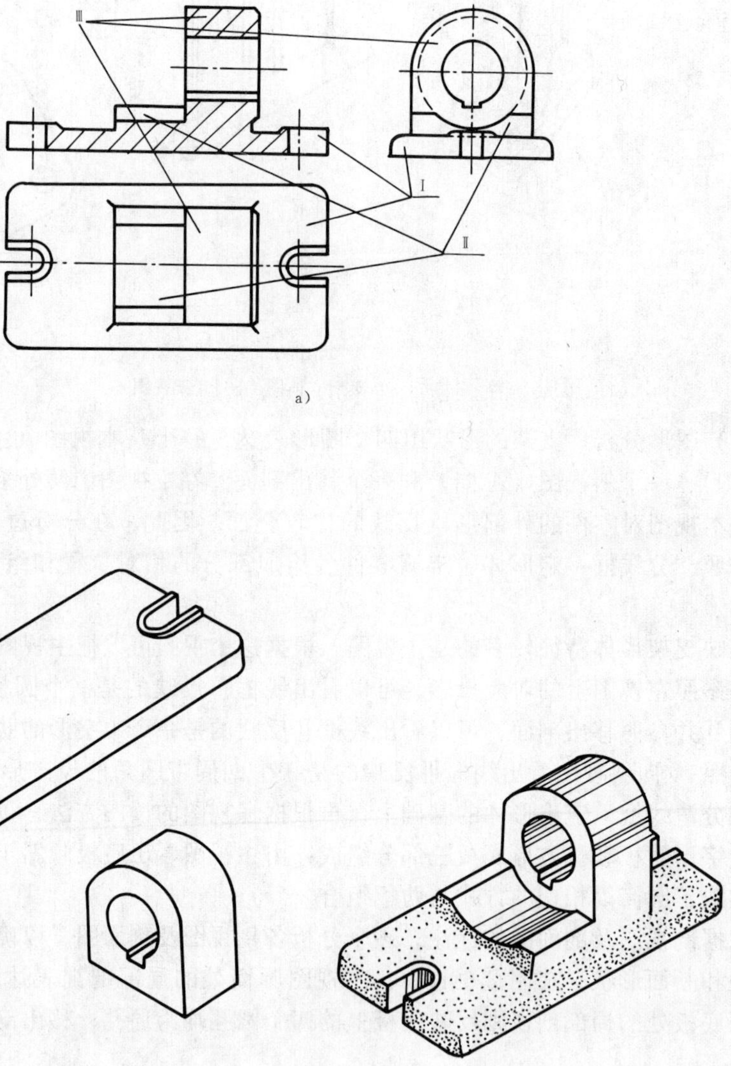

图 3-70　底座

a) 底座视图　b) 底座形体分解图　c) 底座立体图

3. 拨块（图 3-71）

（1）图形分析 拨块由三个视图表达。即主视图、左视图和 A 向斜视图；从主视图和

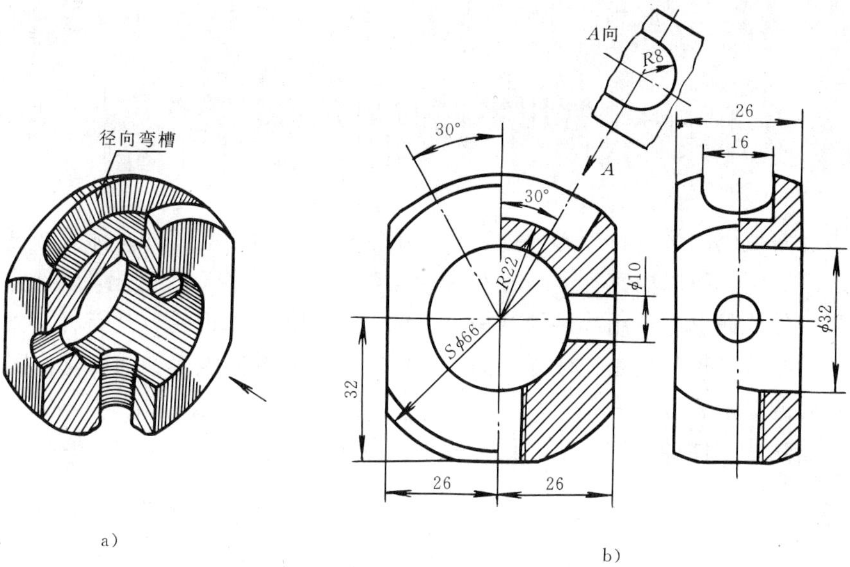

图 3-71 拨块的视图分析

左视图可以看出，拨块为一个圆球体，前、后、左、右各对称地切去一块；下边切去一小块构成拨块的基本形状。再从视图投影规律分析主视图取半剖视以清晰地显示径向槽、左右小圆孔和下边螺孔的情况；左视图取半剖视图表达拨块厚度、中间大圆孔的穿通情况以及径向槽的侧面形状；A 向斜视图表达径向槽在水平方向的投影特征，见图 3-71b。

（2）想象零件形状 由图形分析可以看出拨块形状是由球体切割而成，前、后、左、右、下边各切去一块，在圆球各对应位置开有弧形径向槽、螺孔、大小各不等的圆孔，综合起来想象出拨块的整体形状，见图 3-71a。

4 常用零件的规定画法

在机器中经常使用的螺栓、螺母、键、销、滚动轴承、齿轮等零件，称为常用零件。由于这些零件应用广泛，所以国家标准对有些常用零件的整体结构和尺寸已标准化，如螺栓、螺母、销等联接件；而有些常用零件的结构也已部分标准化，如齿轮、键等。

上述零件的某些结构形状是比较复杂的，如螺纹、齿轮和花键等，为简化作图，国家标准制定了一系列的规定画法。

本章将讲述这些零件的规定画法、代号和标注方法。

4.1 螺纹

螺纹在机器中使用极为广泛，其功能主要用于联接和传动。

在圆柱和圆锥表面上，沿着螺旋线所形成的具有规定牙型的连续凸起称作螺纹。在圆柱或圆锥外表面所形成的螺纹叫外螺纹。外螺纹的大径用手摸得着，小径摸不着。在圆柱或圆锥内表面所形成的螺纹叫内螺纹。内螺纹的小径用手摸得着，大径摸不着，见图 4-1。

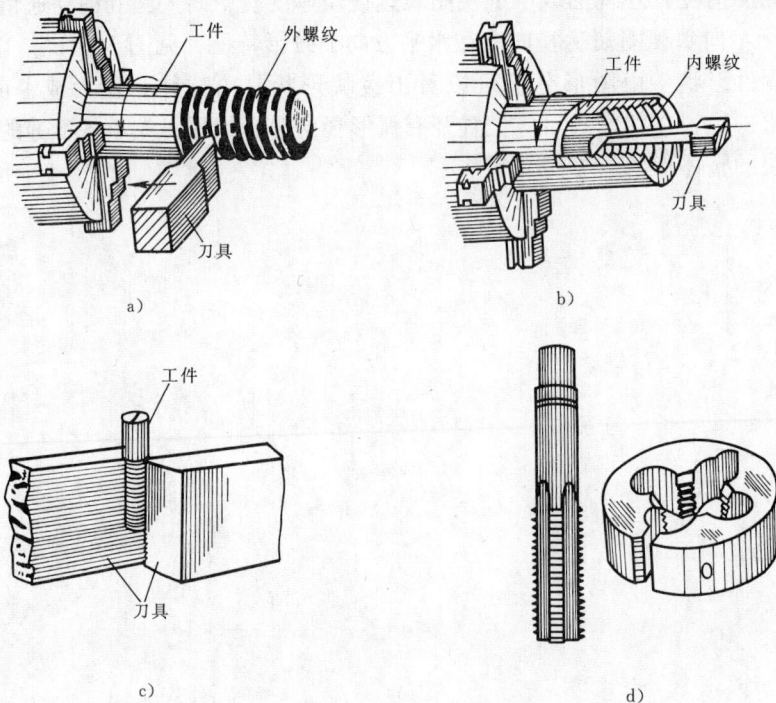

图 4-1 常见螺纹的加工方法
a) 在车床上加工外螺纹　b) 在车床上加工内螺纹
c) 搓螺纹　d) 手工加工螺纹用的工具

螺纹的基本要素包括：螺纹的牙型、螺纹直径（大径、中径和小径）、线数、螺距（或导程）、旋向等。内、外螺纹成对使用时，上述要素必须一致，它们才能旋合在一起。现将螺纹要素介绍如下：

1. 牙型　在通过螺纹轴线的剖面上，螺纹的轮廓形状称为牙型。螺纹的牙型有三角形、梯形和锯齿形。常用标准螺纹的种类、牙型见表 4-1。

2. 螺纹的直径

（1）公称直径　代表螺纹尺寸的直径。

（2）螺纹大径（D，d）　与外螺纹的牙顶或内螺纹的牙底相切的假想圆柱或圆锥面直径。

表 4-1　常用标准螺纹种类及牙型符号

螺纹种类及牙型符号		外 形 图	牙 型 图	说 明
联接螺纹	普通螺纹 M			分粗牙和细牙两种，细牙的螺距较粗牙小，粗牙用于一般机件的联接，细牙用于薄壁或紧密联接的地方
	非螺纹密封的管螺纹 G 用螺纹密封的管螺纹 R、Rc、Rp			螺纹牙的大小以每英寸（25.4mm）内的牙数表示，G 用于非螺纹密封的管路零件的联接，R、Rc、Rp 用于螺纹密封管螺纹联接
传动螺纹	梯形螺纹 Tr			用于传递运动或动力
	锯齿形螺纹 B			用于传递单向动力

（3）螺纹小径（D_1、d_1）　与外螺纹的牙底或内螺纹的牙顶相切的假想圆柱或圆锥面直径。

（4）螺纹中径（D_2、d_2）　其母线通过牙型上沟槽和凸起宽度相等的假想圆柱或圆锥面的直径称为中径（内、外螺纹分别用 D_2、d_2 表示），见图 4-2。

3. 线数（n）　圆柱端面上螺纹的数目，以 n 表示；螺纹有单线和多线之分。沿一条螺旋线所形成的螺纹称为单线螺纹。沿两条或两条以上，在轴向等距离分布的螺旋线形成的螺纹，称为多线螺纹，见图4-3。

4．螺距（P）和导程（P_h）　相邻两牙在中径线上对应两点间的轴向距离称为螺距；同一条螺旋线的相邻两牙在中径线上对应两点间的轴向距离称为导程。单线螺纹的导程就是螺距，多线螺纹的导程等于线数乘螺距，即 $P_h = nP$，见图4-3。

5．旋向　螺纹有右旋和左旋之分。顺时针方向旋进的螺纹称为右旋螺纹；逆时针方

图4-2　螺纹的名称

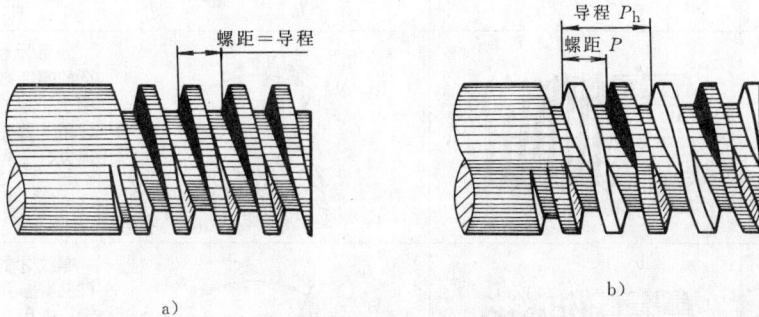

图4-3　螺纹的线数

a）单线螺纹　b）双线螺纹

向旋进的螺纹称为左旋螺纹。判断螺纹旋向时，可将螺杆按轴线铅垂放置，若所见螺纹是自左向右升起，则为右旋螺纹；若螺纹是自右向左升起，则为左旋螺纹，见图4-4。

在上述螺纹基本要素中，改变其中任一要素，就可得到不同规格的螺纹。为了便于设计和制造，国家标准对螺纹的牙型、大径、螺距都作了统一规定。凡是这三项要素都符合标准的称标准螺纹；牙型符合标准，大径或螺距不符合标准的称为特殊螺纹；牙型不符合标准的称为非标准螺纹。

有关标准螺纹公称直径等数据可查阅附录A、附录C。

4.1.1　内外螺纹的规定画法

4.1.1.1　外螺纹的画法　国家标准规定在平行于螺纹轴线的视图中大径画粗实线，小

图4-4　螺纹的旋向

径画细实线，并画到螺杆倒角或倒圆部分。螺纹的终止线用粗实线表示。在垂直于螺纹轴线方向的视图中，表示牙底的细实线只画约3/4圆，此时不画螺杆端面倒角圆。螺尾部分一般不必画出，当需要表示螺尾时，收尾部分的牙底线用与轴线成30°的细实线画出。

画剖视图或剖面图时，剖面线必须画到粗实线，见图4-5、图4-6。

4.1.1.2　内螺纹的画法　在与螺纹轴线平行方面剖视图中，大径画细实线，小径和终止线

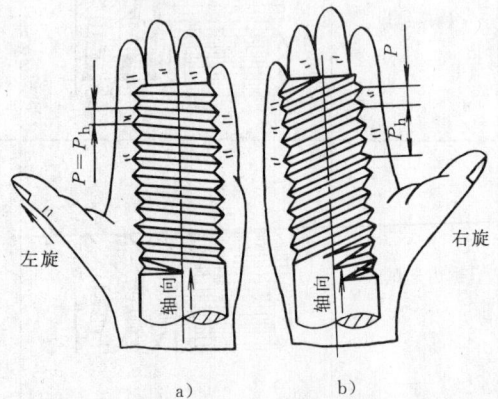

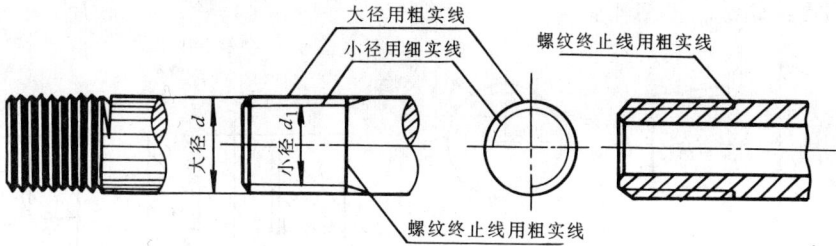

图 4-5　外螺纹的画法

画粗实线，剖面线画到粗实线为止。在垂直于螺纹轴线方向的视图中，表示牙底的细实线圆只画约 3/4 圈，此时不画螺杆端面倒角圆。在视图中，牙底、牙顶和螺纹终止线皆为虚线。在垂直于螺纹轴线方向的视图中，牙底画成约 3/4 圈的细实线，不画螺纹孔口的倒角圆，见图 4-6。

a)

b)

图 4-6　内螺纹的画法

　　对于不穿通螺孔，应将钻孔深度和螺纹深度分别画出；其它画法见图 4-7；不可见螺纹的所有图线按虚线绘制，见图 4-7c。

　　圆锥外螺纹和圆锥内螺纹的画法，见图 4-8。

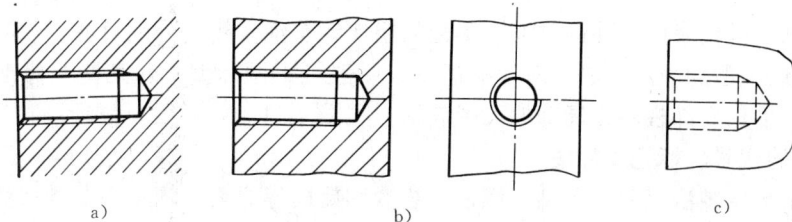

图 4-7　不通螺孔的画法

螺孔相贯线画法，见图 4-9。

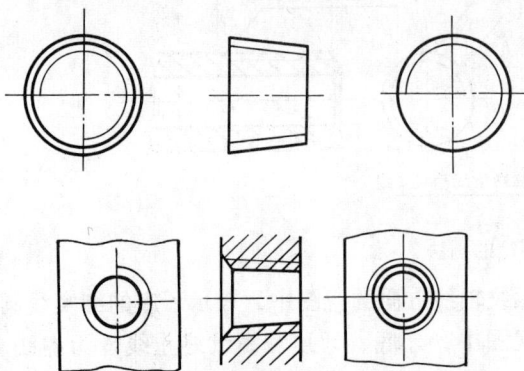

图 4-8　圆锥外螺纹和内螺纹的表示法　　　图 4-9　螺孔相贯线的画法

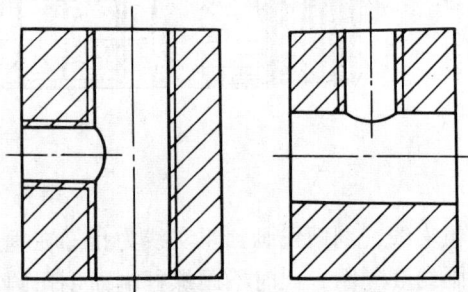

4.1.1.3　内、外螺纹联接的画法　国标规定在剖视图中，其旋合部分应按外螺纹的画法表示；其余部分仍按各自的画法表示，见图 4-10。

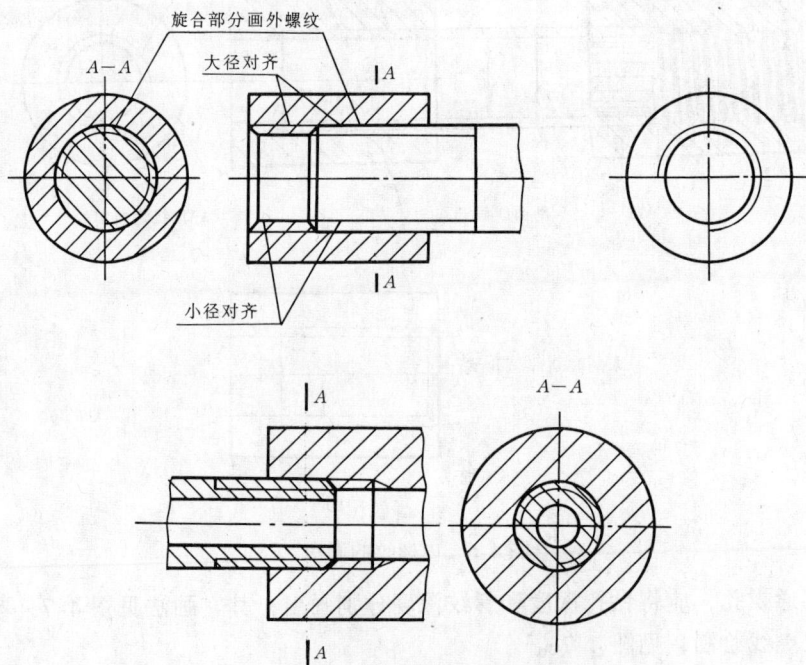

图 4-10　螺纹联接的画法

应该注意的是代表内、外螺纹大、小径的粗实线与细实线应分别对齐。

4.1.1.4　螺纹牙型的表示方法　对标准螺纹，一般可不画牙型；对某些非标准螺纹，需要表示牙型时，可用局部视图或局部放大图表示，见图 4-11。

4.1.2　螺纹的代号、标记及标注

螺纹采用规定画法以后，牙型、螺距、线数和旋向等要素，均不用图样表达，为了区别螺纹的种类及参数，应在图样上按规定格式进行标记。

普通螺纹的标注项目与形式如下：

5 : 1

a)   b)   c)

图 4-11　螺纹牙型的表示方法

| 螺纹代号 | 公称直径 × 螺距 旋向 | — 中径公差带代号 顶径公差带代号 | — 螺纹旋合长度代号 |

普通螺纹的代号为 M；

粗牙普通螺纹不标注螺距，细牙螺纹标注；

左旋螺纹标注"左"或 LH，右旋螺纹不标注；

螺纹公差带代号标注中径和顶径公差等级数字和基本偏差代号，如两公差带代号相同，可只标注一个；

普通螺纹的旋合长度规定了短、中、长三组，其代号分别是 S、N、L。如为中等旋合长度，则可不标注 N。

普通螺纹标注示例见表 4-2。

表 4-2　普通螺纹标注示例

类型	牙　型	螺纹代号			线数	旋向	公差带代号		旋合长度代号	代号标注示例
		螺纹种类代号	直径	螺距			中径公差带代号	顶径公差带代号		
普通螺纹(粗牙)	60°	M	24	3	1	右	5g	6g	S	M24—5g6g—S
普通螺纹(细牙)	牙顶、牙底削平，用于紧固联接		24	2	1	左	6h	6h	N	M24×2LH—6h

普通螺纹标注举例如下

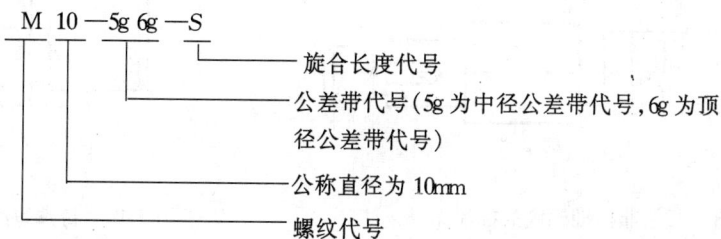

M 10 —5g 6g —S

旋合长度代号

公差带代号(5g 为中径公差带代号,6g 为顶径公差带代号)

公称直径为 10mm

螺纹代号

梯形螺纹与锯齿形螺纹的标注项目与格式如下：

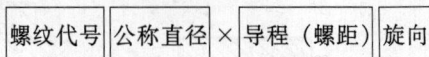

| 螺纹代号 | 公称直径 | × | 导程（螺距） | 旋向 |

例如：Tr 40 ×14（$P7$）LH

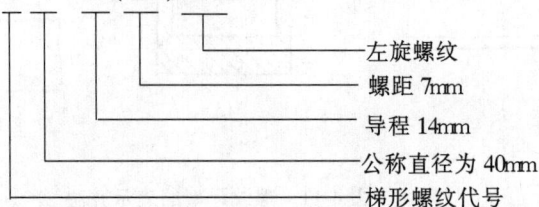

- 左旋螺纹
- 螺距 7mm
- 导程 14mm
- 公称直径为 40mm
- 梯形螺纹代号

圆锥管螺纹、非螺纹密封的管螺纹和用螺纹密封的管螺纹的标注

上述螺纹的标注是用指引线将螺纹种类（或特征）代号及尺寸代号指到大径上，具体项目与格式为：

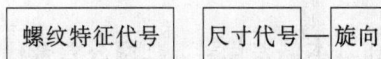

| 螺纹特征代号 | 尺寸代号 | — | 旋向 |

管螺纹中的尺寸代号不表示螺纹尺寸，螺纹尺寸由尺寸代号查表得到；特征代号 R 表示圆锥外螺纹、Rc 表示圆锥内螺纹、Rp 表示圆柱内螺纹、G 表示用非螺纹密封的圆柱内、外螺纹。

螺纹选用公差带等数据可查阅附录 B、附录 D。

其它螺纹标注示例见表 4-3。螺纹长度的标注见图 4-12。

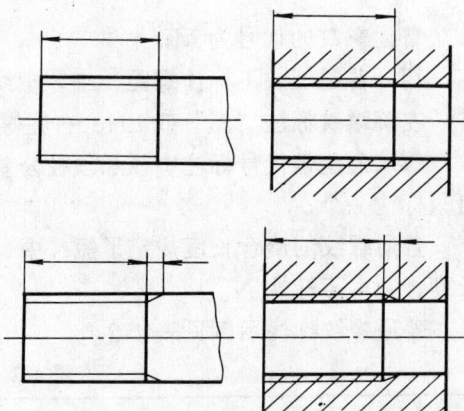

图 4-12　螺纹长度的标注

对于非标准螺纹，也可按规定画法画出。但必须画出牙型和注出有关螺纹结构的全部尺寸，见图 4-13。

特殊螺纹在牙型代号前加注"特"字，见图 4-14。

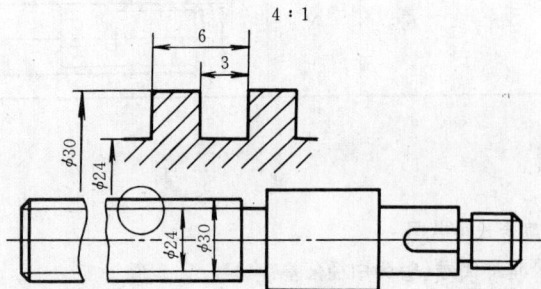

图 4-13　非标准螺纹的标注

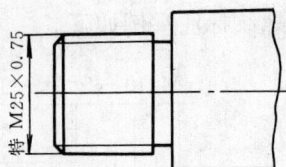

图 4-14　特殊螺纹的标注

表 4-3 其它螺纹标注示例

用途	类型	牙型	标注代号顺序							代号标注示例
			螺纹种类（或特征）代号	直径或尺寸代号	螺距	导程	线数	公差带（或等级）代号	旋向	
联接用	非螺纹密封的管螺纹	55°	G	1	2.309（每英寸11牙）	2.309	1	A	右	G1 A
	用螺纹密封的管螺纹	55°	R Rc Rp	$\frac{1}{2}$	1.814（每英寸14牙）	1.814		1	右	R1/2
传动用	梯形螺纹 用于承受两个方向的轴向力的地方，如车床丝杠	30°	Tr	22	5	10	2	7e	左（LH）	Tr22×10（P5）LH—7e
	锯齿形螺纹 用于承受单向轴向力的地方，如千斤顶上的丝杆	30° 3°	B	40	5	5	1	7c	右	B40×5

4.2 螺纹紧固件

4.2.1 常用紧固件画法及标记

常用的螺纹紧固件有螺栓、双头螺柱、螺钉、螺母和垫圈等。它们均已标准化，并由标准件厂成批生产。根据规定标记就可在相应的标准中查出有关形状和尺寸。

4.2.1.1 常用螺纹紧固件的标记（见表 4-4）。

表 4-4 常用螺纹紧固件的标记

名 称	图 例	标 记 示 例
六角头螺栓	M12 50	螺栓 GB 5782—86—M12×50
开槽沉头螺钉	M10 45	螺钉 GB 68—85—M10×45
双头螺柱	M12 18 50	螺柱 GB 898—88—M12×50

（续）

名　称	图　例	标　记　示　例
六角螺母	M16	螺母　GB 6170—86—M16
垫　圈	φ17	垫圈　GB 97.1—85—16—140HV

例如：螺栓　GB 5782—86—M12×80—8.8—Zn·D 表示螺纹规格 $d=$ M12、公称长度 $l=80$mm、性能等级为 8.8 级、镀锌、钝化六角头螺栓。

标记的简化原则是：

1）名称和标准年代号允许省略。

2）当产品标准中只规定一种形式、性能等级或材料、热处理以及表面处理时，允许省略。

3）当产品标准中规定两种以上形式、性能等级和材料、热处理及表面处理时，可规定省略其中的一种（如在产品标准的标记示例中规定简化的标记）。

例如：螺柱　GB897 AM10×50 表示：两端均为粗牙普通螺纹、螺纹规格 $d=$ M10、公称长度 $l=50$mm、性能等级为 4.8 级、A 型、$b_m=1d$ 的双头螺柱（省略标准年代号、性能等级）。

4.2.1.2　常用紧固件的比例画法　螺纹紧固件的图形可以按其标记规格查出全部尺寸数据进行画图。但为了提高画图的速度，通常采用比例画法，其基本尺寸参数是螺纹的大径。

1）螺栓头和螺母的比例画法见图 4-15。

2）螺栓和双头螺柱的比例画法见图 4-16（图中 d 为螺纹公称直径）。

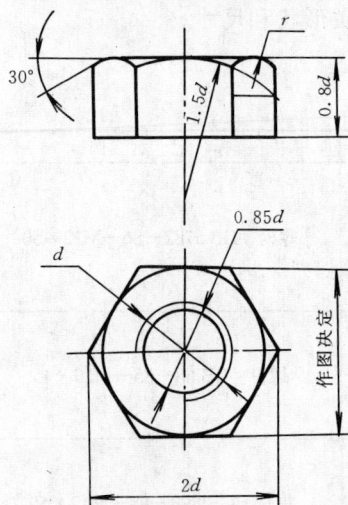

图 4-15　螺栓头和螺母的比例画法

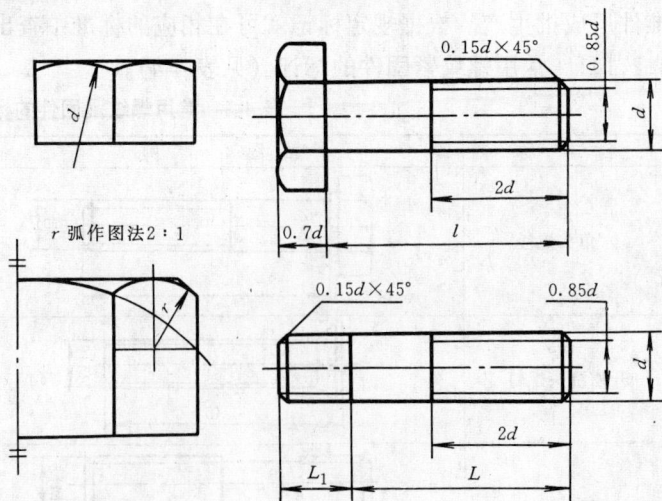

图 4-16　螺栓和双头螺柱的比例画法

3）在装配图中，常用螺栓、螺钉的头部及螺母等可采用表 4-5 所列的简化画法。

表 4-5　螺栓、螺母等的简化画法

序号	形　　式	简　化　画　法
1	六角头 （螺栓）	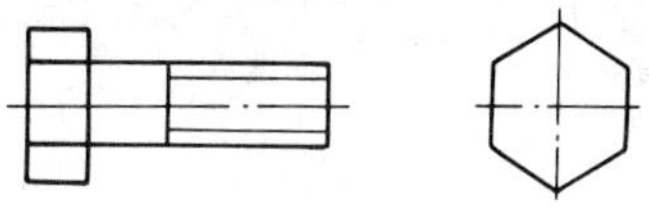
2	方头 （螺栓）	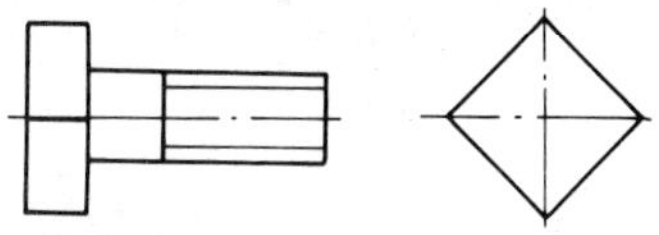
3	圆柱头内六角 （螺钉）	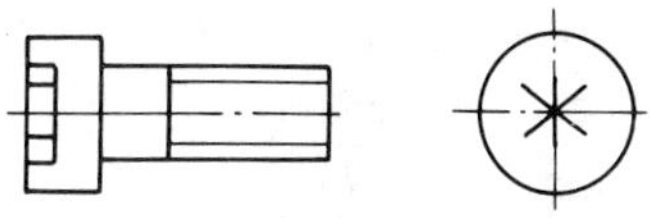
4	无头内六角 （螺钉）	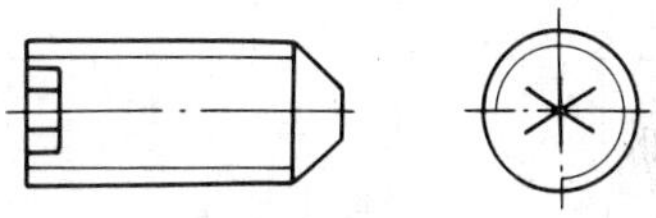
5	无头开槽 （螺钉）	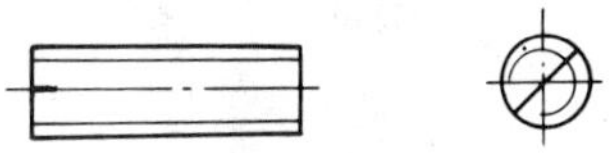
6	沉头开槽 （螺钉）	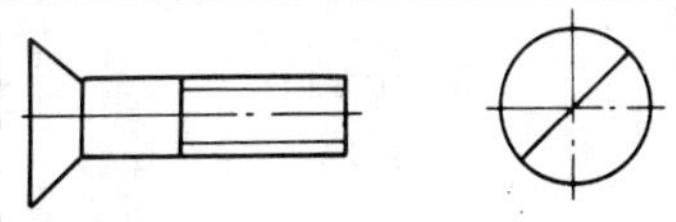
7	半沉头开槽 （螺钉）	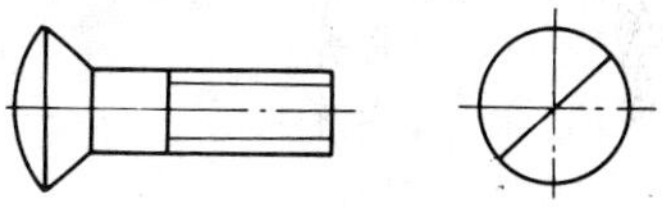
8	圆柱头开槽 （螺钉）	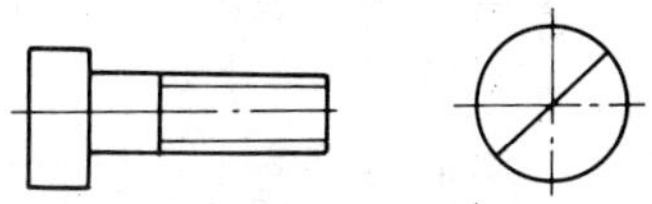
9	盘头开槽 （螺钉）	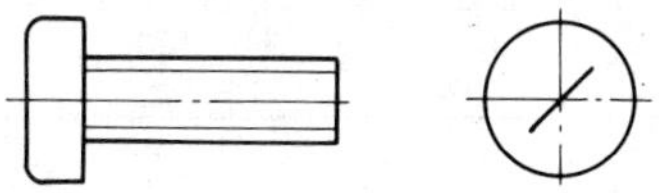
10	沉头开槽 （自攻螺钉）	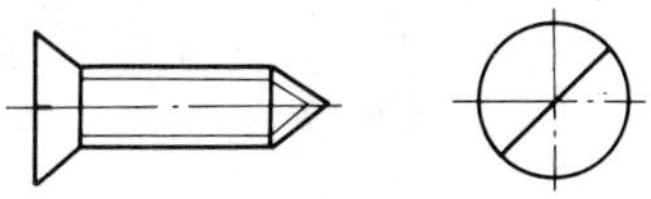
11	六角 （螺母）	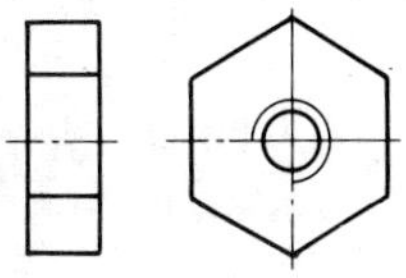

（续）

序号	形　　式	简　化　画　法
12	方头 （螺母）	
13	六角开槽 （螺母）	
14	六角法兰面 （螺母）	
15	蝶形 （螺母）	
16	沉头十字槽 （螺钉）	
17	半沉头 十字槽 （螺钉）	
18	盘头十字槽 （螺钉）	
19	六角法兰面 （螺栓）	
20	圆头十字槽 （木螺钉）	

4）垫圈的比例画法见图 4-17（图中 d 为螺纹公称直径）。

4.2.2 六角头螺栓、双头螺柱、螺钉联接的画法

4.2.2.1 六角头螺栓联接的画法 螺栓用于联接厚度不大的两零件。两零件上的通孔直径为 $1.1d$，将螺栓穿入通孔中，在螺杆一端套上垫圈，以增加支承面和防止擦伤零件表面，再拧紧螺母，见图 4-18。

画螺纹紧固件装配图时，应遵守下面的规定：

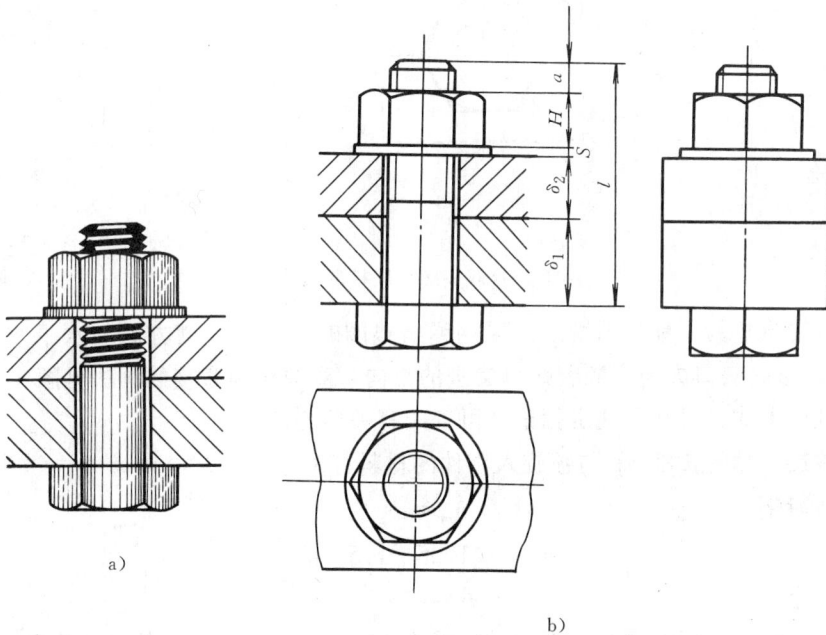

图 4-17 垫圈的比例画法

图 4-18 螺栓联接画法

1）两零件的接触面或公称直径相同时画一条线，不接触表面画两条线。

2）剖切面通过螺钉、螺栓、垫圈等零件的轴线时，这些零件均按不剖绘制，即仍然画外形。

3）画图时需要知道螺栓形式、公称直径和被联接零件的厚度；然后根据螺栓直径查有关表格得到螺母、垫圈的厚度，算出螺栓长度。由图 4-18 可知螺栓公称长度 l 按下式计算

$$l > \delta_1 + \delta_2 + S + H + a \qquad (a \approx 0.3d)$$

4.2.2.2 双头螺柱联接的画法 当两个被联接零件有一个较厚不宜钻通且不宜经常旋入和旋出时，可采用双头螺柱联接，见图 4-19a。

通常在较薄的零件上钻孔，其直径为 $1.1d$，在较厚的零件上加工出螺孔。双头螺柱的两端都有螺纹，一端旋入较厚零件的螺孔中，称旋入端；另一端穿过较薄零件上的通孔，再

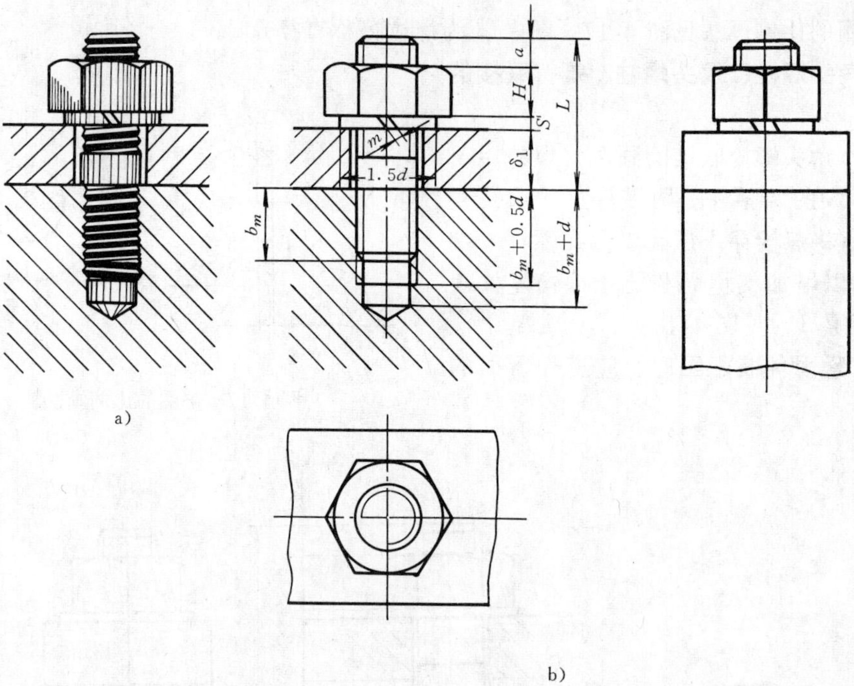

180

图 4-19 双头螺柱联接的画法

套上垫圈，用螺母拧紧，称紧固端。当采用弹簧垫圈时，其开口槽方向与水平成 70°，开槽宽度 $m = 0.1d$，斜口方向为顺着螺母旋进的方向。双头螺柱联接的画法见图 4-19b。

双头螺柱的形式、尺寸和规定标记，可查阅有关标准。

双头螺柱旋入端的长度 b_m 与被旋入零件的材料有关。

对于铜或青铜 $\qquad\qquad\qquad b_m = d$

对于铸铁 $\qquad\qquad b_m = (1.25\sim1.5)\,d$

对于铝合金 $\qquad\qquad b_m = 2d$

画图时，需要知道制作螺孔的零件材料以确定螺柱旋入端长度、螺柱的直径和其上有光孔零件的厚度，然后查表得到螺母、垫圈的尺寸，计算出双头螺柱的长度，再查双头螺柱标准，选取接近的标准长度。

双头螺柱的有效长度 l 可按下式计算

$$l > \delta_1 + H + S + a \qquad (a \approx 0.3d)$$

4.2.2.3 螺钉联接的画法 螺钉用在受力不大和不常拆卸的场合。螺钉联接的特点是不用螺母，仅靠螺钉与一个零件上的螺孔旋紧联接，见图 4-20。

画图时应注意：

1）螺纹截止线应在螺孔顶面以上。

2）在投影为圆的视图中，螺钉头部的一字槽画成与中心线倾斜 45°。

螺钉联接还可采用简化画法，见图 4-21。

画图时需要知道螺钉的形式、直径和光孔零件的厚度，而螺纹的旋入深度则随螺孔零件的材料而定。

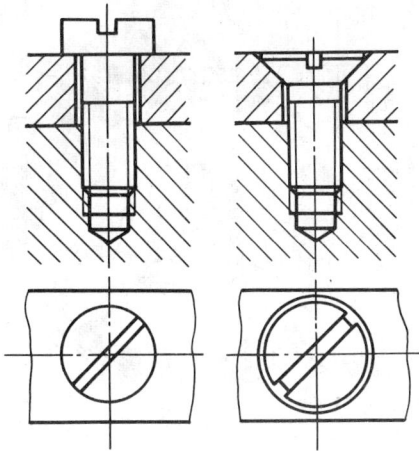

图 4-20 螺钉联接的画法　　　　图 4-21 螺钉联接的简化画法

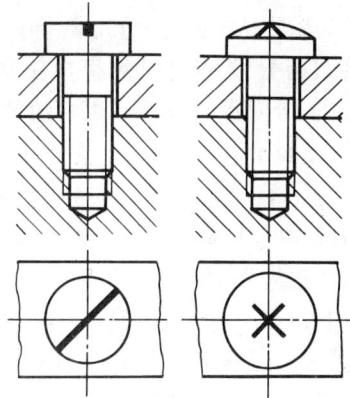

4.3 齿轮的画法

齿轮传动在机械传动中应用极为广泛，是很重要的一种传动形式，其功能是传递动力、改变转速和转向。与其它传动形式相比，齿轮传动具有传动比恒定、工作可靠、结构紧凑、而且效率高、寿命长、传动功率及速度范围大等优点。缺点是制造和安装精度要求高，成本也相应较高；不适宜于远距离的传动。

图 4-22 是常见的齿轮传动形式。圆柱齿轮用于两平行轴之间的传动；锥齿轮用于相交的两轴之间的传动；蜗杆、蜗轮用于垂直交叉的两轴之间的传动。

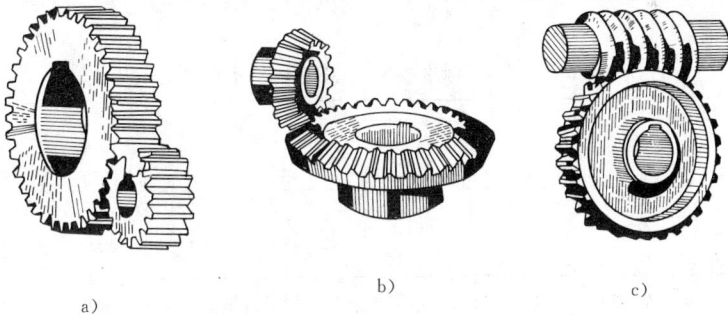

图 4-22 常见的齿轮传动
a) 圆柱齿轮 b) 锥齿轮 c) 蜗杆、蜗轮

4.3.1 圆柱齿轮

依照齿向，圆柱齿轮分为圆柱直齿轮、圆柱斜齿轮和圆柱人字齿轮。

4.3.1.1 圆柱直齿轮各部分的名称和尺寸关系，见图 4-23。

1.齿顶圆（顶圆） 在圆柱齿轮上，其齿顶圆柱面与端平面的交线，称为齿顶圆，其直径以 d_a 表示。

2.齿根圆（根圆） 在圆柱齿轮上，其齿根圆柱面与端平面的交线，称为齿根圆，其直径以 d_f 表示。

3. 分度圆　圆柱齿轮的分度圆柱面与端平面的交线，称为分度圆，其直径以 d 表示。

4. 齿高　轮齿在齿顶圆和齿根圆之间的径向距离称齿高，以 h 表示；分度圆将齿高分成两部分，齿顶圆与分度圆之间的径向距离称齿顶高，以 h_a 表示；分度圆与齿根圆之间的径向距离称齿根高，以 h_f 表示。$h = h_a + h_f$。

5. 齿距、齿厚、槽宽　在分度圆上两个相邻齿的同侧齿面间的弧长称齿距，用 p 表示；在分度圆上一个轮齿齿廓间的弧长称齿厚，用 s 表示；在分度圆上，相邻两齿齿槽间的弧长称槽宽，用 e 表示。在标准齿轮中，$s = e$，$p = s + e$。

6. 模数　如以 z 表示齿轮的齿数，则分度圆周长 $= \pi d = zp$

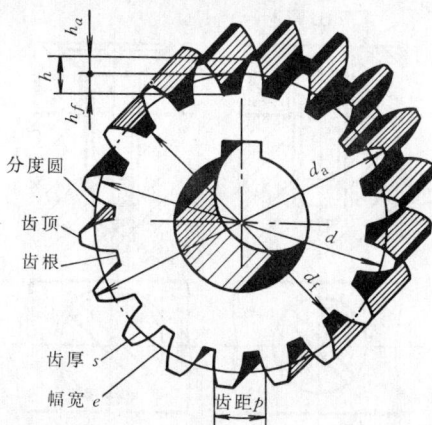

图 4-23　直齿圆柱齿轮各部分名称

所以

$$d = \frac{zp}{\pi}$$

令

$$m = \frac{p}{\pi}$$

则

$$d = mz$$

这里 m 称为模数，即模数是反映齿距大小的基本参数，其单位为 mm。因为相互啮合的齿轮的齿距必须相等，所以它们的模数必须相等。

模数 m 是设计、制造齿轮的一个重要参数。模数 m 愈大，轮齿各部分的尺寸就愈大，承载能力就愈大；模数愈小，轮齿各部分的尺寸就愈小，齿轮承载能力就愈小。不同模数的齿轮要用不同模数的刀具制造，为了便于设计和加工，国家规定了统一的标准模数系列，见表 4-6。

表 4-6　标准模数（GB 1357—87）　　　　　　　　　（mm）

第一系列	0.1	0.12	0.15	0.2	0.25	0.3	0.4	0.5	0.6	0.8
	1	1.25	1.5	2	2.5	3	4	5	6	8
	10	12	16	20	25	32	40	50		
第二系列	0.35	0.7	0.9	1.75	2.25	2.75	(3.25)	3.5	(3.75)	
	4.5	5.5	(6.5)	7	9	(11)	14	18	22	
	28	36	45							

注：在选用模数时，应优先选用第一系列，其次选用第二系列，括号内模数尽可能不选用。

对于其它有关齿轮尺寸可用表 4-7 所列公式算出。

表 4-7　标准直齿轮各基本尺寸的计算公式及举例

基本参数：模数 m、齿数 z			已知：$m = 2$　$z = 29$
名　　称	符　号	计　算　公　式	计　算　举　例
齿　　距	p	$p = \pi m$	$p = 6.28$
齿　顶　高	h_a	$h_a = m$	$h_a = 2$
齿　根　高	h_f	$h_f = 1.25m$	$h_f = 2.5$
齿　　高	h	$h = 2.25m$	$h = 4.5$
分度圆直径	d	$d = mz$	$d = 58$
齿顶圆直径	d_a	$d_a = m \, (z + 2)$	$d_a = 62$
齿根圆直径	d_f	$d_f = m \, (z - 2.5)$	$d_f = 53$
中　心　距	a	$a = 1/2 m \, (z_1 + z_2)$	

4.3.1.2　圆柱齿轮的规定画法

1.单个圆柱齿轮的规定画法

1）齿顶圆和齿顶线用粗实线绘制。

2）分度圆和分度线用点划线绘制。

3）齿根圆和齿根线用细实线绘制，也可省略不画。

4）平行于齿轮轴线的视图，一般画成剖视，轮齿一律按不剖处理，这时齿根线用粗实线表示。

5）若为斜齿轮或人字齿轮，在平行于齿轮轴线方向的视图上可画成半剖视图或局部剖视图，并用三条细实线表示轮齿的方向，见图4-24。

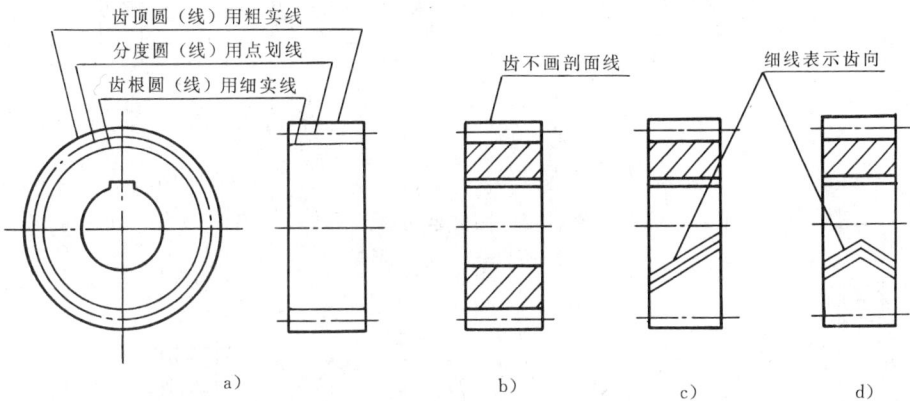

图4-24　单个齿轮的画法

2.圆柱齿轮的啮合画法　圆柱齿轮啮合时啮合部分按以下规定画图，其余仍按单个齿轮画出。

1）在垂直于齿轮轴线方向的视图中，两分度圆相切，啮合区内的齿顶圆画粗实线圆弧或省略不画。

2）在平行于齿轮轴线方向的视图中，两齿轮分度线（点划线）重合，但要注意把某一齿轮的齿顶线画成虚线，另一齿轮的轮齿按可见画出。

3）在平行于齿轮轴线方向的视图中，若以外形图表示，则啮合区内的齿顶线不画，分度线画成粗实线，见图4-25。

3.齿轮齿条啮合时的画法　齿条可看成是直径无限大的齿轮。这时齿顶圆、分度圆、齿根圆和齿廓曲线都是直线；它的模数等于齿轮的模数；齿距和齿高等的计算和齿轮相同。画图时分度圆和分度线相切，见图4-26。

4.3.2　直齿锥齿轮的规定画法

锥齿轮通常用于垂直相交的两轴之间的传动。锥齿轮的轮齿有直齿、弧齿和人字齿等形式，见图4-27。

现以直齿锥齿轮为例说明它们的规定画法。图4-28是锥齿轮轮齿各部分名称。由于轮齿位于圆锥面上，所以锥齿轮的轮齿一端大，另一端小，厚度是逐渐变化的，直径和模数也随齿厚的变化而变化。规定以大端的模数为准，用它来决定轮齿的有关尺寸。一对锥齿轮互相啮合，模数也必须相同。

184

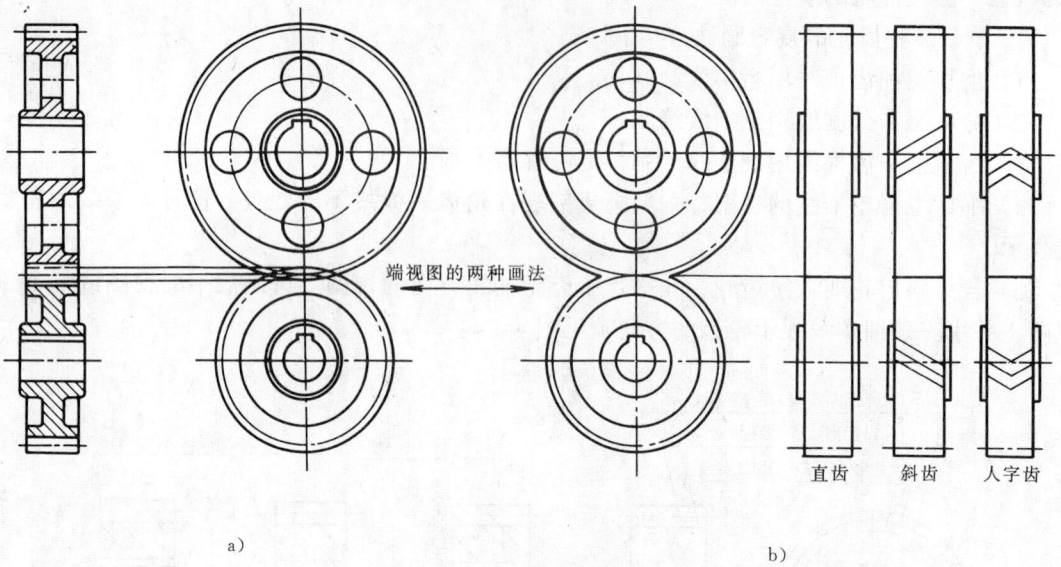

端视图的两种画法

a)

直齿　斜齿　人字齿

b)

图 4-25　圆柱齿轮啮合画法
a) 剖视画法　b) 外形画法

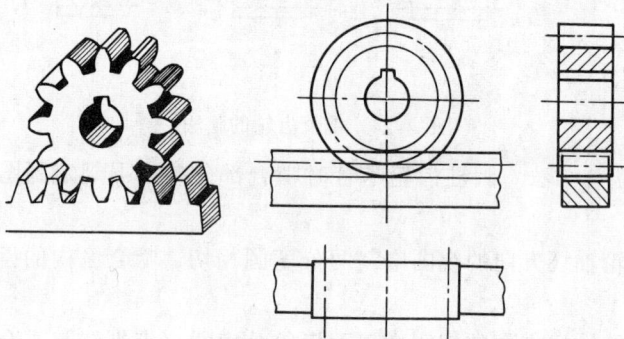

图 4-26　齿轮齿条啮合时的画法

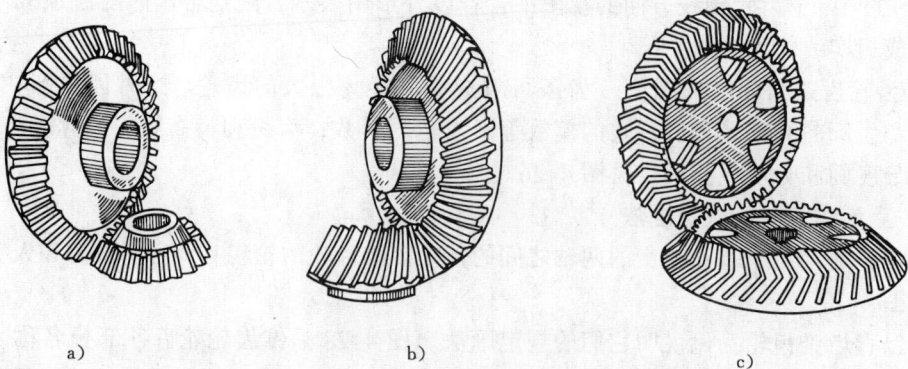

a)　　　　　b)　　　　　c)

图 4-27　锥齿轮
a) 直齿锥齿轮　b) 弧齿锥齿轮　c) 人字齿锥齿轮

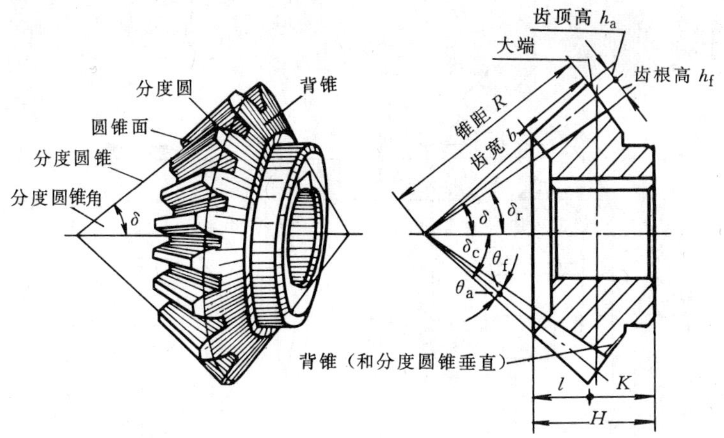

图 4-28　锥齿轮计算公式附图

直齿锥齿轮各部分尺寸的计算见表 4-8 和图 4-28。

表 4-8　标准直齿锥齿轮计算公式

基本参数　大端模数 m，齿数 z 和分度圆锥角 δ

名　称	代　号	公　式	说　明
齿 顶 高	h_a	$h_a = m$	
齿 根 高	h_f	$h_f = 1.2m$	
齿 高	h	$h = h_a + h_f = 2.2m$	均指大端
分度圆直径	d	$d = mz$	
齿顶圆直径	d_a	$d_a = m\ (z + 2\cos\delta')$	
齿根圆直径	d_f	$d_f = m\ (z - 2.4\cos\delta')$	
锥 距	R	$R = \dfrac{mz}{2\sin\delta'}$	
齿 顶 角	θ_a	$\mathrm{tg}\theta_a = \dfrac{2\sin\delta'}{z}$	"1" 表示小齿轮，"2" 表示大齿轮
齿 根 角	θ_f	$\mathrm{tg}\theta_f = \dfrac{2.4\sin\delta'}{z}$	适用于 $\delta_1' + \delta_2' = 90°$
分度圆锥角	δ_1'	$\mathrm{tg}\delta_1' = z_1/z_2$	
	δ_2'	$\mathrm{tg}\delta_2' = z_2/z_1$	
顶 锥 角	δ_a	$\delta_a = \delta + \theta_a$	
根 锥 角	δ_f	$\delta_f = \delta - \theta_f$	
齿 宽	b	$b \leqslant R/3$	

4.3.2.1　单个直齿锥齿轮的规定画法　锥齿轮的画法与圆柱齿轮画法基本相同。画图时，除知道大端模数 m 和齿数 z 外，分度圆锥角 δ 也是必须知道的。

186

图 4-29 为直齿锥齿轮的规定画法。在平行于轴线投影面的视图中画成剖视图，在垂直于轴线投影面的视图中，用粗实线画齿轮大端和小端的齿顶圆，用点划线画大端的分度圆，不画齿根圆。

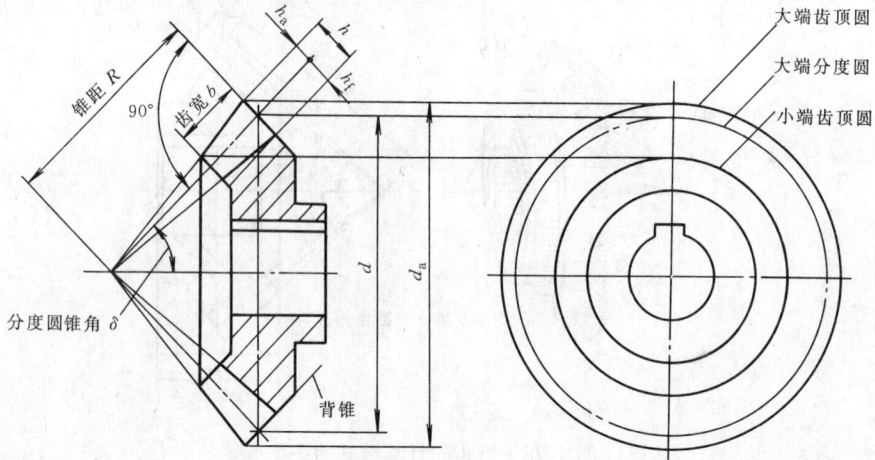

图 4-29　直齿锥齿轮轮齿各部分名称和画法

4.3.2.2　直齿锥齿轮啮合的规定画法　直齿锥齿轮啮合时，两齿轮的锥顶交于一点，分度圆锥相切，轴线间的夹角 ϕ 通常为 90°，主视图一般取全剖视图，见图 4-30。

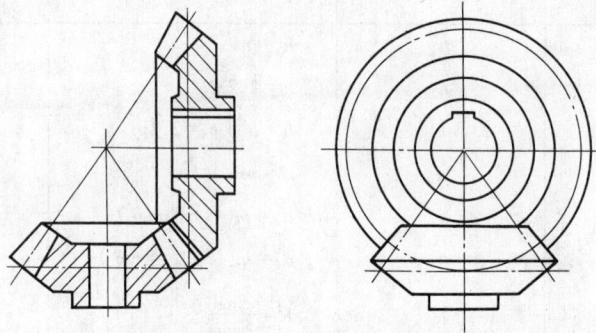

图 4-30　锥齿轮啮合时的画法

4.3.3　蜗杆副

蜗杆、蜗轮用来传递交叉两轴间的运动和动力，而以两轴垂直交叉较为常见。在一般情况下，蜗杆是主动件，蜗轮是从动件。这样可以得到较大的传动比，而且结构紧凑，但摩擦大、传动效率低。蜗杆头数 z_1 相当螺杆上螺纹的线数。在啮合传动时，如蜗杆旋转一圈，蜗轮转过与蜗杆头数相同的齿数，因此可得到大的传动比。蜗杆和蜗轮的轮齿是螺旋形的，蜗轮的齿顶面常制成环面。一对啮合的蜗杆、蜗轮的模数相同、且蜗轮的螺旋角 β 和蜗杆的分度圆导程角 γ 大小相等、方向相反。

4.3.3.1　蜗杆、蜗轮的主要尺寸和画法　画蜗杆图形时，必须知道齿形部分的尺寸，并且以齿形轴向剖面上的尺寸为准。蜗杆副的基本参数和主要尺寸计算公式，见表 4-9。

表 4-9　圆柱蜗杆副基本几何关系式（摘自 GB 10085—88）　　　　　　（mm）

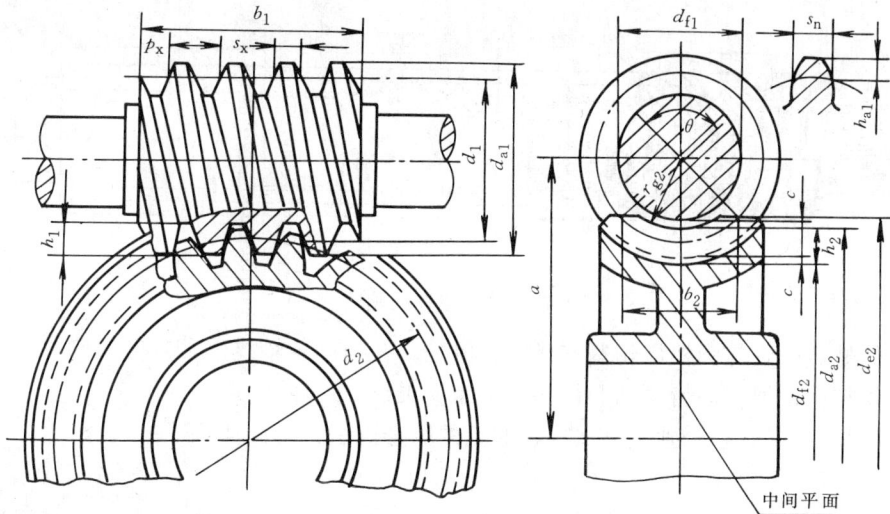

中间平面

名　称	代号	几何尺寸关系式	名　称	代号	几何尺寸关系式
蜗杆头数	z_1		蜗杆齿宽	b_1	当 $z_1 = 1 \sim 2$ 时，$b_1 \geqslant (11 + 0.06z_2)m$ 当 $z_1 = 3 \sim 4$ 时，$b_1 \geqslant (12.5 + 0.09z_2)m$
蜗轮齿数	z_2		蜗轮分度圆直径	d_2	$d_2 = mz_2 = 2a - d_1$
齿形角	α	$\alpha_x = 20°$ 或 $\alpha_n = 20°$	蜗轮喉圆直径	d_{a2}	$d_{a2} = d_2 + 2h_{a2}$
模数	m	$m = m_x = \dfrac{m_n}{\cos\gamma}$	蜗轮齿根圆直径	d_{f2}	$d_{f2} = d_2 - 2h_{f2}$
蜗杆轴向齿距	p_x	$p_x = \pi m$	蜗轮齿顶高	h_{a2}	$h_{a2} = \dfrac{1}{2}(d_{a2} - d_2) = m$
蜗杆导程	p_z	$p_z = \pi m z_1$	蜗轮齿根高	h_{f2}	$h_{f2} = 1.2m$
蜗杆分度圆直径	d_1	$d_1 = mq$	蜗轮齿高	h_2	$h_2 = h_{a2} + h_{f2}$
蜗杆齿顶圆直径	d_{a1}	$d_{a1} = d_1 + 2h_{a1}$	蜗轮咽喉母圆半径	r_{g2}	$r_{g2} = a - \dfrac{1}{2}d_{a2}$
蜗杆齿根圆直径	d_{f1}	$d_{f1} = d_1 - 2h_{f1}$	蜗轮齿宽	b_2	由设计确定
顶隙	c	$c = 0.2m$	蜗轮齿宽角	θ	$\theta = 2\arcsin\left(\dfrac{b_2}{d_1}\right)$
蜗杆齿顶高	h_{a1}	$h_{a1} = m$	蜗杆轴向齿厚	s_x	$s_x = \dfrac{1}{2}\pi m$
蜗杆齿根高	h_{f1}	$h_{f1} = 1.2m$	蜗杆法向齿厚	s_n	$s_n = s_x \cos\gamma$
蜗杆齿高	h_1	$h_1 = h_{a1} + h_{f1}$	蜗轮顶圆直径	d_{e2}	当 $z_1 = 1$ 时，$d_{e2} \leqslant d_{a2} + 2m$ 当 $z_1 = 2 \sim 3$ 时，$d_{e2} \leqslant d_{a2} + 1.5m$ 当 $z_1 = 4$ 时，$d_{e2} \leqslant d_{a2} + m$
蜗杆导程角	γ	$\mathrm{tg}\gamma = mz_1/d_1 = z_1/q$			

表中 q 是蜗杆副传动中的直径系数，其值为

$$q = \frac{\text{蜗杆分度圆直径 } d_1}{m}$$

q 的引出是为了简化蜗轮加工的刀具系列，它和模数的关系见表 4-10。

表 4-10　标准模数和蜗杆的直径系数

模数 m	1	1.25	2	2.5	3.15	4	5	8	10
蜗杆直径系数 q	18.000	16.000	11.200	11.200	11.270	10.000	10.000	10.000	9.000

蜗杆的规定画法见图 4-31。

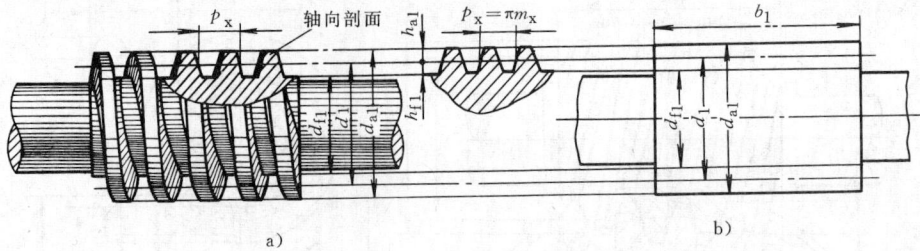

图 4-31　蜗杆的画法

蜗轮的规定画法与圆柱齿轮基本相同，但是，在与蜗轮轴线垂直方向的视图中，只画出分度圆和蜗轮齿顶圆，而齿顶圆和齿根圆不需要画出，见图 4-32。

4.3.3.2　蜗杆、蜗轮啮合画法　蜗杆、蜗轮的啮合画法，见图 4-33。

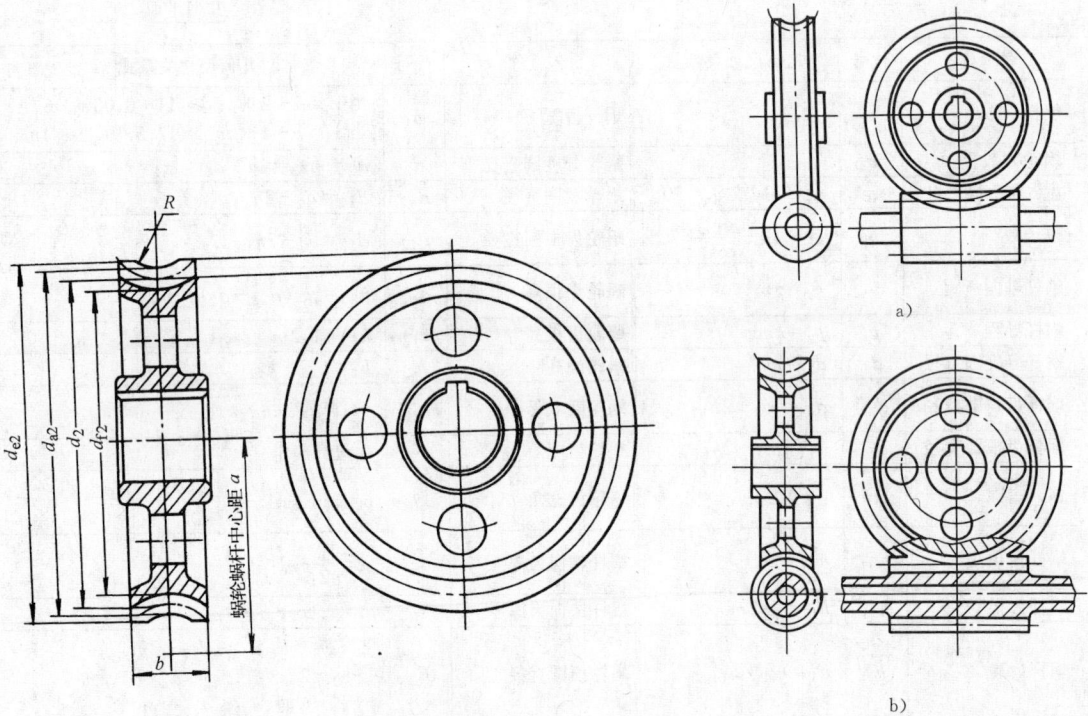

图 4-32　蜗轮的画法

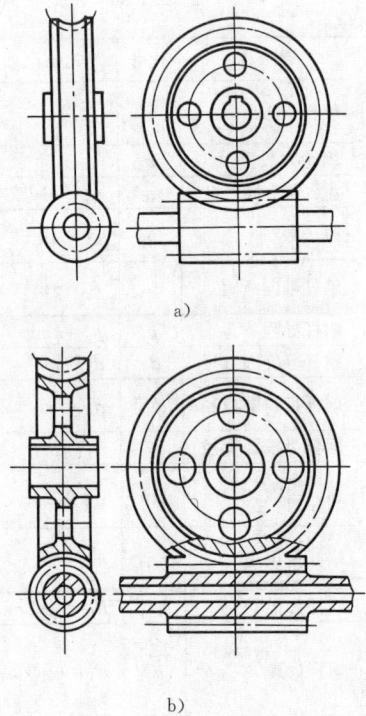

图 4-33　蜗杆、蜗轮啮合画法
a) 外形图　b) 剖视图

在蜗杆投影为圆的视图上，蜗轮与蜗杆投影重合的部分，只画蜗杆的投影，不画蜗轮的投影；在蜗轮为圆的视图上，啮合区内蜗杆的分度线和蜗轮的分度圆是相切的。

4.4　键及其联结

键用于联结轴与装在轴上的传动件，如齿轮、带轮等。为了使传动件与轴联接在一起转动，通常在轮子和轴的接触面处开出一条键槽，将键装入，使轴与轮子不致产生相对周向转动，以传递扭距，图4-34所示为带轮与轴之间的键联结。

a)   b)

图 4-34 键联结

4.4.1 常用键的画法与标注

常用键有普通平键、半圆键和钩头楔键，见图4-35。它们都是标准件，可根据附录 K、L查得普通平键、半圆键各部分结构尺寸。

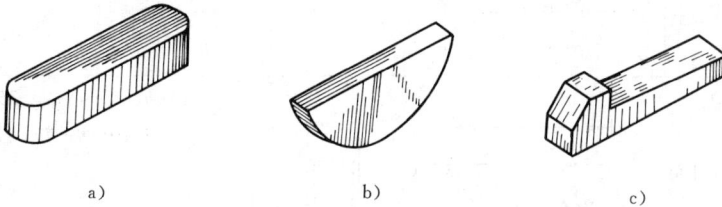

a)   b)   c)

图 4-35 常用键
a）普通平键 b）半圆键 c）钩头楔键

键联结的画法：普通平键的两侧面是工作面，在键联结图上，两侧面应与轴槽和轮槽两侧面接触，其底面和轴槽底面接触，均应画一条线。键顶面与轮孔上键槽的顶面之间有间隙，画两条线。

半圆键通常用在载荷不大的传动轴上，它的联结图与普通平键联结图画法相同，图4-36为普通平键和半圆键的联结画法。

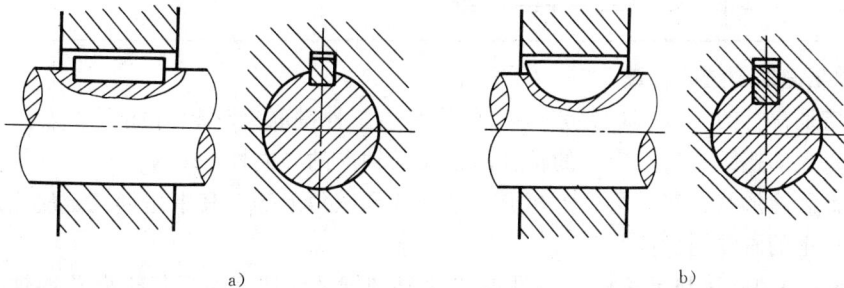

a)   b)

图 4-36 普通平键、半圆键的联结画法
a）普通平键联结画法 b）半圆键联结画法

钩头楔键带有 1:100 的斜度的顶面是工作面，联结时打入键槽，依靠键的顶面和底面与轮和轴之间的摩擦力来联结。在键的联结图中顶面、底面不留间隙，而两侧面与轴和轮之间都应留间隙，钩头楔键联结画法见图 4-37。

表 4-11 为三种常用键的形式、标准、画法及标记示例。

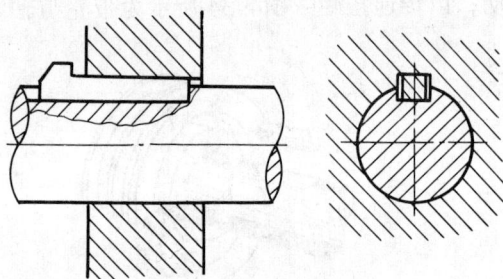

图 4-37　钩头楔键联结的画法

表 4-11　键的形式和标记示例

名称	标准号	图　　例	标　记　示　例
普通平键	GB 1096—79（90 确认）		$b=18$mm $h=11$ $L=100$mm 圆头普通平键（A 型） 键　$18×100$　GB 1096—79（圆头普通平键 A 型可不标出 A）
半圆键	GB 1099—79（90 确认）		$b=6$mm $h=10$mm $d_1=25$mm 的半圆键 键　$6×25$GB1099—79
钩头楔键	GB 1565—79（90 确认）		$b=18$mm $h=11$mm $L=100$mm 的钩头楔键 键　$18×100$　GB1565—79

4.4.2　矩形花键的画法与标注

花键联结是常见的一种键联结形式，它与前述三种键联结比较有如下优点：联结强度高；能传递较大的扭距；对准中心的精度高以及沿轴向的导向性好等。

根据花键齿廓形状，花键可分为矩形、渐开线和三角形等，其中矩形花键应用最广。下面介绍矩形花键的画法与标注。

4.4.2.1　外花键的画法与尺寸标注　图 4-38 是外花键的画法。在平行于外花键轴线的投影面的视图中，大径用粗实线、小径用细实线绘制；并用剖面画出全部齿形或一部分齿形，但要注明齿数；工作长度的终止端和尾部长度的末端均用细实线绘制，并与轴线垂直；尾部则画成与轴线成 30 °的斜线；花键代号应指在大径上。

外花键的标注方法有两种：一种是在图中注出大径 D、小径 d、键宽 b 和齿数 z 等；另一种是用指引线注出花键代号，见图 4-38 所示。

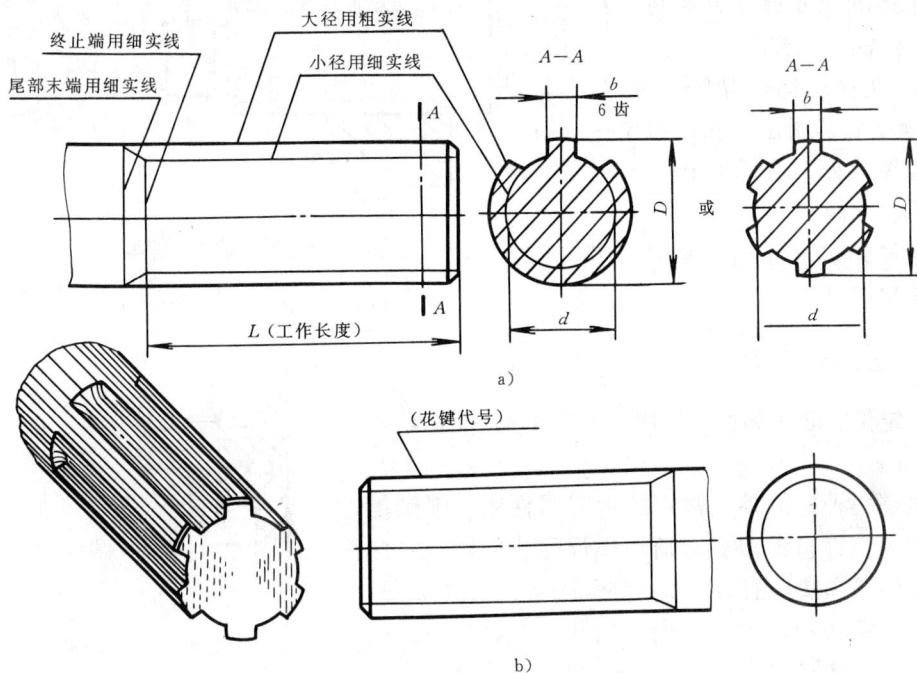

图 4-38 外花键的画法及尺寸标注

外花键代号形式为

$$z \times d \times D \times b \qquad GB1144—1987$$

其中 z——齿数，d——小径，D——大径，b——键宽。

无论采用哪种标注方法，花键工作长度 L 都要在图上标注出来。

4.4.2.2 内花键的画法和尺寸标注 图 4-39 是内花键的画法，在平行于花键轴线的投影面

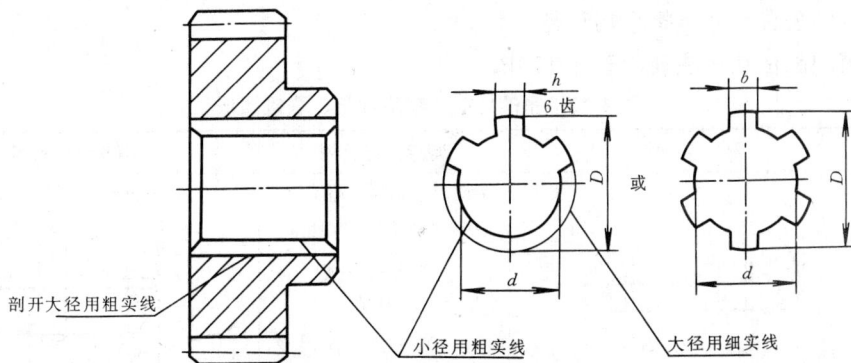

图 4-39 内花键的画法及尺寸标注

192

的剖视图中，大径及小径均用粗实
线绘制；并用局部视图画出全部齿
形或一部分齿形，但要注明齿数。

内花键的尺寸标注方法与外花
键的尺寸标注方法相同。

4.4.2.3 花键联结的画法 图4-
40是花键联结的画法。花键联结一
般用剖视图表示，其结合部分按外
花键的画法绘制。

花键联结的尺寸标注是用指引
线注出花键代号。

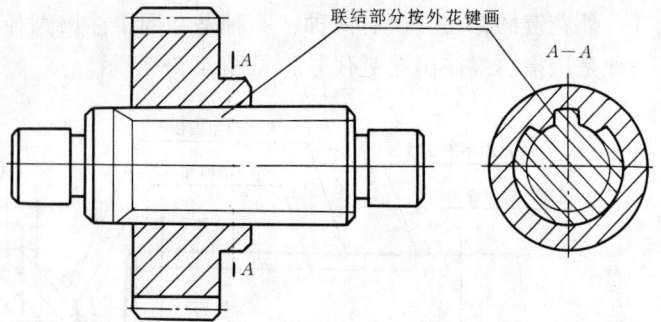

图 4-40 花键联结的画法

4.5 销及其联接

销起定位、联接和保险作用，见图4-41和图4-42
所示。

销也是一种标准件，常用的销有圆柱销、圆锥销
和开口销等。开口销常要与槽形螺母配合使用。它穿
过螺母上的槽和螺杆上的孔以防螺母松动，见图4-43。
用销联接和定位的两个零件上的销孔，一般需一起加
工，并在图上注写"装配时作"或"与××件配"。

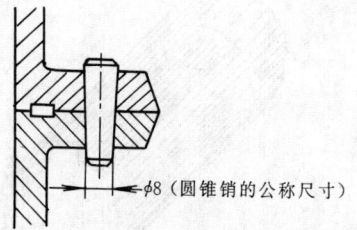

图 4-41 定位销

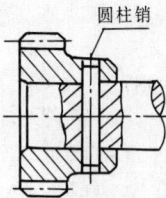

图 4-42 联接销

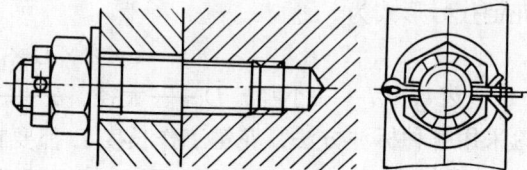

图 4-43 开口销

圆锥销的公称尺寸是指小端直径。

常用销的画法和标注列于表4-12中。

表 4-12 销的形式、规定标记、联接画法

名 称	形 式	规定标记示例	联接画法示例
圆柱销		销 GB 119—86 A8×30 表示公称直径 $d=8$mm 长 $L=30$mm B型	

(续)

名　称	形　式	规定标记示例	联接画法示例
圆锥销		销 GB 117—86 A 8×30 表示公称直径 $d=8$mm 长 $L=30$mm A 型	
开口销		销 GB 91—86 12×50 表示公称直径 $d=12$mm 长 $L=50$mm	

举例说明如下

公称直径 $d=10$mm、长度 $l=60$mm，直径公差带为 m_b，材料为 35 钢，热处理硬度为（28~38）HRC，表面氧化处理的 A 型圆柱销

销　GB119—86　A10×60

公称直径 $d=12$mm、长度 $l=70$mm，直径公差带为 h8，材料为 35 钢、热处理硬度（28~38）HRC、表面氧化处理的 B 型圆柱销

销　GB119—86　B12×70

公称直径 $d=10$mm、长度 $l=60$mm，材料为 35 钢、热处理硬度（28~38）HRC，表面氧化处理的圆锥销

销　GB117—86　A10×60

公称直径 $d=5$mm、长度 $l=50$mm、材料为低碳钢、不经表面处理的开口销

销　GB91—86　5×50

应当注意，公称直径 $d=5$mm 是指轴（或螺杆）上销孔的直径，而此时开口销的实际最大直径为 4.6mm、最小直径为 4.4mm。

4.6　弹簧的画法

弹簧的功能是储能减震、夹紧、测力等等。

常遇到的弹簧有螺旋弹簧、板弹簧、平面涡卷弹簧和碟形弹簧等，见图 4-44。

根据受力方向不同，圆柱螺旋弹簧可分为压缩弹簧、拉伸弹簧和扭转弹簧三种，见图 4-45。最常使用的是圆柱螺旋弹簧，其中圆柱螺旋压缩弹簧应用最为广泛，本节着重介绍它的画法。

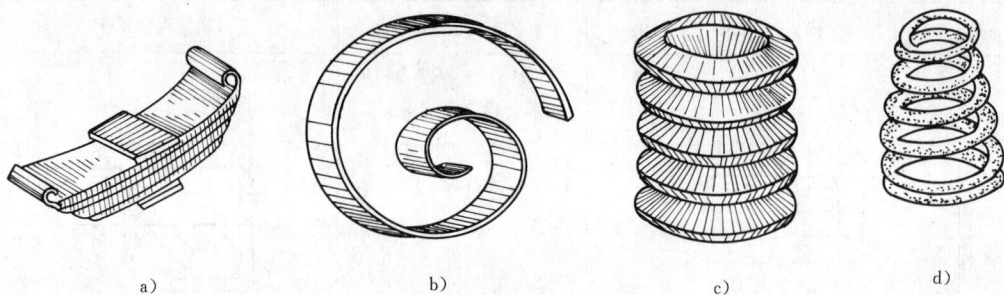

图 4-44　弹簧的种类

1. 圆柱螺旋压缩弹簧的参数 圆柱螺旋压缩弹簧的参数见图 4-46。

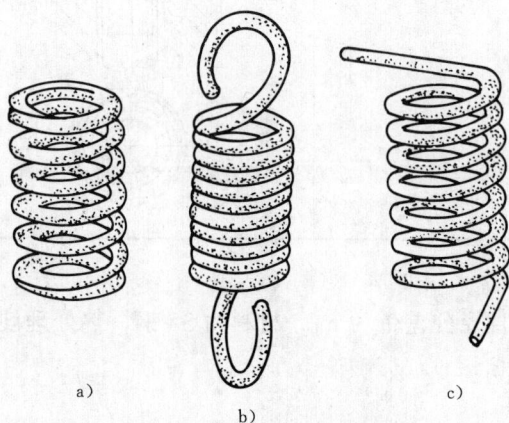

图 4-45　圆柱螺旋弹簧的种类

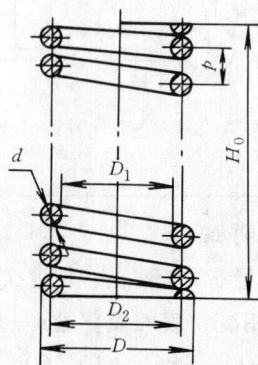

图 4-46　圆柱螺旋压缩弹簧的参数

1）簧丝直径 d

2）弹簧外径 D　弹簧最大直径。

3）弹簧内径 D_1　弹簧最小直径。

4）弹簧中径 D_2　弹簧平均直径。

$$D_2 = \frac{D + D_1}{2} = D_1 + d = D - d$$

5）节距 p　除支承圈外相邻两圈的轴向距离。

6）有效圈数 n 和支承圈数 n_2、总圈数 n_1。

为了使压缩弹簧工作时受力均匀，增加弹簧的平稳性，两端并紧，且将端面磨平，并使磨平的各圈仅起支承作用，称为支承圈。支承圈有 1.5 圈、2 圈及 2.5 圈三种。大多数的支承圈是 2.5 圈，其余各圈都参加工作，并保持相等的节距。参加工作的圈数称为有效圈数，它是计算弹簧受力时的主要依据。有效圈数和支承圈数之和称为总圈数，即

$$n_1 = n + n_2$$

7）自由高度（或长度）H_0 弹簧在不受外力作用时的高度（或长度）

$$H_0 = n \cdot p + (n_2 - 0.5)d$$

2. 圆柱螺旋压缩弹簧的画法　弹簧的真实投影比较复杂，因此国家标准对弹簧的画法

作了具体规定：

1）螺旋弹簧均可画成右旋，但左旋螺旋弹簧，不论画成左旋或右旋，一律要注旋向"左"字。

2）不论支承圈数多少，均可按支承圈数为 2.5 圈画图。必要时也可按支承圈的实际情况画图。有效圈数在四圈以上的螺旋弹簧，中间部分可省略不画，并允许适当缩短图形的长度。

3）在平行于弹簧轴线方向的视图中，其各圈的轮廓应画成直线。

已知螺旋压缩弹簧的参数 d、D、p、h、及 H_0 时，画圆柱螺旋压缩弹簧图形的步骤，见图 4-47。

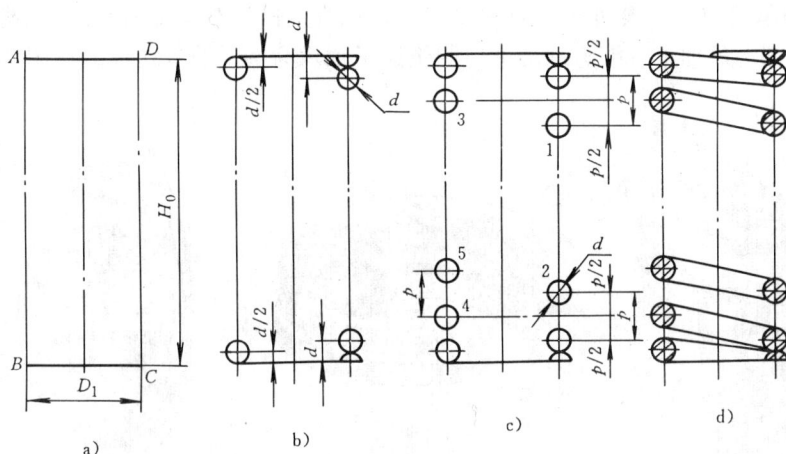

图 4-47　圆柱螺旋压缩弹簧的画法

圆柱螺旋压缩弹簧的零件图格式示例见图 4-48。

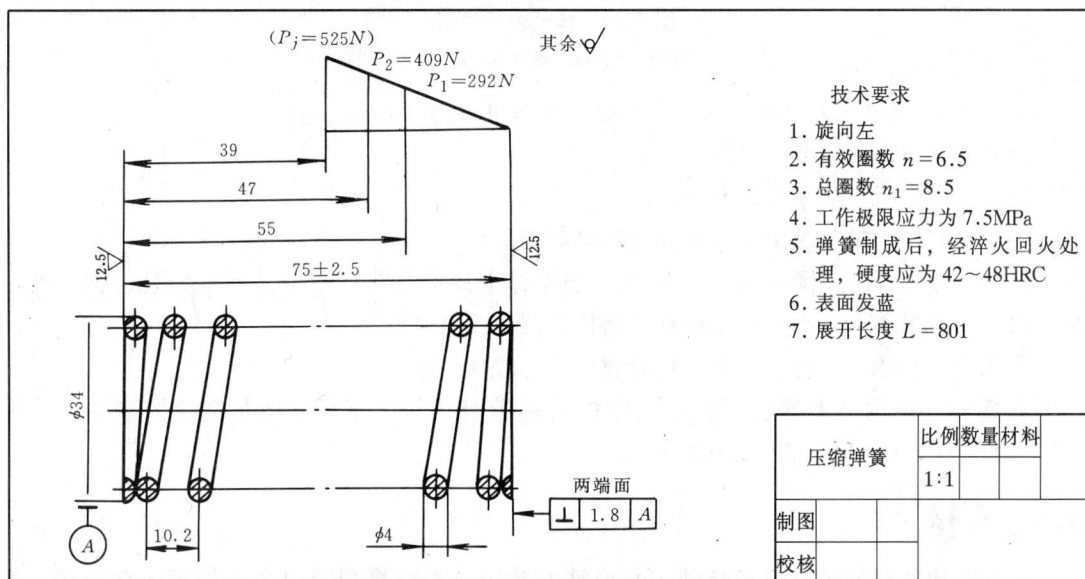

技术要求

1. 旋向左
2. 有效圈数 $n = 6.5$
3. 总圈数 $n_1 = 8.5$
4. 工作极限应力为 7.5MPa
5. 弹簧制成后，经淬火回火处理，硬度应为 42~48HRC
6. 表面发蓝
7. 展开长度 $L = 801$

图 4-48　圆柱螺旋压缩弹簧零件图

圆柱螺旋压缩弹簧一般用两个或一个视图表示，图上标注 d、D（或 D_1）、p、H_0 等尺寸。在主视图上方用斜线表示出外力与弹簧变形之间的关系，代号 p_1、p_2 为工作负荷。p_j 为工作极限负荷。技术要求应填写旋向、有效圈数、总圈数、工作极限应力和热处理要求、各项检验要求等内容。

4.7 滚动轴承

轴承有滑动轴承和滚动轴承两种，它们的作用是支承轴旋转及承受轴上的载荷，由于滚动轴承摩擦阻力小，所以在生产中得到广泛应用。滚动轴承已经标准化，无须再画它的零件图，需用时可根据要求确定型号选购即可。在画图时可采用简化画法或示意画法。

1. 滚动轴承的构成　滚动轴承的种类很多，但它们的结构大致相似，一般都由四种元件组成，现以深沟球轴承、推力球轴承、圆锥滚子轴承为例说明其构成，见图 4-49。

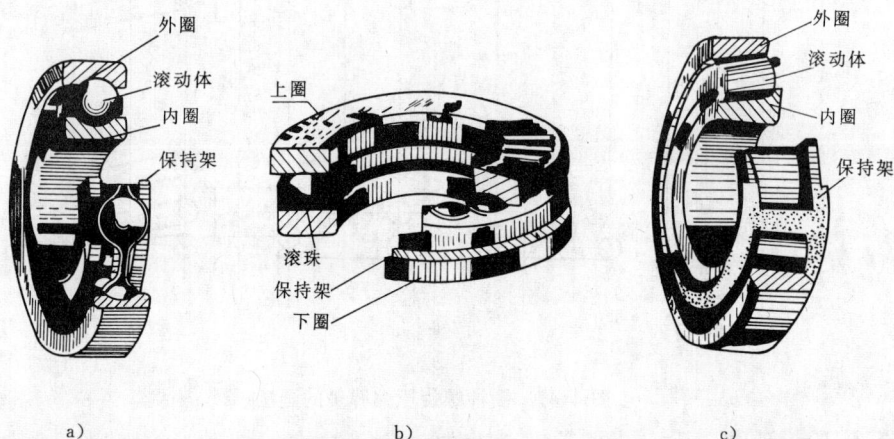

图 4-49　滚动轴承的构成

a）深沟球轴承　b）推力球轴承　c）圆锥滚子轴承

2. 滚动轴承的种类　滚动轴承按其受力方向可分为三大类：

（1）向心轴承　主要承受径向力。

（2）推力轴承　只承受轴向力。

（3）向心推力轴承　主要承受径向和轴向力。

3. 滚动轴承的简化画法和示意画法　国家标准规定在装配图中，可根据滚动轴承外径 D、内径 d 和宽度 B、画出滚动轴承的简化画法和示意画法。

常用滚动轴承的名称、类型、代号和画法见表 4-13。

4. 滚动轴承的公差等级　滚动轴承的公差等级代号用字母（或加数字）表示，分为 /P0、/P6、/P6x、/P5、/P4、/P2。

4.8 焊接

焊接是应用热量把材料加热到糊状或液态状用或不用焊剂把两个零件溶合在一起，因此，焊接是一种不可拆连接。

常用的焊接方法有电弧焊、气焊、氩弧焊、电渣焊等。

表 4-13　常用滚动轴承名称、类型、代号和画法

名称、类型和标准号	查得数据	简 化 画 法	示 意 画 法
深沟球轴承 60000 型 GB/T272—93	d D B		
圆柱滚子轴承 N0 000 型 GB/T272—93	d D B		
圆锥滚子轴承 30000 型 GB/T272—93	d D T B C		
推力球轴承 50000 型 GB/T272—93	d D H		

常见的焊接接头形式有对接接头、T 型接头、角接接头和搭接接头等几种，见图 4-50。

1. 焊缝的规定画法　在技术图样中，一般按 GB324—88 规定的焊缝符号表示焊缝，也

198

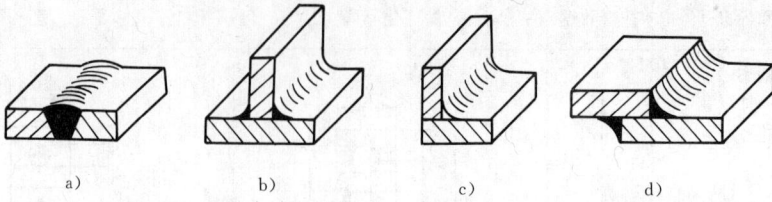

图 4-50 焊接接头的形式
a) 对接接头　b) T 型接头　c) 角接接头　d) 搭接接头

可按 GB4458.1 和 GB4458.3 规定的制图方法表示焊缝。

（1）图示法　用视图绘制焊缝时，焊缝画法见图 4-51（表示焊缝的一系列细实线段允许用徒手绘制），也允许采用粗线（2b～3b）表示焊缝，见图 4-52。但在同一张图样中，只允许采用同一种画法。

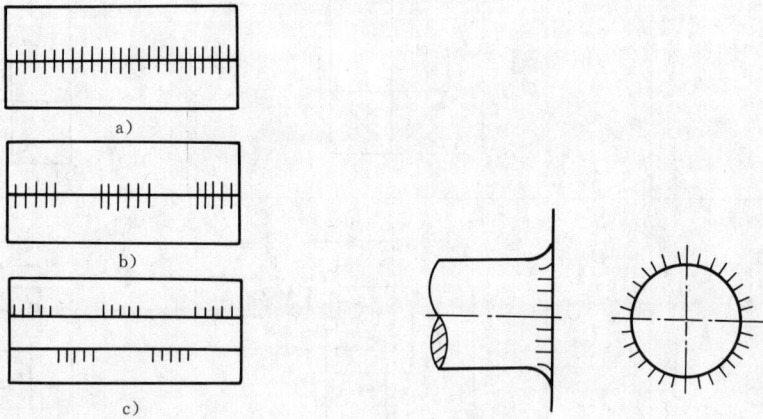

图 4-51　焊缝绘制方法（一）

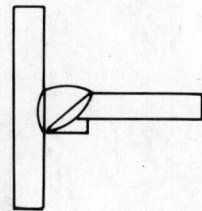

在表示焊缝端面的视图中，通常用粗实线绘出焊缝的轮廓。必要时，可用细实线画出焊接前的坡口形式，见图 4-53。

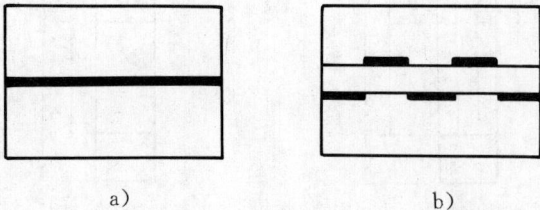

图 4-52　焊缝绘制方法（二）　　　　图 4-53　焊缝端面的绘制方法

在剖视图或剖面图上，焊缝的金属熔焊区通常涂黑表示，见图 4-54a。若同时需要表示坡口等的形状时，熔焊区部分也可用视图方法绘制焊缝端面的规定绘制，见图 4-54b。

（2）标注法 图样上的焊缝用焊缝符号表示。焊缝符号一般由基本符号与指引线组成。必要时还可以加上辅助符号、补充符号和焊缝尺寸符号。

1）基本符号 基本符号是表示焊缝横截面形状的符号，它采用近似于焊缝横剖面形状的符号来表示。常用焊缝名称及基本符号见表 4-14。

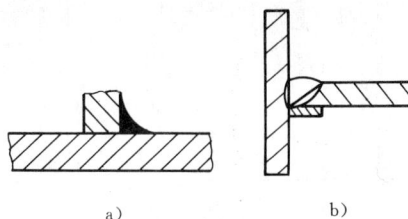

图 4-54 焊缝的金属熔焊区表示法

表 4-14 常用焊缝名称及基本符号

序 号	名 称	示 意 图	符 号
1	卷边焊缝[①]（卷边完全熔化）		八
2	I 形焊缝		‖
3	V 形焊缝		V
4	单边 V 形焊缝		V
5	带钝边 V 形焊缝		Y
6	带钝边单边 V 形焊缝		Y
7	带钝边 U 形焊缝		Y
8	带钝边 J 形焊缝		Y
9	封底焊缝		⌣

（续）

序 号	名 称	示 意 图	符 号
10	角焊缝	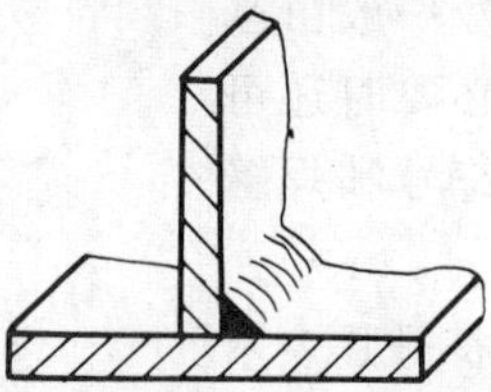	
11	塞焊缝或槽焊缝	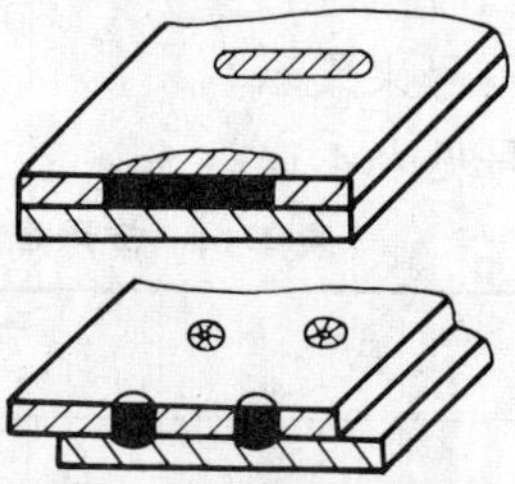	
12	点焊缝	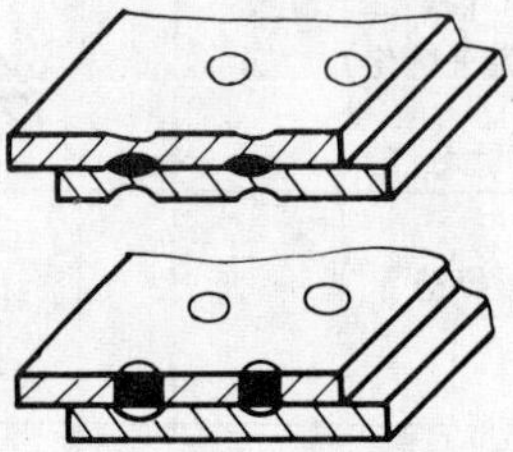	
13	缝焊缝	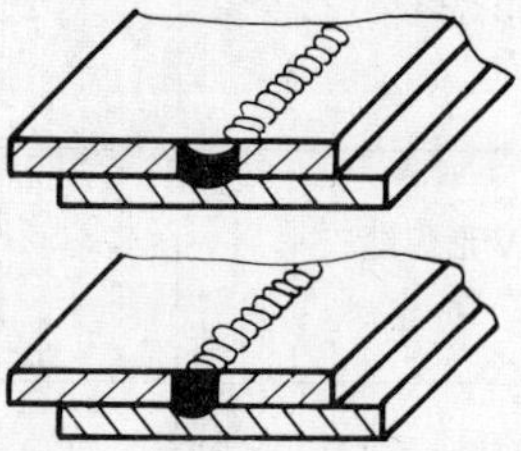	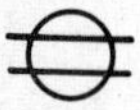

①不完全熔化的卷边焊缝用 I 形焊缝符号来表示，并加注焊缝有效厚度 s。

2）辅助符号　辅助符号是表示焊缝表面形状特征的符号，见表 4-15。

表 4-15　焊缝的辅助符号

序 号	名 称	示 意 图	符 号	说 明
1	平面符号		——	焊缝表面齐平 （一般通过加工）
2	凹面符号	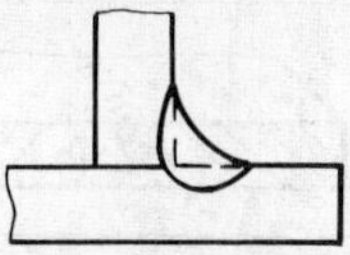	⌣	焊缝表面凹陷
3	凸面符号		⌢	焊缝表面凸起

不需要确切地说明焊缝的表面形状时，可以不用辅助符号。

3）指引线　指引线一般由带有箭头的指引线（简称箭头线）和两条基准线（一条为实线，另一条为虚线），两部分组成，见图 4-55。

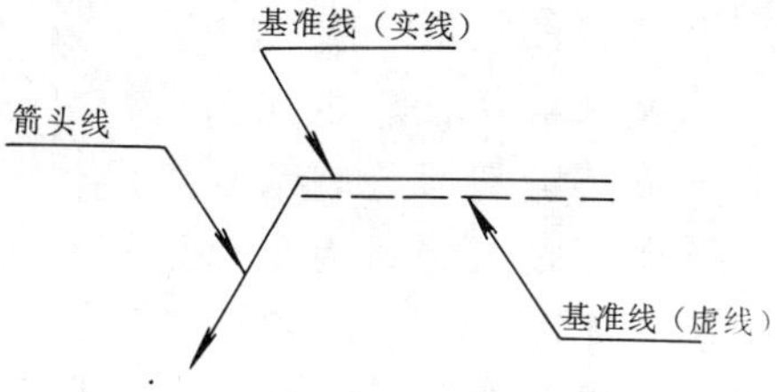

4）焊缝尺寸符号　焊缝尺寸符号一般不标注。当设计和生产需要注明焊缝尺寸时才标注。常用的焊缝尺寸符号，见表 4-16。

采用说明：对焊缝尺寸符号，ISO2553 标准未作详细规定。

图 4-55　焊缝指引线

表 4-16　焊缝尺寸符号

符　号	名　称	示　意　图	符　号	名　称	示　意　图
δ	工件厚度	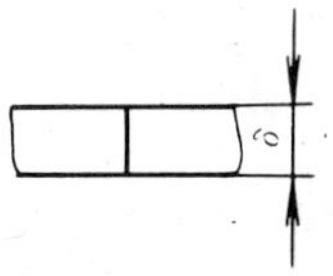	e	焊缝间距	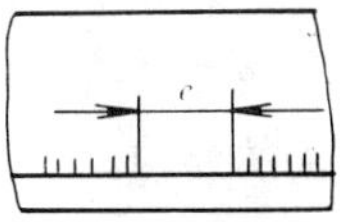
α	坡口角度	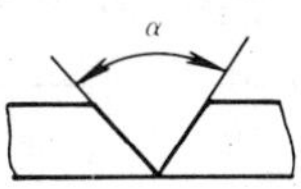	K	焊角尺寸	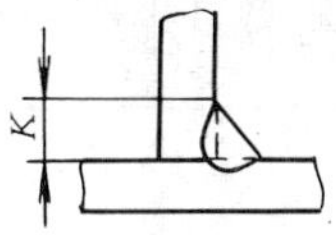
b	根部间隙	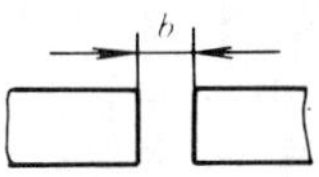	d	熔核直径	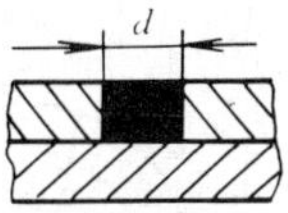
p	钝边	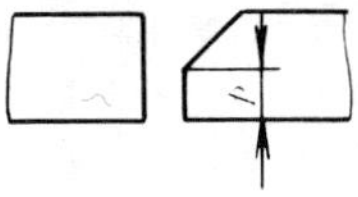	S	焊缝有效厚度	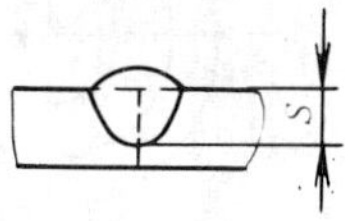
c	焊缝宽度	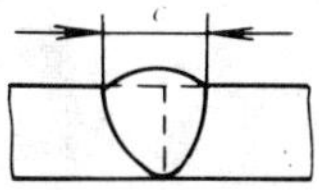	N	相同焊缝数量符号	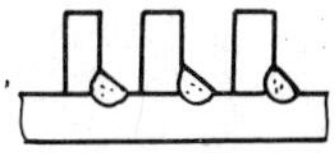
R	根部半径	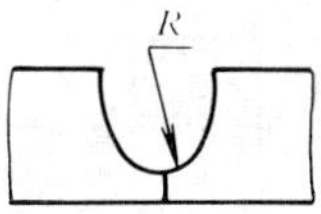	H	坡口深度	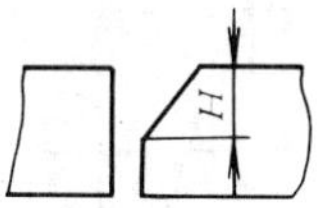
l	焊缝长度	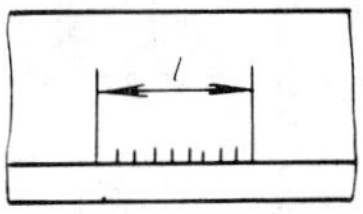	h	余高	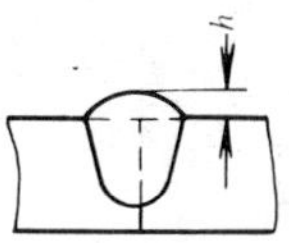
n	焊缝段数	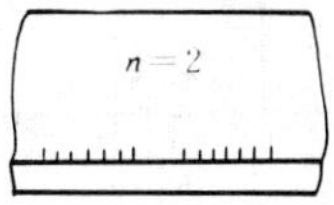	β	坡口面角度	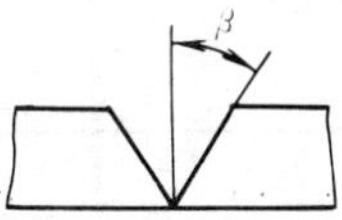

焊缝尺寸符号及数据的标注原则，见图 4-56。

2. 焊接图举例　图 4-57 所示为支架焊接图。主视图上有一处焊缝符号，表示支撑板下面与底面之间为角焊缝，焊角高为 6mm。俯视图上有三处焊缝符号，两处表示圆筒与支撑板之间角焊，焊缝的焊角高为 6mm，环绕圆筒进行焊接，另一处表示支撑板与底板之间为双面角焊焊缝，焊角高为 6mm。

在技术要求中提出了有关焊接的要求。

DIN 标准 1912T5 焊缝名称、符号、焊缝形式及标注方法，见表 4-17，供教师及学生在学习中参考。

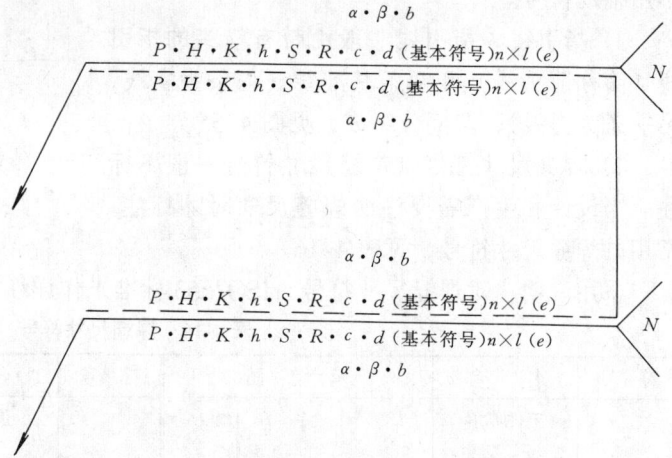

$$\alpha \cdot \beta \cdot b$$
$$P \cdot H \cdot K \cdot h \cdot S \cdot R \cdot c \cdot d \text{（基本符号）} n \times l \text{ (e)}$$
$$P \cdot H \cdot K \cdot h \cdot S \cdot R \cdot c \cdot d \text{（基本符号）} n \times l \text{ (e)}$$
$$\alpha \cdot \beta \cdot b$$

$$\alpha \cdot \beta \cdot b$$
$$P \cdot H \cdot K \cdot h \cdot S \cdot R \cdot c \cdot d \text{（基本符号）} n \times l \text{ (e)}$$
$$P \cdot H \cdot K \cdot h \cdot S \cdot R \cdot c \cdot d \text{（基本符号）} n \times l \text{ (e)}$$
$$\alpha \cdot \beta \cdot b$$

图 4-56　焊缝尺寸的标注原则

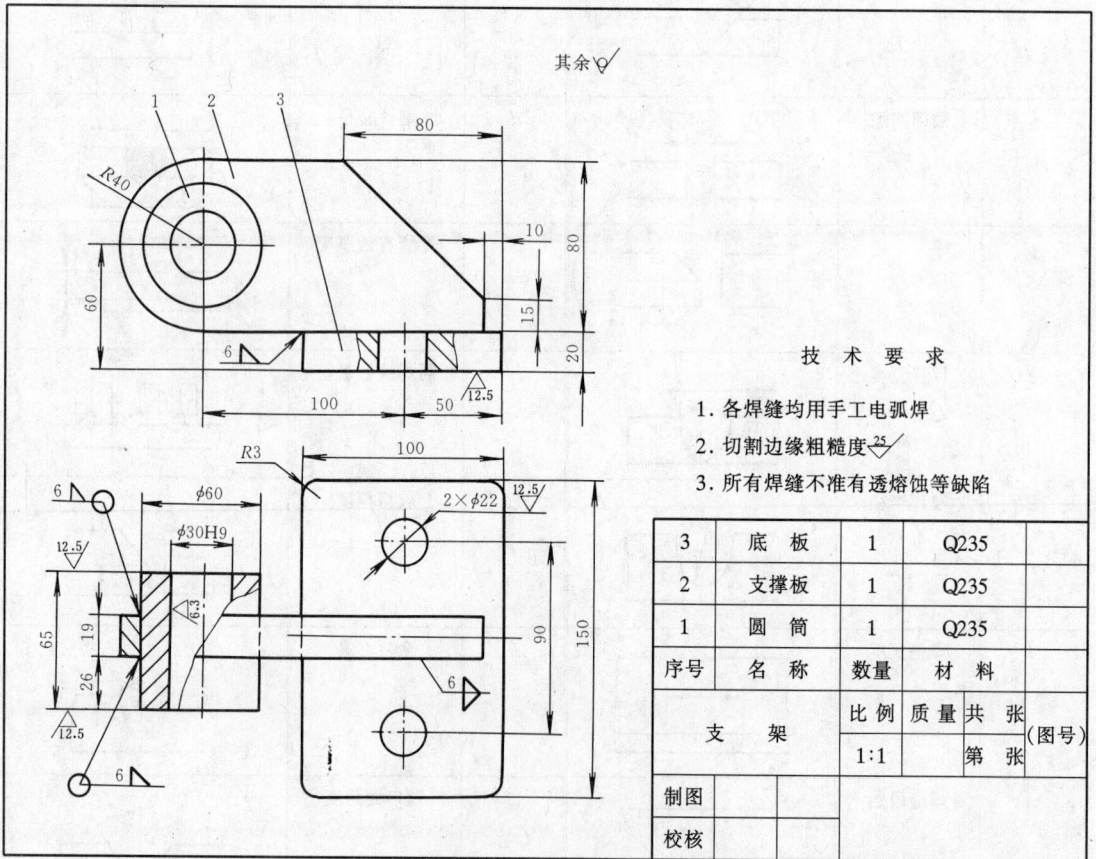

其余 ▽

技术要求

1. 各焊缝均用手工电弧焊
2. 切割边缘粗糙度 25
3. 所有焊缝不准有透熔蚀等缺陷

3	底　板	1	Q235
2	支撑板	1	Q235
1	圆　筒	1	Q235
序号	名　称	数量	材　料

支　架	比例	质量	共　张	（图号）
	1:1		第　张	
制图				
校核				

图 4-57　焊接图

表 4-17　焊缝名称、符号、焊缝形式及焊缝标注方法（DIN 1912.T.5）

焊缝名称	焊缝形式	标注方法	焊缝名称	焊缝形式	标注方法
凸缘焊缝 ∧			纯边 V 形焊缝 Y		
I 形焊缝 ‖			纯边单边 V 形焊缝 Y		
			U 形焊缝 Y		
			纯边单边，U 形焊缝 Y		
V 形焊缝 V			角焊缝 △		
单边 V 形焊缝 V			孔焊缝 ⊓		
			点焊缝 ○		
线焊缝 ⊖			端面焊缝 ‖‖		

（续）

焊缝名称	焊缝形式	标注方法	焊缝名称	焊缝形式	标注方法
陡立侧边焊缝 ⅃⅃			表面焊缝 ＝		
半陡立侧边焊缝 ⅃⅃			槽焊缝 ⌇		
双 I 形焊缝 ‖			双 V 形焊缝 Ⅹ		
带支点 V 形焊缝 ⥿			双 U 形焊缝 Ⅹ		
X 形焊缝 Ⅹ			V—U 形焊缝 Ⅹ		
K 形焊缝 K			双贴角焊缝 ▷		

5 零件图

5.1 零件图的作用与内容

机器都是由许多零件装配而成的，制造机器必须首先制造零件。零件工作图（也称零件图）是机器制造中的主要技术资料之一，是直接指导制造和检验零件的图样。

在制造机器或部件时，首先要根据零件图作生产前的准备工作，然后按照零件图中的技术要求进行加工制造和检验。

在现代化的生产中，制造零件是离不开零件图的，如制造图 5-1 所示车床尾座端盖，要依照零件图制造模型、铸坯、划线、机械加工和检验等工序。

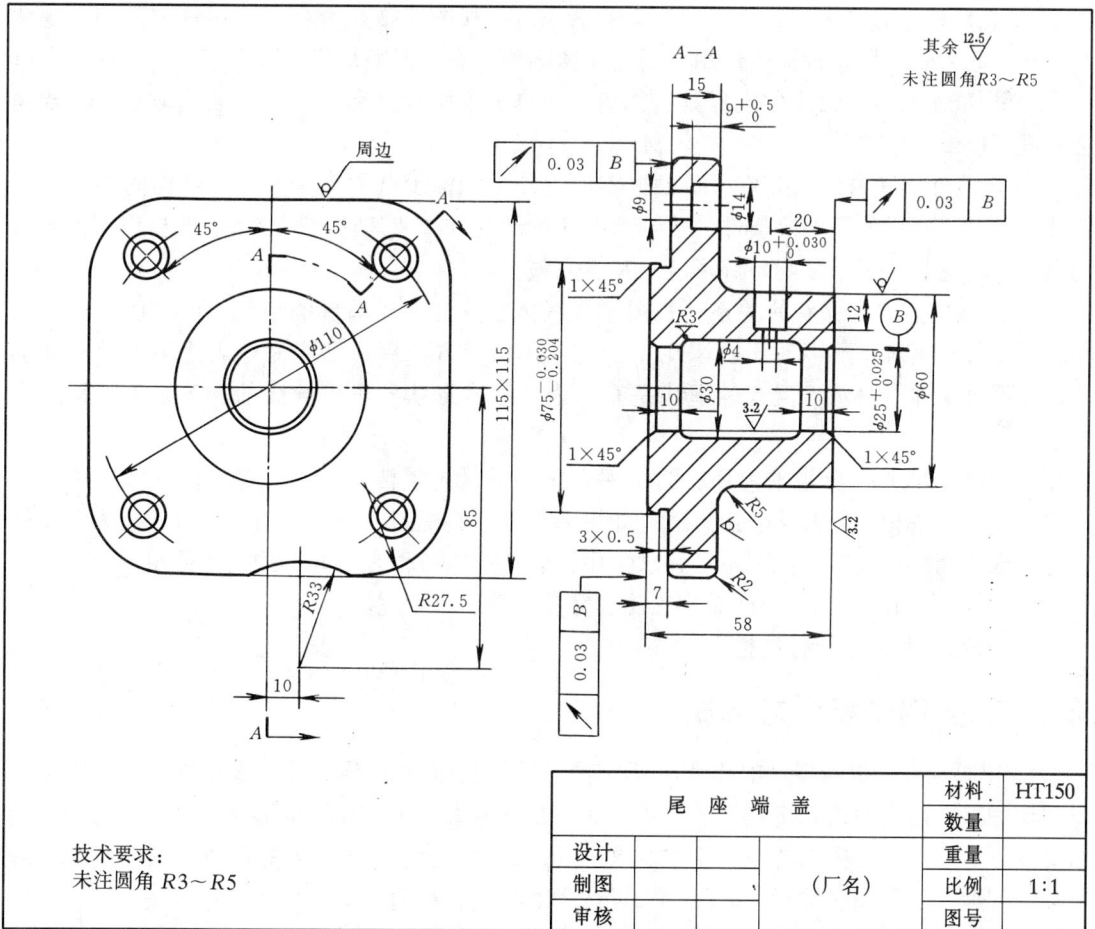

图 5-1 尾座端盖零件图

零件图一般应具备以下内容：

1.一组图形 用一组图形（包括视图、剖视、剖面和其它辅助视图等）完整、确切、清晰地表达出零件各部分结构的内外形状。

2. 完整的尺寸　能满足零件制造和检验时所需要的全部尺寸。

3. 必要的技术要求　利用符号标注或文字说明，表达出制造、检验和装配应达到的技术要求，如表面粗糙度、尺寸公差、形状和位置公差、热处理和表面处理要求等。

4. 标题栏　标题栏中应包括零件的名称、材料、数量、图号和图样的比例以及有关责任者签字等内容。

5.2　画零件图的要求和步骤

零件图是直接为生产服务的，因此必须符合生产实际。画图时，首先要考虑看图方便，在完整清楚的前提下，力求制图简便。

画零件图一般分五步进行：

1）对零件进行形体分析、功能分析和工艺分析，掌握零件的结构形状特征、工作情况和制造方法，这是选择零件表达方案的基础。

2）正确地选择主视图，是视图选择的核心，主视图选择是否合理，不仅关系到主视图本身能否起到表达形状特征的作用，而且将影响整个表达方案是否合理。

3）围绕主视图，恰当地选择其它视图，在决定视图数量和运用各种表达方法时，要注意处理好以下三种关系。

① 表达外形和内形的关系：要根据零件内外形状的复杂程度、各部分结构间的相互位置关系和是否有对称平面等条件，恰当选择各种剖视方法和其它表达方法。既要保证内部结构的充分表达，又要不影响外部形状的基本完整。

② 虚线的省略和保留的关系：视图中虚线太多，会造成图形的杂乱，给制图、标注尺寸和看图带来困难，所以对于在采用了剖视、剖面等方法后，已能完全表达清楚的内部形状，应不再用虚线表示。但有的虚线是充分表达结构形状所不可缺少的，千万不可轻易省略。

③ 视图的集中与分散的关系：为了保证图面的规则整洁，便于了解零件各部分结构间的联系，采用各种局部形状表达方法（如局部视图、斜视图、斜剖视图等）时，应力求排列整齐，或适当结合起来，但也不可强求集中，以免影响各种表达方法的灵活使用。

4）零件图的尺寸标注必须做到正确、完整、清晰、合理。

5）填写技术要求及标题栏。

5.3　视图选择和尺寸分析

1. 视图选择　机器零件的作用各不相同，其结构形状也不相同。画零件图时，应用一组图形完整、清晰地表达出零件的结构形状，在清楚表达出零件结构形状的前提下，力求制图简便，这是零件图视图选择的基本要求。要达到这个要求，就要根据零件的结构特点，解决两个问题：一是如何选择主视图，二是选择哪些其它视图和采取什么表达方法。

（1）主视图的选择　现在以图 5-2 所示的整体轴承座为例，加以说明。

1）表达形状特征原则　先把轴承座的形状结构看清楚。从图 5-2a 可以看到轴承座大致有两部分，一是带凸台的圆筒，用于支承轴衬和转轴，凸台上要装油杯，以便润滑转轴；二是长方底板，用于支承圆筒和安装。底板下面有通槽，是减少加工面和安装接触面；板上的孔用于安装螺栓。从 A 方向和 B 方向看，轴承座都是对称的。从 A 方向看，得到的视图如图 5-2b，轴承座的形状特征很突出，圆筒和底板结合情况很明显，但凸台和底板、圆筒和底板的前后位置关系不清楚，中间圆形线框表示什么也不明确。从 B 方向看，并取半剖视后，得到的视图如图 5-2c，圆筒和底板的前后位置关系，圆筒的结构等虽然清楚，但整个轴承座的形状特征不如从 A 方向看得清楚，所以把 A 向选作主视图。

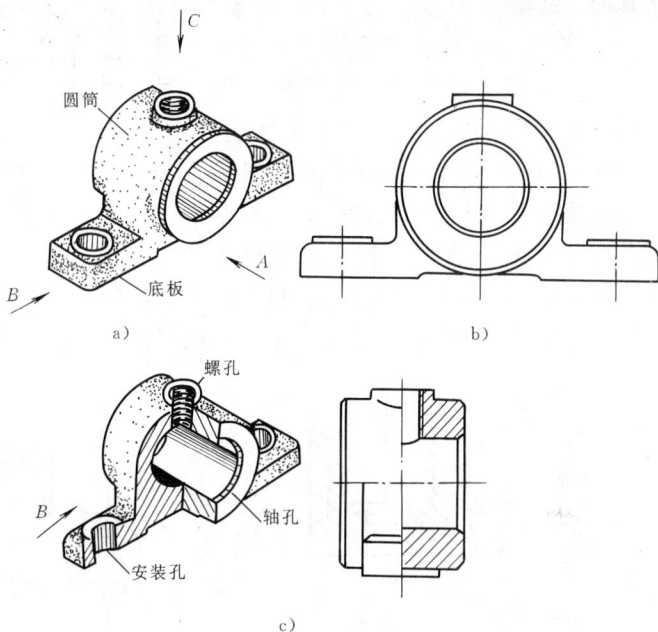

图 5-2　选择主视图

a) 整体轴承座　b) 选择 A 向作主视图　c) 选择 B 向作主视图

2) 加工位置原则和工作位置原则　在决定零件的摆放位置时，应尽量使其符合零件的加工位置和（或）工作位置。

每个零件在机器上都有一定的工作位置（即安装位置），选择主视图时，应尽量使其位置与工作位置一致，便于想象零件在工作时的位置和作用。图 5-2b 所示的整体轴承座即是如此。

零件的加工制造，常需安装在一定位置上进行，这叫零件的加工位置（或称装夹位置）。零件主视图位置应尽量与其主要加工工序的位置一致，以便于加工时看图。图 5-3 所示的轴类零件，在车削或磨削时轴线处于水平位置，画图时也将轴线画成水平位置，这时就非常便于车削或磨削时看图。

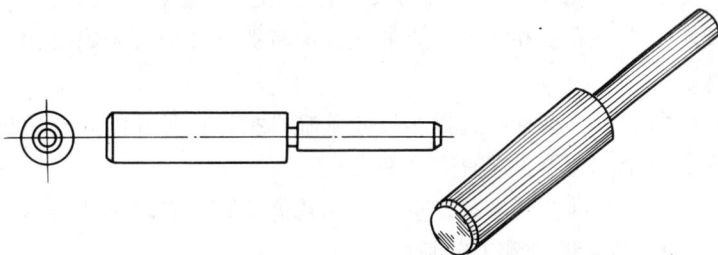

图 5-3　轴类零件主视方向选择

零件的加工位置和工作位置有时是一致的，有时则不一致。在一般情况下，对轴、套、盘等回转体零件常选择其加工位置；对钩、支架、箱体等零件多选择其工作位置。

(2) 视图数量和表达方法的选择　主视图确定之后，怎样选择其它视图呢？这就要看表示清楚各组成部分的形状和相互位置需要什么视图，采用什么方法表示。在能够正确、完整、清晰地表达零件内外结构的前提下，宜尽量用较少的图形，以便于画图和看图。

1) 只需一、两个视图可完整表达的零件　有些结构简单的回转体零件，加上尺寸标注，只需一个视图就可表达完整、清晰。如图 5-4 所示，图中同轴组合或不同轴组合的回转体零件，由于尺寸标注中有"ϕ"和"$S\phi$"等符号，用一个主视图就足以表达清楚了。

图 5-5 所示的零件，只用一个视图就不能完整地表达其结构形状，必须用全剖视的主视图和一个俯视图，才能完整、清晰地表达其内外结构。

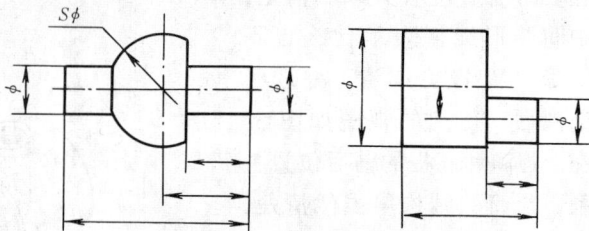

2）需要三个或更多视图及多种表达方法才能表达完整的复杂零件　图 5-6 所示壳体零件，可采用三个视图。主视图左右对称，用半剖视图表示内腔，局部剖视图表达小孔的内形。俯视图表达了三部分结构间的相互位置关

图 5-4　只需一个视图的零件

系、四个小孔的分布情况以及底板上的四个圆角，并用局部剖视显示了内腔圆角的形状。左视图用全剖视表达内腔，还在肋板上采用重合剖面表达了肋板的断面形状。

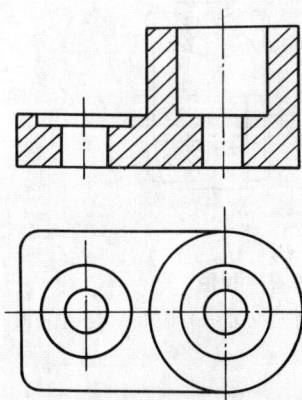

图 5-5　需要两个视图的零件

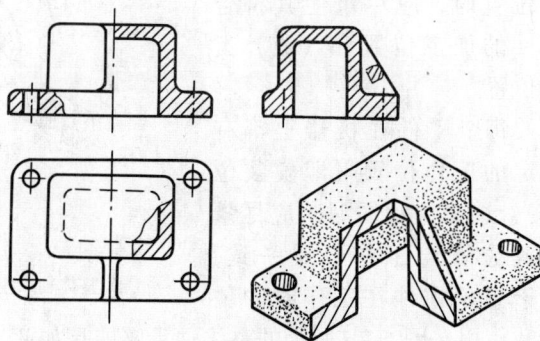

图 5-6　需要三个视图的零件

2. 尺寸分析　零件图的尺寸标注既要符合标准的规定，又要满足完整、清晰、合理的要求。关于完整和清晰的要求在以前有关章节中有明确叙述，本节着重介绍尺寸标注的合理性。

（1）尺寸基准的选择　尺寸基准是指标注尺寸的起点。每个零件都有长、宽、高三个方向，每个方向至少应有一个基准。

尺寸基准按其来源、重要性和几何形式，有以下几类：

1）设计基准和工艺基准

① 设计基准　根据零件在机器中的作用，为保证其使用性能而确定的基准。见图 5-7a 所示轴承座，因为一根轴通常要有两个轴承座支承，两者的轴孔应在同一轴线上，所以在标注高度方向的尺寸时，应当以轴承座的底面为基准，以便保证轴孔到底面的距离相等。在标注长度方向的尺寸时，应当以通过轴线的对称平面为基准，以便保证底板上两个螺孔之间的距离及其对于轴孔的对称关系，这样底面和对称面称为设计基准。

② 工艺基准　根据零件加工工艺，为方便装夹定位和测量而确定的基准。见图 5-7b 所示小轴，在车床上车削外圆时，车刀的起始位置是以右端面为基准来定位的，所以在标注轴向尺寸时，此端面称为工艺基准。

2）主要基准和辅助基准

① 主要基准　决定零件主要尺寸的基准。图 5-7a 所示轴承座的底面就是高度方向的主要基准。

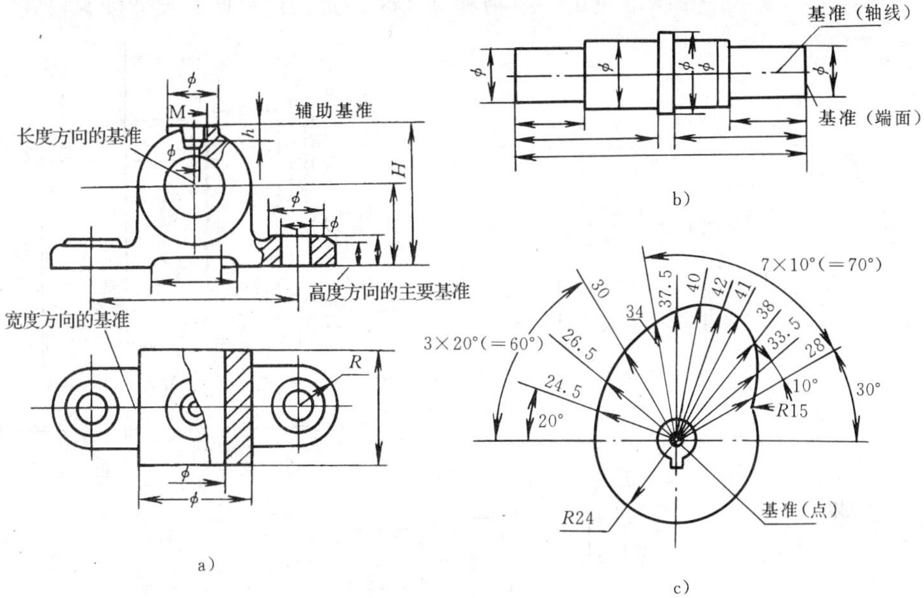

图 5-7　常见的尺寸基准

② 辅助基准　为便于加工和测量而附加的基准。图 5-7a 所示轴承座凸台端面，若以它为基准来测量螺孔深度较为便利，因此以此端面为高度方向的辅助基准。

3）面基准、线基准和点基准　由于各种零件的结构形状不同，尺寸的起点不同，尺寸基准有时是零件上的某个平面（如底面、端面、对称平面等）；有时是零件上的一条线（如回转轴线、中心线等）；有时是一个点（如球心、圆心等）。如图 5-7b 所示小轴，其轴向尺寸是以右端面为基准标注的，这个端面就是面基准；而径向尺寸是以轴线为基准标注的，这个轴线就是线基准。而图 5-7c 所示的凸轮，其曲线上各点是以圆心为基准标注的，这个圆心就是点基准。

（2）尺寸基准选择的一般原则　通常选取零件的主要加工面、对称平面、安装底面、端面、主要孔的轴线、坐标轴线及其交点等作为尺寸基准。对于一个具体零件，究竟如何选择尺寸基准，要根据零件的设计要求、加工情况、检验方法来确定。显然，要使所注的尺寸合理，即所注尺寸满足设计要求，又便于加工和测量，就应尽可能使设计基准与工艺基准一致，这就是选择尺寸基准的一般原则。

（3）尺寸配置的形式　零件图上尺寸配置有以下三种形式。

1）链式　它是把同一方向的一组尺寸，逐段连续标注，基准各不相同，前一个尺寸的终止处，即为后一个尺寸的基准，见图 5-8a。

这种尺寸标注形式，虽然前一段尺寸的加工误差，并不影响后一段的尺寸精度，但是相应方向总尺寸的误差，则是各段尺寸误差的总和，这是链式尺寸配置的缺点。所以，这种尺寸配置形式常用于零件上要求保证一系列孔的中心距的尺寸注法。

2）坐标式　它是把同一方向的一组尺寸，从同一基准出发标注，见图 5-8b。在图中任一尺寸的加工精度只决定那一段加工时的加工误差，而不受其它尺寸误差的影响。但两相邻端面之间（见图 5-8b 中 e 段）的一段尺寸误差，则取决于与此段有关的两个尺寸的误差。所以，当零件上需要从一个基准决定一组精确尺寸时，常采用坐标式尺寸配置形式。

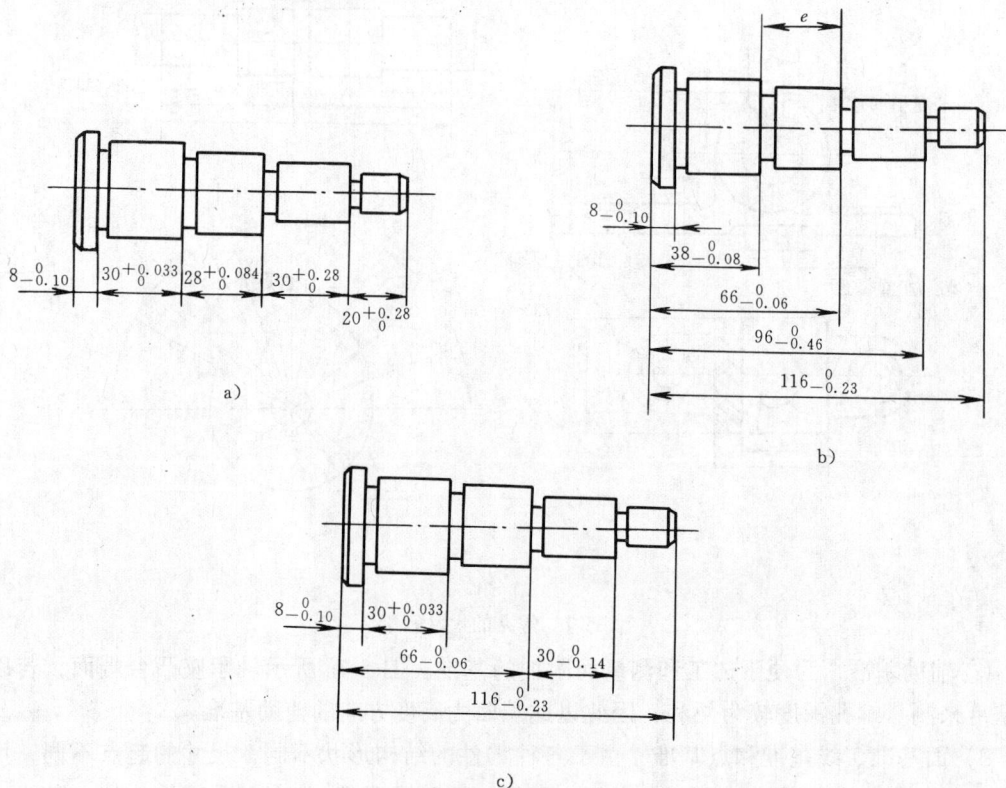

a)

b)

c)

图 5-8　尺寸标注形式

a) 链式　b) 坐标式　c) 综合式

3）综合式　综合式尺寸配置形式是采用链式和坐标式两种方法标注，见图 5-8c。这是最常见的一种尺寸标注形式，它最能适应零件的设计和工艺要求，所以被广泛使用。

（4）尺寸标注方法　下面以图 5-9 为例说明标注尺寸的具体方法。

图 5-9 为支架零件图，该零件主要起支承作用，因此在标注尺寸时，底面 B 是零件高度方向的基准，以便保证支承轴到底面的距离相等，在标注长度方向的尺寸时，应当以通过左右对称面的轴线为基准，因此底面 B 和左右对称面为设计基准。由设计基准标注的高度方向的尺寸 170mm±0.1mm 和长度方向的尺寸 70mm 为主要尺寸。高度方向除以底面 B 为主要基准外，还以支架顶部凸面作为高度方向辅助基准，以便于支架轴孔的加工和测量。

圆筒部分加工时是以圆筒后端面 F 作为定位面，因此是零件的工艺基准，也是宽度方向的主要尺寸基准；支撑板底板后端面也是宽度方向的尺寸基准。

在标注径向尺寸时，是以孔轴线作为径向尺寸基准，$\phi 72\,H8$、$\phi 92$ 为径向主要尺寸。

由以上支架零件图尺寸分析情况看，在标注尺寸时，对零件结构要有基本了解，在此基础上分清设计基准和工艺基准，并由设计基准标注主要尺寸；按形体形状特点注全定形尺寸和定位尺寸等非主要尺寸。

（5）标注尺寸应注意的问题

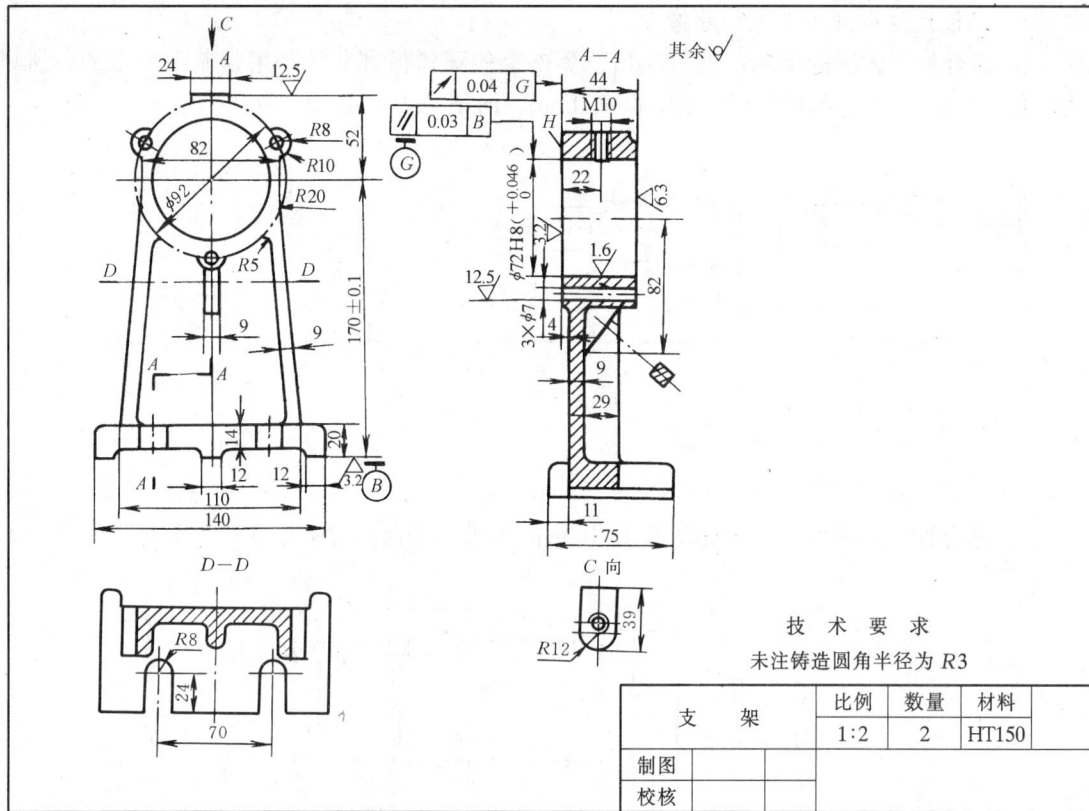

图 5-9　支架零件图

1）设计中的重要尺寸，要从基准单独直接标出，见图 5-10a。零件的重要尺寸，主要是指影响零件在整个机器中的工作性能和位置关系的尺寸，如配合面的尺寸，重要的定位尺寸

等。它们的精度将直接影响零件的使用性能，因此必须直接标出，不应像图 5-10b 那样，重要尺寸 A、B 需靠（C、D、E、L）间接计算而得，以防造成差错或误差的积累。

2）标注尺寸时，当同一方向尺寸出现多个基准时，为了突出主要基准，明确辅助基准，保证尺寸标注不致脱节，必须在辅助基准和主要基准之间直接标出联系尺寸，见图 5-7a 中，尺寸 H 即为高度方向辅助基准与主要基准间的联系尺寸。

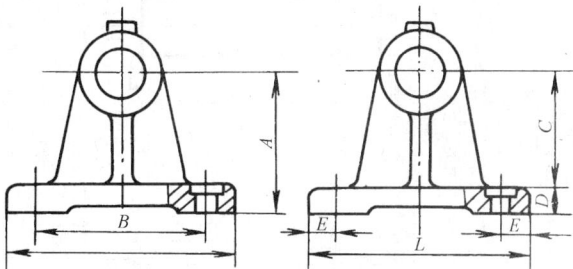

图 5-10　重要尺寸直接标出
a）正确　b）错误

3）标注尺寸时，不允许出现封闭尺寸链。封闭尺寸链就是指首尾相接，绕成一整圈的一组尺寸，见图 5-11a。这样标注尺寸，使所有轴向尺寸一环接一环，每个尺寸的精度，都

难以得到保证；而应如图 5-11b 所示的那样，选一个不重要的尺寸不予标出，使尺寸链留有开口，开口环的尺寸在加工中自然形成，对设计没有影响。

4）标注尺寸要便于加工与测量

① 适合加工方法的要求：见图 5-12，零件上的圆弧槽部分，是用盘铣刀加工的，所以为方便选取铣刀，应注出圆弧直径尺寸 $\phi60$mm，而不是半径 $R30$。

图 5-11 尺寸链
a）封闭尺寸链 b）开口环

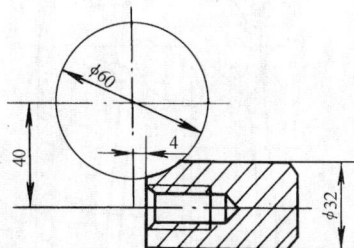

图 5-12 尺寸标注符合
加工方法要求

② 适合加工顺序的要求：见图 5-13 所示的小轴，轴向尺寸的标注均符合加工顺序。尺

图 5-13 尺寸标注适合加工顺序要求

a）下料、车两端面打中心孔 b）中心孔定位，车 $\phi35$mm 长 23mm，倒角 $2\times45°$

c）调头车 $\phi40$mm 长 74mm d）车 $\phi35$mm 保证长 51mm，倒角 $2\times45°$

寸51为重要尺寸，故需直接标出。这样，工人从下料到每一加工步骤，均可由图中直接看出所需尺寸。

③ 适合测量的要求：图 5-14 所示的几种断面形状的尺寸，若按图 5-14b 所示注出尺寸，就便于测量。

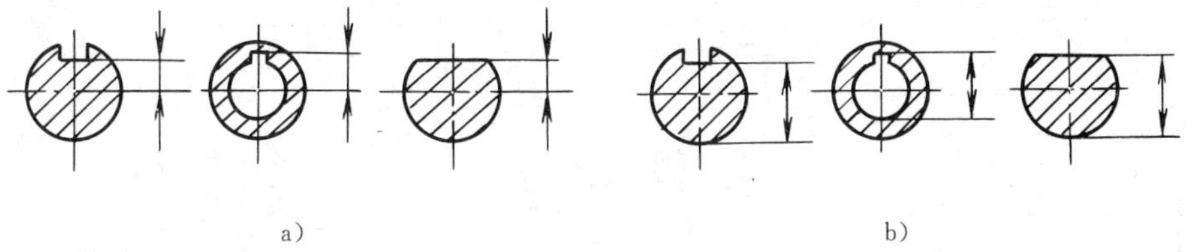

图 5-14　标注尺寸要便于测量
a) 不便于测量　b) 便于测量

5) 各基本形体的定形、定位尺寸要尽量集中在一、两个视图上，以方便看图时寻找尺寸，见图 5-15。

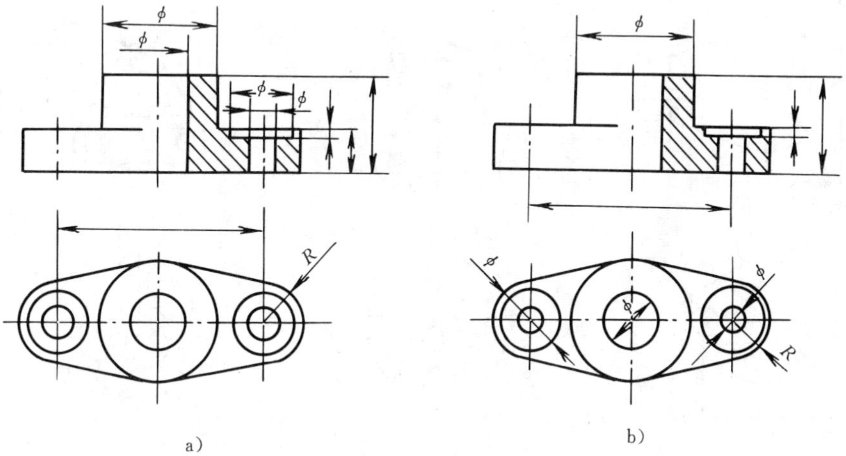

图 5-15　尺寸标注
a) 好　b) 不好

6) 常见零件结构的尺寸注法　零件图中常见的底板、端面、法兰盘图形的尺寸注法，见图 5-16。

零件上常见结构要素的尺寸标注，见表 5-1。

(6) 尺寸注法的简化表示法　国家标准《技术制图简化表示法》包括两个部分：第一部分：图样画法（GB/T16675.1—1996），第二部分：尺寸注法（GB/T16675.2—1996）。标注尺寸时，应尽可能使用符号和缩写词。常用的符号和缩写词见表 5-2。

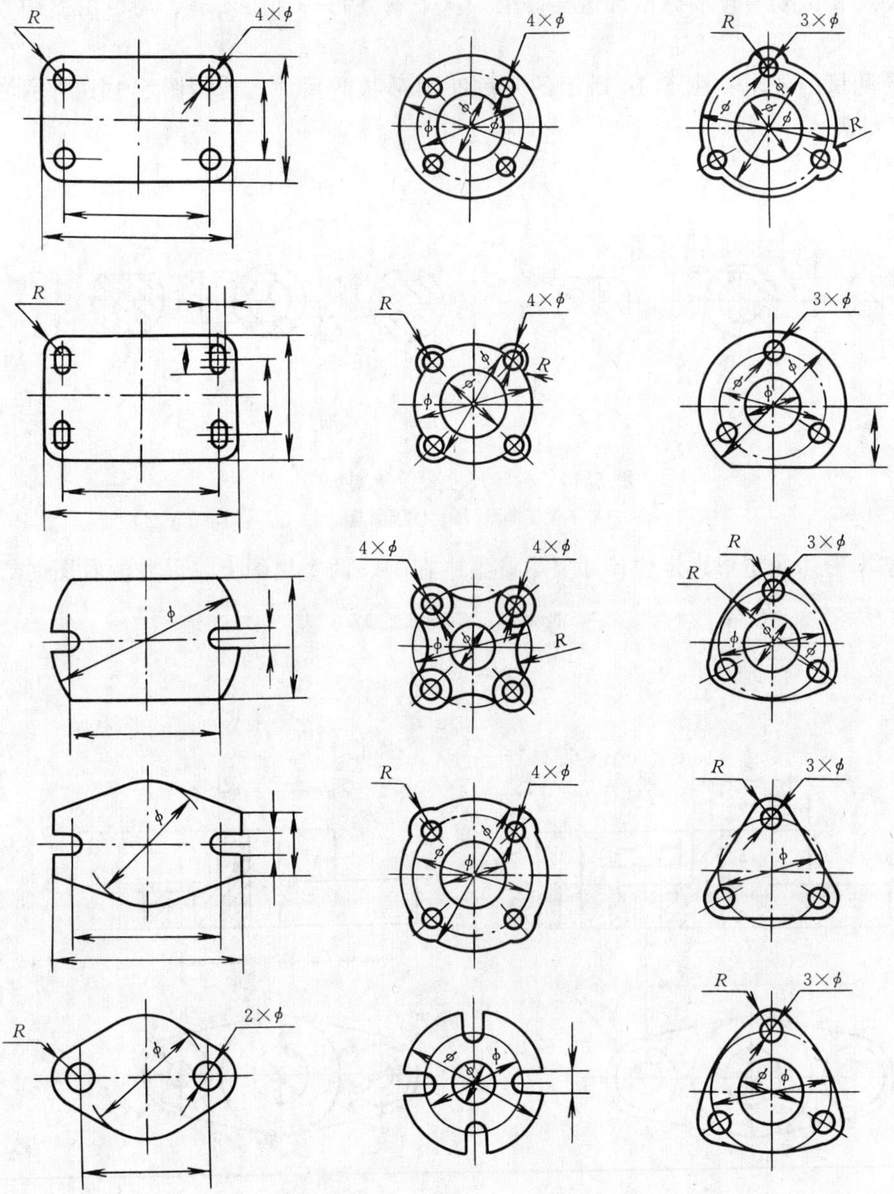

图 5-16 底板、端面、法兰盘图形的尺寸标注

表 5-1 零件常见结构的尺寸标注

零件结构类型		标 注 方 法	说 明
螺 孔	通 孔	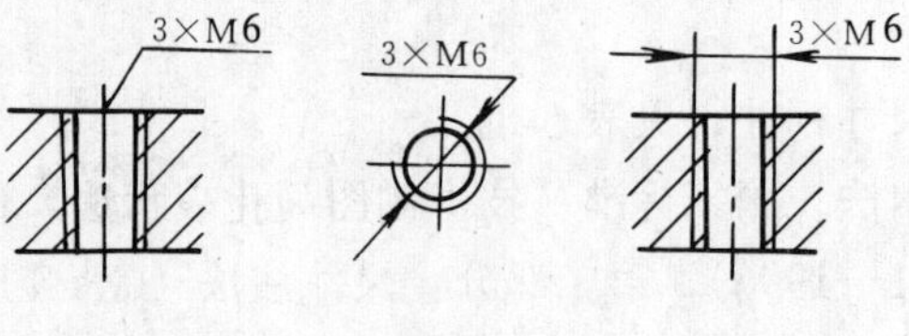	3×M6 表示直径为 6mm 均匀分布的三个螺孔 可以旁注，也可直接注出

（续）

零件结构类型		标 注 方 法	说　　　明
螺孔	不通孔	$3\times M6\,\top\,10$ $3\times M6\,\top\,10$ $3\times M6$ 10	螺孔深度可与螺孔直径连注，也可分开注出
	不通孔	$3\times M6\,\top\,10$ 钻$\,\top\,12$ $3\times M6\,\top\,10$ 钻$\,\top\,12$ $3\times M6$ 10 12	需要注出孔深时，应明确标注孔深尺寸
光孔	一般孔	$4\times\phi5\,\top\,10$ $4\times\phi5\,\top\,10$ $4\times\phi5$ 10	$4\times\phi5$ 表示直径为 5mm 均匀分布的四个光孔 孔深可与孔径连注，也可以分开注出
	精加工孔	$4\times\phi5^{+0.012}_{0}\,\top\,10$ $\top\,12$ $4\times\phi5^{+0.012}_{0}\,\top\,10$ 钻$\,\top\,12$ $4\times\phi5^{+0.012}_{0}$ 10 12	光孔深为 12mm，钻孔后需精加工至 $\phi5^{+0.012}_{0}$ mm，深度为 10mm
	锥销孔	锥销孔 $\phi5$ 装配时作 锥销孔 $\phi5$ 装配时作 锥销孔 $\phi5$ 装配时作	$\phi5$mm 为与锥销孔相配的圆锥销小头直径 锥销孔通常是相邻两零件装在一起时加工的
沉孔	锥形沉孔	$6\times\phi7$ $\llcorner\phi13\times90°$ $6\times\phi7$ $\llcorner\phi13\times90°$ $90°$ $\phi13$ $6\times\phi7$	$6\times\phi7$ 表示直径为 7mm 均匀分布的六个孔。锥形部分尺寸可以旁注，也可直接注出
	柱形沉孔	$4\times\phi6$ $\llcorner\phi10\,\top\,3.5$ $4\times\phi6$ $\llcorner\phi10\,\top\,3.5$ $\phi10$ 3.5 $4\times\phi6$	柱形沉孔的小直径为 $\phi6$mm，大直径为 $\phi10$mm，深度为 3.5mm 均需标注
	锪平面	$4\times\phi7$ $\llcorner\phi16$ $4\times\phi7$ $\llcorner\phi16$ $\phi16$ $4\times\phi7$	锪平面 $\phi16$mm 的深度不需标注，一般锪平到不出现毛面为止

(续)

零件结构类型		标 注 方 法	说　　明
键槽	平键键槽	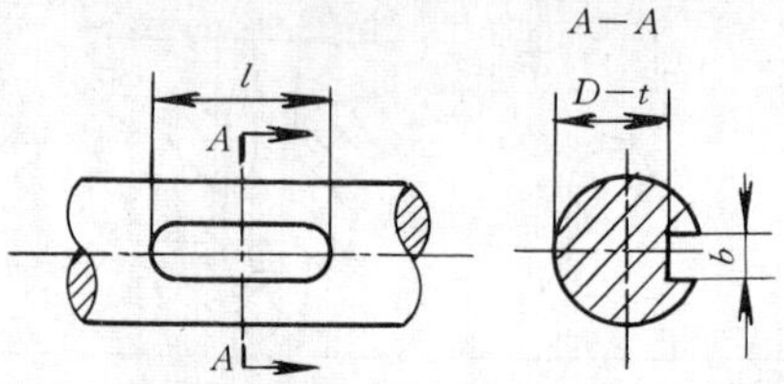	这样标注便于测量
	半圆键键槽		这样标注便于选择铣刀（铣刀直径为 ϕ）及测量
圆角			两斜面相交处具有圆角时，应注出无圆角时（用细实线在图中画出）的交点尺寸，并注上圆角半径 R
平面			在没有表示出正方形实形的图形上，该正方形的尺寸可用 $a \times a$（a 为正方形边长）表示；否则要直接标注
滚花			滚花有直纹与网纹两种标注形式。滚花前的直径尺寸为 D；滚花后为 $D+\Delta$，Δ 为齿深，p 为齿的节距
中心孔			对于重要的轴，须选定中心孔的尺寸和表面粗糙度，并在零件图上画出。不要求保留中心孔的零件采用 A 型；要求保留中心孔的零件采用 B 型；为了将零件固定在轴上的中心孔采用 C 型

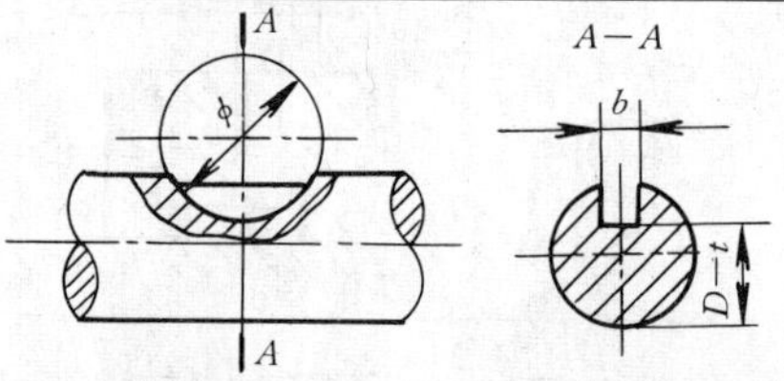

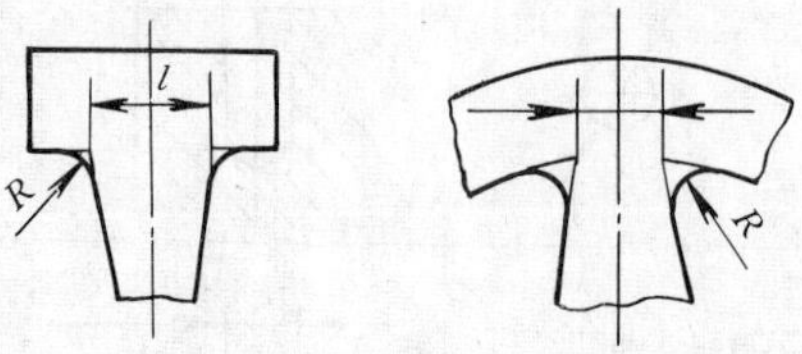

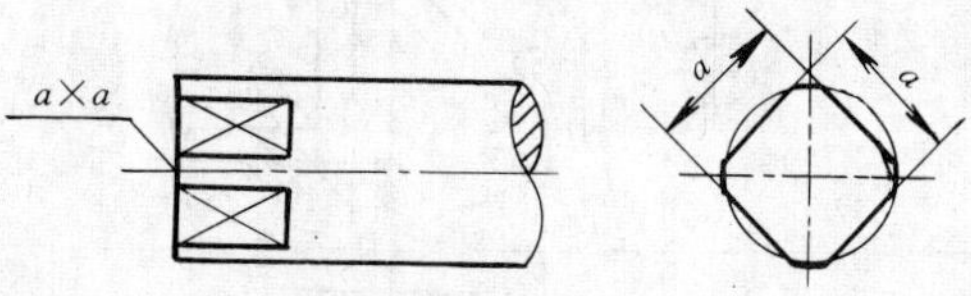

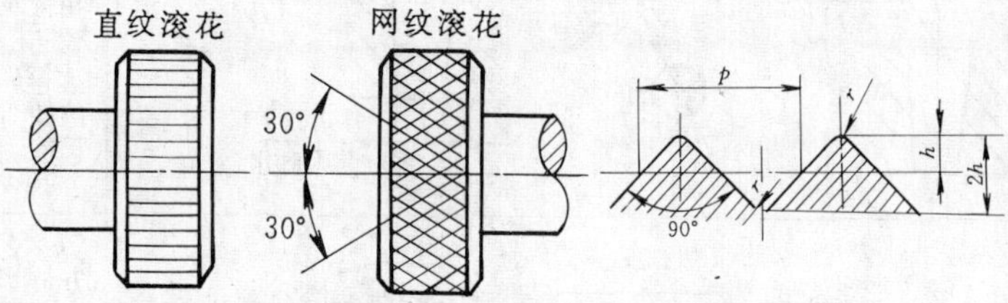

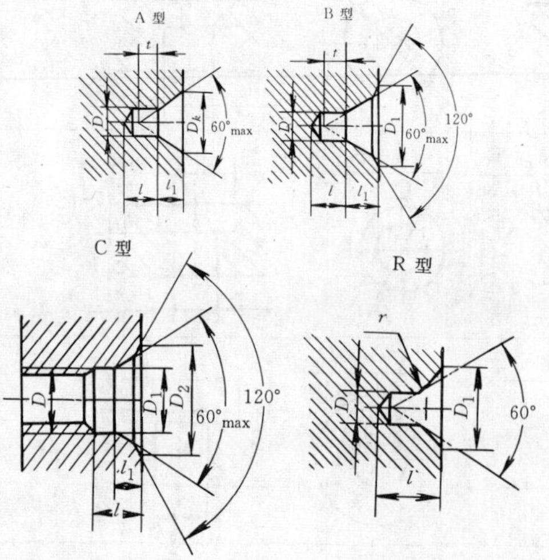

表 5-2　尺寸标注常用的符号和缩写词

名　称	符号或缩写词	名　称	符号或缩写词
直　径	ϕ	45°倒角	C
半　径	R	深　度	$\downarrow$
球直径	$S\phi$	沉孔或锪平	$\sqcup$
球半径	SR	埋头孔	V
厚　度	t	均　布	EQS
正方形	$\square$		

德国图样上一些尺寸标注符号的含义如下

1)（20）　参考尺寸或辅助尺寸　其含义是：确定工件的几何形状不需要此尺寸。

2)⑳　功能检验尺寸　此尺寸在检验时要特别注意。

3)|20|　理论正确尺寸　此尺寸无公差。

4)〔20〕　控制尺寸　检验时必须保证的尺寸。

5)〈20〉　在焊接或装配时夹具的定位尺寸。

6)⌒20　加工到最终状态时的尺寸（即加工后的实际尺寸）。

7)20̲　此尺寸未按比例画出。

5.4　零件图上的技术要求

5.4.1　表面粗糙度

5.4.1.1　表面粗糙度的基本概念　零件加工表面上具有的较小间距和峰谷所组成的微观几何形状不平的程度，就叫做表面粗糙度，见图 5-17。

国家标准中规定常用表面粗糙度评定参数有：轮廓算术平均偏差（R_a）、微观不平度十点高度（R_z）和轮廓最大高度（R_y），轮廓算术平均偏差（R_a）为最常用的评定参数。

表面粗糙度的选用，应该既满足零件表面的功用要求，又要考虑经济合理性。其原则是在满足零件使用要求的前提下，应尽量选用较大参数值。附录表 P -3 为表面粗糙度高度参数值与加工方法之间的关系和应用举例，供读者画零件图时参考。

5.4.1.2　表面粗糙度代〔符〕号　在图样中，零件表面的粗糙度是采用代〔符〕号标注的。图样上表示零件表面粗糙度的符号见图 5-18。

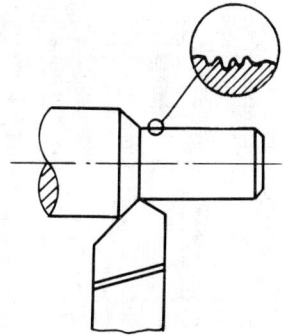

图 5-17　表面粗糙度

图 5-18a 是基本符号，表示表面可以用任何方法获得。当不加注粗糙度参数值或有关说明（例如表面处理、局部热处理状况等）时，仅适用于简化代号标注；图 5-18b 是基本符号加一短划，表示表面是用去除材料的方法获得，例如，车、铣、钻、磨、剪切、抛光、腐蚀、电火花加工、气割等；图 5-18c 是基本符号加一小圆，表示表面是用不去除材料的方法获得，例如，铸、锻、热轧、冷轧、粉末冶金等，或者是用于保持原供应状况的表面（包括保持上道工序的状况）；图 5-18d 在上述三个符号的长边上均可加一横线，用于标注有关参数和说明；图 5-18e 在上述三个符号上均可加一小圆，表示所有表面具有相同的表面粗糙度

要求。

  表面粗糙度数值及其有关的规定在符号中注写的位置，见图 5-19。有关表面粗糙度的各项具体内容，可按图 5-19 所示位置填写在表面粗糙度周围，以组成表面粗糙度代号。

图 5-18　表面粗糙度符号

a_1、a_2——表面粗糙度高度参数的允许值，其单位为微米（μm）；

b——加工方法，镀涂或其它表面处理；

c——取样长度，单位为毫米（mm）；

d——加工纹理方向符号；

e——加工余量，单位为毫米（mm）；

f——表面粗糙度间距参数值，单位为毫米（mm），或轮廓支承长度率。

5.4.1.3　表面粗糙度代〔符〕号在图样上的标注方法

  1）在同一图样上，每一表面的粗糙度代〔符〕号只标注一次，并尽可能标注在具有确定该表面大小或位置尺寸的视图上。代〔符〕号应注在可见轮廓线、尺寸界线、引出线或其延长线上。符号的尖端必须从材料外指向该表面，见图 5-20。

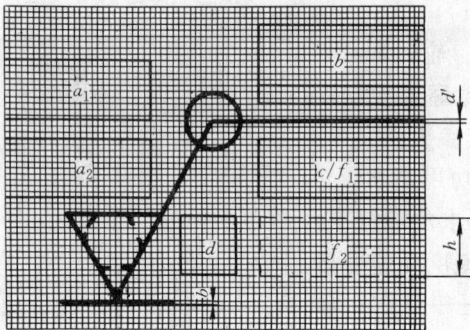

图 5-19　表面粗糙度数值注写位置

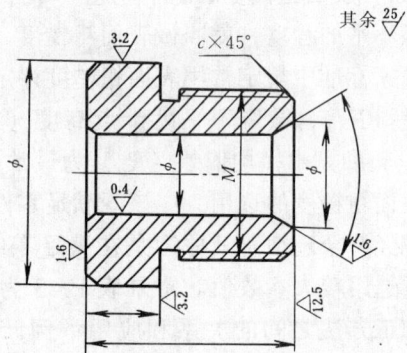

图 5-20　表面粗糙度代〔符〕号的标注位置

  当地位狭小或不便标注时，符号、代号可以引出标注，见图 5-24。

  代号中的数字为表面粗糙度高度参数允许值，其单位为微米（μm）。标注轮廓算术平均偏差 R_a 时，可省略"R_a"符号。标注其它参数时，必须加上参数符号。代号中数字书写方向必须与尺寸数字方向一致，见图 5-21。

  2）当零件所有表面具有相同表面粗糙度时，可在图样右上角统一标注，见图 5-22a 或图 5-22b。

  当零件的大部分表面具有相同的表面粗糙度要求时，对其中使用最多的一种符号可以统一标注在图样的右上角，并加注"其余"两字，见图 5-23。

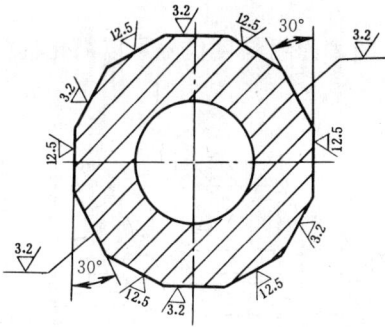

图 5-21　代号中数字的书写方向　　　　　　图 5-22　所有表面粗糙度相同的标注

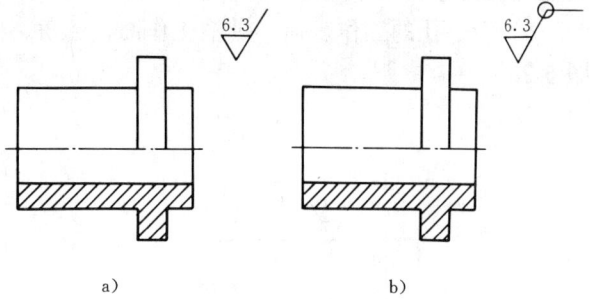

3）为了简化标注方法，或者标注位置受到限制时，可以标注简化代号。但必须在标题栏附近说明这些简化代号的意义。也可采用省略的注法，见图 5-23b，但应在标题栏附近说明这些简化符号、代号的意义。

当用统一标注和简化标注的方法表达表面粗糙度要求时，其符号、代号和说明文字的高度均应是图形上其它表面所注代号和文字的 1.4 倍，见图 5-22。

4）零件的连续表面和重复要素（孔、槽、齿等）的表面和用细实线连接不连续的相同表面，其表面粗糙度代号只标注一次，见图 5-24。

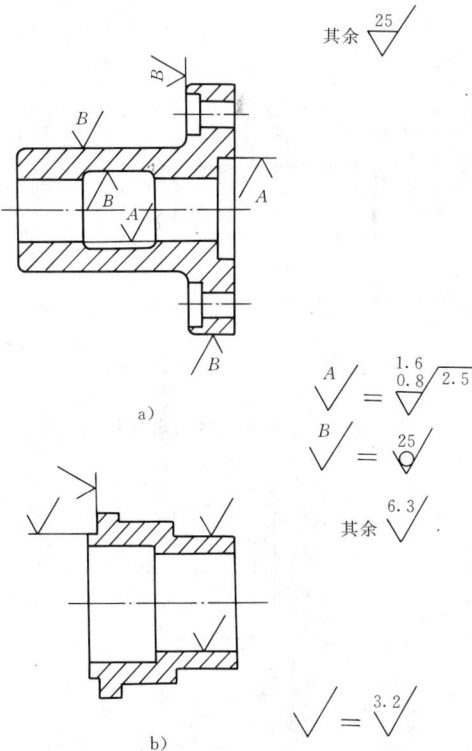

图 5-23　将相同表面粗糙度统一标注　　　　图 5-24　连续表面、重复要素的标注

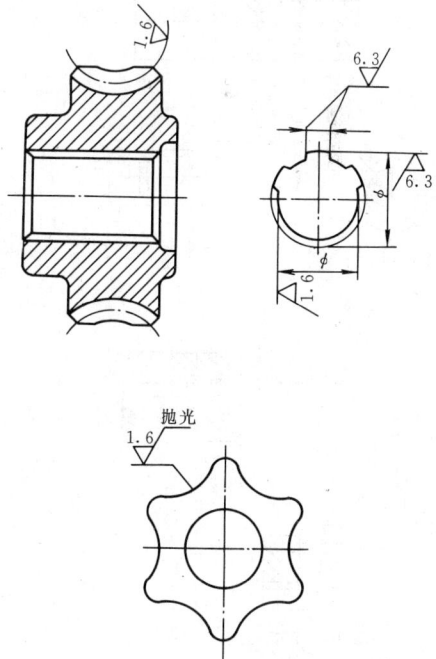

5) 同一表面上有不同的表面粗糙度要求时，须用细实线作分界线，并标注出相应的表面粗糙度代号和尺寸，见图 5-25。

6) 中心孔的工作表面、键槽工作面、倒角、圆角的表面粗糙度代号可以简化标注，见图 5-26。

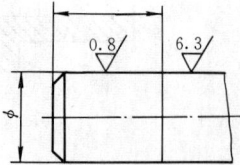

图 5-25　同一表面有不同表面粗糙度的标注　　图 5-26　中心孔工作表面等狭小结构的简化标注

7) 螺纹、齿轮、渐开线花键等工作表面没有画出齿（牙）形时，其表面粗糙度代号按图 5-27 所示方法标注。

8) 需要将零件局部热处理或局部镀（涂）覆时，应用粗点划线画出其范围并标注相应的尺寸，也可将其要求注写在表面粗糙度符号长边的横线上。见图 5-28。

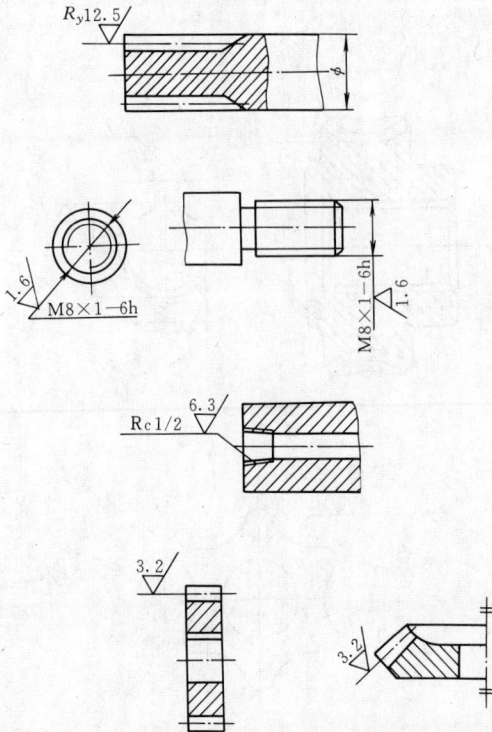

图 5-27　螺纹、齿轮、花键工作表面的标注　　图 5-28　零件局部热处理或局部镀（涂）的标注

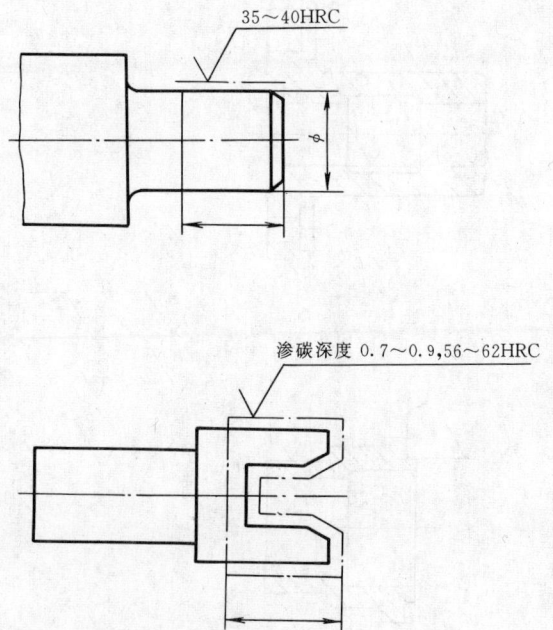

9）需要规定表面粗糙度测量截面的方向时，其标注方法见图 5-29。

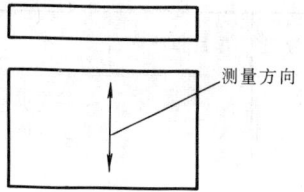

测量方向

5.4.2 表面形状和位置公差

为了提高产品质量，满足使用要求，零件除了尺寸公差和表面粗糙度要求外，还应限制其形状和位置误差。

表面形状和相互位置公差，简称为形位公差。

5.4.2.1 形位公差的种类及说明 形位公差共分三大类：一类是形状公差，有 4 项；二类是形状或位置公差，有 2 项，三类是位置公差有 8 项。其符号见表 5-3。

图 5-29 规定表面粗糙度
测量截面方向的标注

表 5-3 形状公差的项目和符号 (mm)

分类	项目和符号	公差带定义	图 例
形状公差	直线度 ——	在给定平面内，公差带是距离为公差值 t 的两平行直线之间的区域	被测表面的素线必须位于平行于图样所示投影面，且距离为公差值 0.1 的两平行直线内
		在给定方向上公差带是距离为公差值 t 的两平行平面之间的区域	被测圆柱面的任一素线必须位于距离为公差值 0.1 的两平行平面之内
		如在公差值前加注 ϕ，则公差带是直径为 t 的圆柱面内的区域	被测圆柱面的轴线必须位于直径为公差值 $\phi0.08$ 的圆柱面内
	平面度 ▱	公差带是距离为公差值 t 的两平行平面之间的区域	被测表面必须位于距离为公差值 0.08 的两平行平面内

222

（续）

分类	项目和符号	公差带定义	图 例
形状公差	圆度 ○	公差带是在同一正截面上，半径差为公差值 t 的两同心圆之间的区域 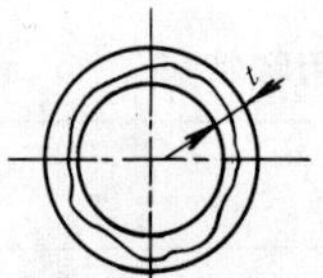	被测圆柱面任一正截面的圆周必须位于半径差为公差值 0.03 的两同心圆之间 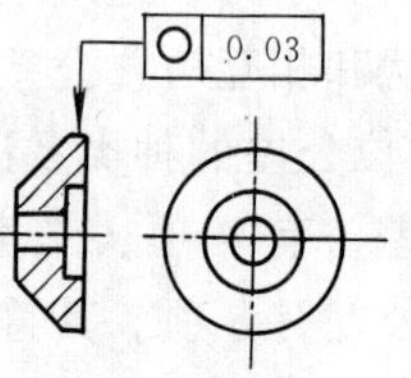 被测圆锥面任一正截面上的圆周必须位于半径差为公差值 0.1 的两同心圆之间 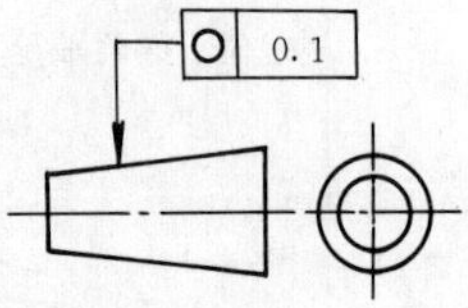
	圆柱度	公差带是半径差为公差值 t 的两同轴圆柱面之间的区域 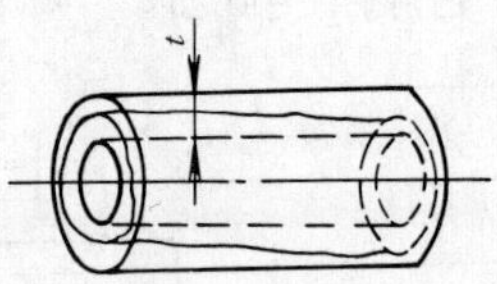	被测圆柱面必须位于半径差为公差值 0.1 的两同轴圆柱面之间 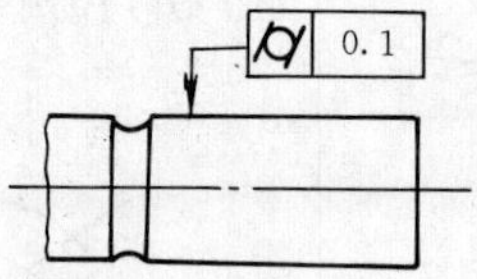
形状或位置公差	线轮廓度 ⌒	公差带是包络一系列直径为公差值 t 的圆的两包络线之间的区域。诸圆的圆心位于具有理论正确几何形状的线上 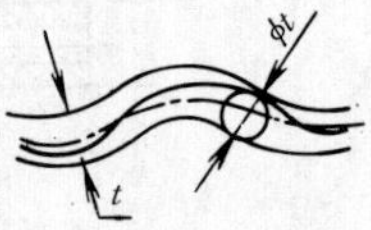 $d=t$ 无基准要求的线轮廓度公差见图 a；有基准要求的线轮廓度公差见图 b	在平行于图样所示投影面的任一截面上，被测轮廓线必须位于包络一系列直径为公差值 0.04，且圆心位于具有理论正确几何形状的线上的两包络线之间 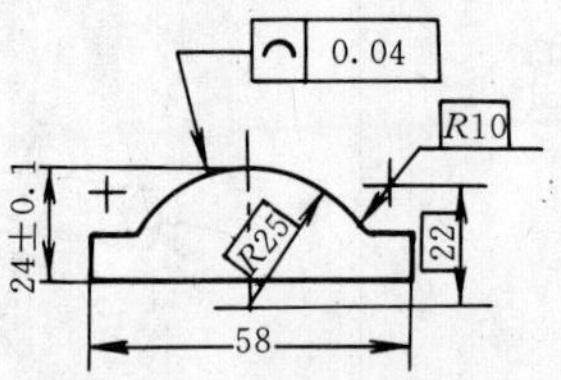 a) 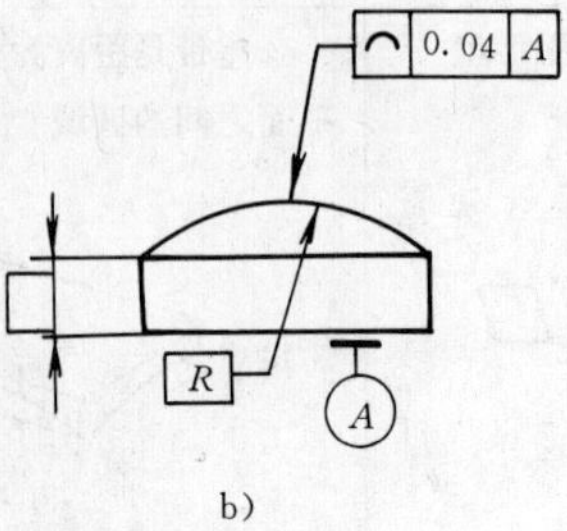 b)

分类	项目和符号	公差带定义	图　例
形状或位置公差	面轮廓度 ⌒	公差带是包络一系列直径为公差值 t 的球的两包络面之间的区域，诸球的球心应位于具有理论正确几何形状的面上 无基准要求的面轮廓度公差见图 a；有基准要求的面轮廓度公差见图 b	被测轮廓面必须位于包络一系列球的两包络面之间，诸球的直径为公差值 0.02，且球心位于具有理论正确几何形状的面上的两包络面之间
位置公差	平行度 //	线对线平行度公差 公差带是距离为公差值 t，且平行于基准线，位于给定方向上的两平行平面之间的区域 公差带是两对互相垂直的距离分别为 t_1 和 t_2，且平行于基准线的两平行平面之间的区域	被测轴线必须位于距离为公差值 0.1，且在给定方向上平行于基准轴线的两平行平面之间 被测轴线必须位于距离为公差值 0.2，且在给定方向上平行于基准轴线的两平行平面之间 被测轴线必须位于距离分别为公差值 0.2 和 0.1，在给定的互相垂直方向上，且平行于基准轴线的两组平行平面之间

（续）

分类	项目和符号	公差带定义	图　例

平行度

基准线

基准线

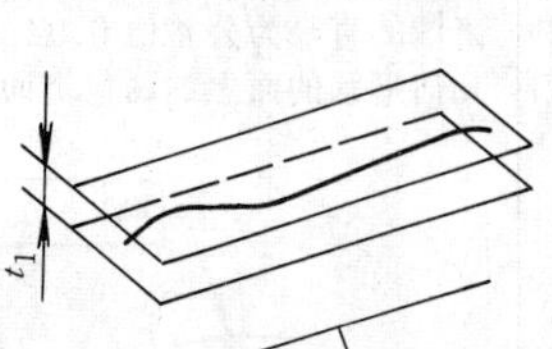

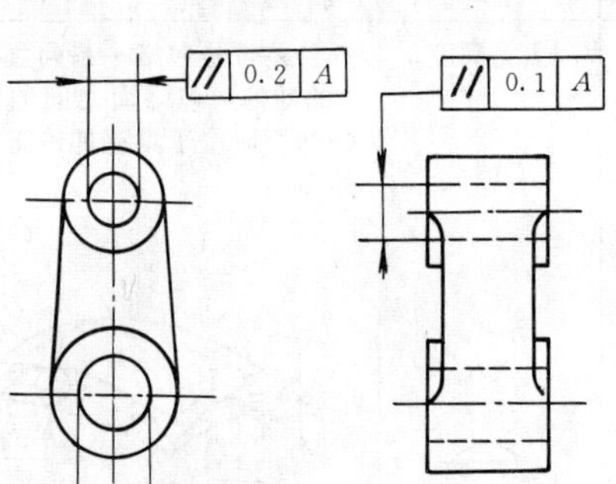

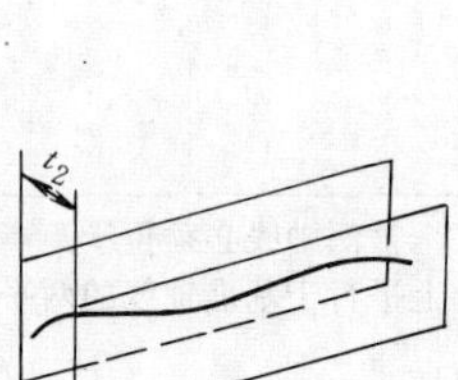

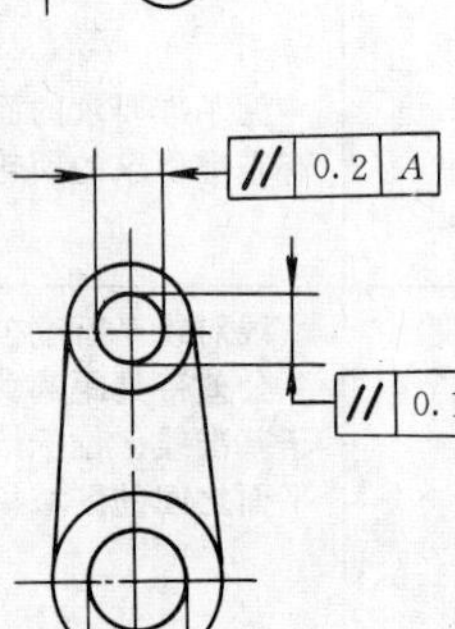

如在公差值前加注 ϕ，公差带是直径为公差值 t 且平行于基准线的圆柱面内的区域

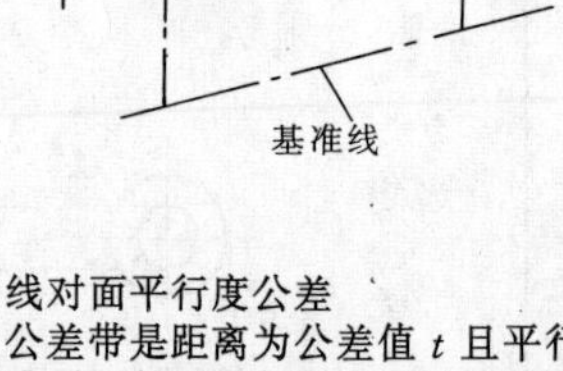

被测轴线必须位于直径为公差值 0.03 且平行于基准轴线的圆柱面内

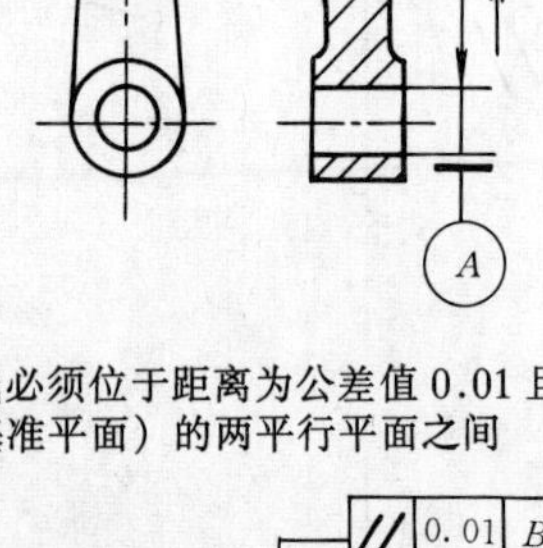

基准线

线对面平行度公差
公差带是距离为公差值 t 且平行于基准平面的两平行平面之间的区域

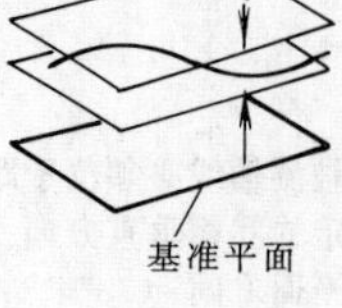

被测轴线必须位于距离为公差值 0.01 且平行于基准表面 B（基准平面）的两平行平面之间

基准平面

位　置　公　差

$/\!/$

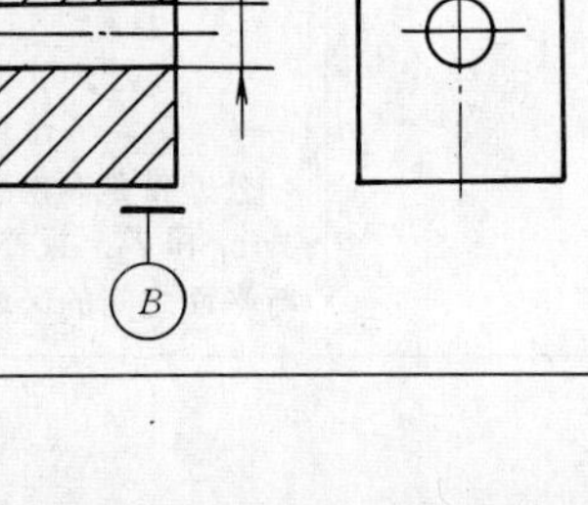

分类	项目和符号	公差带定义	图 例
位置公差		**面对线平行度公差** 公差带是距离为公差值 t 且平行于基准线的两平行平面之间的区域 基准线	被测表面必须位于距离为公差值 0.1 且平行于基准线 C（基准轴线）的两平行平面之间 // | 0.1 | C
		面对面平行度公差 公差带是距离为公差值 t 且平行于基准面的两平行平面之间的区域 基准平面	被测表面必须位于距离为公差值 0.01 且平行于基准表面 D（基准平面）的两平行平面之间 // | 0.01 | D
	垂直度 ⊥	**线对线垂直度公差** 公差带是距离为公差值 t 且垂直于基准线的两平行平面之间的区域 基准线	被测轴线必须位于距离为公差值 0.06 且垂直于基准线 A（基准轴线）的两平行平面之间 ⊥ | 0.06 | A
		线对面垂直度公差 在给定方向上，公差带是距离为公差值 t 且垂直于基准面的两平行平面之间的区域 基准平面	在给定方向上被测轴线必须位于距离为公差值 0.1 且垂直于基准表面 A 的两平行平面之间 ⊥ | 0.1 | A

（续）

分类	项目和符号	公差带定义	图　　例
位 置 公 差	垂直度 ⊥	公差带是分别垂直于给定方向的距离分别为 t_1 和 t_2 且垂直于基准面的两对平行平面之间的区域 基准平面 基准平面	被测轴线必须位于距离分别为公差值 0.2 和 0.1 的互相垂直且垂直于基准平面的两对平行平面之间
		如公差值前加注 ϕ，则公差带是直径为公差值 t 且垂直于基准面的圆柱面内的区域 基准平面	被测轴线必须位于直径为公差值 $\phi0.01$ 且垂直于基准面 A（基准平面）的圆柱面内
		面对线垂直度公差 公差带是距离为公差值 t 且垂直于基准线的两平行平面之间的区域 基准线	被测面必须位于距离为公差值 0.08 且垂直于基准线 A（基准轴线）的两平行平面之间
		面对面垂直度公差 公差带是距离为公差值 t 且垂直于基准面的两平行平面之间的区域 基准平面	被测面必须位于距离为公差值 0.08 且垂直于基准平面 A 的两平行平面之间

分类	项目和符号	公差带定义	图　例
位置公差	倾斜度 ∠	线对线倾斜度公差被测线和基准线在同一平面内：公差带是距离为公差值 t 且与基准线成一给定角度的两平行平面之间的区域	被测轴线必须位于距离为公差值 0.08 且与 $A—B$ 公共基准线成一理论正确角度的两平行平面之间
		被测线与基准线不在同一平面内：公差带是距离为公差值 t 且与基准成一给定角度的两平行平面之间的区域。测量时处理测量结果用	被测轴线投影到包含基准轴线的平面上，它必须位于距离为公差值 0.08 并与 $A—B$ 公共基准线成理论正确角度 60° 的两平行平面之间
		线对面倾斜度公差　公差带是距离为公差值 t 且与基准成一给定角度的两平行平面之间的区域	被测轴线必须位于距离为公差值 0.08 且与基准面 A（基准平面）成理论正确角度 60° 的两平行平面之间
		如在公差值前加注 ϕ，则公差带是直径为公差值 t 的圆柱面内的区域，该圆柱面的轴线应与基准平面呈一给定的角度，并平行于另一基准平面	被测轴线必须位于直径为公差值 $\phi0.1$ 的圆柱面公差带内，该公差带的轴线应与基准平面 A（基准平面）呈理论正确角度 60°，并平行于基准平面 B

分类	项目和符号	公差带定义	图　例
位置公差	倾斜度	面对线倾斜度公差 公差带是距离为公差值 t 且与基准线成一给定角度的两平行平面之间的区域 基准线	被测表面必须位于距离为公差值 0.1 且与基准线 A（基准轴线）成理论正确角度 75°的两平行平面之间
		面对面倾斜度公差 公差带是距离为公差值 t 且与基准面成一给定角度的两平行平面之间的区域 基准平面	被测表面必须位于距离为公差值 0.08 且与基准面 A（基准平面）成理论正确角度 40°的两平行平面之间
	位置度	点的位置度公差 如公差值前加注 ϕ，公差带是直径为公差值 t 的圆内的区域。圆公差带的中心点的位置由相对于基准 A 和 B 的理论正确尺寸确定 	两个中心线的交点必须位于直径为公差值 0.3 的圆内，该圆的圆心位于由相对基准 A 和 B（基准直线）的理论正确尺寸所确定的点的理想位置上
		如公差值前加注 $S\phi$，公差带是直径为公差值 t 的球内的区域。球公差带的中心点的位置由相对于基准 A、B 和 C 的理论正确尺寸所确定 	被测球的球心必须位于直径为公差值 0.3 的球内。该球的球心位于由相对基准 A、B、C 的理论正确尺寸所确定的理想位置上

分类	项目和符号	公差带定义	图 例
位置公差	位置度 ⊕	**线位置度公差** 公差带是距离为公差值 t 且以线的理想位置为中心线对称配置的两平行直线之间的区域。中心线的位置由相对于基准 A 的理论正确尺寸确定，此位置度公差仅给定一个方向 公差带是两对互相垂直的距离为 t_1 和 t_2 且以轴线的理想位置为中心对称配置的两平行平面之间的区域。轴线的理想位置是由相对于三基面体系的理论正确尺寸确定的，此位置度公差相对于基准给定互相垂直的两个方向 如在公差值前加注 ϕ，则公差带是直径为 t 的圆柱面内的区域。公差带的轴线的位置由相对于三基面体系的理论正确尺寸确定 	每根刻线的中心线必须位于距离为公差值 0.05 且由相对于基准 A 的理论正确尺寸所确定的理想位置对称的诸两平行直线之间 各个被测孔的轴线必须分别位于两对互相垂直的距离为公差值 0.05 和 0.2，由相对于 C、A、B 基准表面（基准平面）理论正确尺寸所确定的理想位置对称配置的两平行平面之间 被测轴线必须位于直径为公差值 $\phi0.08$ 且以相对于 C、A、B 基准表面（基准平面）的理论正确尺寸所确定的理想位置为轴线的圆柱面内

(续)

分类	项目和符号	公差带定义	图 例
位置公差	位置度 $\oplus$		每个被测轴线必须位于直径为公差值 $\phi 0.1$，由以相对于 C、A、B 基准表面（基准平面）的理论正确尺寸所确定的理想位置为轴线的圆柱面内
		平面或中心平面的位置度公差 公差带是距离为公差值 t 且以面的理想位置为中心对称配置的两平行平面之间的区域。面的理想位置是由相对于三基面体系的理论正确尺寸确定的 	被测表面必须位于距离为公差值 0.05，由以相对于基准线 B（基准轴线）和基准表面 A（基准平面）的理论正确尺寸所确定的理想位置对称配置的两平行平面之间
	同轴度 $\odot$	点的同心度公差 公差带是直径为公差值 ϕt 且与基准圆心同心的圆内的区域 	外圆的圆心必须位于直径为公差值 $\phi 0.01$ 且与基准圆心同心的圆内
		轴线的同轴度公差 公差带是直径为公差值 ϕt 的圆柱面内的区域，该圆柱面的轴线与基准轴线同轴 	大圆柱面的轴线必须位于直径为公差值 $\phi 0.08$ 且与公共基准线 $A—B$（公共基准轴线）同轴的圆柱面内

（续）

分类	项目和符号	公差带定义	图　例
位 置 公 差	对称度 ＝	中心平面的对称度公差 　公差带是距离为公差值 t 且相对基准的中心平面对称配置的两平行平面之间的区域 基准平面 t $\dfrac{t}{2}$	被测中心平面必须位于距离为公差值 0.08 且相对于基准中心平面 A 对称配置的两平行平面之间 A　⊟ 0.08 A 被测中心平面必须位于距离为公差值 0.08 且相对于公共基准中心平面 $A—B$ 对称配置的两平行平面之间 ⊟ 0.08　$A—B$ A　　　　　B
	圆跳动公差	圆跳动公差是被测要素某一固定参考点围绕基准轴线旋转一周时（零件和测量仪器间无轴向位移）允许的最大变动量 t，圆跳动公差适用于每一个不同的测量位置 　注：圆跳动可能包括圆度、同轴度、垂直度或平面度误差，这些误差的总值不能超过给定的圆跳动公差	
	径向圆跳动公差 ↗	径向圆跳动公差 　公差带是在垂直于基准轴线的任一测量平面内、半径差为公差值 t 且圆心在基准轴线上的两同心圆之间的区域 t 基准轴线 测量平面 跳动通常是围绕轴线旋转一整周，也可对部分圆周进行限制	当被测要素围绕基准线 A（基准轴线）并同时受基准表面 B（基准平面）的约束旋转一周时，在任一测量平面内的径向圆跳动量均不得大于 0.1 ↗ 0.1　A　B A B 被测要素绕基准线 A（基准轴线）旋转一个给定的部分圆周时，在任一测量平面内的径向圆跳动量均不得大于 0.2

（续）

分类	项目和符号	公差带定义	图　例

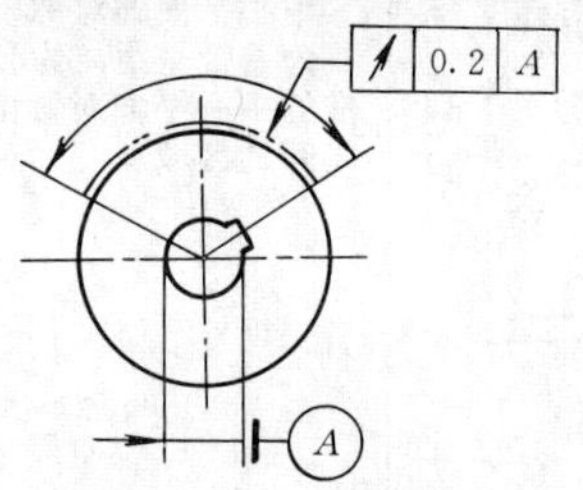

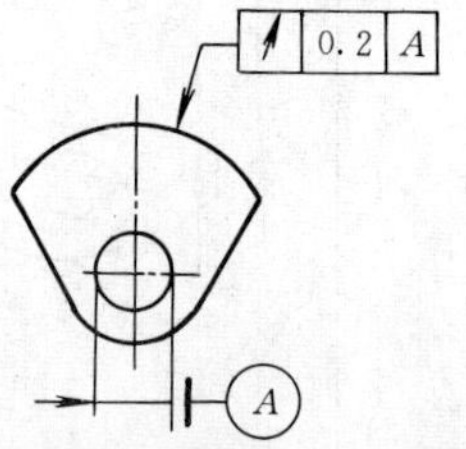

当被测要素围绕公共基准线 $A—B$（公共基准轴线）旋转一周时，在任一测量平面内的径向圆跳动量均不得大于 0.1

端面圆跳动公差
　公差带是在与基准同轴的任一半径位置的测量圆柱面上距离为 t 的两圆之间的区域

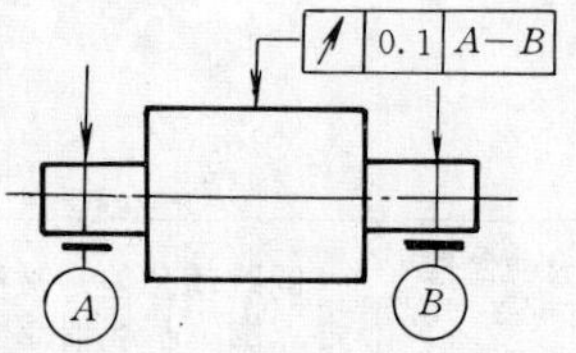

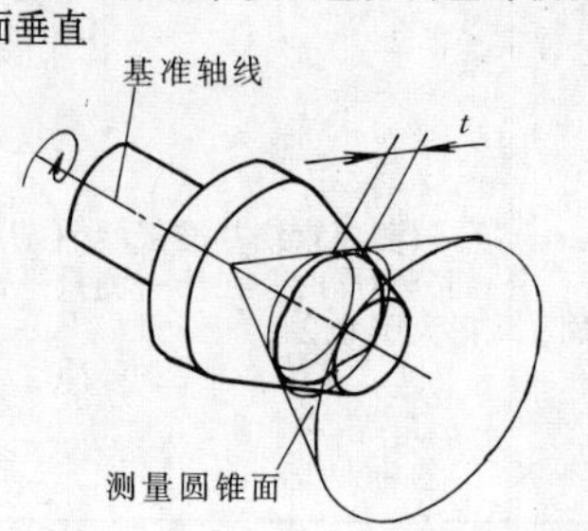

被测面围绕基准线 D（基准轴线）旋转一周时，在任一测量圆柱面内轴向的跳动量均不得大于 0.1

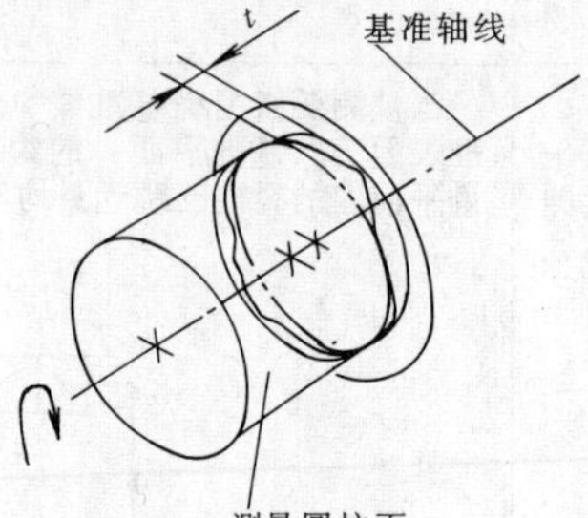

斜向圆跳动公差
　公差带是在与基准同轴的任一测量圆锥面上距离为 t 的两圆之间的区域
　除另有规定，其测量方向应与被测面垂直

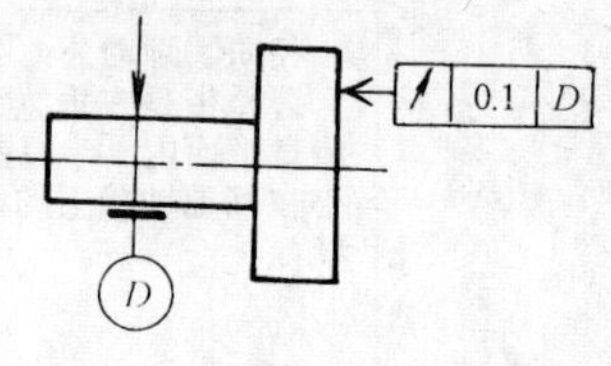

被测面绕基准线 C（基准轴线）旋转一周时，在任一测量圆锥面上的跳动量均不得大于 0.1

位　置　公　差

基准轴线　测量圆柱面　测量圆锥面

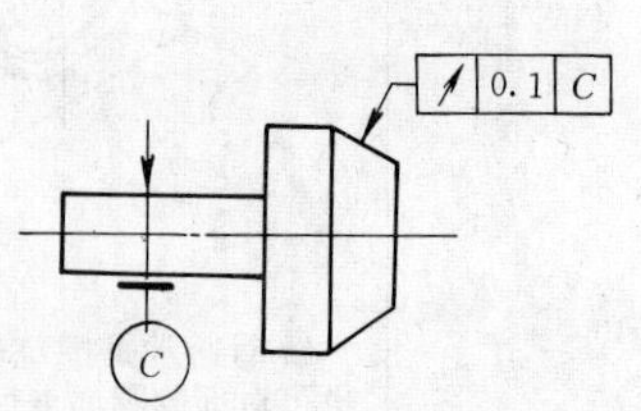

（续）

分类	项目和符号	公差带定义	图　例
位置公差	圆跳动公差	被测曲面绕基准线 C（基准轴线）旋转一周时，在任一测量圆锥面上的跳动量均不得大于0.1
		 斜向（给定角度的）圆跳动公差 公差带是在与基准同轴的任一给定角度的测量圆锥面上，距离为公差值 t 的两圆之间的区域 	被测面绕基准线 A（基准轴线）旋转一周时，在给定角度为 60° 的任一测量圆锥面上的跳动量均不得大于0.1。
	全跳动公差	径向全跳动公差 公差带是半径差为公差值 t 且与基准同轴的两圆柱面之间的区域 	被测要素围绕公共基准线 A—B 作若干次旋转，并在测量仪器与工件间同时作轴向的相对移动时，被测要素上各点间的示值差均不得大于0.1。测量仪器或工件必须沿着基准轴线方向，并相对于公共基准轴线 A—B 移动
		端面全跳动公差 公差带是距离为公差值 t 且与基准垂直的两平行平面之间的区域 	被测要素围绕基准轴线 D 作若干次旋转，并在测量仪器与工件间作径向相对移动时，在被测要素上各点间的示值差均不得大于0.1。测量仪器或工件必须沿着轮廓具有理想正确形状的线和相对于基准轴线 D 的正确方向移动。

234

5.4.2.2 形位公差的标注方法 形位公差在图样中是用代号标注的，当无法采用代号标注时，也可用文字说明。

形位公差的代号包括：形位公差项目符号；形位公差框格和带箭头的指示线；形位公差数值和其它有关符号·基准符号等。

1. 形位公差框格及带箭头的指引线 框格用细实线画出，可水平或垂直放置。框格内自左向右分出两格、三格或多格，见图 5-30。

框格内填写以下内容：

第一格 形位公差符号；

第二格 形位公差数值及有关符号；

第三格及第三格以后 基准代号及其它符号。

框格的长度可根据需要加长。

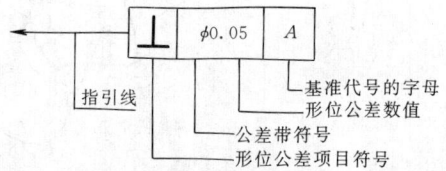

图 5-30 形位公差框格和带箭头的指引线

框格一端与指引线相连，指引线另一端以箭头指向被测要素，一般是垂直于被测要素的可见轮廓线或其延长线，但要与尺寸线明显错开，见图 5-31。

2. 标明基准要素的方法 被测要素的位置公差，总是对一定基准要素而言的，基准要素在图样上用基准符号表示，基准符号为一加粗（约 2b）的短划。

基准符号应靠近基准线或基准面或它们的延长线上。基准符号与框格之间用细实线连接起来，连线必须与基准要素垂直。

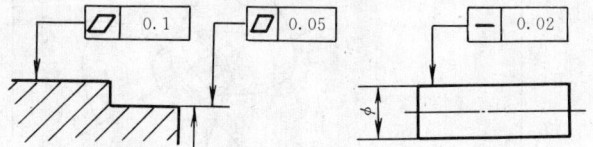

图 5-31 箭头指向轮廓线或其引出线

当基准要素为表面或素线时，基准符号应与尺寸线明显错开，见图 5-32a。

当基准符号不便与框格相连时，可采用基准代号标注。基准代号由基准符号、圆圈、连线和字母组成，见图 5-32b 所示。采用基准代号标注基准要素时，公差框格中一定要写上相同字母，圆圈和连线用细实线，无论基准符号方向如何，字母一律水平写。

形位公差有时可采用任选基准（或互为基准）的方法标注，标注方法见图 5-33。

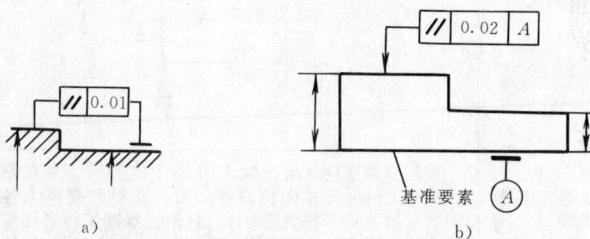

图 5-32 基准符号及基准代号标注

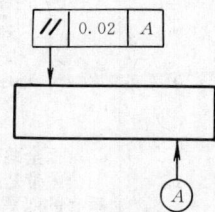

图 5-33 任选基准标注方法

当基准要素为轴线或中心平面时，基准符号可直接靠近该要素，见图 5-34a，或与其尺寸线对齐，见图 5-34b、c。

3. 被测要素、被测要素为轴线或中心平面时的标注方法 当被测要素为轴线或中心平面时，箭头应直接指向该要素，见图 5-35a 或与尺寸线对齐，见图 5-35b 和图 5-35c。

当被测要素为轮廓要素，指引线的箭头应指在该素线的轮廓线或其引出线上，并应明显地与尺寸线错开，见图 5-31。

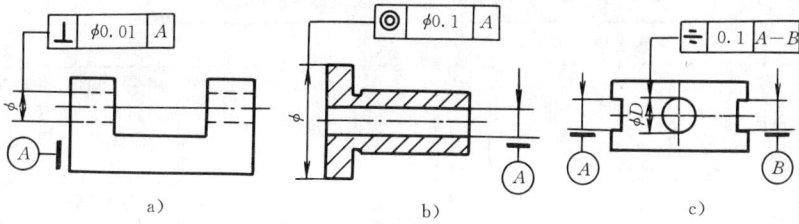

图 5-34　基准要素为轴线、中心平面时的标注方法

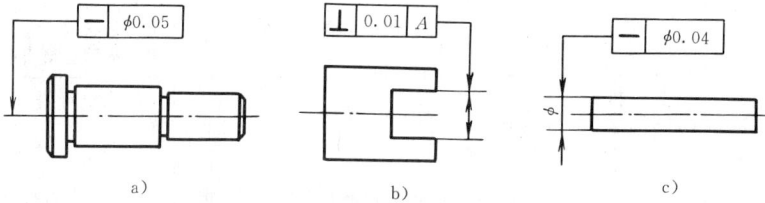

图 5-35　被测要素为轴线、中心平面指引线画法

　　4．多项形位公差合并标注　当被测要素有多项形位公差、标注方法均一致时，可将框格画在一起，并引用一条指引线，见图 5-36。

　　5．多个被测要素有相同的形位公差要求的标注　当多个被测要素有相同的形位公差要求时，可以从框格引出的指引线上绘制多个指示箭头，并与各被测要素相连，见图 5-37。

5.4.2.3　形位公差标注的识读　识读图样中形位公差的标注，需了解公差项目符号的意义、公差数值、被测要素与基准要素的关系，以便选择零件的加工方法和测量方法，图 5-38 为形位公差标注综合示例，可以从中学习标注方法，研究分析各项标注意义。

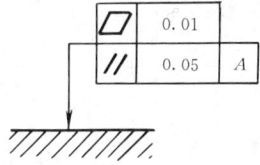

图 5-36　多项形位公差合并标注

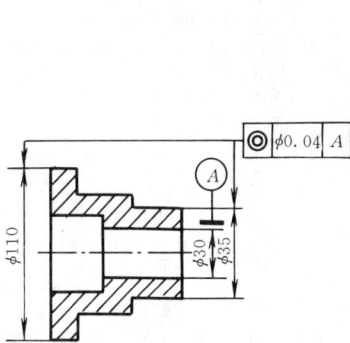

图 5-37　多个被测要素具有同一形位公差要求的标注

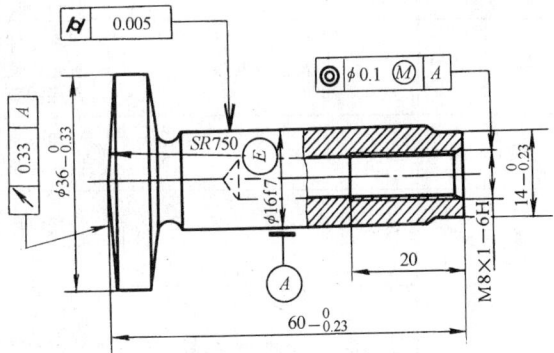

图 5-38　形状和位置公差标注示例

5.4.3　热处理与表面处理

　　表 5-4 列出了热处理与表面处理有关知识，供读者参考。

236

表 5-4　常用热处理和表面处理名词解释

名　称	代号及标注举例	说　明	目　的
退　火	Th	加热—保温—随炉冷却	用来消除铸、锻、焊零件的内应力，降低硬度，以利切削加工，细化晶粒，改善组织，增加韧性
正　火	Z	加热—保温—空气冷却	用于处理低碳钢、中碳结构钢及渗碳零件，细化晶粒，增加强度与韧性，减少内应力，改善切削性能
淬　火	C C48（淬火回火 45～50HRC）	加热—保温—急冷	提高机件强度及耐磨性。但淬火后引起内应力，使钢变脆，所以淬火后必须回火。
调　质	T T235（调质至 220～250HBS）	淬火—高温回火	提高韧性及强度。重要的齿轮、轴及丝杆等零件需调质
高频淬火	G G52（高频淬火后回火至 50～55HRC）	用高频电流将零件表面加热—急速冷却	提高机件表面的硬度及耐磨性，而心部保持一定的韧性，使零件既耐磨又能承受冲击，常用来处理齿轮
渗碳淬火	S—C S0.5～C59 （渗碳层深 0.5，淬火硬度 56～62HRC）	将零件在渗碳剂中加热，使渗入钢的表面后，再淬火回火 渗碳深度 0.5～2mm	提高机件表面的硬度、耐磨性、抗拉强度等适用于低碳、中碳（C＜0.40%）结构钢的中小型零件
渗　氮	D D0.3～900 （渗氮深度 0.3，硬度大于 850HV）	将零件放入氨气内加热，使氮原子渗入钢表面。渗氮层 0.025～0.8mm，氮化时间 40～50h	提高机件的表面硬度、耐磨性、疲劳强度和抗蚀能力。适用于合金钢、碳钢、铸铁件，如机床主轴、丝杆、重要液压元件中的零件
液体碳氮共渗	Q Q59（碳氮共渗淬火后，回火至 56～62HRC）	钢件在碳、氮中加热，使碳、氮原子同时渗入钢表面。可得到 0.2～0.5 碳氮共渗层	提高表面硬度、耐磨性、疲劳强度和耐蚀性，用于要求硬度高、耐磨的中小型、薄片零件及刀具等
时　效	时效处理	机件精加工前，将其加热到 100～150℃后，保温 5～20h—空气冷却，铸件可自然时效（露天放一年以上）	消除内应力，稳定机件形状和尺寸，常用于处理精密机件，如精密轴承、精密丝杆等
氧　化	发蓝或发黑	将零件置于氧化剂内加热氧化，使表面形成一层氧化铁保护膜	防腐蚀、美化，如用于螺纹联接件
镀　镍		用电解方法，在钢件表面镀一层镍	防腐蚀、美化
镀　铬		用电解方法，在钢件表面镀一层铬	提高表面硬度、耐磨性和耐蚀能力，也用于修复零件上磨损了的表面
硬　度	HBS、HBW（布氏硬度） HRC（洛氏硬度） HV（维氏硬度）	材料抵抗硬物压入其表面的能力 依测定方法不同而有布氏、洛氏、维氏等几种	检验材料经热处理后的力学性能——硬度 HBS、HBW 用于退火、正火、调质的零件及铸件 HRC 用于经淬火、回火及表面渗碳、渗氮等处理的零件 HV 用于薄壁硬化零件

注：金属热处理工艺分类及代号，现已有新的国家标准，即 GB/T 12603—90，现举例说明：如表 5-3 中退火若为去应力退火新国标表示为 5111e；等温退火新国标表示为 5111n。

5.5 零件图的识读

正确、熟练地读零件图，是技术工人必须掌握的基本功之一。所谓识读零件图，就是根据零件图想象分析出零件的结构，熟悉零件的尺寸和技术要求等，以便在加工制造时采取相应的技术措施，来达到图样上提出的要求。

按零件的结构形状特点，一般零件可分为轴套类、轮盘类、叉架类和箱体类。掌握各类零件的形状结构和表达方法特点，对提高读图的能力很有帮助。

表5-5列举了四类零件的典型示例和大致的结构特点。

表 5-5　一般零件分类

类别	图　例		特　点
轴套类	轮轴	套筒	大部分表面为圆柱面，其上常有键槽、销孔、退刀槽、倒角、螺纹等结构
轮盘类	手轮	端盖	多数形状为短粗回转体，一般为铸锻毛坯加工而成，其上常有轮辐、轴孔、键槽、螺孔等结构
叉架类	跟刀架	连杆	形状复杂多样，多为铸、锻毛坯加工而成，主体为各种断面的肋板，工作部分常为孔、叉结构
箱体类	泵体	箱壳	一般为空心铸件毛坯加工而成，其上常有轴孔、螺孔、凸台、凹坑、肋板等结构

5.5.1 识读零件图的方法和步骤

1. 看标题栏 标题栏列出了零件名称、材料、比例、设计和生产单位等内容，对了解零件概貌，即零件在机器中的作用，以及结构特点等提供线索；由比例大小还可知零件实物比图样缩小（或放大）若干倍。

2. 弄清视图关系 根据视图的排列和有关标注，从中找出主视图，并按投影关系确定出其它视图的名称和剖切位置及采用的其它表达方法，这样零件图中的视图关系就弄清楚了。

3. 分析投影，想象零件形状 这是看图的重要环节。在搞清楚视图关系的基础上，以主视图为基础，配合其它视图、剖视、剖面等图形，分析投影，想象各部分的结构形状和它们的相对位置，进而想象出零件的完整形状。分析投影的一般原则是先看主要部分，后看次要部分；先看外形，后看内形。

4. 分析尺寸标注 了解各部分的大小和相互位置。宜先分析长、宽、高三个方向的尺寸基准，从基准出发，搞清楚哪些是主要尺寸，然后以结构形状为线索，找出各形体的定位尺寸和定形尺寸；有时还要检查尺寸是否符合设计和工艺要求及是否符合有关国家标准。

5. 看技术要求 目的是明确加工和测量方法，确保零件质量。看技术要求时，可以根据表面粗糙度、尺寸公差、形位公差以及其它技术要求，弄清楚哪些是要求加工的表面以及加工精度高低等，以便采取不同的加工方法，保证零件质量。

以上所述为识读零件图的一般方法和步骤，但要看懂零件图，在许多情况下，还要参考有关的技术资料和图样，如说明书、装配图和相关的零件图等。通过上面的分析，再把视图、尺寸、技术要求综合起来考虑，有否遗漏和错误，并进一步考虑零件的结构和工艺的合理性，是否要求改进等问题。

5.5.2 常见的几类零件图

1. 轴套类零件 轴套类零件的形状特征是回转体，大多数的轴向长度大于它的直径。常见的轴类零件有：光轴、阶梯轴和空心轴等；轴上常见的结构有：越程槽（或退刀槽）、倒角、圆角、键槽、中心孔、螺纹等结构。

在机器中轴类零件主要用来支承转动零件（如齿轮、带轮）和传递转矩。

套类零件的形状特征是带有空心的回转体；大多数套，其壁厚小于它的内孔直径。它的外形轮廓，有的带台阶，有的不带台阶；而在套上常有油槽、倒角、退刀槽、螺纹、油孔、键槽、销孔以及为减小接触面而设计的凹槽等结构。

套类零件一般是装在轴上，主要用于支承和保护转动零件，或用来保护与它外壁相配合的表面；起轴向定位、传动或联接等作用。

现以图 5-39 所示轴的零件为例，说明轴套类零件的识读方法。

(1) 看标题栏 可以知道这个零件的名称为主轴，材料为 38CrMoALA，数量是一件，比例为 1:2，说明此零件图中的线性尺寸比实物缩小了一半。

(2) 弄清视图关系，此零件图采用了局部剖的主视图、四个移出剖面图、两个局部视图，另外由于工件较长，在主视图中采用断裂画法。

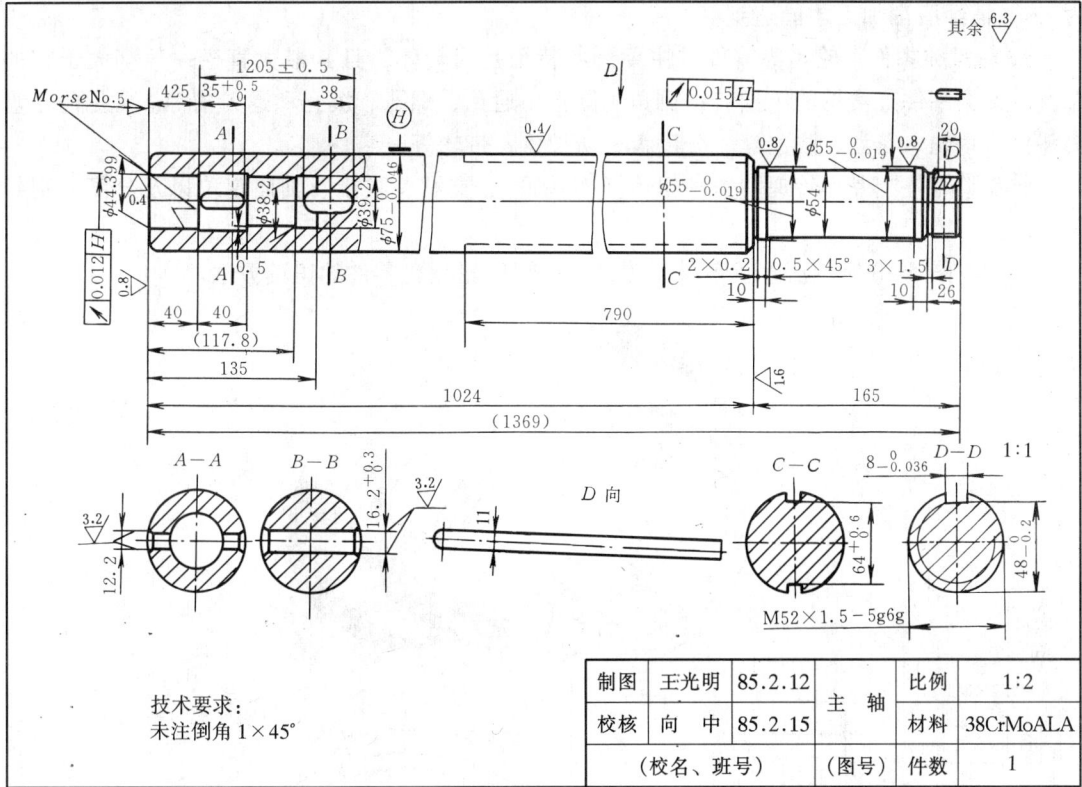

图 5-39 轴零件图

(3) 分析投影 从主视图着手分析，其主要结构形状是回转体，一般只画一个主视图，再加上尺寸标注，就可以将基本形状表达清楚了。该轴的基本形状是由 $\phi75$mm、$\phi55$mm、$\phi54$mm、$\phi48$mm 同轴圆柱面所组成的阶梯轴。

在主视图下方有四个移出剖面，将 $A—A$，$B—B$ 两剖面图与主视图对照看，在轴的左侧，分别有一个宽为 12.2mm、长为 $35^{+0.50}_{0}$mm 和宽为 16.2mm、长为 38mm 的通槽；把 $C—C$ 剖面与 D 向局部视图和主视图结合看，得知在 $\phi75$mm 轴上的右半部上、下两侧有 790mm 的长槽，槽的形状如 D 向视图所表示。从左侧局部剖视图看到轴内尺寸的变化，最左端有一个 5 号莫氏锥度的孔；最右端上方的局部剖视图，表示有一个键槽，键槽的长度为 20mm、宽度为 8mm。

另外轴的各端面均有倒角。

(4) 分析尺寸标注 轴心线是径向尺寸的主要基准，$\phi44.399$mm、$\phi38.2$mm、$\phi75^{0}_{-0.046}$mm、$\phi39.2$mm、$\phi54$mm 等均以轴线为基准标注，左端面是 40mm、117.8mm、135mm、1204mm、1369mm 的基准，左端面为轴向尺寸的主要基准。

图中没有给出的长度尺寸，可以在加工中自然形成。

(5) 看技术要求，明确加工和测量方法，确保零件质量 如 $\phi75^{0}_{-0.046}$mm、$\phi55^{0}_{-0.019}$mm 等需经外圆磨削加工才能得到；5 号莫氏锥度孔需经内圆磨削加工予以保证；$\phi55^{0}_{-0.019}$mm 外圆表面对 H 圆柱轴线的径向圆跳动公差不得超过 0.015mm；$\phi44.399$mm 内孔表面对 H 圆柱轴线的径向圆跳动公差不得超过 0.012mm，这些技术要求需在加工过程中给以保证。

从图中标注的表面粗糙度可知，此零件所有表面都要经过机械加工，最细的表面粗糙度

为 $\sqrt{0.4}$ ，需经磨削加工才能达到。

2．轮盘类零件　轮盘类零件的主要形状特征是回转体，且其最大直径一般都大于它的总长。此类零件上常见的结构有：倒角、圆角、通孔、螺孔、沉孔和退刀槽等。常见的轮盘类零件有手轮、花盘、法兰盘、分度盘、防护盘、带轮等。

轮盘类零件主要起传递动力和扭矩（如手轮）、支承、联接、轴向定位以及分度、密封等作用。

下面以图 5-40 所示法兰盘零件图为例，来说明轮盘类零件的识读方法。

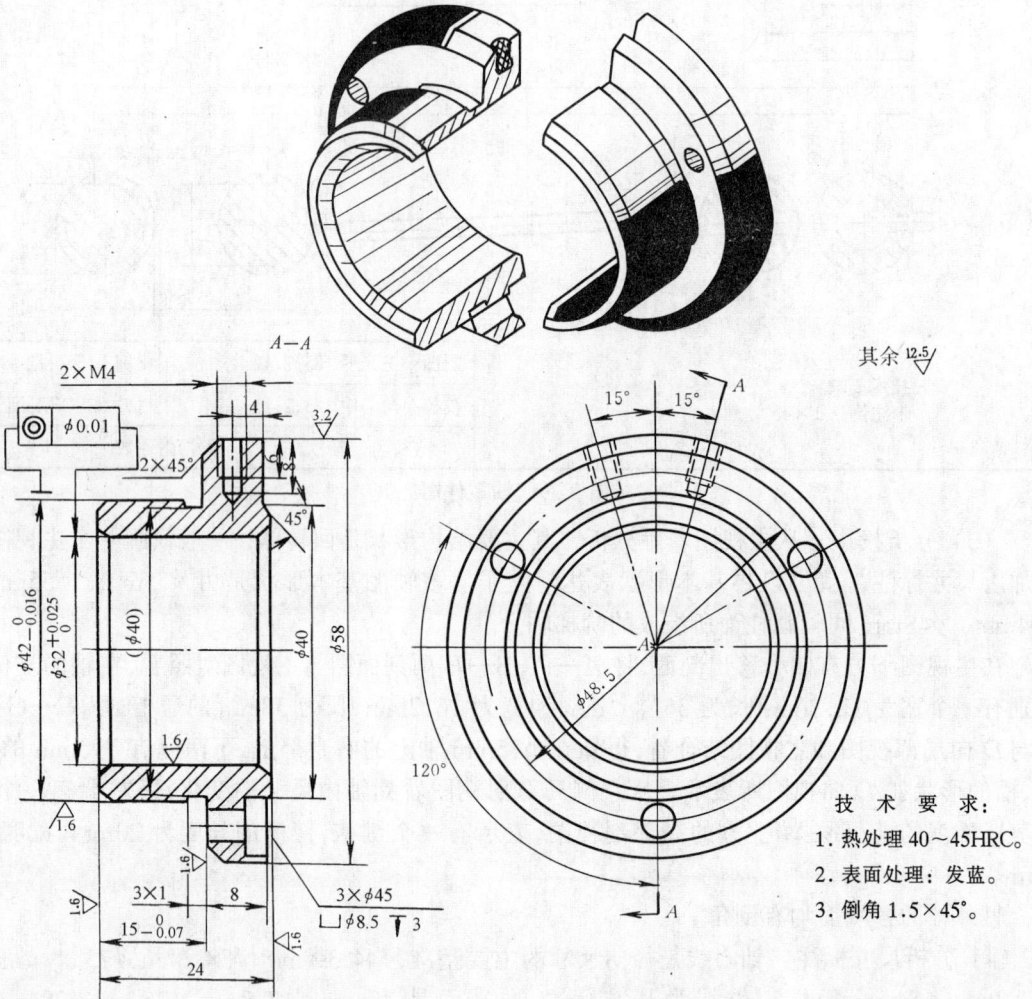

图 5-40　法兰盘零件图

从表达方法看，通常用两个基本视图表达轮盘类零件的主体形状；因该类零件主要是在车床或镗床上加工，所以常将轴线置于水平位置，以符合零件加工位置，为了表达内部形状，常采用单一剖或旋转剖等表达方法。而左视图或右视图，重点反映轮盘的轮廓、肋、孔、轮槽等结构的分布情况，有时还采用局部放大图、局部剖视图、剖面等方法表达某一处的具体结构。

该法兰盘以主视图和左视图表示其基本形状，其中主视图采用 $A—A$ 旋转剖视方法来反映其内部形状。法兰盘上有凸缘、退刀槽和倒角，其中凸缘上有 3 个沉孔和 2 个螺孔；3 个沉孔各相间 120°均匀分布于圆周，2 个螺孔沿径向分布于中心轴线左右两侧 15°处。左端面和轴线为其尺寸基准。

这类零件的毛坯多为铸件，零件图中常出现很多铸造圆角和由此而形成的过渡线，见图 5-41。

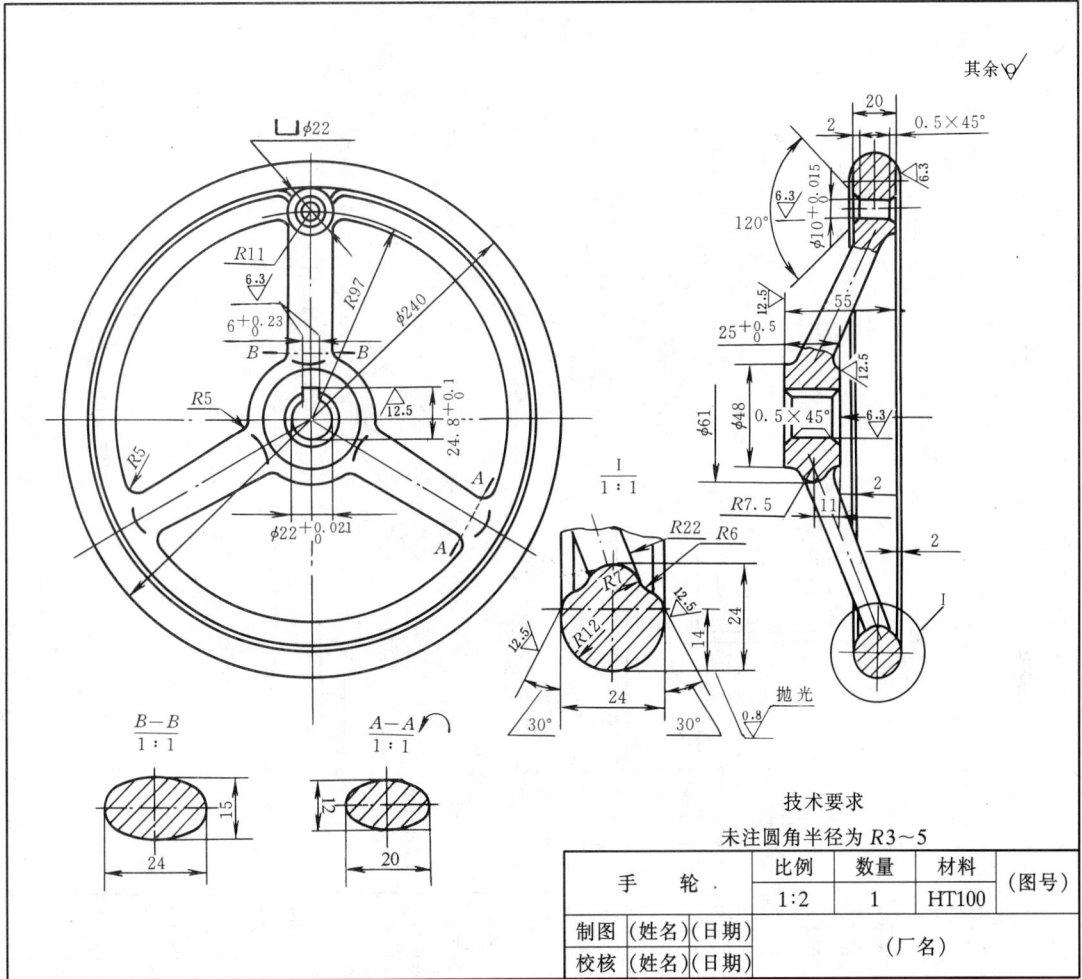

图 5-41 手轮零件图

位置公差 ◎ $\phi 0.01$ 表示 $\phi 32^{+0.025}_{0}$ mm 孔的轴线对 $\phi 42^{0}_{-0.016}$ mm 外圆的轴线同轴度公差为 $\phi 0.01$mm。未标注粗糙度表面的表面粗糙度均为 ∇12.5 。

再从技术要求看，该零件需经热处理，硬度为 40～45HRC；表面要经过发蓝处理。

3. 叉架类零件 叉架类零件包括叉类零件和支架类零件。

叉类零件的形状特征是带有叉形的结构，叉类零件上常见的结构有：轴孔、销孔、键槽、肋板、不通孔、通孔、螺孔等；支架类零件的形状特征是由支持部分（如直接承托轴、

242

轴套等)、工作部分(如支撑肋板等)、联接部分(如固定用的底板、底座等)组成的,其上常见的结构有:轴孔、通孔、凸台、倒角、圆角等。

拨叉、连杆、支架、支座等均属此类零件,其作用是操纵、联接、传动和支承。

下面以图 5-42 所示拨叉零件图为例,说明叉架类零件的识读方法。

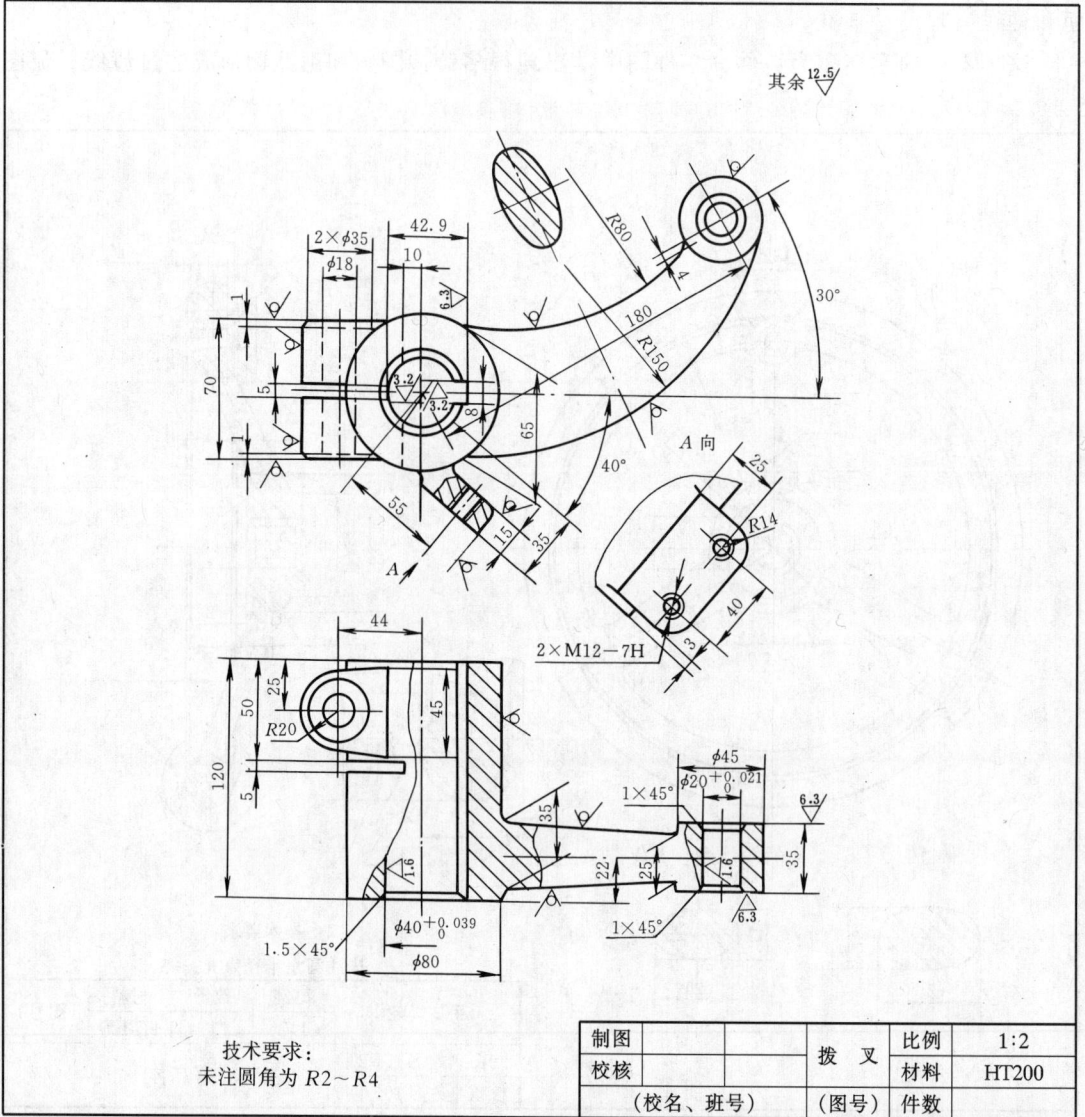

图 5-42 拨叉零件图

叉架类零件结构形状复杂多样,毛坯多为不规则的铸、锻件,需经多工序的机械加工,而加工位置又往往难分出主次。所以在选主视图时,一般不考虑其加工位置,而是以特征、形状,或其工作位置(或自然位置)来确定,一般都需两个以上视图。由于它的某些结构形状不平行于基本投影面,所以常常采用斜剖视、剖面和斜视图来表示。对零件上的一些内部结构形状可采用局部剖视;对某些较小的结构,也可采用局部放大图。

图 5-42 所示拨叉由主视图与俯视图等来表达。主视图已将拨叉外形基本表达清楚,为

了表达肋板的断面形状采用了移出剖面；并采用局部剖视图表示拨叉下面螺孔的结构；还采用了"A向"局部视图表示螺孔部分的外部形状及螺孔的具体位置。

俯视图中拨叉左右两端通孔处均采用局部剖视表达内部形状。结合主视图看，不仅知道左边的通孔中有一宽8mm长120mm的键槽，而且表示出最左端凸台部分在俯视图中的具体位置。

分析拨叉零件图的尺寸标注，$\phi40^{+0.039}_{0}$mm孔的中心线为长度方向和高度方向的主要尺寸基准，其后端面为宽度方向的主要尺寸基准；$\phi40^{+0.039}_{0}$mm 和 $\phi20^{+0.021}_{0}$mm 两圆孔的中心线间的距离为180mm，它是两圆孔的定位尺寸。

技术要求、表面粗糙度、尺寸公差、形位公差等方面没有什么特殊要求。此零件因为是铸件，图中标注出未注圆角均为 $R2\sim R4$，未标注粗糙度表面的表面粗糙度均为 $\sqrt{12.5}$。

4.箱体类零件 箱体类零件的主要形状特征是内外形结构较复杂，具有较大的用于承托和容纳有关零件的空腔，箱体上常见的结构有：轴孔、通孔、螺孔 凸台、倒角、圆角、肋板、凹槽等。

箱体类零件的作用是承托轴瓦、套、轴颈、轴承等；容纳轴、齿轮、蜗轮、弹簧、润滑油等；保护内部的其它零件，利于安全生产等。

各种减速箱、泵体、阀体、机座、机体等均属此类零件。箱体类零件一般为机器、部件的主体，常为铸件，也有焊接件。

现以图 5-43 蜗轮减速箱为例，来说明箱体类零件的识读方法。

蜗轮减速箱是蜗轮减速器的主体，内装一对互相啮合的蜗轮蜗杆，并盛有定量的润滑油，用箱盖和轴承盖等使其密封。

由图可见，箱体按工作位置放置，采用了两个基本视图和三个局部视图。主视图和左视图基本表达了整个箱体的内外形状，其外形大致可分为三部分组成，即由两个轴线垂直交叉相贯的两圆柱体和一个矩形底板叠加而成，见图 5-44。

进一步分析主、左视图，就可以看清两个相互垂直交叉的圆柱部分的内腔形状。这个内腔就是用来容纳蜗轮和蜗杆。为了支承并保证蜗轮与蜗杆的啮合关系，箱体后面、左右两端都有相应的轴孔，见图 5-45。

从主视图未剖部分和左视图中，可以看出大圆腔前部边缘有六个螺孔。从主视图的剖视部分和 B 向局部视图，可以看出小圆腔两端面各有三个螺孔。这些螺孔是用来安装箱盖和轴承盖的。上下两个螺孔是用来注油、放油和安装螺塞的。

C 向局部视图，表达了底板下面的形状和四个安装孔的位置。A 向局部视图，表达了箱体后部加强肋的形状。

由这个箱体零件的表示方法可见，因箱体类零件一般结构比较复杂，所以采用的视图和表达方法也比较多。主视图常按其工作位置安放、选择最能表达其形状特征的投影方向画出，并采用各种剖视。其它基本视图则应根据表达形状的需要而定。对箱体各别部分的内外形状，则可采用局部视图、局部放大图和局部剖视等加以补充表达。

蜗轮减速箱高度方向的主要尺寸基准为底平面，它既是箱体的安装平面，又是箱体加工时的测量基准面，因此即是设计基准又是工艺基准。高度方向的很多重要尺寸，都是由底面标注出的。但为了保证蜗轮蜗杆的啮合关系，蜗轮轴孔的中心线又成为高度方向的辅助基准，蜗杆轴孔的中心线高度就是由这里标注出的。箱体的长度和宽度方向的基准较易识别，

244

可自行分析。

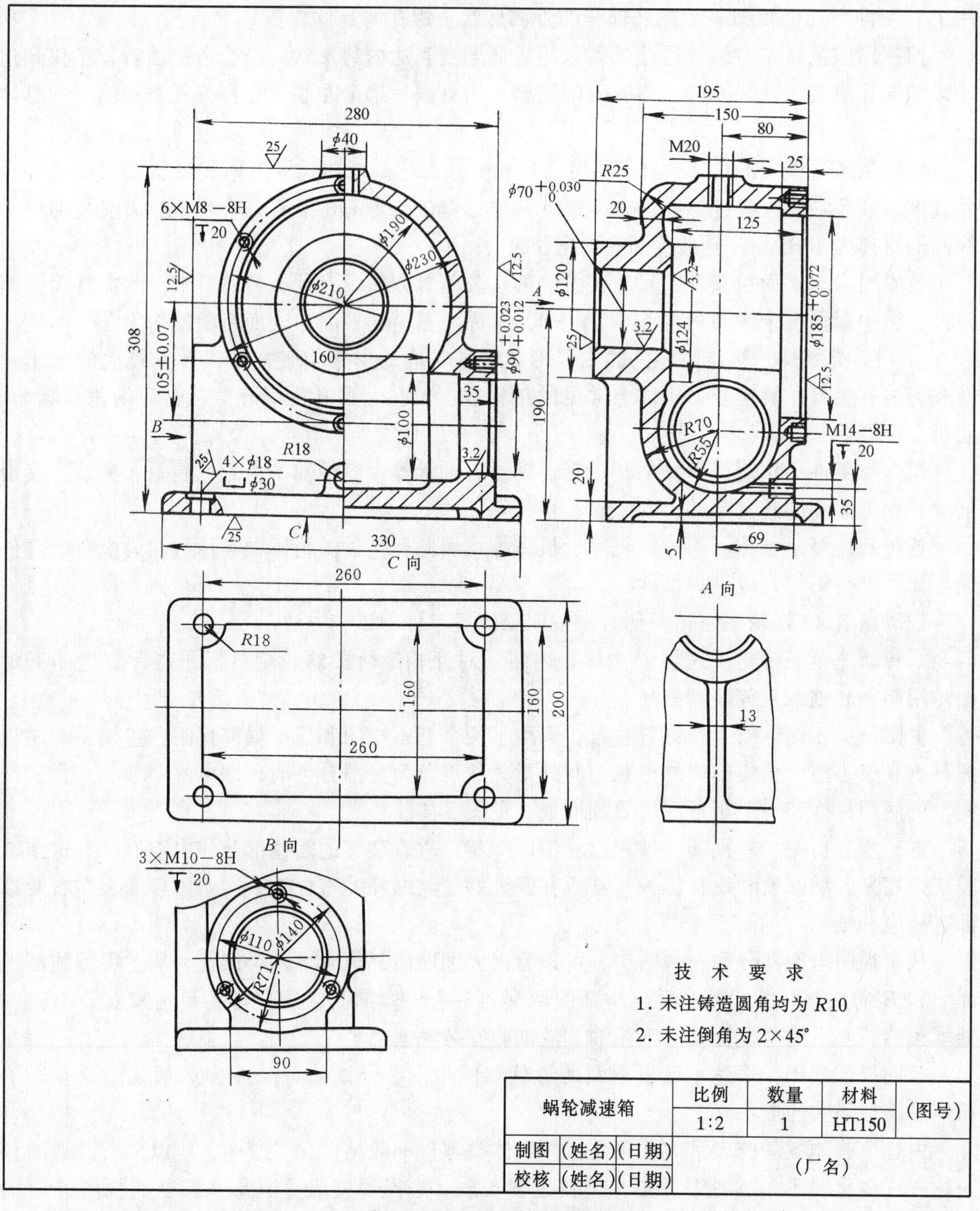

图 5-43 蜗轮减速箱零件图

箱体零件的技术要求，主要集中于支承传动轴的两个孔及两孔的中心距上。因为这些部分的尺寸精度、表面粗糙度和形位公差，将直接影响减速器的装配质量和使用性能。

识读零件图是一项很细致的工作，不仅需要相应的技术知识，而且需要一定的实践经验。零件图中不仅综合了机械制图的基本知识和方法，而且也包含了多种加工工艺方面的知识和经验。所以要想真正把各种零件图读懂，不仅要认真学习画图、读图的知识和技术，而且要注意工艺知识和实践经验的积累。

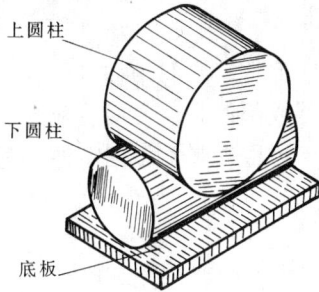

图 5-44　蜗轮减速箱形体分析

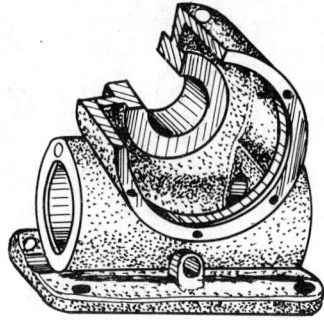

图 5-45　蜗轮减速箱轴测图

6 装 配 图

装配图是用来表达组成产品的装配独立单元（零件或部件）之间的相对位置、装配和联接关系以及零件基本结构的图样。在设计制造和改进机器或部件时，要用装配图表达其设计思想，根据装配图拆画零件图，按零件图制造出零件后，再根据装配图把零件装配成机器或部件。因此，装配图是生产中重要的技术文件。

6.1 装配图的作用和内容

6.1.1 装配图的作用

装配图是反映设计思想、装配机器和进行技术交流的工具。设计、装配、维修和使用机器都要用装配图。

6.1.2 装配图的内容

一张完整的装配图应具备下列基本内容见图6-1。

1. 标题栏、明细表　标题栏用于填写机器或部件的名称、数量、图号和图样比例以及有关责任者的签名和日期，明细表说明机器或部件上各个零件的名称、序号、数量、材料等。序号是将明细表与图样联系起来，以便看图时便于找到零件的位置。

2. 一组图形　用来表达机器或部件的工作原理，各零件的装配关系，零件的联接方式、传动路线以及主要零件的基本结构形状等。

3. 必要的尺寸　标注出表示机器或部件的性能、规格以及装配、检验、安装时所必要的一些尺寸。

4. 技术要求　用文字或符号说明机器或部件的性能、装配和调整要求、验收条件、试验和使用规则等。

6.2 装配图的表达方法

在零件图中所采用的各种表达方法，如基本视图、辅助视图、剖视和剖面等，在装配图中也同样适用。但是零件图所表达的是一个零件，而装配图表达的是由许多零件组成的部件或机器。因此，两种图样的要求有所不同，所表达的侧重点也就不同。装配图应以表达主要装配关系为中心。因此国家标准《机械制图》对画装配图提出了一些规定画法和特殊表达方法。

6.2.1 装配图的规定画法

1) 两相邻零件的接触面和配合面规定只画一条线。但当两相邻零件的基本尺寸不相同时，即使其间隙很小，也必须画出两条线，见图6-1中六角螺钉与端盖上沉孔之间的画法。

2) 两相邻零件的剖面线的倾斜方向应相反，或者方向一致但间隔不等。在各视图上，同一零件的剖面线倾斜方向和间隔应保持一致，剖面厚度在2mm以下的图允许以涂黑代替剖面符号，见图6-2简化画法。

3) 对于紧固件以及实心轴、手柄、连杆、拉杆、球、钩子、键等零件，若剖切平面通

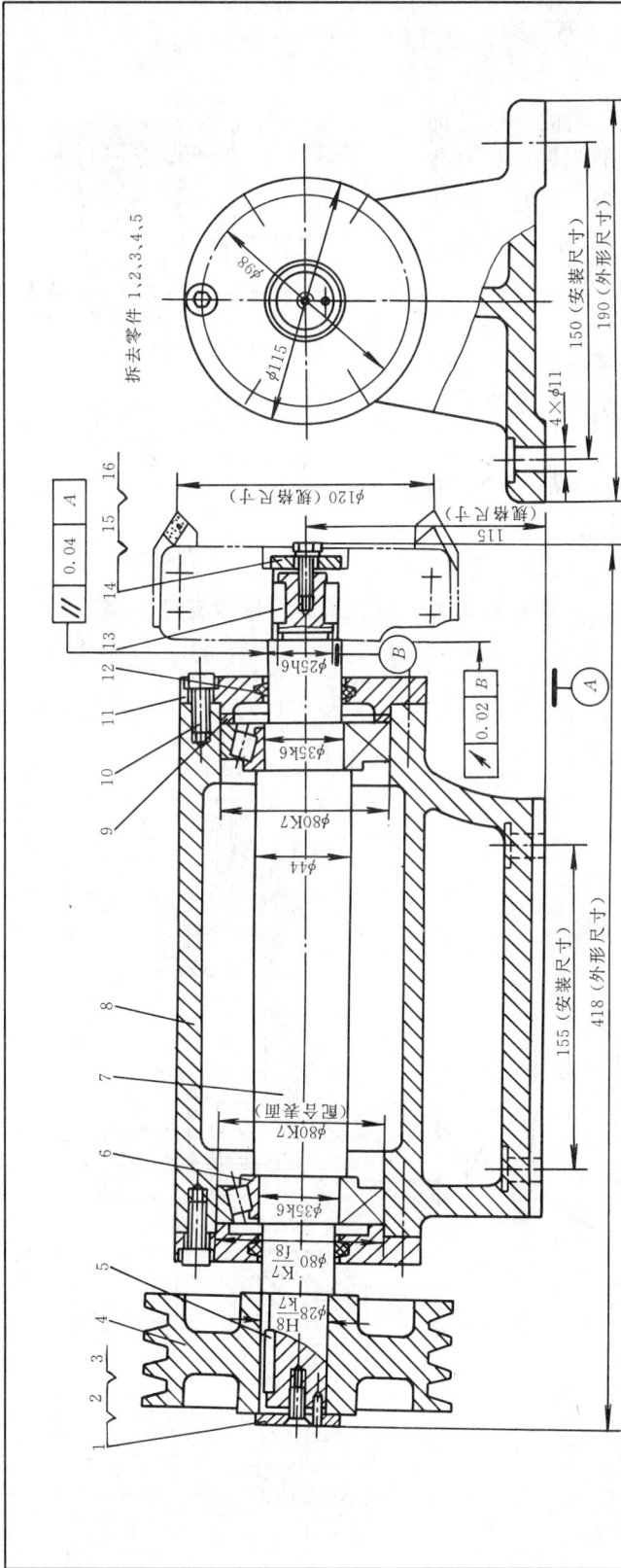

图 6-1 铣刀头装配图

技术要求

1. 主轴轴线对底面的平行度公差为 100:0.04。
2. 刀盘定位轴颈 A 的径向全跳动公差为 0.02mm。
3. 刀盘定位端面 B 对 φ25mm 轴线的端面全跳动公差为 0.02mm。
4. 铣刀轴端的轴向窜动量应不大于 0.01mm。

序号	零件名称	数量	材料	备注
16	垫圈 6	1	65Mn	GB93—87
15	螺栓 M6×20	1	Q235	GB5784—86
14	挡圈 B32	1	35	GB892—86
13	键 6×20	2	45	GB1096—79
12	毡圈	2	半粗羊毛毡	
11	端盖	2	HT200	
10	螺钉 M8×22	12	Q235	GB70—85
9	调整环	1	35	
8	座体	1	HT200	
7	轴	1	45	
6	轴承 7307	2		GB297—84
5	键 8×40	1	45	GB1096—79
4	V带轮	1	HT150	
3	圆柱销 A6×12	1	35	GB119—86
2	螺钉 M6×18	1	Q235	GB68—85
1	挡圈 A35	1	35	GB891—86

铣刀头　制图　校核　比例 1:2　重量　（厂名）　第　张　共　张

过其纵向对称平面时，则这些零件均按不剖绘制。见图 6-2 中的轴、螺钉等。

6.2.2 装配图的某些特殊表达方法

由于部件是由若干零件装配而成，因此在表达部件时会出现一些表达零件时未曾出现的问题。如有些零件遮住了其它零件。可采用展开画法。还有一些零件必须要表示出它的运动范围等等。针对这些问题，就提出一些特殊的表示方法。

1. 假想画法

1）在装配图上，当需要表示某些零件的运动范围和极限位置时，用双点划线画出该零件在极限位置上的形状，见图 6-3。

当三星轮板在图示位置Ⅰ时，齿轮 2,3 都不与齿轮 4 啮合；当处于位置Ⅱ时，传动路线为齿轮 1 经 2 传至 4；当处于位置Ⅲ时，传动路线为齿轮1 经 2、3 传至 4，这样齿轮 4 的转向就与前一种情况相反了。图中位置Ⅱ、位置Ⅲ即可用假想线表示。

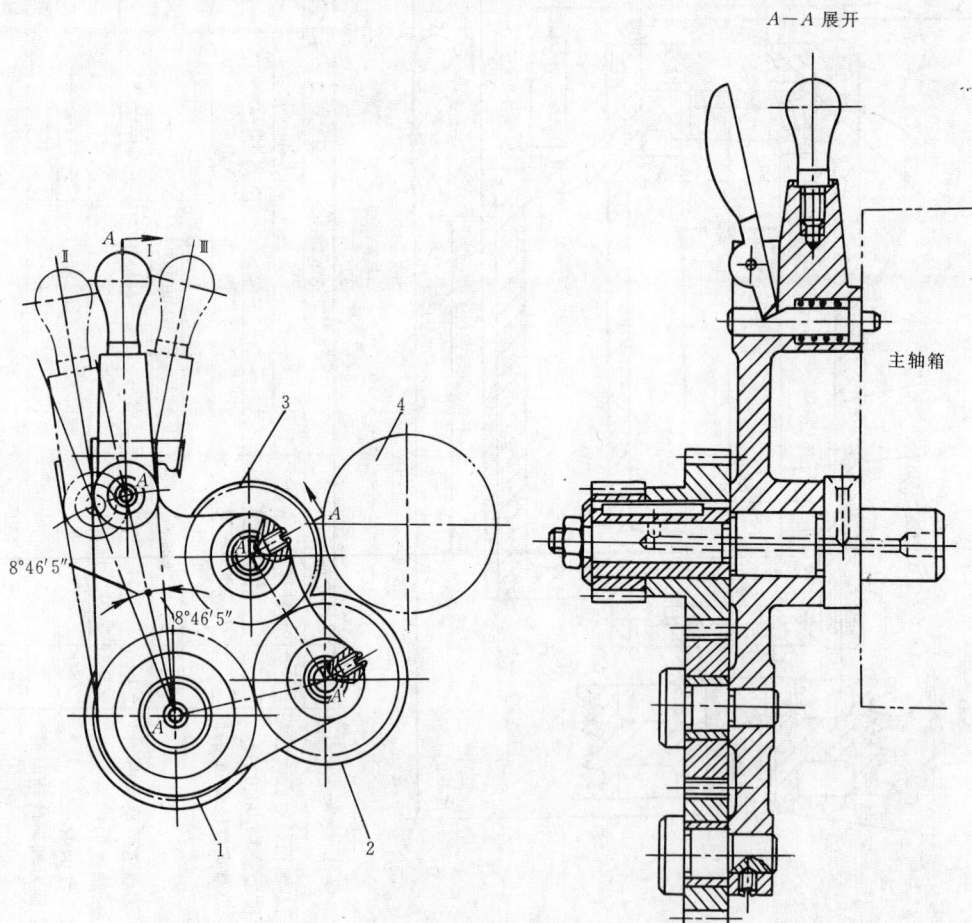

图 6-2 简化画法

图 6-3 三星齿轮传动机构的展开图

2）在装配图中，当需要表达本部件与相邻零、部件的装配关系时，可用双点划线画出相邻部分的轮廓线。见图 6-1 中铣刀盘的画法。

2．简化画法

1）对于装配图中螺栓联接等若干相同零件组，允许只画出一处以便标明序号，其余的以点划线表示中心位置即可，见图 6-1 中螺钉 10 和图 6-2 中六角螺栓。

2）装配图中的滚动轴承允许采用简化画法。见图 6-2 中的圆锥滚子轴承。

3．拆卸画法　在装配图中可假想沿某些零件的结合面选取剖切平面或假想将某些零件拆卸后绘制，需说明时可以加标注（拆去××），图 6-1 的左视图即是拆去零件 1、2、3、4、5 后画出的。

4．展开画法　为了展示传动机构的传动路线和装配关系，假想按传动顺序沿轴线剖切，然后依次展开，将剖切平面旋转到与选定的投影面平行，再画出其剖视图，这种画法称为展开画法。图 6-3 为车床上三星齿轮传动机构的展开图。

6.3　装配图的尺寸标注

由于装配图的作用和零件图不同，所以在装配图上标注尺寸时，不必把表示零件大小的尺寸都注出来，而只需注出以下几方面有关的尺寸。

（1）规格或性能尺寸　这种尺寸能集中地反映机器或部件的性能特点，是了解和选用机器和部件时的依据，见图 6-1 中铣刀头的中心高 115 和铣刀盘直径 $\phi 120$。

（2）配合尺寸　表示零件间的配合性质的尺寸，见图 6-1 中的 $\phi 28\dfrac{H8}{k7}$、$\phi 80K7$。

（3）相对位置尺寸　表示零件之间或部件之间的相对位置关系的尺寸。例蜗杆与蜗轮间中心距。

（4）安装尺寸　这种尺寸是指机器或部件安装到其它机器或地基上去时所需要的尺寸。见图 6-1 中的 155、150。

（5）外形尺寸　表示机器或部件外形轮廓的尺寸，即总长、总宽、总高。它们对机器或部件的安装、包装、运输时有用。见图 6-1 中的 418、190。

（6）其它重要尺寸　例如表示运动件的活动范围的尺寸等。见图 6-3 中的 $8°46'5''$。

6.4　装配图的零件编号及明细表

为了便于查找每个零件的名称、数量、材料等资料，有必要将这些内容编写成一张表格，称为零件明细表。并画在标题栏的上方以备参阅。明细表内的每一零件均应编上序号，并将序号按一定的顺序写在装配图图形的周围，并用指引线将序号指引在相应零件的图形上。这样，在读图时，便可通过序号使图形与明细表的内容互相联系对照，有利于全面了解每个零件的情况，见图 6-1。

6.4.1　序号编写方法

1）序号编写位置以主视图周围区域为主，应采用顺时针或反时针方向按水平或垂直排列整齐。

2）每种零件只应编一次序号（数量应在明细表内填明，标准件只注一个序号）。

3）指引线应自所指部分的可见轮廓内引出，并在末端画一圆点，见图 6-4。

若所指部分（很薄的零件或涂黑的剖面）内不便画圆点时，可在指引线的末端画出箭头，并指向该轮廓，见图6-5。

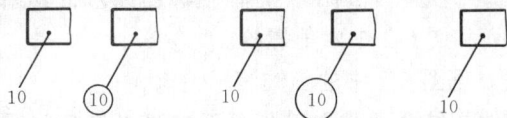

图 6-4　引序号方法（一）　　　　　　　图 6-5　引序号方法（二）

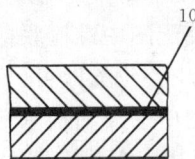

4）指引线允许不相交，当通过有剖面线区域时，指引线不应与剖面线平行。必要时，指引线可以画成折线，但只可曲折一次。

5）对一组紧固件以及装配关系清楚的零件组，允许采用公共的指引线，见图6-6。

6.4.2　明细表

通常画在标题栏上方，自下向上编排。若幅面不够时，剩余部分可以画在标题栏的左方。见图6-1。

图 6-6　公共指引线画法

明细表说明零件的序号、名称、材料、数量、规格等，要认真填写，不得有遗漏、重复或误写。

6.5　画装配图的步骤

画装配图的步骤与画零件图的步骤相似，主要不同点是画装配图时要从整个装配体的结构特点、工作原理出发，确定恰当的表达方案，进而画出装配图。

画装配图一般可按下列步骤进行：

1．了解部件　要表达部件首先必须要了解它，搞清它的用途、工作情况、结构特点；了解各零件的作用、形状和零件间的装配、联接关系以及装拆顺序等。如要画图6-1所示铣刀头的装配图，就须对铣刀头按上述要求作全面的了解。只有这样，才能懂得怎样画是正确的，怎样画是错误的，有明确的指导思想。

2．选择表达方案　画装配图之前要先选好比较合理的表达方案。选好主视图及其它视图，使主视图处于工作位置（或习惯位置），突出装配关系。

图6-1是铣刀头的表达方案，通过转轴中心线取全剖视，并在轴上取局部剖视，这样就把各零件间的相互位置和装配联接关系以及工作情况表示清楚了，左视图是为了把座体的基本形状表达清楚；为突出座体的形状，左视图没有画带轮和键等，这是装配图的一种特殊表达方法。铣刀盘不属这个部件，用双点划线画出来，表示它与轴的装配联接关系，这也是装配图中常采用的画法。

3．绘制视图　根据已确定的表达方案即可进行绘图，和绘零件图一样，也要按照一定的步骤进行。先确定合适的比例和图幅，然后从主要零件、主要视图开始打底稿，逐步地绘完所有零件的所有视图。各视图应相互结合起来进行，由于零件多，在画图时要考虑和解决有关零件的定位和相互遮盖的问题，一般先画前面看得见的零件，而被挡住的零件就不必画了。具体的步骤以图 6-1 铣刀头为例加以说明。

（1）画中心线和转轴　根据铣刀头结构特点，转轴上装配关系最明显，所以先画转轴，见图 6-7。

（2）画滚动轴承和座体　轴承装在转轴上，并靠轴肩定位、关系明确，便于先画（滚动轴承采用了简化画法）。座体的左右位置怎样确定呢？根据装配时左端盖要压紧轴承这个要求，就可以确定座体的位置。见图 6-8 中说明。

主视图采用全剖视，在剖视图中被轴遮住的零件轴承，轴承孔端面轮廓和座体零件被遮部分不必画出。

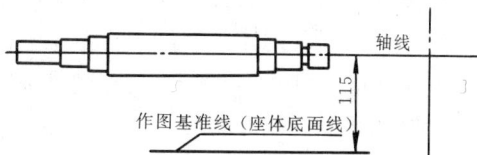

图 6-7　画中心线和转轴

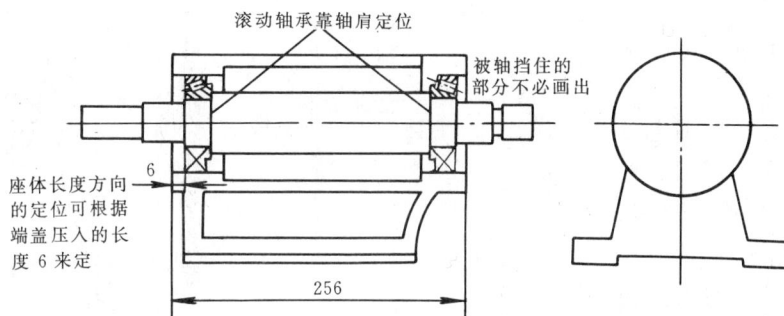

图 6-8　画滚动轴承和座体

（3）画带轮、端盖等零件（见图 6-9）

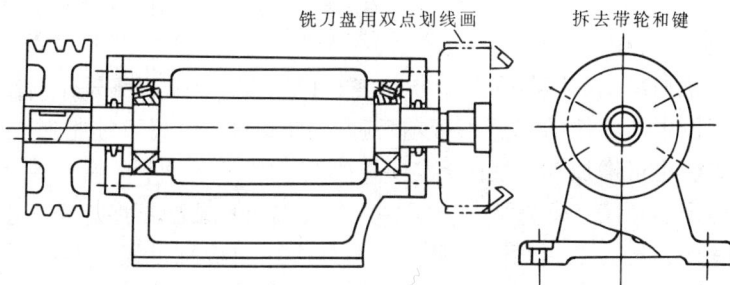

图 6-9　画带轮、端盖等零件

（4）整理　标注尺寸、画剖面线、给零件编号、填写明细表和技术要求，并检查和修改，最后加深线型完成装配图，见图 6-1。

6.6　装配体的测绘

对机器上的零件或部件，先进行拆卸，再画出零件草图，通过尺寸测量及技术资料的整理，然后按正确的比例，绘制出完整的零件工作图与部件装配图。这种过程称为装配体测绘。

在工业生产中，测绘对于改进原有设备，仿制先进设备，维修损坏的设备起着重要的作用。下面以尾座的装配示意图为例，说明测绘的一般方法和步骤。

（1）了解和分析部件　在测绘之前，首先要对部件进行分析研究，了解其用途、性能、工作原理、结构特点，零件间的装配关系以及拆装方法和次序等方面的有关内容。

（2）拆卸装配体的零件　在熟悉装配体的结构、拆装方法和次序的基础上，可按次序拆卸装配体的零件。拆卸前，应先测量一些重要的装配尺寸，如零件的相对位置尺寸、极限尺寸、装配间隙等。拆卸前，要研究拆卸顺序，对不可拆的联接和过盈配合的零件尽量不拆。拆卸零件要保证顺利拆下，以免损坏零件。拆卸后，要将各个零件编号登记，妥善保管，避免零件碰坏、生锈或丢失，以便测绘后能够顺利地重新装配，并达到原来的精度和性能。

（3）画装配示意图　装配示意图是在部件拆卸过程中画出的，表示各零件相对位置及装配关系的记录图样，为拆卸零件后重新装配成部件和画装配图提供了可靠的依据。尾座的装配示意图，见图6-10。

装配示意图主要是表达部件上各个零件的相对位置、装配关系和工作原理等。在装配示意图上要对全部零件进行编号，注明各零件的名称、数量、标准件的规格等。

装配示意图的画法没有统一的规定，一般用简单的线条画出部件中各零件的大致形状，表示出零件的基本特征。有些零件可按 GB4460—84《机械制图》国家标准"机构运动简图符号"绘制。表6-1摘录了其中一部分，供参考。

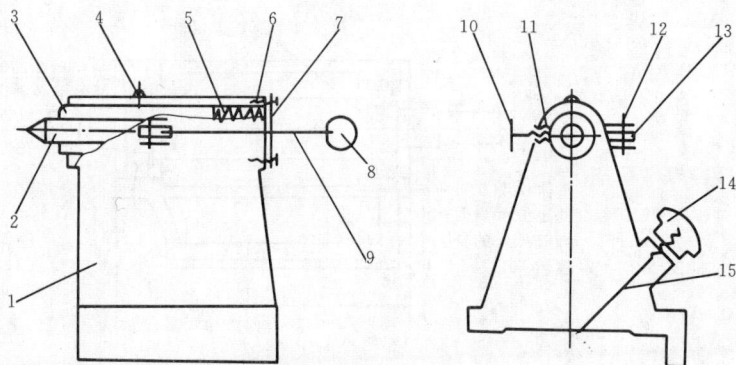

图 6-10　尾座示意图

1—尾座体　2—顶尖　3—轴套　4—油杯　5—弹簧　6—螺钉（3个）
7—端盖　8—球　9—手柄　10—锁紧螺钉　11—套　12—销
13—拔球　14—锁紧螺母　15—弯头螺钉

在装配示意图中，零件的表达不受前后层次的限制，应尽可能把零件集中在一个视图上，如果有困难，也可增加其它视图。

画装配示意图的顺序，可先从主要零件入手，然后按装配顺序逐个画出其它零件。例如尾座的装配示意图，可先画出顶尖、轴套，再逐个画出拔球、操纵手柄、尾座体等其它零件。图形画好后，编写零件序号，再另列表注明各零件名称、数量、规格等。

（4）画零件草图　零件草图是画装配图和零件工作图的依据，因此凡是零件图中的内容，如视图、剖视、剖面、尺寸标注、技术要求、零件名称、件数等内容都应该完整无缺。

（5）画装配图和零件工作图　将测绘好的零件草图、经过整理（改进不合理的结构，统一相关联的尺寸，并补全遗漏尺寸），参考装配示意图，确定表达方案及绘图比例，选定图纸幅面大小后，就可按作图步骤画出装配图。完成后，再参考零件草图，根据装配图就可拆画零件图（不画标准件），这样，测绘过程即告完成。

表 6-1 机械运动简图符号（部分）

名　称	符　号	名　称	符　号
锥体式摩擦离合器		两轴线平行的圆柱齿轮传动	
韧带式制动器		两轴线相交的锥齿轮传动	
圆盘式平凸轮		蜗轮和圆柱蜗杆的传动	
圆柱式滚动凸轮		齿条啮合	
开口式平带传动		传动螺杆	
		在传动螺杆上的螺母	

254

名　称	符　号	名　称	符　号
对开螺母		向心滑动轴承	
手轮		深沟球轴承	
压缩弹簧	或 □	圆柱推力滚子轴承	
顶尖		推力球轴承	
电动机 电动机一般表示法装 在支架上电动机		零件与轴的活动联接	
		零件与轴的固定联接	
轴杆、连杆等			

（续）

名　称	符　号	名　称	符　号
花键联结		单向啮合式离合器	
联轴器——一般符号 （不指明类型）		双向啮合式离合器	
万向联轴器联接			

6.7　装配图的识读

6.7.1　读装配图的步骤和方法

通过读装配图，能了解机器或部件的结构及各零件间的联接关系和工作原理。即它们在装配体中的位置怎样；用什么方法联接和固定；是转动件，移动件，还是静止件；装拆的方法和顺序如何；有什么技术要求等，以便于按装配图进行装配，因此学会看装配图是很重要的。下面以图 6-11 所示的机用平口钳为例，说明看装配图的步骤和方法。

（1）概括了解　拿到装配图后，首先看标题栏，了解部件的名称；再看明细表和零件编号，了解组成零件的概况。从图 6-11 的标题栏和明细表中可看出该部件的名称是机用平口钳，由 11 种零件组成。再顺着编号的指引线就能很快地在各视图上找到零件的位置、形状和运动情况。在此基础上，我们就能详细地对该装配体的视图、零件结构和工作情况作出进一步的分析和了解。

（2）分析视图　该装配体的表达方法采用六个视图（其中三个基本视图，三个辅助视图）即全剖的主视图、局部剖的俯视图、半剖左视图及 A 向视图、局部放大视图、剖面图。

主视图主要表示了各零件的相对位置及大部分零件的联接形式；左视图表达了活动钳身与螺母的联接形式及机用平口钳的安装尺寸；俯视图表达了机用平口钳的外形。A 向视图表达 02 零件形状尺寸；局部放大视图表达了螺杆牙形及其尺寸；剖面图表达了装手柄的方形轴。

（3）分析零件　分析零件主要是了解它的基本结构形状和作用，以便弄懂部件的工作原理和运动情况。在分析零件时首先应当研究主要零件，根据零件编号按指引线找到零件的图形。分析时应该注意以下几点：

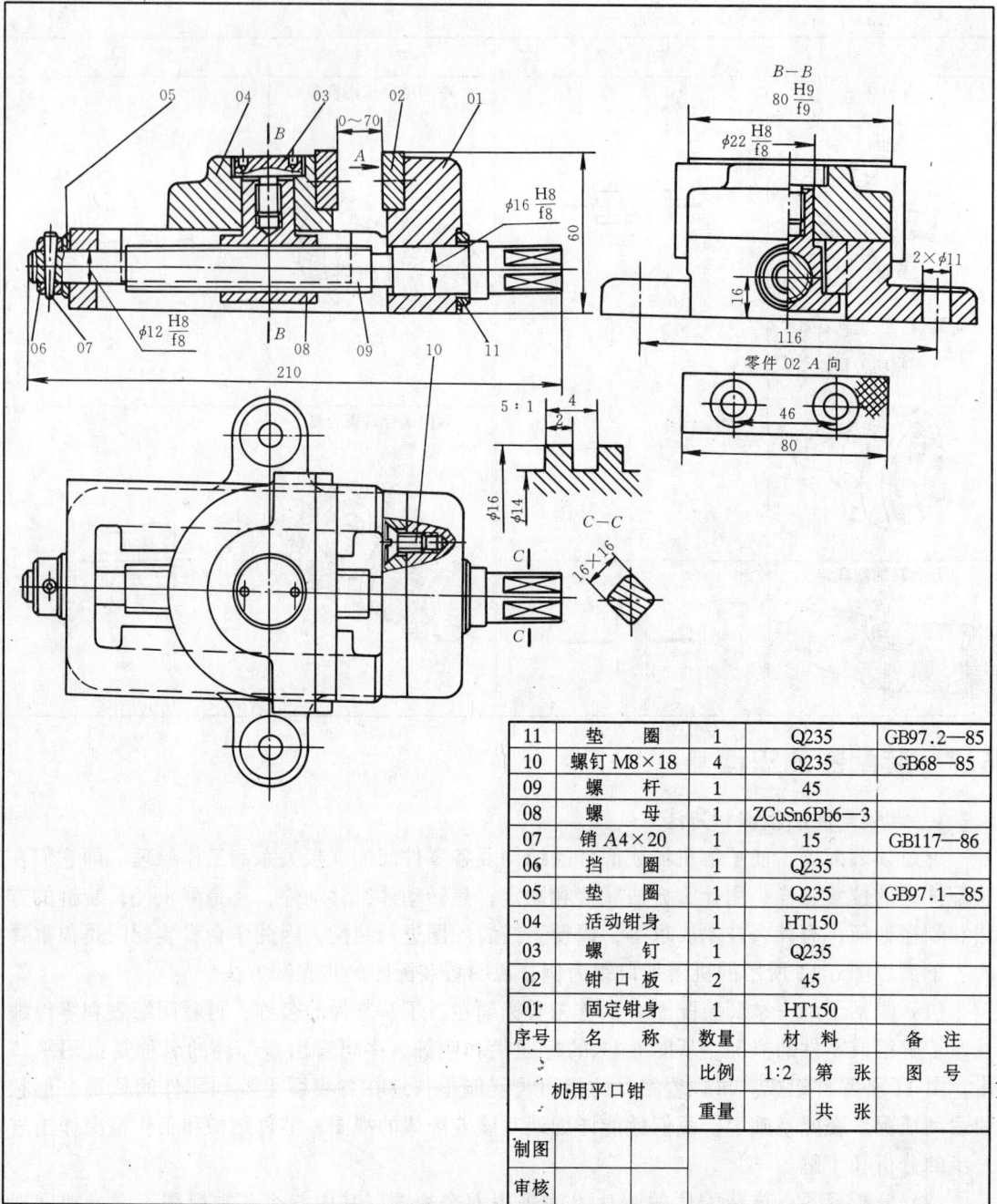

图 6-11　机用平口钳

11	垫　　圈	1	Q235	GB97.2—85
10	螺钉 M8×18	4	Q235	GB68—85
09	螺　杆	1	45	
08	螺　母	1	ZCuSn6Pb6—3	
07	销 A4×20	1	15	GB117—86
06	挡　圈	1	Q235	
05	垫　圈	1	Q235	GB97.1—85
04	活动钳身	1	HT150	
03	螺　钉	1	Q235	
02	钳口板	2	45	
01	固定钳身	1	HT150	
序号	名　　称	数量	材　料	备　注

机用平口钳		比例	1:2	第　张	图　号
		重量		共　张	

制图			
审核			

1) 分清零件轮廓　在装配体的剖视图中，可根据同一零件剖面线方向应一致的规定，来分清每个零件的轮廓范围。综合分析各零件在各视图中的相应轮廓，就可以想象出各零件的结构形状。例如零件 04（活动钳身）由主、俯视图中的轮廓想象出其大致形状为图 6-12 中的相应的立体图。同时还要分清不画剖面线处是实心零件还是空腔（装配图中实心零件规定不画剖面线），如主视图中的螺杆 09、销 07，读图时不要误认为空腔。

分清接触面与非接触面。非接触面用两条线表示；相接触面用一条线表示。如左视图中

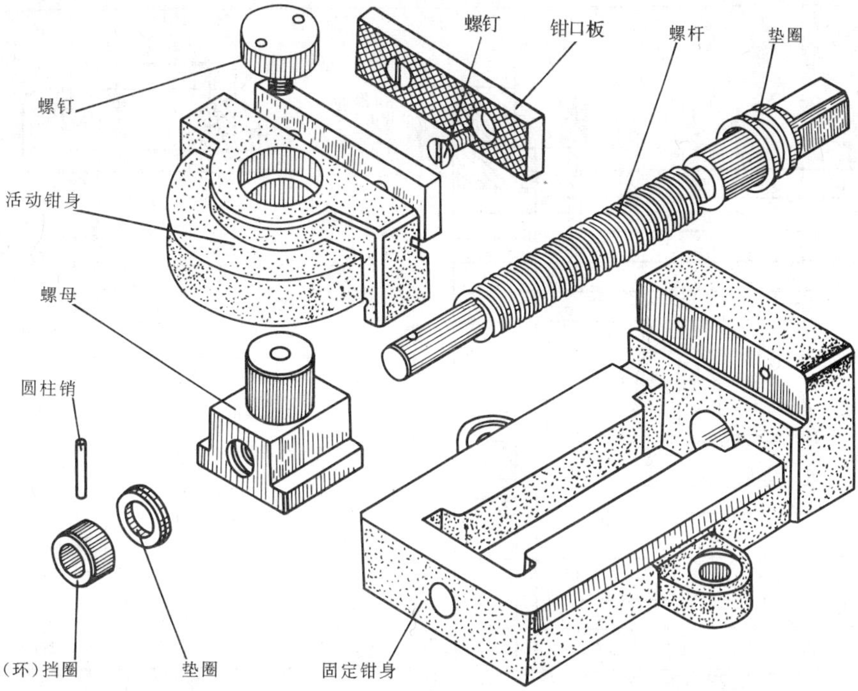

图 6-12　机用平口钳分解图

螺母的两侧面与固定钳身是不接触的，图中用两条线表示，而螺母的凸肩与固定钳身是接触的则用一条线表示。

2）分清哪些零件是运动件，哪些零件是非运动件　例如螺杆 09 的转动，带动螺母 08 移动而活动钳身与螺母由螺钉 03 联接，所以活动钳身跟着螺母一起移动。而固定钳身是静止的，即非运动件。

（4）工作原理分析　通过对各零件的分析可知，活动钳口的夹紧与松开的动作是转动螺杆来完成的。即应用的是螺旋传动原理。

6.7.2　由装配图拆绘零件图的步骤

通过读图分析，就可分清各零件的轮廓，并想象出它们的结构形状，又可了解各零件间的联接方式和配合关系及装配体的工作原理，进而即可以拆绘零件图。其拆绘步骤如下：

（1）确定视图方案　确定视图方案时应考虑零件的表达需要，并考虑便于配合装配图检查；但不一定照抄装配图中零件的视图方案，必要时，可适当调整或重新选择。

（2）补全必要视图　补全视图是为了表达零件的完整形状。在画零件图时，对分离出的零件视图轮廓，应补全缺线和必要视图。凡装配图中被省略的工艺结构，如倒角、退刀槽等，都应补全。

（3）确定和标注尺寸　根据装配图上已标注的尺寸，可确定零件图上的有关尺寸。如装配图上标的公差配合尺寸，可根据基本尺寸、配合性质、公差等级，查阅公差表并将极限偏差值注在零件图上。对未注的尺寸，可根据零件的作用及其与相邻零件的关系，结合实际来考虑。数值用分规从装配图上量取，然后按比例取用其值，标注在零件图上。

（4）零件的技术要求　根据零件的作用和要求注写技术要求，如形位公差、表面粗糙度、热处理和表面处理等，见图 6-13。

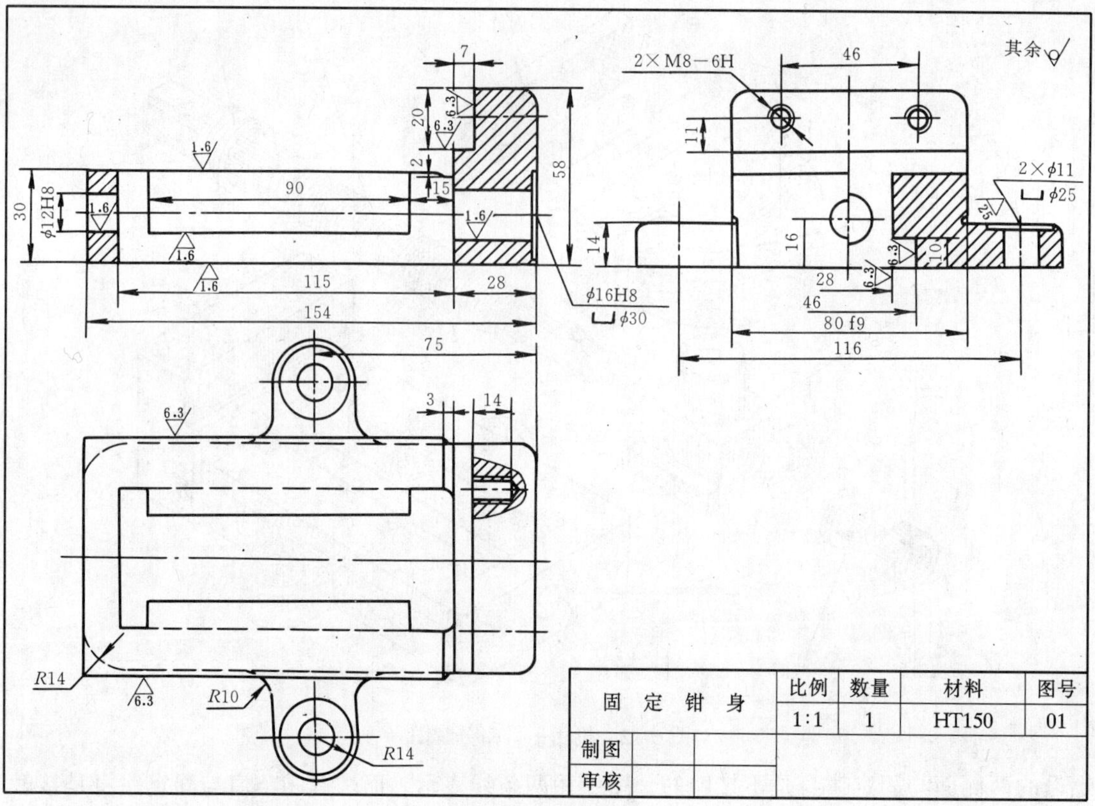

图 6-13 固定钳身

例1 读滑动轴承的装配图，见图 6-14。

（1）滑动轴承的结构及工作原理 图 6-14 为一对开式二螺栓滑动轴承，它由轴承座、轴承盖，两只对开的轴衬（上轴衬，下轴衬）和螺栓等零件组成。

该轴承在工作时是固定在机架或机件上面的，在轴承盖 3 和轴承座 1 的接合处，还有凹凸结合面，能使上下对中和防止横向移动；轴承盖与轴承座之间留有一定空隙，以便用垫片调整松紧，并用一对螺栓 6 联接在一起。螺栓具有方头，这样拧紧螺母 7 时，螺杆不致转动。为防止工作时螺母松动，采用了两个螺母相互拧紧。润滑油从轴承上的油杯 8 中加入，通过轴承盖流入开有油槽的上轴衬 4 中，以供转动时润滑之用。

（2）分析视图 为了能把零件间的装配关系和主要结构都表达清楚。主视图表达了方头螺栓、螺母和轴承座、轴承盖之间的联接关系；左视图表达了上、下衬套与轴承座、轴承盖之间的配合关系。

滑动轴承俯视图上的右半边是沿轴承盖和轴承座的结合面剖切的，相当于拆去轴承盖 3 和上轴衬 4 等零件后画出来的，结合面上不画剖面线，被剖切到的螺栓则要画出剖面线。

通过以上的视图表达，该滑动轴承的结构形状及装配关系就基本上表示清楚了。

例2 根据图 6-15 简易平口钳的装配图，针对下列问题选择正确答案。

1. 若要拆下零件 6，则哪些零件需先拆下？

﹡1）件 2，3

2）件 2，3，5

3）件 2，3，5，8

拆出 7, 8 号零件

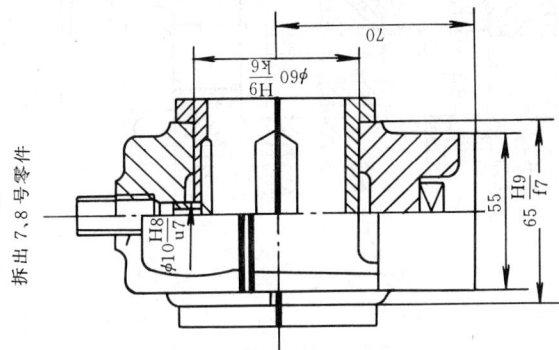

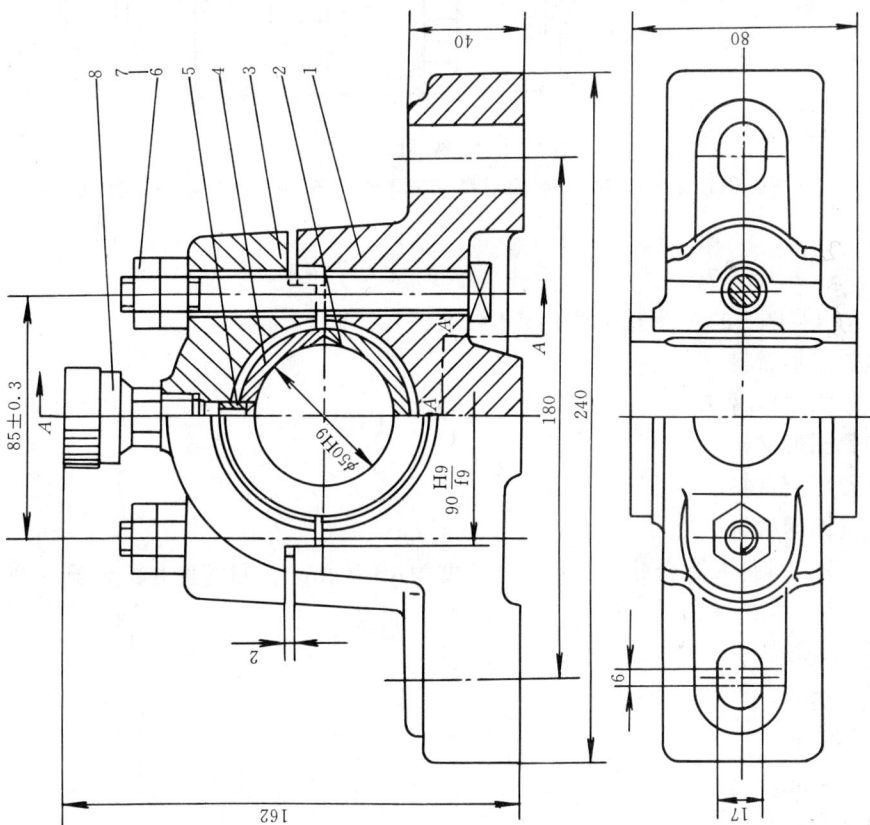

A—A

$\phi 10 \dfrac{H8}{u7}$

$\phi 60 \dfrac{H9}{k6}$

70

65 $\dfrac{H9}{f7}$

55

φ50H9

$90 \dfrac{H9}{f9}$

85±0.3

162

180

240

40

8 7 6 5 4 3 2 1

2

80

17

6

8	油杯	1		GB1154—79
7	螺母	4	Q235	GB6170—86
6	方头螺栓	2	Q235	GB8—88
5	轴衬固定套	1	Q235	
4	上轴衬	1	ZQA19—4	
3	轴承盖	1	HT150	
2	下轴衬	1	ZQA19—4	
1	轴承座	1	HT150	
序号	零件名称	数量	材 料	备 注
	滑 动 轴 承	比例	重量	第 张
		1:2		共 张
				（厂名）
制图	(姓名)	(日期)		
校核	(姓名)	(日期)		

图 6-14　滑动轴承装配图

260

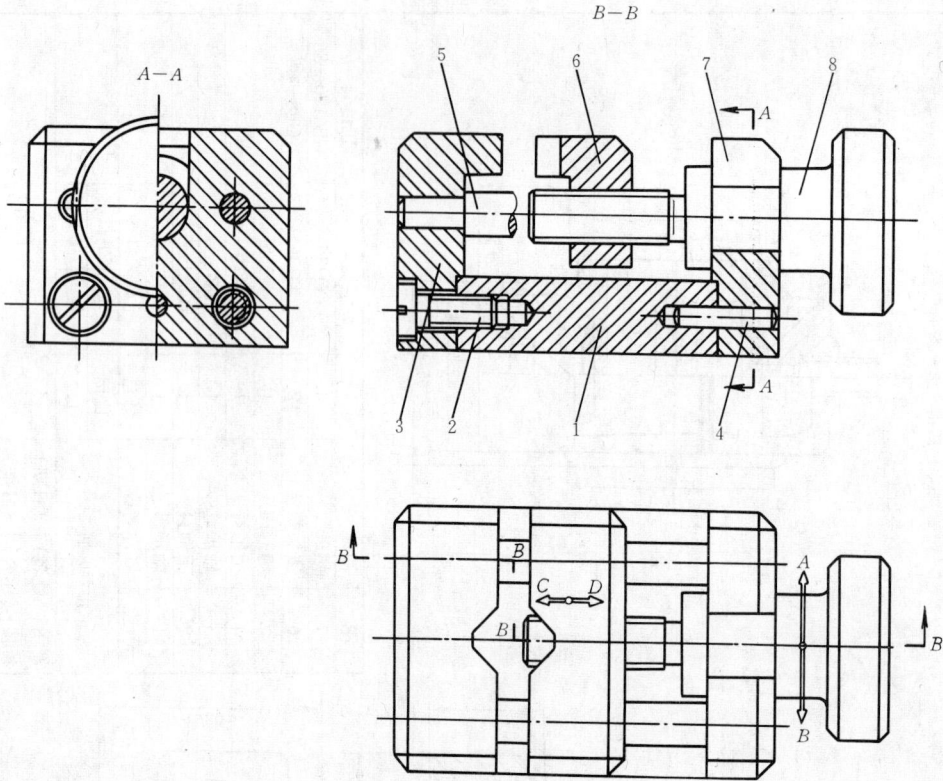

图 6-15　简易平口钳

1—钳身底板　2—沉头螺钉　3—固定钳口　4—圆柱销　5—导向杆　6—活动钳口　7—钳身挡板　8—螺杆

4）件 2，3，4，5，8

5）件 2，3，4，5，7，8

2．零件 3 和零件 6 的 V 形槽的作用是什么？

　　1）夹紧方形材料

　　2）夹紧六角形材料

＊3）夹紧圆形材料

　　4）夹紧平面材料

　　5）夹紧锥形材料

3．在零件 7 与零件 8 配合处，若零件 7 长度为 $13_{-0.1}^{\ 0}$ mm，则零件 8 配合长度的尺寸为多少？

　　1）$13^{\pm 0.1}$ mm

　　2）$13_{-0.1}^{\ 0}$ mm

＊3）$13_{+0.1}^{+0.2}$ mm

　　4）$13_{-0.2}^{-0.1}$ mm

　　5）$13^{\pm 0.2}$ mm

4．若零件 7 长度为 $13_{-0.1}^{\ 0}$ mm，零件 8 与它配合的长度为 $13_{+0.05}^{+0.1}$ mm，则零件 8 最大轴向移动量为多少？

　　1）0.05mm

2) 0.10mm

3) 0.15mm

*4) 0.20mm

5) 0.25mm

5. 按图所示，以下哪个论点是错误的?（件6和件8为右旋螺纹）

  1) 零件8向 A 转动，零件6向 D 移动。

  2) 零件8向 B 转动，零件6向 C 移动。

  3) 零件6由零件5带动。

*4) 零件3阻止了零件8的轴向移动。

  5) 零件7由两个螺钉和一个圆柱销固定。

6. 按图所示，以下哪个论点是对的?

  1) 零件7上部漏画剖面线。

  2) 零件2螺钉画得不标准。

  3) 零件8应画剖面线。

  4) 零件1阶梯剖切后在剖视图上应有不同平面的分隔线。

*5) 这图没有错误。

7. 哪个图正确表达了零件7。（见图6-16)?

  1) 图 a

*2) 图 b

  3) 图 c

  4) 图 d

  5) 图 e

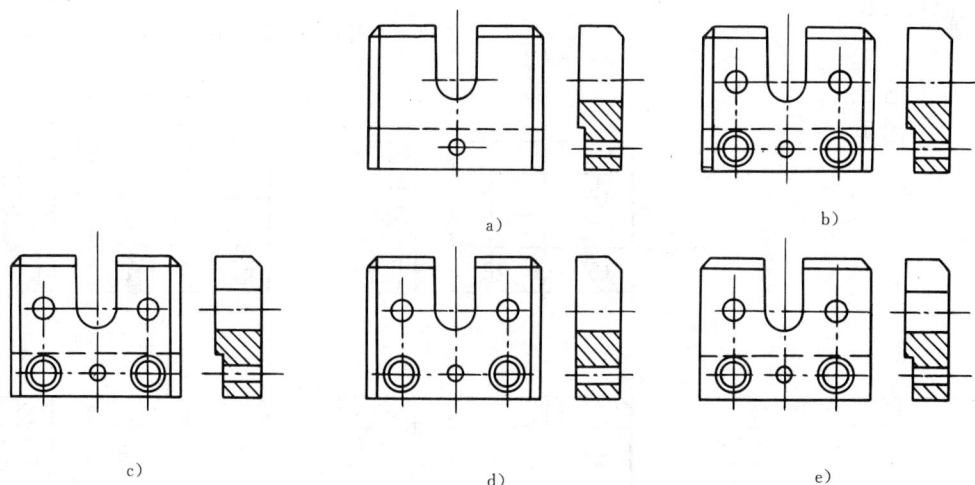

a) b)

c) d) e)

图 6-16 零件 3

8. 哪个是零件8的正确视图（图6-17)?

  1) 图 a

  2) 图 b

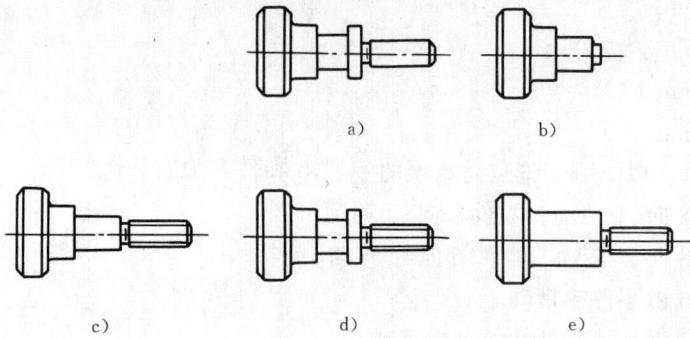

图 6-17 零件 8

3) 图 c

* 4) 图 d

5) 图 e

9. 哪个是零件 6 的正确视图（图 6-18)？

1) 图 a

* 2) 图 b

3) 图 c

4) 图 d

5) 图 e

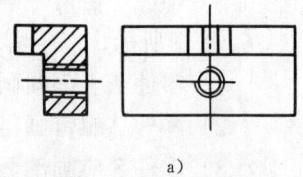

a)

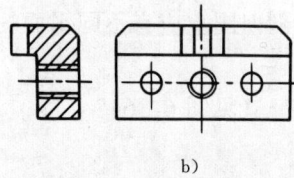

b)

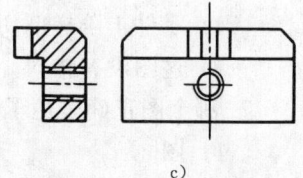

c)

10. 哪个是零件 3 的正确视图（图 6-19)？

1) 图 a

2) 图 b

3) 图 c

* 4) 图 d

5) 图 e

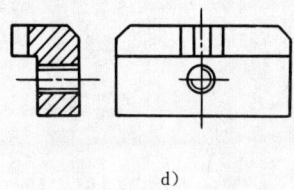

d)

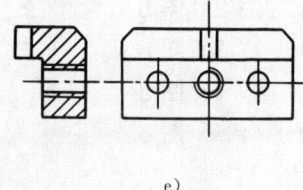

e)

图 6-18 零件 6

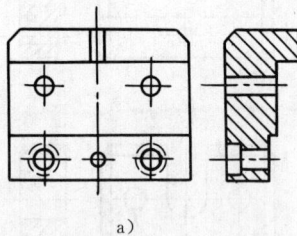

a)

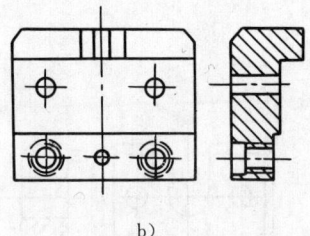

b)

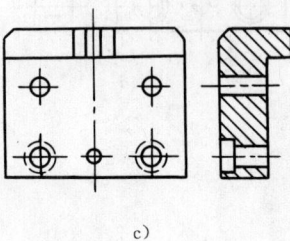

c)

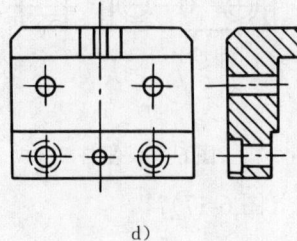

d)

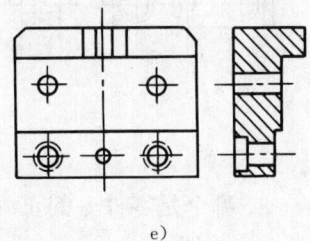

e)

图 6-19 零件 3

11. 图 6-20 中哪个零件图与图 6-15 的装配图所表达的零件相符合?

    1) 图 a

    2) 图 b

    3) 图 c

 *4) 图 d

    5) 四个都不符合。

    例 3　根据图 6-21 偏心压力机的装配图,针对下列问题选择正确答案。

    1. 此装置属于哪种设备?

    1) 卧式插床

    2) 螺杆压力机

    3) 拉床

 *4) 偏心压力机

    5) 摇杆压力机

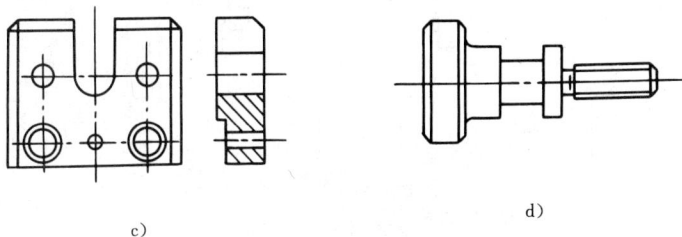

图 6-20　零件图
a) 零件 3　b) 零件 6　c) 零件 7　d) 零件 8

    2. 转动零件 11、零件 9 带动了哪几个零件一起运动?

    1) 零件 6 和 8

    2) 零件 2、5 和 8

 *3) 零件 5、6 和 8

    4) 零件 2、5、6 和 8

    5) 零件 2、4、5、6 和 8

    3. 如果装配后零件 7 的中心线与零件 6 中心重合,将会发生什么情况?

    1) 零件 6 不再旋转

    2) 零件 5 被零件 2 卡死了

 *3) 零件 5 不动了

    4) 零件 5 的行程是原装置中的 0.5 倍

    5) 零件 5 的行程是原装置中的 2 倍

    4. 要拆零件 5 和零件 8,应先拆哪些零件?

 *1) 零件 4、7 和 15

    2) 零件 7

    3) 零件 12

    4) 零件 2、4、15 和 16

    5) 零件 4、12 和 15

    5. 如果零件 9 每旋转一圈,要使零件 5 的升程缩短 3mm,则应怎样改变设计图纸?

    1) 零件 8 必须缩短 3mm

    2) 零件 8 必须缩短 1.5mm

    3) 零件 12 必须上升 1.5mm 装入零件 5

    4) 零件 7 要装在离零件 6 中心处 3mm

264

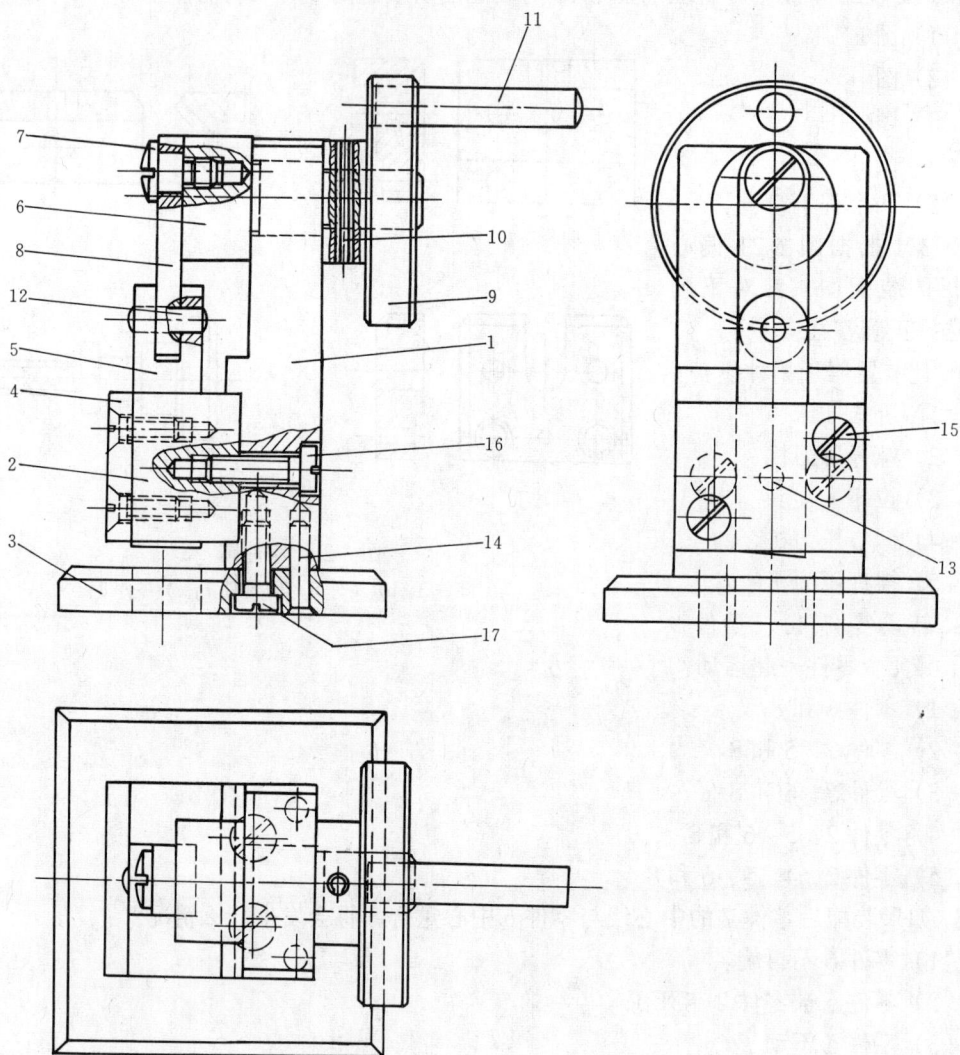

图 6-21　偏心压力机

1—立柱　2—滑槽　3—底座　4—盖板　5—滑块　6—偏心轴　7—销钉　8—连杆
9—手轮　10—紧固套　11—手柄　12—圆柱销　13、14—圆柱销　15、16、17—螺钉

＊5）零件 7 要装在离零件 6 中心线 1.5mm 处

6．如何联接零件 1 和 2？

　1）用 4 个圆柱头螺钉和 1 个圆柱销

　2）用 2 个圆柱头螺钉、2 个沉头螺钉和 1 个圆柱销

＊3）用 2 个圆柱头螺钉和一个圆柱销

　4）用 2 个圆柱头螺钉和 2 个沉头螺钉

　5）只用 2 个圆柱头螺钉

7．装配图中共用了几个圆柱销

　1）3 个

2) 4 个

＊3) 5 个

4) 6 个

5) 8 个

8. 零件 1 和零件 6 的配合尺寸是哪个？

1) H7/m6

2) H7/n6

＊3) H7/f6

4) H7/k6

5) F7/n6

9. 图 6-22 是件号 6 的零件图，指出哪个地方画错了。

1) 内螺纹太短，要画到底部。

2) 右边的孔要转过 90°。

3) 内螺纹画法不标准。

＊4) 右侧内的波浪线不应碰到轮廓线。

5) 此图完全正确。

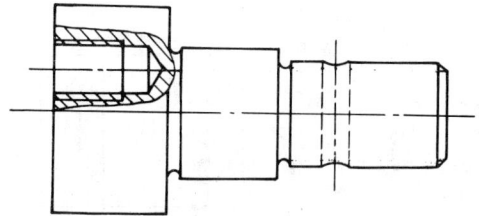

图 6-22　零件 6

10. 哪组图正确表达了零件 1，（见图 6-23）?

1) 图 a)

＊2) 图 b)

3) 图 c

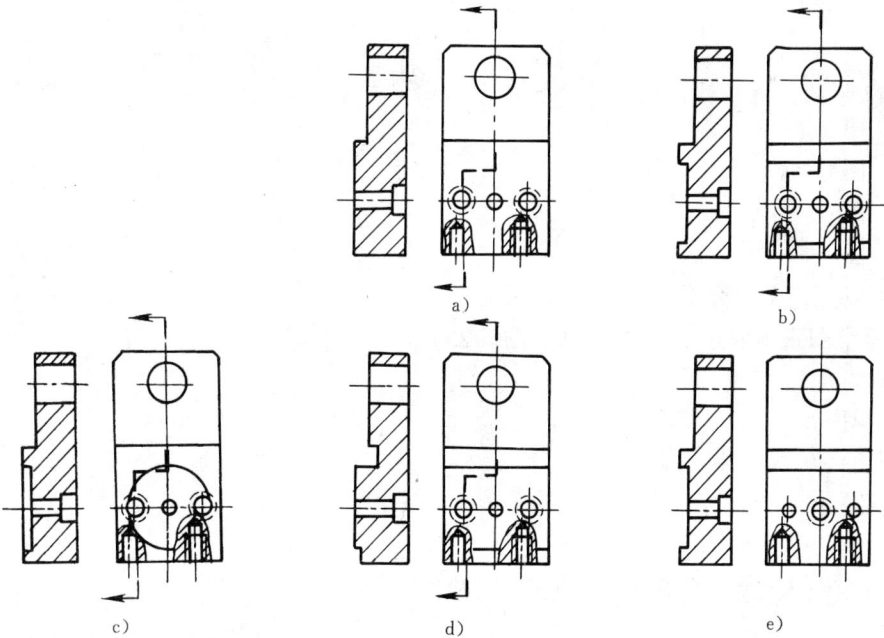

a)　　b)　　c)　　d)　　e)

图 6-23　零件 1

4）图 d

5）图 e

11．哪组图正确表达了零件 2（见图 6-24)?

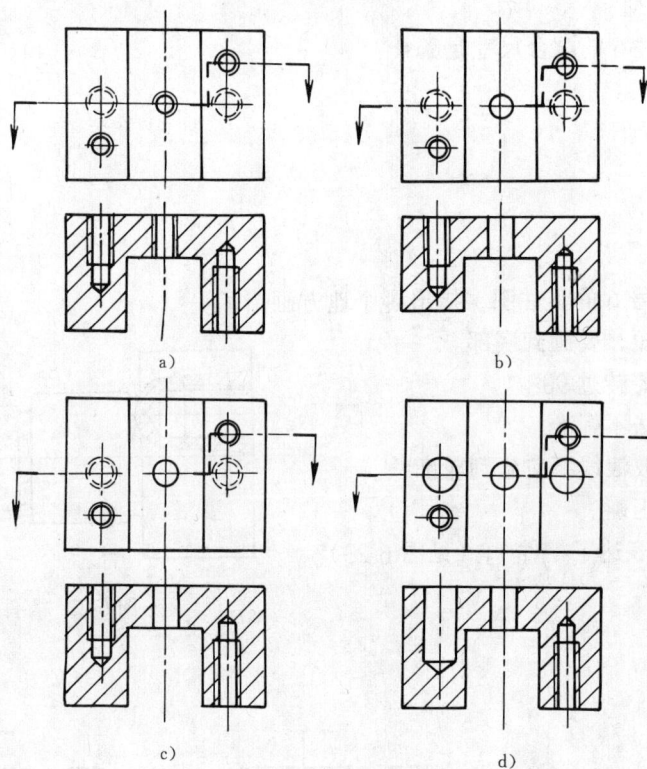

图 6-24　零件 2

1）图 a

2）图 b

3）图 c

4）图 d

＊5）以上四个图都不对

12．哪组图正确表达了零件 3，（见图 6-25)?

1）图 a

2）图 b

3）图 c

＊4）图 d

5）图 e

13．哪组图正确表达了零件 8（见图 6-26)?

＊1）图 a

2）图 b

3）图 c

4）图 d

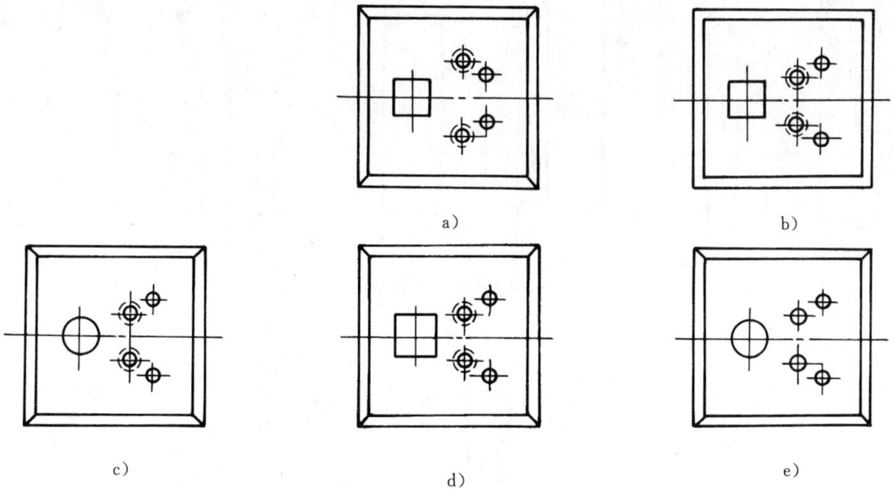

图 6-25　零件 3

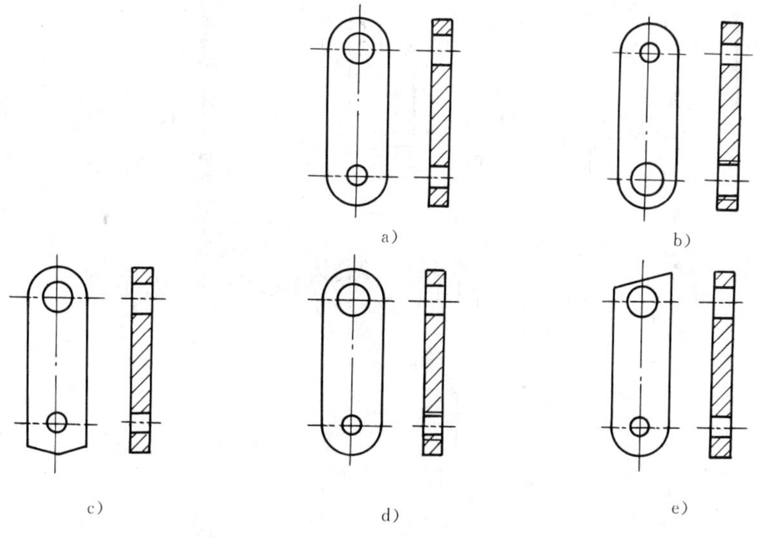

图 6-26　零件 8

5）图 e

14. 哪组图正确表达了零件 5（见图 6-27)？

1）图 a

＊2）图 b

3）图 c

4）图 d

5）图 e

15. 从图 6-21 中拆画下列零件（见图 6-28)，指出哪个零件图是正确的。

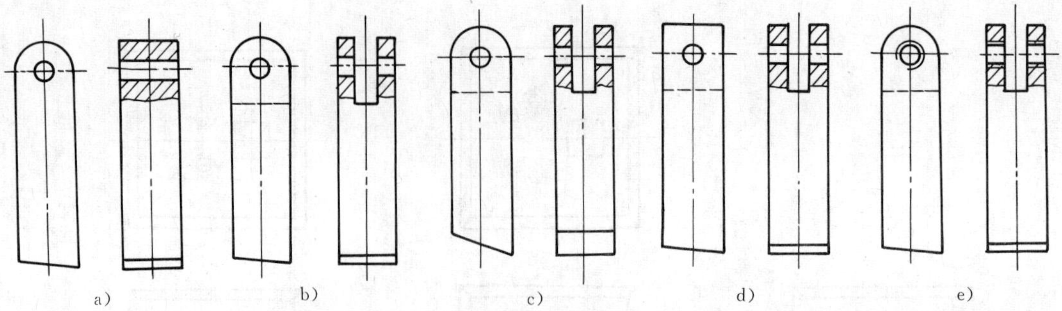

图 6-27 零件 5

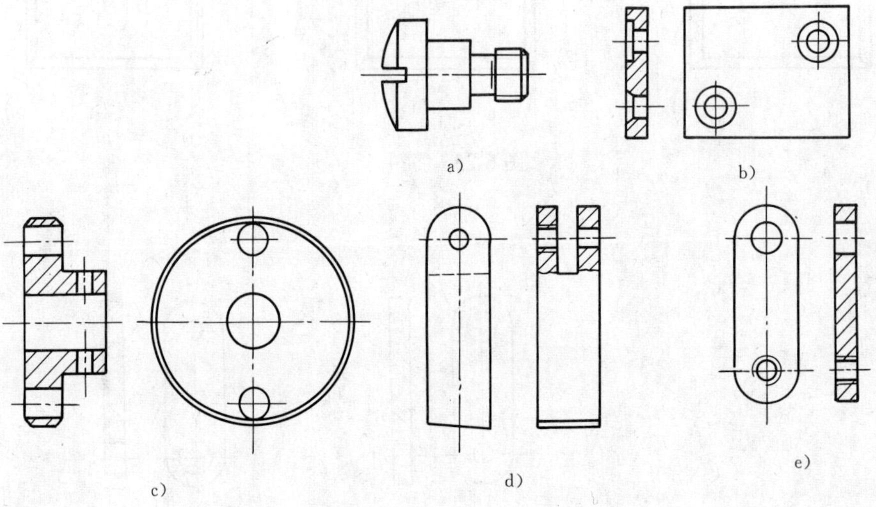

图 6-28 零件图

a) 零件 7　b) 零件 4　c) 零件 9　d) 零件 5　e) 零件 8

＊1) 图 a

2) 图 b

3) 图 c

4) 图 d

5) 图 e

7 表面展开图

把立体的表面，按其实际形状和大小，依次连续地摊平在一个平面上，称为主体的表面展开。展开所得的图形，称为该主体的表面展开图。

如图 7-1 所示的圆台，若将其拆开并依次连续摊平成一个平面，如图 7-1b，就得到正四棱台的展开图。很显然，根据这个展开图下料，就可以制造出圆台。

7.1 求一般位置直线的实长

求一般位置直线的实长是作展开图的关键问题。有以下两种方法可以求出一般位置直线的实长。

7.1.1 旋转法求实长

为了用旋转法求一般位置直线的实长，要首先学习点绕垂直轴旋转的作图规律。

图 7-1 展开图的概念
a) 视图 b) 展开图

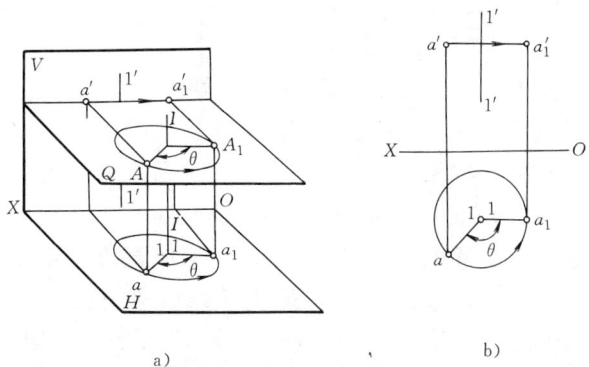

图 7-2a 所示为 A 点绕垂直于 H 面的轴 II 旋转的情况。由于 II 轴垂直于 H 面，所以 A 点运动轨迹的水平投影是圆弧，圆心为 II 轴在 H 面上的投影 11，半径等于 $1a$；同时，由于 A 点的旋转平面 Q 是水平面，其正面投影有积聚性，所以 A 点运动轨迹的正面投影是一条过 a' 点、平行于 OX 轴的线段，见图 7-2b。由此可以得出点绕垂直 H 面轴旋转的作图方法：

1）在水平面的投影是以旋转轴的水平投影 11 为圆心，以 $1a$ 为半径画圆，若 A 点沿逆时针方向转过 θ 角，则 A 点的新水平投影为 a_1。

2）在正面的投影是过 a' 作平行 OX 轴的直线，它与过 a_1 且垂直于 OX 轴的直线相交，交点 a'_1 即为 A 点新的正面投影。

同理，当 A 点绕垂直于 V 面的轴旋转时的作图方法见图 7-3。

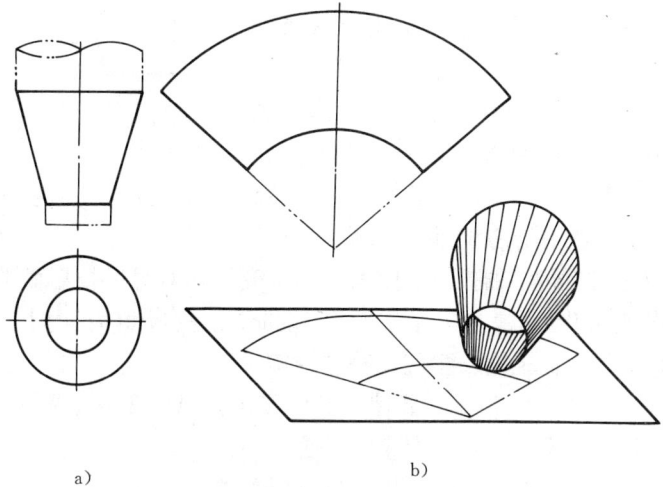

图 7-2 点绕铅垂轴旋转
a) 直观图 b) 投影图

1）在正面的投影是以旋转轴的正面投影 1′、1′为圆心，以 1′a′ 为半径画圆，若 A 点沿顺针方向旋转 θ 角，则 A 点新的正面投影为 a′₁。

2）在水平面的投影是过 a 作平行于 OX 轴的直线，它与过 a′₁ 且垂直于 OX 轴的直线相交，交点 a₁ 即为 A 点的新水平投影。

如果能把一般位置直线旋转为投影面平行线，也就求出了该直线的实长。

当直线绕垂直于某一投影面的轴旋转时，直线对该投影面的倾角和与旋转轴的相对位置都保持不变，因此线段在该投影面上投影的长度

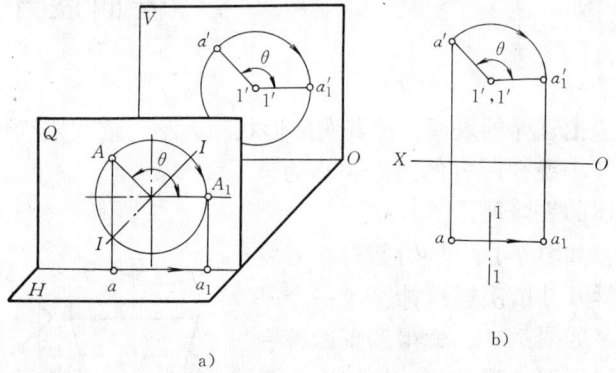

图 7-3　点绕正垂轴旋转
a）直观图　b）投影图

和它与旋转轴的投影的距离也都不变。而对另一投影面的倾角和它在该投影面上的投影长度均将发生变化。当其旋转到与该投影面的倾角为 0°时，直线就变成了该投影面的平行线，在该投影面上的投影就反映它的实长。

如图 7-4a 所示，要使一般位置直线 AB 变成正平线，可以选取垂直于水平面的轴。为使作图简便，可使旋转轴 II 通过线段 AB 的端点 A，这样 A 点在旋转时位置不变，只要旋转一个 B 点。在水平面上将 b 点绕 II 轴旋转到使 b₁a // OX，然后按点的投影规律求得 b₁′，再连接 ab₁ 和 a′b₁′，即得到 AB 旋转成正平线的两面投影，a′b₁′ 反映该直线的实长，见图 7-4b。

将一般位置直线旋转成水平线的方法与此类似，读者可自行试作。

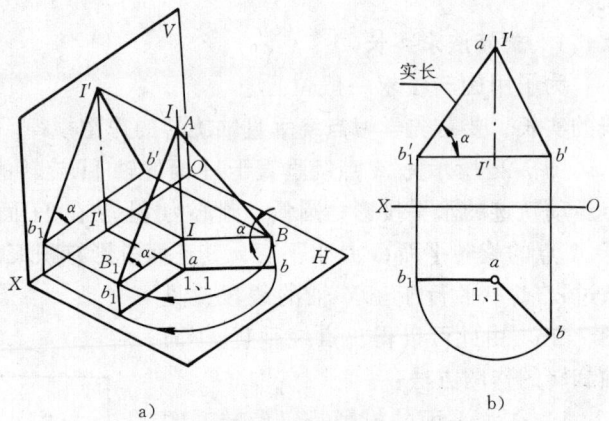

图 7-4　一般位置直线旋转成正平线
a）直观图　b）投影图

7.1.2　直角三角形法

一般位置直线的投影不反映实长，现分析直线和它的投影之间的关系，以寻求图解求实长方法。

图 7-5a 说明用直线的水平投影 ab 求实长的空间关系。作 AC // ab，构成直角三角形 ABC。斜边 AB 是直线的实长，一直角边 AC = ab，另一直角边 BC 是直线的两端点 A、B 对水平投影面的距离之差，长度等于 b′c′。由此便可以作出此直角三角形。作图方法见图 7-5b、c。

图 7-6a 说明用直线的正面投影 a′b′ 求实长的空间关系。作图方法见图 7-6b、c。

以上讨论的求实长的方法，称为直角三角形法，其作图要领是：

1）以直线的一面投影（例如水平投影或正面投影）的长度为一直角边；

2）以直线的两端点相对于该投影面的距离差为另一直角边（该距离差可在线段的另一面投影上量取），所作直角形的斜边即为直线的实长。

例 已知一般位置平面 △*ABC* 的两面投影（见图 7-7），求它的实形。

解 先求出三角形各边的实长，然后可求出三角形的实形。从投影图上可以看出，*AC* 为水平线，*ac* 等于实长，不必再求。用直角三角形法分别求出 *AB* 和 *BC* 的实长，求出了三角形三条

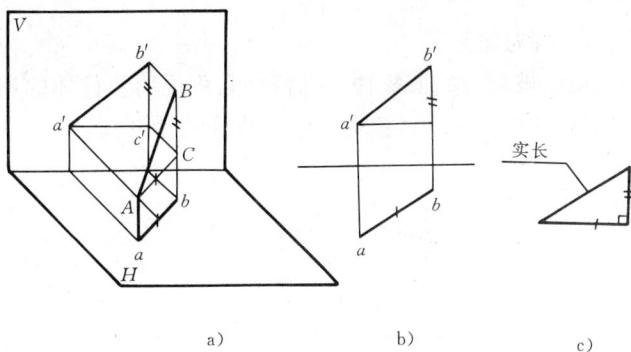

图 7-5 用直线的水平投影求实长
a）直观图 b）投影图 c）作图法

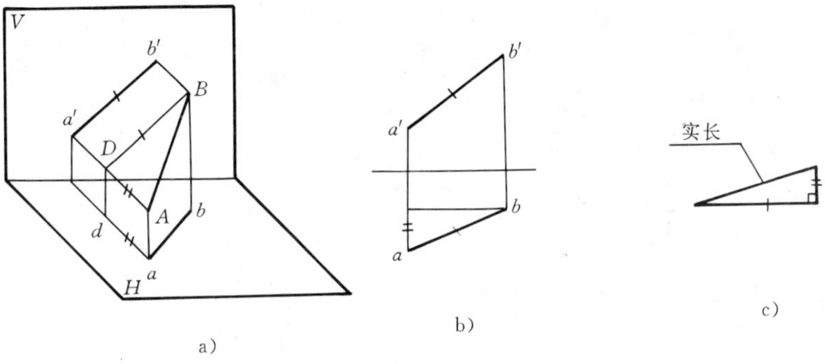

图 7-6 用直线的正面投影求实长
a）直观图 b）投影图 c）作图法

边的实长，可以很方便地求出三角形的实形。作图过程见图 7-7b。

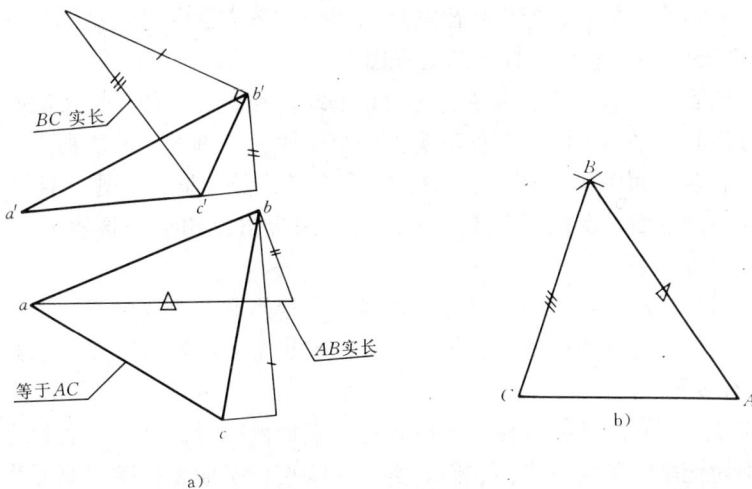

图 7-7 求三角形的实形
a）求 *AB*、*BC* 的实长 b）三角形的实形

7.2 棱柱、棱锥的展开

7.2.1 棱柱的展开

现以被截切的四棱柱、六棱柱为例说明棱柱体的展开方法。

1）求图 7-8 所示被斜切的四棱柱的展开图。

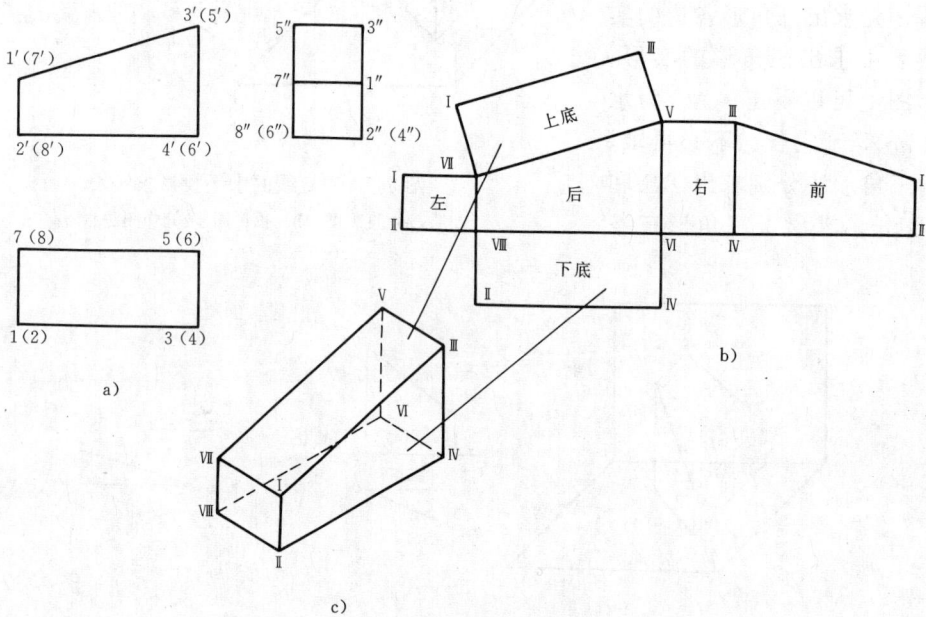

图 7-8 斜切四棱柱的展开
a) 视图 b) 展开图 c) 轴测图

由视图可以看出：组成该四棱柱的各棱线分别为投影面垂直线（例如 Ⅰ Ⅱ、Ⅲ Ⅳ、Ⅴ Ⅵ、Ⅶ Ⅷ）和投影面平行线（例如 Ⅰ Ⅲ、Ⅶ Ⅴ），它们的实长在投影面上已经反映出来，再根据各线面之间的几何关系，即可作出其展开图。作图方法和过程见图 7-8b。

2）求图 7-9a 所示被斜切六棱柱的展开图。

由视图可以看出：六棱柱的各棱线均为铅垂线，在正面上的投影反映实长；下底面为水平面，它的各边在水平面上的投影反映实长；上表面为正垂直，其表面上 Ⅲ Ⅴ、Ⅺ Ⅸ 二直线为正平线，它们在正面上的投影 3′5′、11′9′ 反映实长，Ⅰ Ⅲ、Ⅴ Ⅶ、Ⅶ Ⅸ、Ⅺ Ⅰ 为一般位置直线，它们的各面投影均不反映实长，可以用直角三角形法很容易地求出其长（图 7-9b 为求 Ⅰ Ⅲ 实长的方法）。

上表面实形的求法：上表面可以分析为由一个矩形和两个等腰三角形组成。矩形和等腰三角形的各边长均可在视图中求出，因此，可以求出上表面的展开图，见图 7-9a。

7.2.2 棱锥的展开

1. 求图 7-10a 所示为正截四棱锥的展开图 正截四棱锥的上、下底面为矩形，组成矩形的各直线分别为正垂线和侧垂线，它们的实长反映在水平面上；四个侧面为等腰梯形。对于多边形表面，可连接它的某些对角线，将其分成若干个三角形后作图。四个等腰梯形上的四条棱线都是一般位置直线，其实长可以用直角三角形法求出，见图 7-10。作图方法与过程

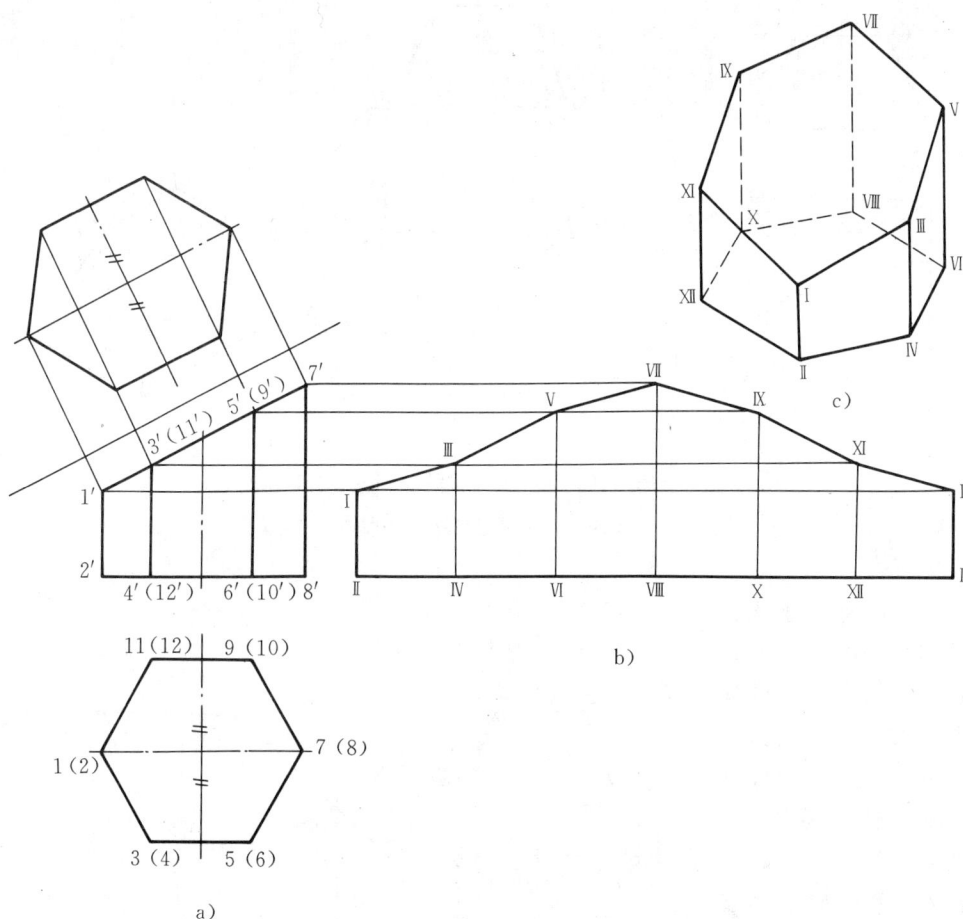

图 7-9 斜切六棱柱的展开

a) 视图　b) 展开图　c) 轴测图

见图 7-10b。

正截四棱锥也可以用另一种展开方法。正截四棱锥的表面为四个等腰梯形，要求出它们的实形，可先求出正四棱锥棱线的实长（四条棱线等长），以此长为半径画扇形，再在扇形内截出四个等腰梯形，其中对应面的等腰梯形相等。作图方法见图 7-11。

将主视图棱线延长得交点 S'，用旋转法求出棱线 $S\mathrm{I}$、SA 的实长 $S'1'_1$、$S'a_1'$；

以 $S'1'_1$ 和 $S'a_1'$ 为半径画圆弧；

在圆弧上依次截取 Ⅰ Ⅱ＝12、Ⅱ Ⅲ＝23、Ⅲ Ⅳ＝34、Ⅳ Ⅰ＝41。连接 $S\mathrm{I}$、$S\mathrm{II}$、$S\mathrm{III}$、$S\mathrm{IV}$，再过 A 点依次作底边的平行线，即得正截四棱锥的表面展开图。

2. 求图 7-12a 所示被斜截三棱锥的表面展开图　三棱锥 $SABC$ 的底面 ABC 为水平面，因此其在水平面上的投影 ab、bc 和 ca 反映了底面各边的实长，abc 反映了底面 ABC 的实形。各棱面都是一般位置平面，其投影均不反映实形，为此，须求出各条棱线的实长，才能与有关底边组合，画出各棱面的实形，从而画出斜截三棱锥的展开图。

棱线 SA 是正平线，其正面投影 $S'a'$ 反映实长，用旋转法出 SB、SC 的实长，作图方

274

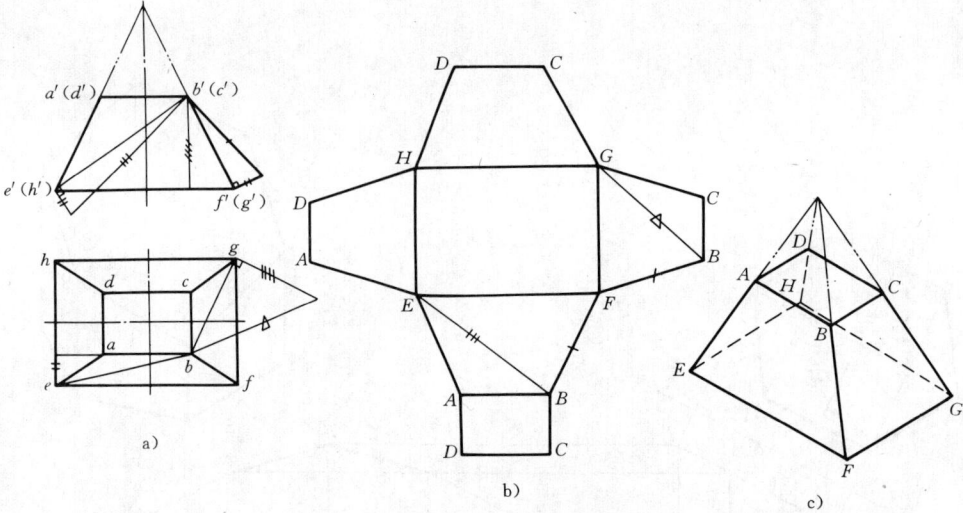

图 7-10　正截四棱锥的展开（一）
a）视图　b）展开图　c）轴测图

法见图 7-12a。

然后从任意一棱线开始，例如从 SA 开始，按已知棱线及相应底边的实长依次画出各棱面三角形 SAB、SBC、SCA 和底面 ABC，即得到如图 7-12b 所示的展开图。

要画出三棱锥上被截切部分的展开图，只要求出被截断部分的棱线 SⅠ、SⅡ 和 SⅢ 的实长，就很容易在展开图的各棱线上截得相应点的位置。

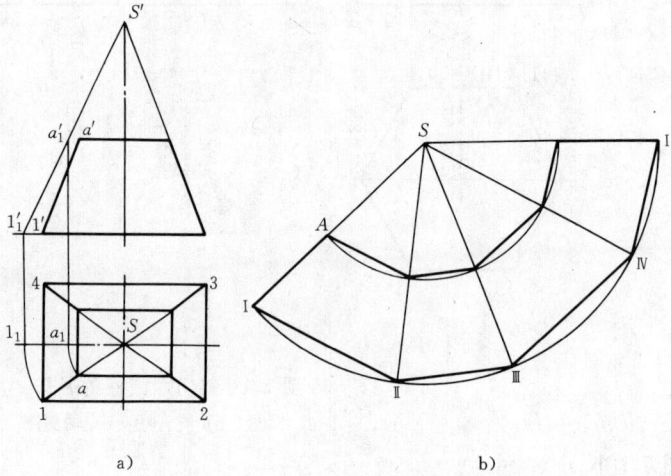

图 7-11　正截四棱锥的展开（二）

S′1′ 反映 SⅠ的实长，SⅡ 和 SⅢ 的实长可以用旋转法求出。

3. 求图 7-13a 所示四棱台的展开图　图示四棱台的上底面 EFGH 和下底面 ABCD 为水平面，其水平投影 ef、fg、gh、he 和 ab、bc、cd、da 反映实长；后面 CDHG 为正平面，其正面投影 c′d′、d′h′、h′g′、g′c′ 反映实长；前面 ABEF 和两侧面 ADHE、BCGF 为投影面垂直面，各面投影均不反映实形，但只要求出棱长 AE（或 BF）和 DH（或 CG），然后根据它们与上、下底面相应直线的几何关系，画出其展开图。

DH 为正平线，d′h′ 反映实长；AE 为一般位置直线，可以用旋转法求出它的实长，见图 7-13a。

展开图的画法与过程见图 7-13b。

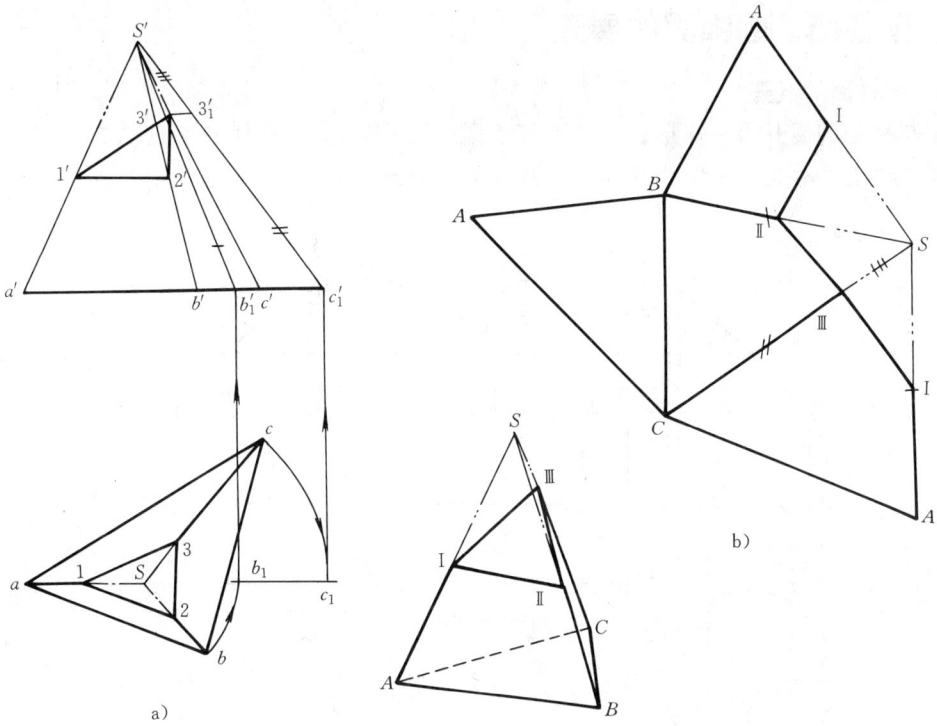

图 7-12 斜截三棱锥的展开
a) 视图　b) 展开图　c) 轴测图

图 7-13 四棱台的展开
a) 视图　b) 展开图　c) 轴测图

276

7.3 圆柱面、圆锥面的展开

7.3.1 圆柱面的展开

正圆柱面的展开为一矩形，其长度等于圆周长 πD，宽度等于正圆柱的高。

图 7-14a 所示为一斜切圆柱体，求圆柱面的展开图。

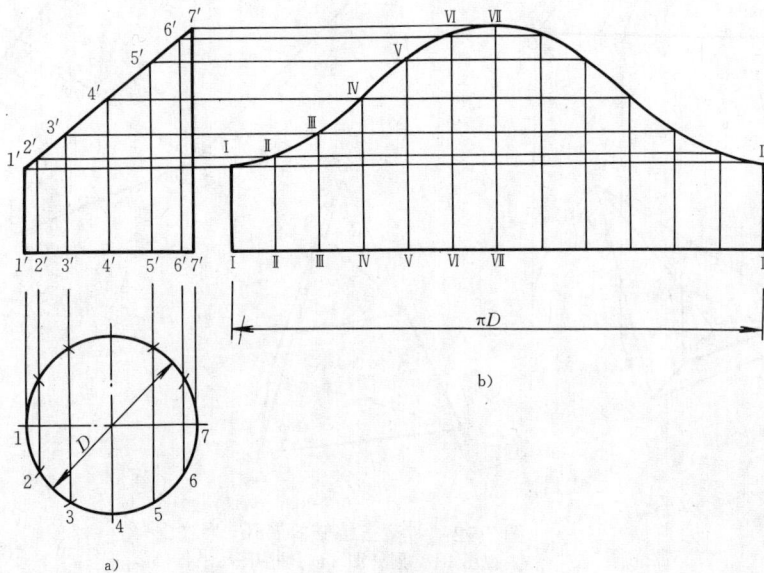

图 7-14 斜切圆柱面的展开
a) 视图 b) 展开图

斜切圆柱面的展开图可以用截头为正棱柱面（例如截头为 12 棱柱）的展开图来代替。具体作图步骤是：

1) 在圆柱面的水平投影上将圆分为 12 等分，并根据各等分点，在正面投影上依次作出相应的圆柱上的素线 $1'1'$、$2'2'$……。

2) 将底面展开为一直线，并在该圆上截取 Ⅰ、Ⅱ、Ⅲ……Ⅻ个等分点，两点间的距离为 $\pi D/12$。

3) 自各等分点引垂线，即为圆柱面展开后各素线的位置，然后截取相应长度，如 ⅠⅠ $=1'1'$，ⅡⅡ$=2'2'$等，得 Ⅰ、Ⅱ……Ⅻ各点。

4) 依次光滑连接 Ⅰ、Ⅱ、Ⅲ……等点，即为所求出的展开图。

7.3.2 圆锥面的展开

圆锥面的展开方法是从锥顶所引的若干素线中，把相邻两素线间的表面近似地作为一个三角形平面来画展开图，最后在展开图上将各三角形底边以圆弧代替折线。

求图 7-15a 所示圆锥面的展开图。

作图过程如下：

1) 在圆锥面上均匀地取若干条素线，本例取 12 条。

2) 求素线的实长，图中 $S'6'$ 和 $S'12'$ 反映最左素线和最右素线的实长，不需再求，而

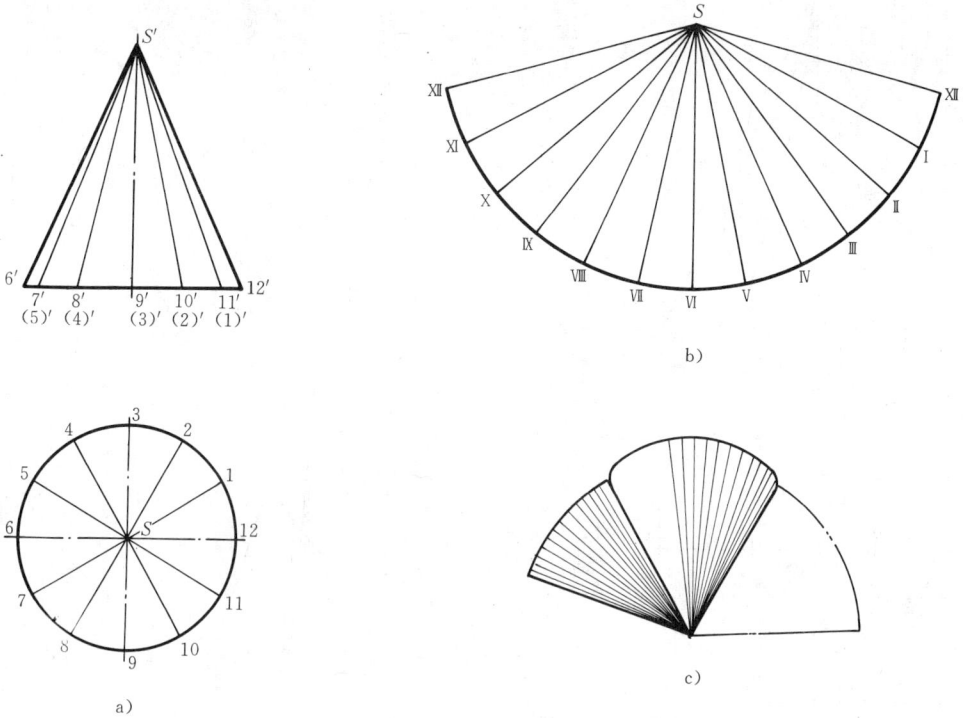

图 7-15　圆锥面的展开

a) 视图　b) 展开图　c) 展开过程示意图

其余各素线的长度均与它们相等。

3) 画展开图。取一点 S，以其为圆心，以 $S'6'$ 为半径画一圆弧，并在其上截取弧长，使其等于圆锥底圆的周长，得扇形 $S\,\mathrm{XII}\,\mathrm{XII}$，即为圆锥面的展开图。

实际作图时往往采用近似的方法，即在展开图的弧上连续截取 12 段弦长，弦长从圆锥底圆的 12 等分弦长处截取。显然，圆锥底圆的等分数越多，画出的展开图越准确。

用计算法可以精确地计算出展开图扇形的圆心角的大小，计算公式是

$$\alpha = \frac{r}{L}360°$$

式中　α——圆心角（°）；

r——底圆半径（mm）；

L——圆锥面的素线长（mm）。

求图 7-16a 所示斜截正圆锥面的展开图。

先在圆锥面上取 12 条间距相等的素线，依照前述画出圆锥面的展开图。然后用旋转法求出 SB、SC、SD 等直线的实长，并在展开图的相应素线上截其长度，得到 B、C、D 各点，最后光滑连接各点，即得到斜截正圆锥的表面展开图。具体作图方法与过程见图 7-16b。

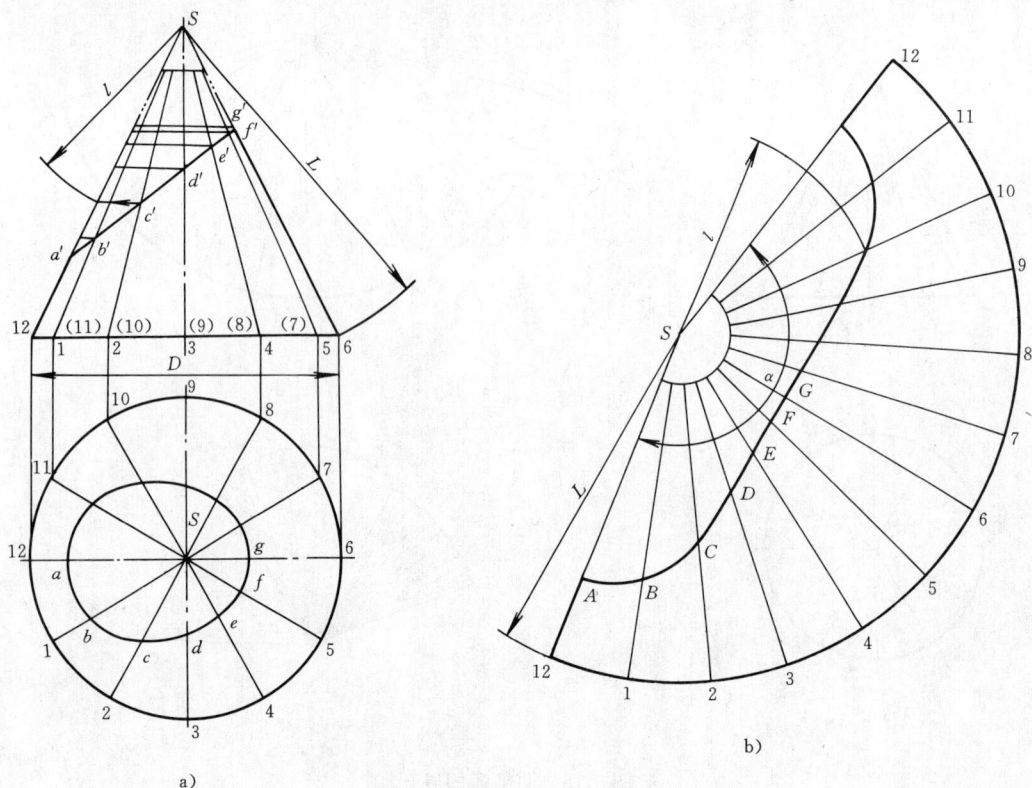

图 7-16　斜截正圆锥的展开图

a) 视图　b) 展开图

7.4　管接头的展开

7.4.1　不等径圆管三通管的展开

图 7-17a 所示为不等径圆柱体正交的主视图和左视图，只要求出相交两个圆柱面的展开图，即等于求出了不等径圆管三通管的展开图。

它们的展开图是根据相贯线作出的，因此，相贯线的画法应力求正确。

(1) 求直立圆柱面的展开图，首先将直立圆柱的顶圆展开，为此作水平直线 $MN = \pi D_1$，再将 MN 分成若干等分（图中分为 12 等分），得各等分点Ⅰ、Ⅱ……，并过各等分点作垂线，分别量取其对应素线的长度ⅠA、ⅡB 和ⅢC 等，最后光滑连接 A、B、C 等点，即得直立圆柱的展开图，见图 7-17b。

(2) 求水平圆柱的展开图　首先画出圆柱面的展开图，为此作一水平线使其等于 πD_2，作一垂直线使其等于 H，并以其两边为基准画一矩形，过其几何中心作对称线 O_1O_2 和 O_3O_4，在 O_1O_2 上截取 $A_1B_1 = \widehat{a''b''}$，$B_1C_1 = \widehat{b''C''}$，$C_1D_1 = \widehat{C''d''}$，得 A_1、B_1、C_1、D_1 各点；然后过 A_1、B_1、C_1、D_1 各点作素线的平行线，并截取 $AG = a'g'$，$BF = b'f'$，$CE = C'e'$，得 A、G、B、F、C、E 等点；最后依次光滑连接各点，即得到相贯部分的展开图，

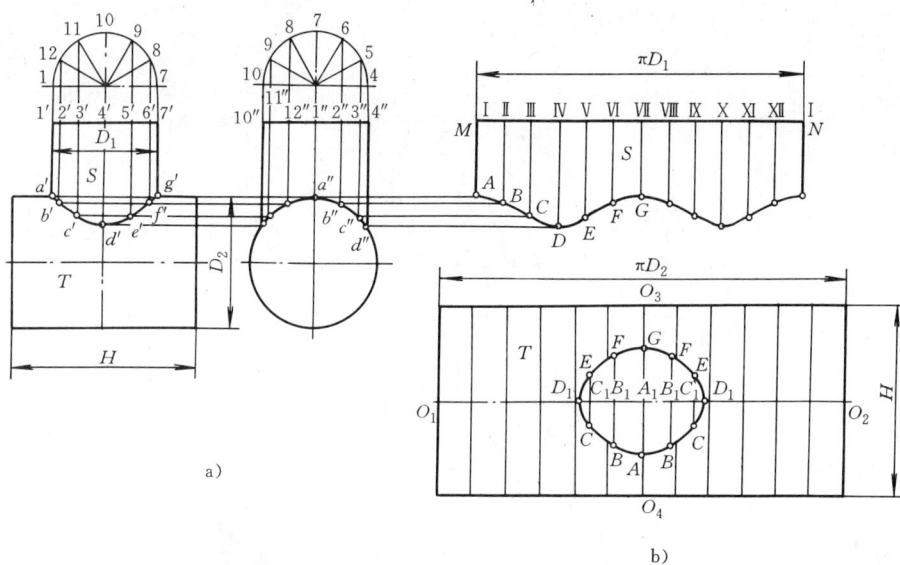

图 7-17　不等径圆管三通管的展开图

a）视图　b）展开图

见图 7-17b。

7.4.2　等径三岔管的展开

等径三岔管各管的轴线同处于一个平面内，可以分析为由以下几部分组成：

1）被斜切的左、右两个直圆柱管。

2）被左、右对称的两平面斜切的中间直立圆柱管。

3）一端被一平面斜切、另一端被相交两平面斜切的左、右连接管（也是圆柱管）。

所以对某一个圆柱管而言，它的展开图与一个圆柱面被斜切后的展开图是一样的或基本一样的。

整个等径三岔管的展开图，是把组成它的每一个圆柱管的展开图按图示要求组合起来。其展方法与过程见图 7-18b。

7.4.3　变形接头的展开

（1）"天圆地方"变形接头的展开　如图 7-19a 所示，它的上端是圆形，下端是方形（也可以是矩形），用于连接方管（也可以是矩形管），由于两端的形状不同，所以称为变形接头。

该变形接头可以分析为由四个部分锥面和四个三角形组成。每一部分锥面由四分之一顶圆和下端正方形的一个顶点组成，例如图中的锥面由顶圆圆弧 $ABCD$ 和下底正方形的顶点Ⅰ组成。每一个三角形由下端正方形的一边和四等分顶圆的等分点组成。为了保证整个表面的光滑连接，顶圆上的等分点 A、D、E、F 应取平行于方形各边的直线与顶圆相切的切点。

作图时可将圆弧分成若干等分，把每一等分点和顶点相连就构成了若干个三角形（图中是把 AD 三等分，把锥面 AⅠD 分为三个三角形），求出三角形每一边的边长，即可画出这些三角形（例如图中的ⅠAB、ⅠBC、ⅠCD）。

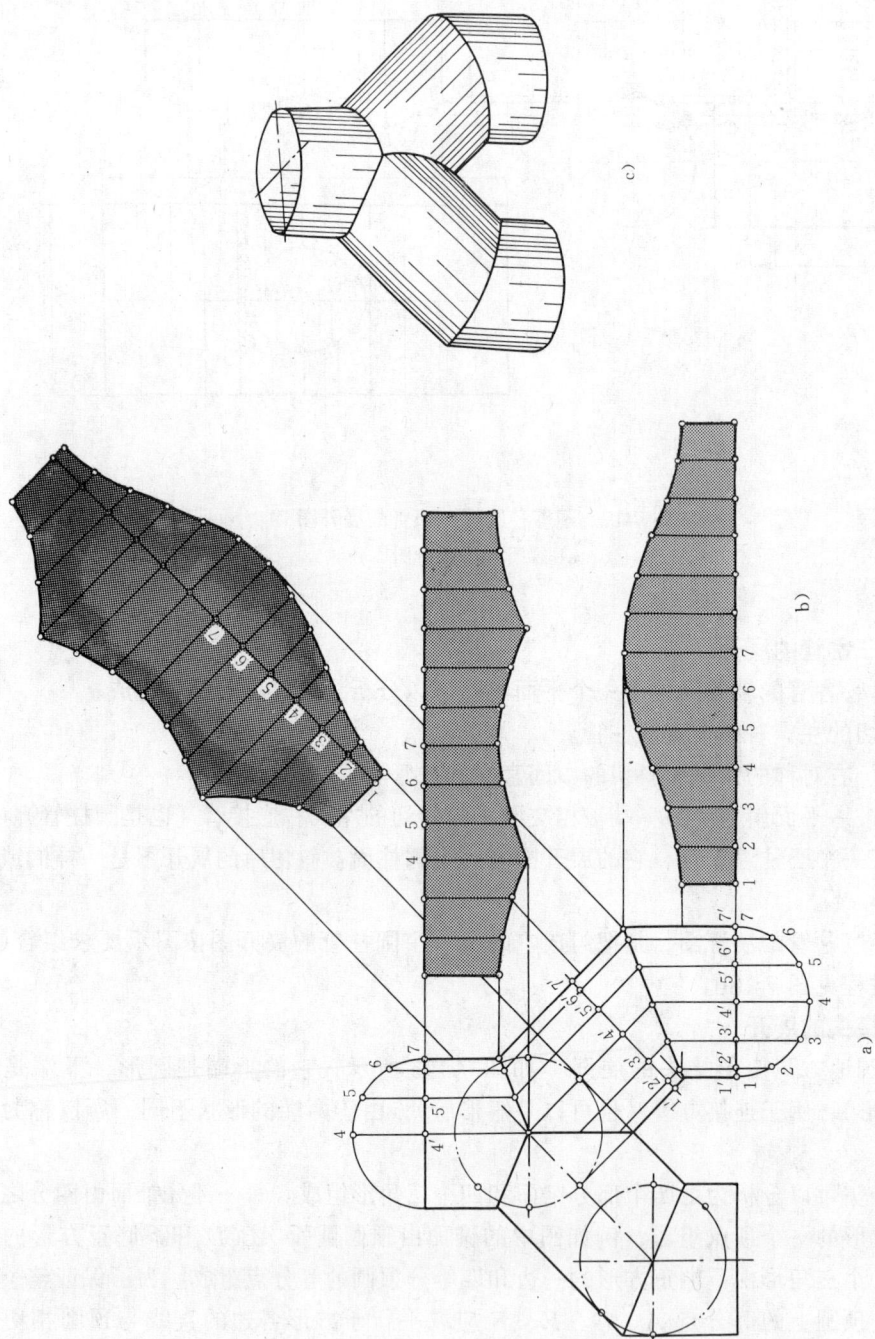

图 7-18 等径三岔管的展开
a) 视图 b) 展开图 c) 轴测图

求出三角形 $AM\rm{I}$ 的各边后（$\rm{I}\mit{A}=1'a'_1$，$\rm{I}\mit{M}=1m$，$AM=d'1'$，可在主视图上直接截取），即可画出它的实形。具体作图方法与过程见图 7-19a、b。

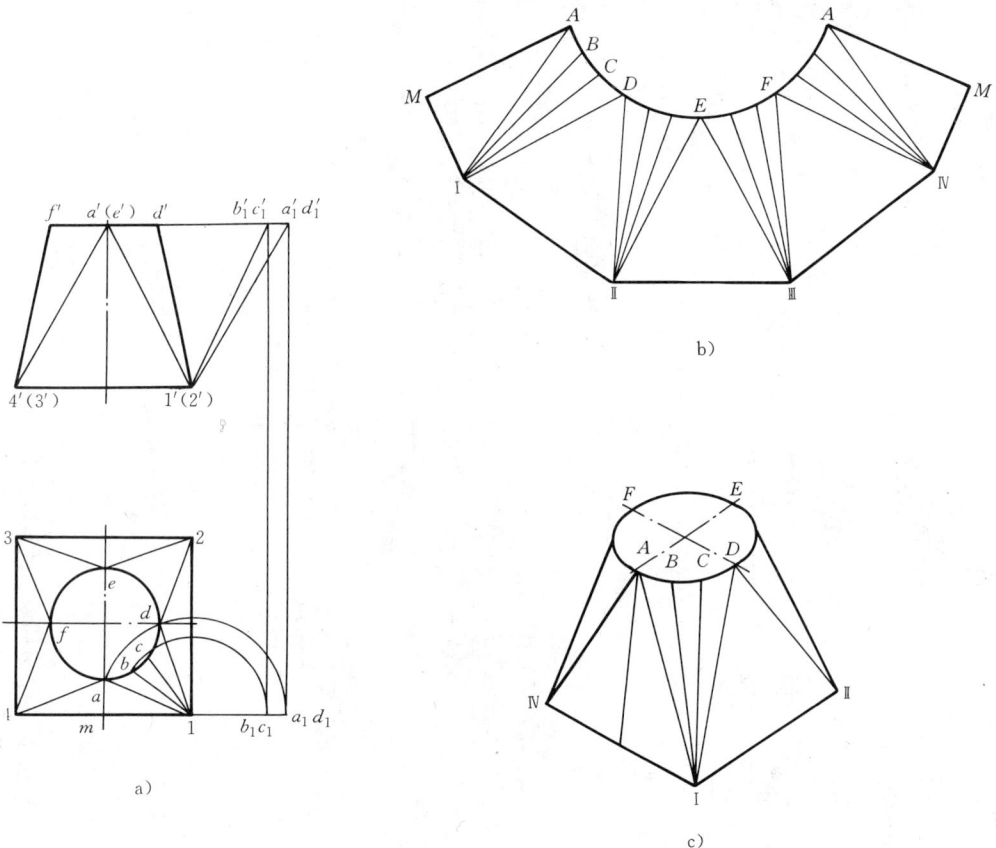

图 7-19　"天圆地方"展开图

a）视图　b）展开图　c）轴测图

（2）偏心方圆渐变接头的展开　如图 7-20a 所示，该形体可以分析为由四个三角形平面和四个四分之一斜锥面组成。形体斜向对称，对称平面通过 A、C、$\rm{I}$、$\rm{IX}$ 各点。四个三角形平面分别由正方形的一边和相应的底圆的四等分点的一点组成，例如三角形 $AB\rm{III}$、$BC\rm{VII}$ 等。每个三角形的各边均可依照视图很方便地求出，例如三角形 $AB\rm{III}$，它的三边 $AB=ab$，$A\rm{III}$、$B\rm{III}$ 的实长在图中是用直角三角形法求出的，其余各三角形的未知实长的边也是用直角三角形法求出的，所以，可以很方便地画出四个三角形的实形。四个四分之一斜锥面的展开，可分别在各斜锥面画出若干条素线，将每一个斜锥面分成若干个三角形。每一个三角形由两条素线和相应一段弧所对的弦长组成，例如三角形 $A\rm{II}\rm{III}$ 由素线 $A\rm{II}$、$A\rm{III}$ 和弦 $\rm{II}$ $\rm{III}$ 组成。弦长 $\rm{II}$ $\rm{III}$ 可以在视图上直接量取，$A\rm{II}$、$A\rm{III}$ 可根据视图求出（图中用直角三角形法）。所以，可以求出三角形 $A\rm{II}\rm{III}$ 的实形，其余各三角形的求法皆与此相同。依照此法可以分别求出其余斜锥面的展开。

具体的作图方法见图 7-20a、b。

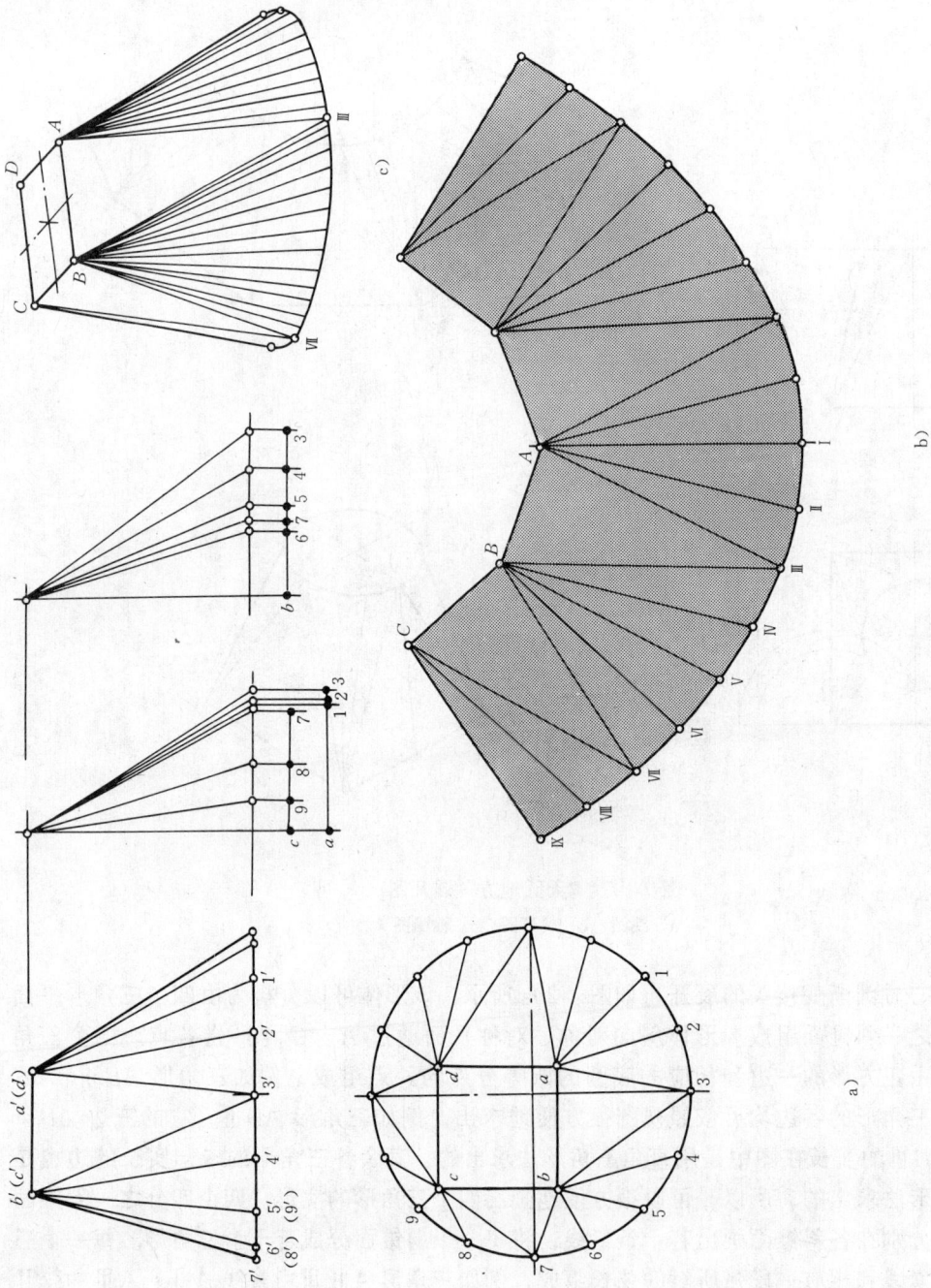

图 7-20 偏心方圆渐变接头的展开
a) 视图 b) 展开图 c) 轴测图

7.5 画展开图应注意的几个实际问题

前面讲述的展开图画法是从纯几何学的观点来研究问题的，没有考虑到板厚、接头、接口应如何处理，而这些问题是在放样、下料过程中必须考虑到的工艺问题。

7.5.1 板厚的处理

金属材料在受到弯曲时，外层材料受拉伸长，内层材料受压缩短，由于材料是连续的，所以在内、外层材料中间必然存在着一层材料既不伸长也不缩短，这层材料叫中性层。应以中性层作为画展开图的依据，见图 7-21。

当 $r \geqslant 5f$ 时，$R_{中性} = r + \dfrac{f}{2}$

式中 $R_{中性}$——中性层半径；

r——工件的弯曲半径；

f——料厚。

当 $r < 5f$ 时，$R_{中性} = r + \dfrac{f}{3}$

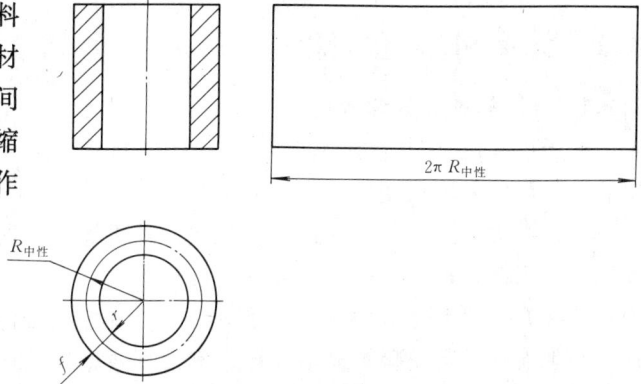

图 7-21 料厚的处理

7.5.2 制件的接口

当制件需经焊接或铆接时，在展开图上应留出对接或搭接需要的接头尺寸，见图 7-22a、b；当用薄铁皮制件时，要根据接口的形式，留出折边的尺寸，见图 7-22c。

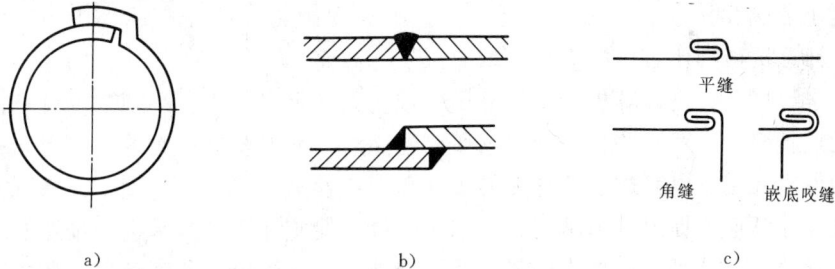

图 7-22 接口、折边形式

a)、b) 接口形式　c) 折边形式

在画展开图时，排料要紧凑，注意节约用料。

8 简 单 CAD

8.1 计算机的基本知识

8.1.1 计算机的发展和应用

电子计算机是 20 世纪科学技术最卓越的成就之一，它的出现引起了当代科学、技术、生产、生活等的巨大变化。

在人类历史上，有过算盘、机械式计算机等计算工具，它们的一个共同特点是在人的直接操作下工作，每操作一次完成一步计算。

1946 年，美国的科学家和工程师设计并制造了第一台电子计算机，能够按人的预先布置自动地连续进行完整的复杂计算，其计算效率比人工提高几千倍。此后的 40 多年中，计算机的发展经历了第一代电子管计算机（1946～1957），第二代晶体管计算机（1958～1964），第三代集成电路计算机（1964～1972），第四代大规模集成电路计算机（1972～现在）的四个阶段，技术水平不断提高，功能越来越多，价格越来越低，应用越来越广。

70 年代，个人计算机（即微机）的问世和大规模生产，更使计算机迅速渗入企业、机关、学校、家庭，成为无所不在的常用工具，帮助人们完成形形色色的工作。反过来也促使微机向高速、微型化发展。

与此同时，为了满足科学研究、军事、气象、地质等领域的需要，计算机也在向着巨型化、超高速化发展。

目前，计算机最有代表性的应用领域有以下几方面：

（1）科学计算　这是计算机的最早应用领域。大到宇宙天体，小到基本粒子，上至航天飞行，下至地震海啸，对这些物理现象的研究和探索，都需要进行大量的精密计算。计算机的应用，使得用人工难以完成的计算变得现实可行甚至轻而易举；同时，不断深入地研究，又对计算量和计算速度提出越来越高的要求，反过来促使计算机技术进一步发展。

（2）数据处理　这是计算机应用最广泛的领域。生产管理、仓库管理、数据统计、办公自动化、银行电子化、交通调度、情报检索等都可归与这一类。在我国，几乎所有的事业单位和国有企业都用计算机承担了或多或少的数据处理工作。

（3）实时控制　在化工、电力、冶金等生产中，用计算机自动采集各项参数，进行检验、比较，及时控制生产设备的工作状态；在导弹、卫星的发射中用计算机随时精确地控制飞行轨道和姿态；在热处理加工中用计算机控制炉窑温度曲线；在对人身有害的场所中用计算机控制机器人自动工作等等。微型化的计算机进入仪器仪表，产生了智能化的仪器仪表，把工业自动化推向更高的水平。

（4）辅助设计　利用计算机的计算和绘图能力，帮助人们进行建筑、机械、电子等方面的工程设计工作，大大提高设计的质量和效率。在我国，应用在航空、造船（产品形状多为复杂曲线、曲面）行业效果最为显著。

随着我国的计算机应用水平的不断提高，随着经济规模、管理水平、技术能力、人员素质的逐步提高，必将在应用的深度和广度上持续发展，产生越来越明显的效益。

8.1.2 硬件

一台完整的计算机由运算控制单元、存储器、输入设备、输出设备等部件构成。

8.1.2.1 运算控制单元 运算控制单元是计算机的核心，由极其复杂的电子线路组成，它的作用是完成各种运算，并控制计算机各部件协调地工作。运算控制单元又称作中央处理单元，简称 CPU。微型计算机的 CPU 采用现代高科技手段制成一片或几片像手指大小的集成电路片，又称为微处理器。

随着计算机技术的进步，微处理器的水平在近 20 年中飞速提高，最具有代表性的产品是美国 INTEL 公司的微处理器系列，先后有 4004、4040、8008、8080、8086、80286、80386、80 486、Pentium 等，功能越来越多，内部结构也越来越复杂，从每秒完成几十万次基本运算发展到几千万次，每个微处理器中包含的半导体电路从 2 千多个发展到 310 万个（一台半导体收音机包含的基本半导体电路元件不超过几十个）。

由于微机的核心部件是 CPU，人们习惯上以生产厂家名和 CPU 档次来概略表示微机的规格，例如 COMPAQ486、长城 386、AST286 等等。

CPU 本身不能直接为用户解决各种实际问题，它的功能只是高速、准确地执行人预先安排的指令，每一项指令完成一次最基本的算术运算或逻辑判断。例如计算二个整数的加、减、乘，判断一个整数是否比另一个大，等等。

CPU 执行的指令（在计算机内部，指令用一定格式的数据来表示）、用于计算的原始数据、计算时的中间结果、计算的最终答案都需要以 CPU 能够接受的形式存放在计算机中。CPU 本身包含少量存放这些数据的机构，称为寄存器，它只用于存放当前的瞬间正在被使用的数据。其余的大量数据，则被存放在称为存储器的部件中。存储器又分为内存储器（简称内存、主存）和外存储器（简称外存、辅存）两种。

8.1.2.2 内存储器 计算机的内存储器目前一般用半导体器件组成，通过电路与 CPU 相连，CPU 可以向其中存入数据，也可以从中取出数据，存取的速度与 CPU 执行指令的速度相匹配。

内存中有一小部分用于永久存放特殊的专用数据，CPU 对它们只取不存，这一部分称为只读存储器，简称 ROM，其余部分可存可取，称为随机存储器，简称 RAM。

当计算机为人做一项工作时，需要执行大量的指令，接收、产生大量的数据，因此，内存需要有很大的容量。目前使用的微机，内存容量一般在几百千字节到几十兆字节之间，小型、中型、大型计算机的内存容量更大。千字节准确地讲是 1024 字节，通常简称为 KB 或 K，兆字节等于 1024 千字节，简称为 MB 或 M。

内存的大部分由 RAM 组成，在计算机工作时能稳定准确地保存数据，但这种保存功能需要电源的支持，一旦切断计算机的电源（关机或事故），其中所有的数据立刻完全消失。

8.1.2.3 外存储器 内存虽有不小的容量，但相对于计算机所面对的应用任务而言，仍远远不足以存放所有的数据。另一方面内存不能在断电时保存数据，因此需要更大容量、能永久保存数据的存储器，这就是外存储器。

目前计算机上最常用的外存储器是软磁盘（软盘）和硬磁盘（硬盘）两种。

软盘不固定装在微机里，微机上装有软盘驱动器，当需要使用一片软盘中的程序或数据时，要把这片软盘插入软盘驱动器。软盘按其容量分为 360K、1.2M、1.44M 几种，前两种称为 5.25 英寸盘，后一种称为 3.5 英寸盘。

硬盘连同驱动器一起封闭在一壳体内，固定安装在计算机中。它的精度高，容量比软盘大得多，一般微机使用的为几百兆（M），读写的速度也比软盘快得多。

在使用软盘和硬盘时，应特别注意保护，做到以下几点：

1）软盘要避开热、灰、潮、磁，用完立刻装入纸袋，放入盒内。

2）切勿用手或其它物体触碰软盘的表面。

3）带有硬盘的微机切忌剧烈震动。

除磁盘以外，计算机上使用的外存储器还有磁带和光盘。磁带一般用来保存大量不经常使用的数据，例如需要长期保存备查的历史帐目。光盘有比磁盘大得多的容量，由于价格、存取速度等方面的原因，目前还不普及。

8.1.2.4　输入设备　计算机要按人的要求进行工作，就必须能够接受人的命令，各种必需的原始数据也必须送入计算机，从计算机外部获取信息的设备称为输入设备。

最常用的输入设备是键盘，键盘上有一百个左右的按键。这些按键分为两大类，一类称为数字键，包括数字、英文字母、标点符号、空格等，另一类是控制键，用于输入一些特殊信息，例如删除已输入的字符等。

还有一种正在普及的输入设备是鼠标器。鼠标器可用手握住在桌面或专门的平板上滑动。计算机通过连接电缆获取滑动的方向、距离，并使屏幕上的一个特殊标记（例如一个箭头或十字线）跟随鼠标的滑动而同步移动。这样操作者就能用手移动屏幕上的标记来直观地表达自己的意图。

对于要输入进计算机的图形、图象、声音等不同形式的信息，要使用专用的输入设备完成。

8.1.2.5　输出设备　计算机向使用者传递计算、处理结果的设备称为输出设备。

最常用的输出设备是显示器，习惯上称为屏幕，通常分为单色的和彩色的两种，而且在规格上还有 CGA、EGA、VGA 之分。目前以彩色 VGA 显示器最为普遍。

若需要长久地保存输出的信息，就需要使用打印机这种输出设备。点阵式打印机用得最为广泛，更先进的有激光打印机和喷墨打印机等。

除此以外，输出图形的绘图仪也是经常用到的一种输出设备。

8.1.3　什么是软件

计算机的核心是 CPU，CPU 的运算、控制是通过执行指令来实现的。让 CPU 执行不同的指令序列，就能使计算机完成截然不同的工作，这就使计算机具有非凡的灵活性和通用性。也正是这一原因，决定了计算机的任何动作都离不开由人安排的指令。人们针对某一需要而为计算机编制的指令序列称为程序。程序连同有关的说明资料称为软件。配上软件的计算机才是完整的计算机系统。

一般把软件分为两大类：应用软件和系统软件。

应用软件是专为某一原因目的而编制的软件，较常见的有：

（1）文字处理软件　用来输入、存储、修改、编辑、打印文字材料（文件、稿件等），例如 WPS、WORDSTAR 等。

（2）信息管理软件　用来输入、存储、修改、检索各种信息，例如工资管理软件、人事管理软件、仓库管理软件、计划管理软件等。这种软件发展到一定水平后，各个单项的软件相互连系起来，计算机与管理人员组成一个和谐的整体，各种信息在其中合理地流动，形成一个完整、高效的管理信息系统，简称 MIS。

（3）辅助设计软件　用于高效地绘制、修改工程图样，进行设计中的常规计算，协助设计人员寻找最佳设计方案。最著名的是 AutoCAD。

（4）实时控制软件　用于随时收集生产装置、飞行器等的运行状态信息，以此为依据按预定的方案实施自动或半自动控制，安全、准确地完成任务。

系统软件用来管理硬件，并且支持应用软件的运行，使在一台计算机上同时或先后运行的不同应用程序有条不紊地合用硬件设备。例如，两个应用程序都要向硬盘存入和修改数据，如果没有一个协调管理机构来为它们划定区域的话，必然形成互相破坏对方数据的局面。

具有代表性的系统软件有：

（1）操作系统　管理计算机的硬件设备，使应用程序能方便、高效地使用这些设备。在微机上常见的有 DOS、UNIX、XENIX 等。

（2）数据库管理系统　有组织地、动态地存储大量数据，使人们能高效地使用这些数据。在国内用得较多的是 dBase、FoxBase、FoxPro、ORACLE 等。

（3）编译软件　为提高效率，通常人们使用 C、FORTRAN、COBOL、PASCAL 等高级语言来编写程序（称为源程序），但 CPU 并不能直接执行这些指令，需要一个专门的软件，用来将源程序转化为一系列能为 CPU 接受的基本指令（称为机器指令），使源程序翻译为能在计算机上运行的程序。完成这种翻译工作的软件称为编译软件。对于不同的高级语言，都有各自的编译软件。

8.1.4　DOS 操作系统

DOS 是 Disk Operating System（磁盘操作系统）的缩写。它由一组重要的程序组成，为使用者提供良好的运行环境和方便的编程工具，为使用者和计算机之间建立了友好的界面，是目前在 PC 机上广泛使用的基本支持软件。经过多年的改进，已经发展到版本 MS—DOS6.22。

8.1.4.1　文件　文件是记录在存储介质（例如磁盘）上的一组相关信息的集合，它可以是程序、数据和其它信息，每个文件都有自己唯一的名字。用户需要时只需指出文件名，DOS 就能准确地找出那组程序、数据和其它信息。DOS 操作系统下所有的程序和数据都以文件的形式存储，一般是存在磁盘上。

8.1.4.2　文件的命名　为了便于区分不同的文件，必须为文件取一个名字。DOS 规定文件名由文件主名和扩展名组成，文件主名是必须的，由 1~8 个字符组成；扩展名是可选择的，以圆点开始，由 1~3 个字符组成。例如 STUDY.DAT 这里 STUDY 是文件主名，DAT 是扩展名。可用于文件名的字符为：

英文字母：A~Z 大小写共 52 个，大小写等价。

数字：0~9

特殊符号：$ ♯ & @ !（ ）- ^ ～等。

8.1.4.3　DOS 的基本操作　启动计算机，如果在计算机上已经安装了 DOS 系统，就可以打开主机电源。接着计算机系统自动检查各个部件，称为自检，随后将 DOS 的三个模块（以 MSDOS 及 6.22 为例，它们是：IO.SYS、MSDOS.SYS、COMMAND.COM）从磁盘调入到内存中。屏幕上分别显示如下信息：

Current date is Thu 11 − 23 − 1995

Enter new date (mm-dd-yy)：

　　键入正确的日期后，屏幕显示如下信息：

Current time is 1：50：57.95p

Enternew time：

　　键入正确的时间后，接着 DOS 系统显示如下信息：

Microsoft（R）MS -DOS（R）Version 6.22

　　　　　　　（C）Copyright Microsoft

Corp 1981-1994.

　　至此计算机启动过程结束，屏幕上出现提示符 C：＼＞，它告诉用户：微机目前处于 DOS 的监控状态，等待命令的输入。

8.1.4.4　DOS 的常用命令　DOS 命令具有一定的语法格式，否则系统将会误操作或拒绝执行。DOS 的普遍完整的格式可表达如下：

[d：]［path］＜命令字＞［参数表］［开关符表］

这里　d：代表盘符；path 代表路径。具体的命令格式请参阅 DOS 的命令手册，这里仅介绍最常用的一些命令。

　　(1) 磁盘格式化命令　FORMAT

　　命令格式：[d：]［path］format　d：[/F：nnnn]［/S］

　　命令功能：格式化指定驱动器中的磁盘，建立 DOS 规定的记录格式。寻找并标出有缺陷的磁道，防止在此磁道上记录信息。建立文件分配表（FAT）和根目录、建立系统初始化装入程序，使磁盘能接受 DOS 文件。

　　开关符［/F：nnnn］：表示指定磁盘的容量为 nnnn（nnnn = 160，180，320，360，720，1200，1440，2880）。

　　开关符［/S］：表示在新的磁盘上生成三个 DOS 的基本模块（IO. SYS、MSDOS. SYS、COMM AND. COM)

　　使用说明：

　　1）格式化会破坏磁盘上的所有数据，所以对该操作要慎重。

　　2）不能对有写保护的磁盘进行格式化操作。

　　(2) 文件复制命令　COPY

　　命令格式：copy 源文件名［目标文件名］

　　命令功能：把由源文件名指定的文件复制目标文件中去，目标文件可与源文件同名或不同名。

　　例如：把 A：盘根目录中的文件 FIELD.DAT 拷贝到 B：盘根目录中（目标文件与源文件同名时，目标文件名可以省略）。

C：＼＞COPY A：FIELD.DAT B：

　　1 File（s）copied

C：＼＞

　　(3) 删除文件命令　DEL 或 ERASE

命令格式：del 文件名

命令功能：删除一个或一批磁盘文件

例如：删除 A：盘根目录中所有扩展名为 TXT 的文件

C：\＞del a：＊．txt

C：\＞

（4）显示磁盘文件目录命令　DIR

命令格式：dir 文件名［/p］［/w］

命令功能：显示磁盘上全部或部分文件目录和子目录，显示信息包括文件名、扩展名、文件长度、文件建立日期和时间。同时显示文件的总数和剩余的磁盘空间。

开关符［/p］：分屏显示。当文件较多时，每显示完一屏就暂停，并显示"Strike any key when ready"（按任一键继续），按任一键后，继续显示磁盘上的文件目录和子目录，重复这样的过程直至显示完毕。

开关符［/w］：以简洁形式显示磁盘上全部或部分文件目录和子目录，即只显示文件名和扩展名。

例如 dir 命令中的一些形式

dir＊．＊　显示当前盘当前目录的全部目录清单

dir　同上

dir a：　显示 A：盘当前目录的目录清单

dir a：\　显示 A：盘根目录的目录清单

dir \　显示当前盘根目录的目录清单

dir．exe　显示当前盘当前目录下扩展名为 exe 的全部目录清单

dir 1at.　显示当前盘当前目录下文件名为 1at 的全部目录清单

（5）显示和设置系统日期的命令　DATE

命令格式：date　［mm-dd-yy］

命令功能：把系统的日期改为新的日期

使用说明：在命令中 mm 代表月份的 $1\sim12$ 的数字，dd 代表日期的 $1\sim31$ 的数字，yy 代表年份，并且用"-"或"/"分隔。

如果不输入新的日期，直接按回车，则保留系统原有日期。

例如：将系统的日期改为 1995 年 11 月 30 日

C：\＞date

Current date is Wed 11-29-1995

Enter new date（mm-dd-yy）：11-30-1995

C：\＞

（6）显示和设置系统时间的命令　TIME

命令格式：time［hh：mm：ss．xx］

命令功能：把系统的时间改为新的时间

使用说明：在命令中 hh 代表小时的 $0\sim23$ 的数字，mm 代表分钟的 $0\sim59$ 的数字，ss 代表秒的 $0\sim59$ 的数字，xx 代表百分之一秒的 $0\sim99$ 的数字。并且用"："分隔。

如果不输入新的时间，直接按回车，则保留系统原有时间。

例如：将系统的时间改为 14：20：00

C：\ ＞time

Current time is 2：43：31.44p

Enter new time :14：20：00.00

C: \ ＞

8.2 AutoCAD 初步

8.2.1 Auto CAD 工作站

先来认识一个典型的 AutoCAD 工作站，见图 8-1。工作站包括：

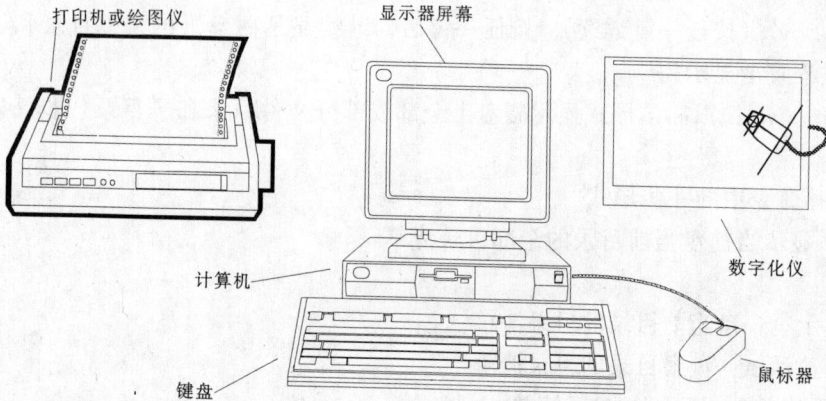

图 8-1 一个典型的 Auto CAD 工作站

（1）计算机 这是一台 286 以上的微机，配有硬盘和软盘驱动器及 VGA 彩色显示器，还必须配有数字协处理器。

（2）键盘 键盘用来输入命令、符号、距离、角度、半径及注解文字等，还用来回答计算机所提示的信息。键盘的中心部分和普通的英文打字机排列相似。键盘上有十个功能键，其中的五个被 Auto CAD 定义使用。它们是：

F1 键：用于图形屏幕和文字屏幕的切换。在检查操作错误时可使用此功能。

F6 键：用于控制所处位置坐标值的显示。

F7 键：用于控制屏幕上一系列网点的显示。这些网点对绘图起辅助作用。

F8 键：用于画水平或垂直的正交直。

F9 键：用于协助光标移动到准确的捕捉位置。

键盘的右侧还有九个光标操作键：

←键：光标左移。

→键：光标右移。

↓键：光标下移。

↑键：光标上移。

Home 键：光标进入屏幕绘图区域。

End 键：光标退出屏幕绘图区域。

Ins 键：光标进入屏幕菜单区域。

（3）彩色显示器屏幕 Auto CAD 将彩色显示器屏幕分为四个区域，它们如图 8-2 所示，其中：

区 1：屏幕菜单区域，用于选取 AutoCAD 的操作命令。

区 2：状态显示行。

区 3：绘图区域。

区 4：通讯区域，用于显示命令提示、输入数据和系统通讯。

（4）数字化仪或鼠标器 数字化仪是和计算机相连的电子平板，板上连有一个游标器，一般的游标器上有四个按键。在数字化仪上移动游标器并按下其中的选取按键，可以选取屏幕上的各种元素。如果考虑到价格因素，可以用鼠标器代替数字化仪，但是在使用上不如数字化仪方便。

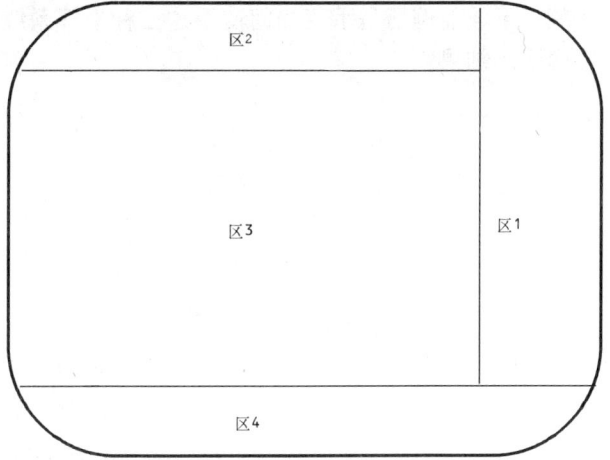

图 8-2 屏幕四个区域

（5）绘图仪或打印机 可以将 AutoCAD 生成的图形文件，在图纸上绘出精确的图形。

8.2.2 数据输入

一幅图形通常是在指定的位置上安排各种基本图素生成的。这些图素为：点、线段、圆、圆弧及高度和宽度等。在工作时 AutoCAD 将向用户询问有关这些图素如何画及其位置等的信息。

8.2.2.1 装入 AutoCAD 程序 如果 AutoCAD 程序已经拷入计算机硬盘，按表 8-1 操作可以将 Auto CAD 程序调出。屏幕上将显示出 AutoCAD 的主菜单，见表 8-2。

表 8-1 操作步骤（一）

信息/提示	操 作	数据输入或结果
C：\＞	键盘输入	acad↙
出现用户信息	键盘输入	↙
其它信息	键盘输入	↙

表 8-2 操作步骤（二）

		Main Menu	主菜单
	0	Exit AutoCAD	退出 AutoCAD
	1	Begin a NEW drawing	开始绘新图
	2	Edit an EXISTING drawing	编辑现存的图型
	3	Plot a drawing	绘图机绘图
	4	Printer Plot a drawing	打印机绘图
	5	Configure AutoCAD	配置 AutoCAD
	6	File Utilities	文件管理程序
	7	Compile shape/font description file	编译型/字体描述文件
	8	Convert old drawing file	变换原有的图型文件
		Enter selection:	输入选择项

8.2.2.2　坐标系统　当 AutoCAD 的提示为"点"时，它要求用户提供这个点在图中的坐标。AutoCAD 可以使用三种坐标系统去确定一个点，它们是绝对坐标、相对坐标和极坐标系统。下面的例子是示范如何使用这三种坐标系统去确定点的位置。图 8-3 所绘的线就是这个例子的结果。

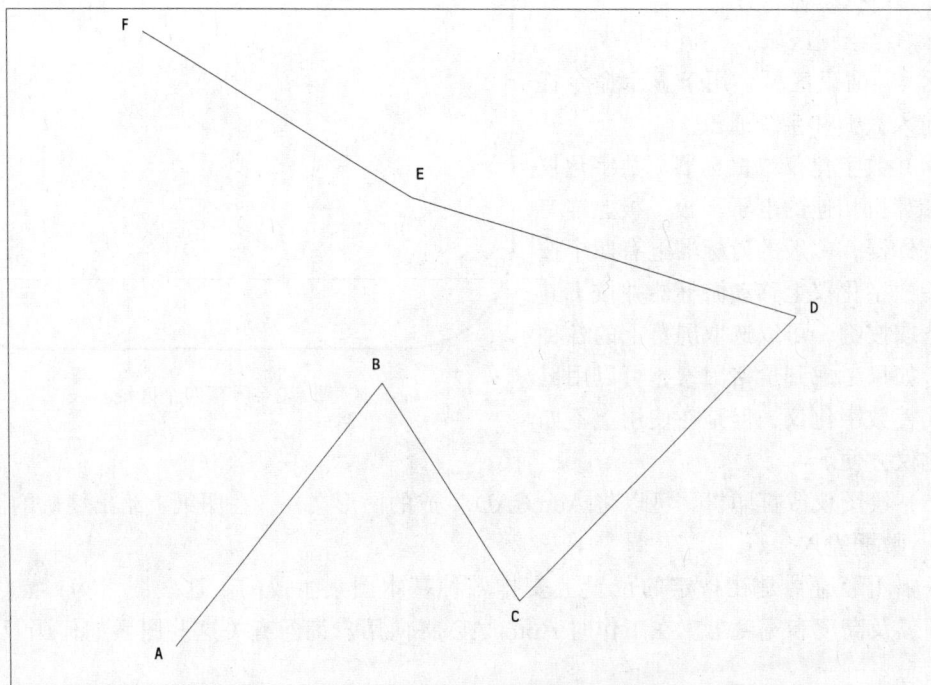

图 8-3　用三种坐标系统确定点的位置

（1）绝对坐标　在绝对坐标系中，可以键入 X 和 Y 的具体值去确定一个点。X 和 Y 之间要用逗号隔开，下例绘出图 8-3 中的直线 *AB*，见表 8-3。

表 8-3　操作步骤（三）

信息/提示	操　作	数据输入或结果
Command：	键盘输入	line↙
From point：	键盘输入	5.4，3.6↙（A 点）
To point：	键盘输入	6.8，5.3↙（B 点，画出直线 AB）

（2）相对坐标　在相对坐标系中，可以由距前一点的距离来确定一个点。具体方法是先键入一个符号"@"，随后键入 X 和 Y 方向的距离值。下面使用相对坐标继续画直线 BC，见表 8-4。

表 8-4　操作步骤（四）

信息/提示	操　作	数据输入或结果
To point：	键盘输入	@0.9，−1.4↙（C 点距离 B 点 x＝0.9，y＝−1.4，画出直线 BC）

C 点等效于绝对坐标的（7.7，3.9）点。

（3）极坐标　在极坐标系中，可以由相对上一点的距离和角度确定新点位置。其格式为"@距离值＜角度值"。下面使用这种方法去完成直线 CD，见表 8-5。

表 8-5　操作步骤（五）

信息/提示	操　作	数据输入或结果
To point:	键盘输入	@2.6<45↙（D点距离C点2.6单位，方向45°，画出直线CD）
To point:	键盘输入	↙

8.2.2.3　使用游标（或鼠标器）选点　使用游标器或鼠标器也可以确定点在屏幕上的位置。先移动光标到所需位置，然后按选定取键，点就可以确定。这样输入点的坐标和键盘输入是同一方式。例如，移动游标（鼠标）到点E，并按选取键，直线DE即可画出。

8.2.2.4　键盘选点　点的坐标同样也可以使用键盘上的光标控制键输入。将光标移到所需位置后，再按 ENTER 键即可确定此点的位置。

光标移动控制键有↑（上升）、↓（下降）、→（右移）、←（左移）四个键，按一次 PgUp 键可使光标移动快十倍，按二次快 100 倍。同样按一次或二次 PgDn 键可使光标移动减慢 10 或 100 倍。

将光标移到 F 点，绘出图 8-3 中的直线 EF。

8.2.2.5　距离和数值的输入　AutoCAD 中有很多提示要求输入距离值。例如：半径、高度、宽度、列距和行距等。在一些提示中，输入的数值必须是正整数。象回答行和列的数目等类提示必须使用正整数。还有一些距离输入的方法，将在以后章节中示范。

8.2.2.6　角度输入　当 AutoCAD 需要一个数值去确定一个方向时，它将询问角度值。角度通常使用十进制的形式，并以角度为单位。0 指向右边，以逆时针方向为角度增加。

8.2.2.7　位移量输入　当执行移动、复制和屏幕移动等命令时，AutoCAD 要求输入一个位移量。在绝对坐标中，位移量可由 X、Y 的具体值确定。位移量也可以用鼠标器或数字化仪等装置输入。通常是先选取一个基点，然后移动到另一点的形式实现。

8.2.2.8　退出　如果想要保存所画的内容，键入命令 END。

如果不想要保存所画的内容，那么只要键入 QUIT（退出）并回答 Y。

当 AutoCAD 主菜单出现在屏幕上时，输入选择项0可以退出 AutoCAD，返回到 DOS 中。

8.2.3　基本绘图命令

8.2.3.1　目的　工程图是由点、线、弧、圆等基本图素组成。本节将讨论使用几种方法，去绘制一些基本图形。本节是以后几节的基础，读者应掌握本节的内容，上一节讨论过的各种坐标系统，也将应用在这里的一些示例中。

现在请运行 AutoCAD 程序，当主菜单出现在屏幕上时，输入选择项1。

8.2.3.2　画点命令（POINT）　可以通过点的坐标来确定其所在的位置，下面练习使用键盘画出若干点来，见图 8-4，操作过程见表 8-6。

表 8-6　操作步骤（六）

信息/提示	操　作	数据输入或结果
Command:	键盘输入	point↙
point:	键盘输入	5, 10（A点位置 x=5, y=10）
Command:	键盘输入	↙（重复刚才的 point 命令）
POINT point:	键盘输入	10, 10（B点位置 x=10, y=10）
Command:	键盘输入	↙（重复刚才的 point 命令）
POINT point:	键盘输入	10, 5（C点位置 x=10, y=5）
Command:	键盘输入	↙（重复刚才的 point 命令）
POINT point:	键盘输入	5, 5（D点位置 x=5, y=5）

8.2.3.3　画直线命令（LINE）　直线是绘图中最基本的命令。确定一条直线有两种方法：1）直线的两个端点；2）直线的一个起点、相对于起点的另一点。

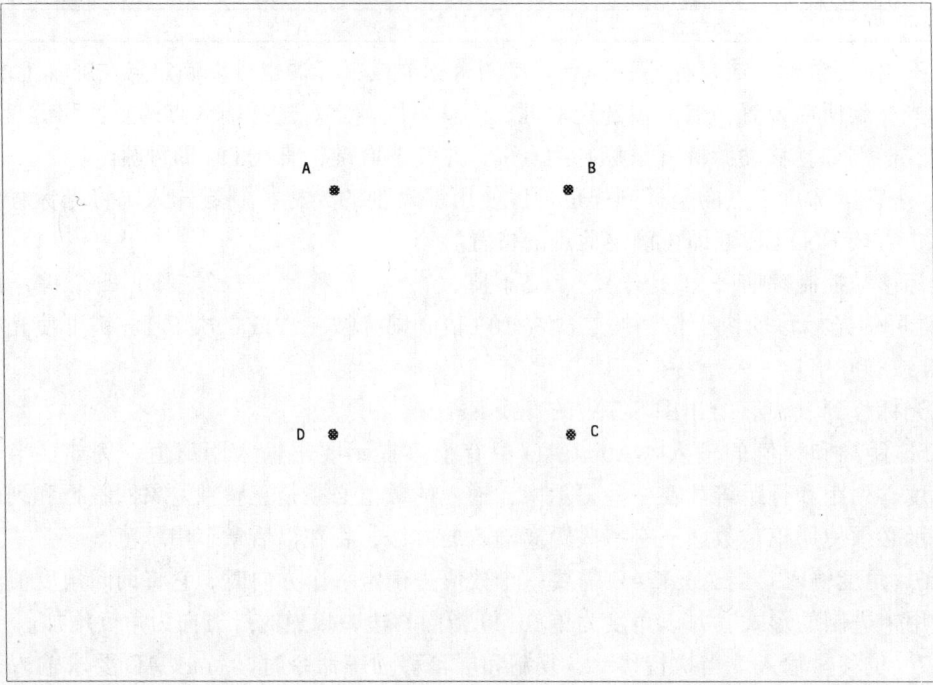

图 8-4　画点

以下的示例要画出垂直线 AB 和水平线 CD，见图 8-5，操作过程见表 8-7。

表 8-7　操作步骤（七）

信息/提示	操　作	数据输入或结果
Command:	键盘输入	line↙
From point:	键盘输入	4，2↙（垂直线的 A 点）
To point:	键盘输入	4，7↙（垂直线的 B 点）
To point:	键盘输入	↙（画出垂直线 AB）
Command:	键盘输入	line↙
From point:	键盘输入	3，3↙（水平线的 C 点）
To point:	键盘输入	7.5，3↙（水平线的 D 点）
To point:	键盘输入	↙（画出水平线的 CD）

　　当两点之间的直线画出后，AutoCAD 设想用户会以这条直线的终点为起点继续画直线，因此要想使所画的直线不与前一条直线相连，就必须在第二个"To point:"提示后按一下回车键即可。

　　在连续几条直线画完以后，键入回车键将使他们形成一个封闭多变形。例：操作过程见表 8-8。

表 8-8　操作过程（八）

信息/提示	操　作	数据输入或结果
Command:	键盘输入	line↙
From point:	键盘输入	4.4，4.1↙（端点 E）
To point:	键盘输入	4.9，3.4↙（端点 F，画出直线 EF）
To point:	键盘输入	6，4.5↙（画出直线 FG）
To point:	键盘输入	c↙（画出三角形 EFG）

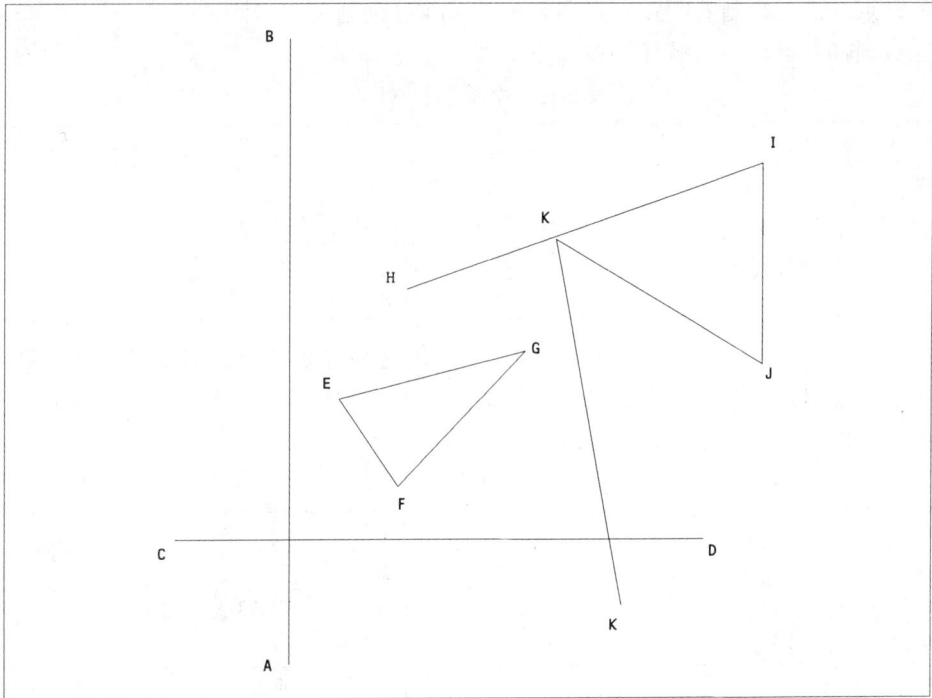

图 8-5　画直线

在上述例子中，所有直线的端点都是由 X 和 Y 方向的坐标值确定的。坐标原点位于屏幕左下角，这是 AutoCAD 的绝对坐标系统。下面将用确定一条直线的第二种相对坐标方法，即直线的一个起点、长度和方向，画一些直线，见图 8-5，操作过程见表 8-9。

表 8-9　操作过程（九）

信息/提示	操　作	数据输入或结果
Command:	键盘输入	line↙
From point:	键盘输入	5, 5↙（端点 H）
To point:	键盘输入	@3, 1↙（端点 1 相对于 H 点，在 X，Y 方向上的距离为 3 和 1）
To point:	键盘输入	@0, −1.6↙（端点 J 相对于 1 点，在 X，Y 方向上的距离为 0 和 −1.6）

使用相对坐标还有一种方法，即采用极坐标系统，它由相对于某点的距离和角度来确定端点的位置。此方法如下例所示操作过程见表 8-10。

表 8-10　操作过程（十）

信息/提示	操　作	数据输入或结果
To point:	键盘输入	@2<150↙（端点 K 距离 J 点 2，方向为 150 度）
To point:	键盘输入	@3<−80↙（端点 L 距离 K 点 3，方向为 −80 度）
To point:	键盘输入	↙

8.2.3.4　画圆弧命令（ARC）　圆弧是圆的一部分，用 ARC 命令来绘制。AutoCAD 提供了十多种绘制圆弧的方法，在输入了 ARC 命令后，这些方法将出现在屏幕的菜单区域上。这里将讨论最常用的几种。

（1）弧上三点（3—point）　使用这种方法绘制圆弧时，AutoCAD 要求指定起点、弧上任意点和终点。下例绘制的圆弧，见图 8-6a，操作过程见表 8-11。

这三点同样也可以使用游标设备选定。

表 8-11　操作过程（十一）

信息／提示	操　作	数据输入或结果
Command：	键盘输入	arc↙
Center／〈Start point〉：	键盘输入	4，6↙（圆弧的起点）
Center／End／〈Second point〉：	键盘输入	3.7，6.6↙（弧上任意点）
End point：	键盘输入	4.8，7.1↙（圆弧的终点）

（2）起点、中心点、终点（S、C、E）　使用这种方法绘制的圆弧是按逆时针方向由起点到终点，还要指定圆弧的中心点。这里的终点不一定是圆弧终端，它仅用来决定圆弧结束的角度。下例绘制的圆弧，见图 8-6b，操作过程见表 8-12。

表 8-12　操作过程（十二）

信息／提示	操　作	数据输入或结果
Command：	键盘输入	arc↙
Center／〈Start point〉：	键盘输入	8.5，6.5↙（圆弧的起点）
Center／End／〈Second point〉：	键盘输入	c↙（指定中心点方式）
Center：	键盘输入	7.7，6.5↙（圆弧中心点）
Angle／Length of chord／〈End point〉	键盘输入	7.2，7.35↙（圆弧终点）

（3）起点、中心点、夹角（S、C、A）　使用这种方法绘制圆弧时，AutoCAD 要求指定起点、中心点，圆弧的终点由起点、中心点和终点之间的夹角值确定。角度取正值时，按逆时针方向画圆弧；取负值时，按顺时针方向画圆弧。下例绘制的圆弧，见图 8-6c、d。操作过程见表 8-13。

表 8-13　操作过程（十三）

信息／提示	操　作	数据输入或结果
Command：	键盘输入	arc↙
Center／〈Start point〉：	键盘输入	12，6↙（圆弧的起点）
Center／End／〈Second point〉：	键盘输入	c↙（指定中心点方式）
Center：	键盘输入	11，6↙（圆弧中心点）
Angle／Length of chord／〈End point〉	键盘输入	A↙（指定夹角方式）
Included angle：	键盘输入	135↙（圆弧夹角的值，画出 C 弧）
Command：	键盘输入	arc↙
Center／〈Start point〉：	键盘输入	5，4↙（圆弧的起点）
Center／End／〈Second point〉：	键盘输入	c↙（指定中心点方式）
Center：	键盘输入	4，4↙（圆弧中心点）
Angle／Length of chord／〈End point〉	键盘输入	A↙（指定夹角方式）
Included angle：	键盘输入	-135↙（指明夹角的值，画出 D 弧）

（4）起点、中心点、弦长（S、C、L）　弦是连接圆弧的起点和终点的直线。用这种方法绘圆弧要指定起点、中心点和弦长。当弦长取正值时，AutoCAD 绘制一端小弧；当弦长取负值时，AutoCAD 绘制一端大弧。下例绘制的圆弧，见图 8-6e、f，操作过程见表 8-14。

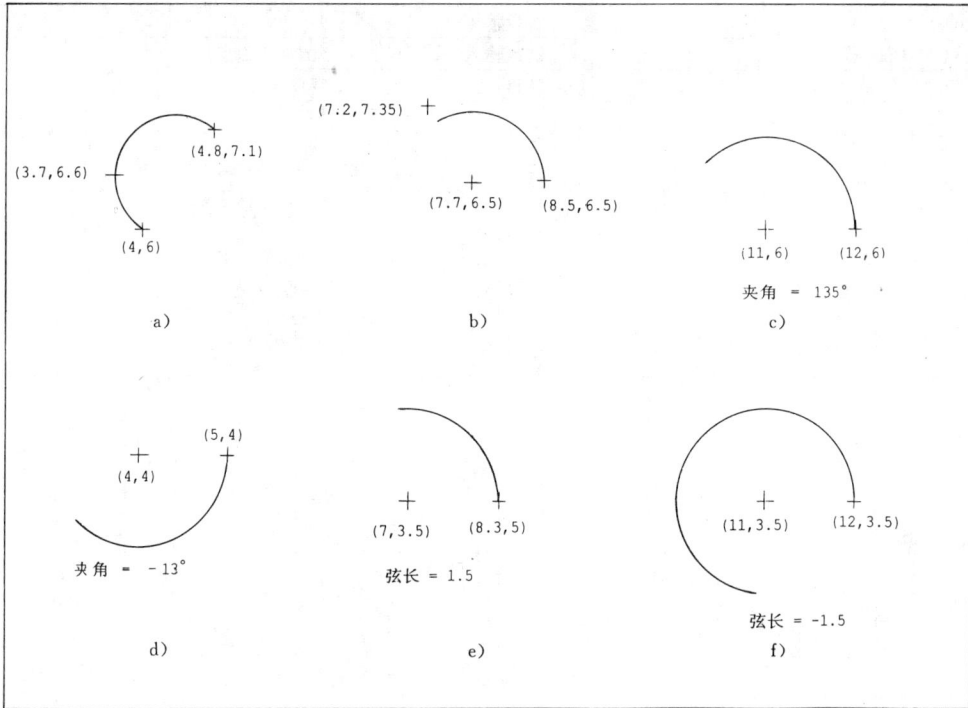

图 8-6　画圆弧（一）

表 8-14　操作过程（十四）

信息/提示	操 作	数据输入或结果
Command:	键盘输入	arc↙
Center/〈Start point〉:	键盘输入	8, 3.5↙（圆弧的起点）
Center/End/〈Second point〉:	键盘输入	c↙（指定中心点方式）
Center:	键盘输入	7, 3.5↙（圆弧中心点）
Angle/Length of chord/〈End point〉	键盘输入	L↙（指定弦长方式）
Length of chord	键盘输入	1.5↙（圆弧弦长的值，画出 E 弧）
Command:	键盘输入	arc↙
Center/〈Start point〉:	键盘输入	12, 3.5↙（圆弧的起点）
Center/End/〈Second point〉:	键盘输入	c↙（指定中心点方式）
Center:	键盘输入	11, 3.5↙（圆弧中心点）
Angle/Length of chord/〈End point〉:	键盘输入	L↙（指定弦长方式）
Length of chord:	键盘输入	-1.5↙（圆弧弦长的值，画出 F 弧）

（5）起点、终点、夹角（S、E、A）　这种方法在夹角取正值时，圆弧由起点到终点按逆时针方向画；取负值时，按顺时针方向画圆弧。下例按这种方法绘制的圆弧，见图 8-7，操作过程见表 8-15。

表 8-15　操作过程（十五）

信息/提示	操作	数据输入或结果
Command:	键盘输入	arc↙
Center/〈Start point〉:	键盘输入	6，4↙（圆弧的起点）
Center/End/〈Second point〉:	键盘输入	e↙（指定终点方式）
End point:	键盘输入	4.5，5.5 ↙（圆弧终点）
Angle/Direction/Radius/〈Center point〉:	键盘输入	a↙（指定夹角方式）
Included angle:	键盘输入	60↙（圆弧夹角的值）
Command:	键盘输入	arc↙
Center/〈Start point〉:	键盘输入	9，4↙（圆弧的起点）
Center/End/〈Second point〉:	键盘输入	e↙（指定终点方式）
End point:	键盘输入	7.5，5.5↙（圆弧终点）
Angle/Direction/Radius/〈Center point〉:	键盘输入	a↙（指定夹角方式）
Included angle:	键盘输入	-60↙（圆弧夹角的值）

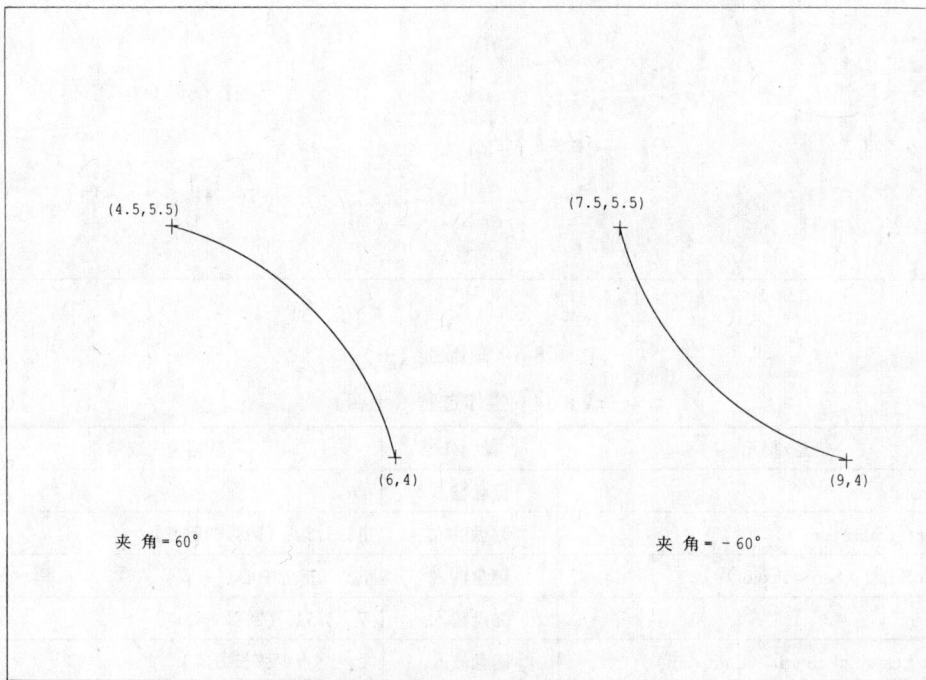

图 8-7　画圆弧（二）

(6) 起点、终点、半径（S、E、R）　这种方法绘圆弧时，需要指定起点。终点和圆弧的半径。通常 AutoCAD 总是由起点向终点按逆时针方向绘制一段小弧。如果半径取负值时，则绘制一段大弧。下例按这种方法绘制的圆弧见图 8-8，操作过程见表 8-16。

表 8-16　操作过程（十六）

信息/提示	操作	数据输入或结果
Command:	键盘输入	arc↙
Center/〈Start point〉:	键盘输入	6，4↙（圆弧的起点）
Center/End/〈Second point〉:	键盘输入	e↙（指定终点方式）
End point:	键盘输入	5，5↙（圆弧终点）
Angle/Direction/Radius/〈Center point〉	键盘输入	r↙（指定半径方式）

（续）

信息/提示	操 作	数据输入或结果
Radius:	键盘输入	1.2↙（圆弧半径的值，绘制一段小弧）
Command:	键盘输入	arc↙
Center/〈Start point〉:	键盘输入	9，4↙（圆弧的起点）
Center/End/〈Second point〉:	键盘输入	e↙（指定终点方式）
End point:	键盘输入	8，5↙（圆弧的终点）
Angle/Direction/Radius/〈Center point〉:	键盘输入	r↙（指定半径方式）
Radius:	键盘输入	-1.2↙（圆弧半径的值，绘制一段大弧）

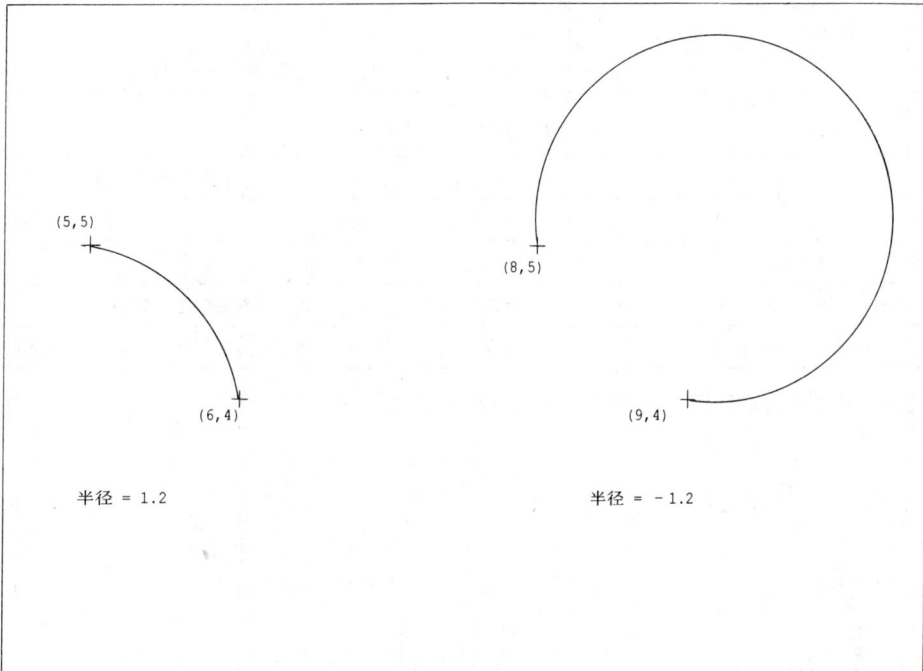

图 8-8　画圆弧（三）

8.2.3.5　画圆命令（CIRCLE）　AutoCAD 提供了多种绘圆的方法。从屏幕菜单区域上选取 CIRCLE 命令后，屏幕菜单区域上将出现以下五种选择项：

1）CEN，RAD：圆心，半径。

2）CEN，DIA：圆心，直径。

3）2POINT：2 点定圆。

4）3POINT：3 点定圆。

5）TTR：2 切点和半径。

（1）圆心和半径画圆（CEN、RAD）　这是 AutoCAD 绘圆的缺省命令。它要求提供一个圆心位置和半径值，图 8-9a 是按这种方法绘制的圆，操作过程见表 8-17。

表 8-17　操作过程（十七）

信息/提示	操 作	数据输入或结果
Command:	键盘输入	circle↙（圆心位置）
3P/2P/TTR/〈Center point〉	键盘输入	4，6↙
Diameter/〈Radius〉	键盘输入	0.7↙（半径值，画出 A 圆）

（2）圆心和直径画圆（CEN、DIA）　这种方法画圆除了以直径代替半径外，其它完全与圆心，半径的方法相同。图 8-9b 是按这种方法绘制的圆，操作过程见表 8-18。

（3）2 点定圆（2 POINT）　用这种方法画圆时，要求指定 2 个端点作为圆的直径。图 8-9c 是按这种方法绘制的圆，操作过程见表 8-19。

表 8-18　操作过程（十八）

信息/提示	操 作	数据输入或结果
Command:	键盘输入	circle✓
3P/2P/TTR/〈Center point〉:	键盘输入	6.5, 6✓（圆心位置）
Diameter/〈Radius〉:	键盘输入	d✓
Diameter:	键盘输入	1.4✓（直径值，画出 B 圆）

表 8-19　操作过程（十九）

信息/提示	操 作	数据输入或结果
Command:	键盘输入	circle✓
3P/2P/TTR/〈Center point〉:	键盘输入	2P✓
First point on diameter:	键盘输入	8.5, 5.5✓（直径的 1 个端点）
Second point on diameter:	键盘输入	9.5, 6.5✓（直径的另 1 个端点，画出 C 圆）

（4）3 点定圆（3POINT）　用这种方法画圆时，要求指定圆上的任意3个点，图8-9d

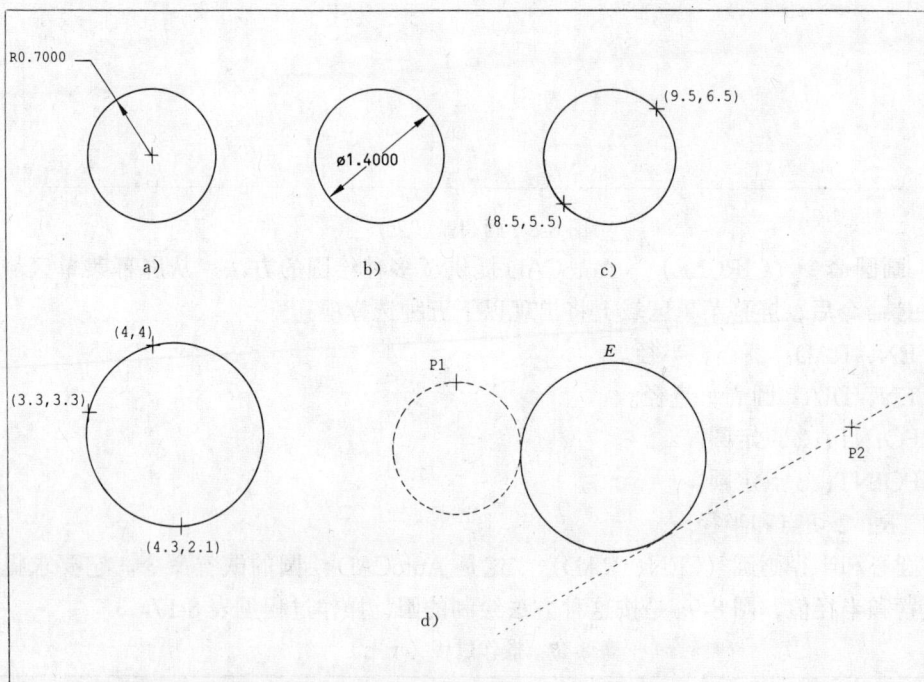

图 8-9　画圆

是按这种方法绘制的圆，操作过程见表 8-20。

表 8-20　操作过程（二十）

信息/提示	操 作	数据输入或结果
Command:	键盘输入	circle↙
3P/2P/TTR/〈Center point〉:	键盘输入	3P↙
First point:	键盘输入	4，4↙（圆上的第一个点）
Second point:	键盘输入	3.3，3.3↙（圆上的第二个点）
Third point:	键盘输入	4.3，2.1↙（圆上的第三个点，画出 D 圆）

（5）2 切点和半径（T、T、R）　这种方法画的圆与 2 条直线（或 2 个圆，或 1 条直线和 1 个圆）相切。画圆时必须指定相切体和半径，图 8-9d 是按这种方法绘制的圆，图中圆 E 和虚线及虚线圆相切，操作过程见表 8-21。

表 8-21　操作过程（二十一）

信息/提示	操 作	数据输入或结果
Command:	键盘输入	circle↙
3P/2P/TTR/〈Center point〉:	键盘输入	ttr↙
Enter Tangent spec:	点取设备	选择 P1 点
Enter second Tangent spec:	点取设备	选择 P2 点
Radius:	键盘输入	1↙（画出 E 圆）

8.2.3.6　绘多边形命令（POLYGON）　AutoCAD 的 POLYGON 命令，可以绘制边数从 3 到 1024 的正多边形，其尺寸可由与其内接或外切圆的直径决定，图 8-10a、b 给出下例所绘的多边形，操作过程见表 8-22。

表 8-22　操作过程（二十二）

信息/提示	操 作	数据输入或结果
Command:	键盘输入	polygon↙
Number of sides:	键盘输入	6↙
Edge/〈Center of polygon〉:	键盘输入	5，5↙（六边形的圆心）
Inscribed in circle/Circumscribed about circle (1/C):	键盘输入	i↙（与圆内接）
Radius of circle:	键盘输入	1↙（内接圆的直径）
Command:	键盘输入	↙
Number of sides:	键盘输入	6↙
Edge/〈Center of polygon〉:	键盘输入	8.5，5↙（六边形的圆心）
Inscribed in circle/Circumscribed about circle (1/C):	键盘输入	c↙（与圆外切）
Radius of circle:	键盘输入	1↙（内接圆的直径）

多边形的尺寸也可以通过指定一条边的 2 个端点确定，此例所绘的多边形见图 8-10c，操作过程见表 8-23。

表 8-23　操作过程（二十三）

信息/提示	操 作	数据输入或结果
Command:	键盘输入	polygon↙
Number of sides:	键盘输入	6↙
Edge/〈Center of polygon〉:	键盘输入	e↙
First endpoint of edge:	点取设备	选择 P1 点↙
Second endpoint of edge:	点取设备	选择 P2 点↙

8.2.3.7　绘椭圆命令（ELLIPSE）　绘制椭圆使用 ELLIPSE 命令，下例示范一些绘椭圆

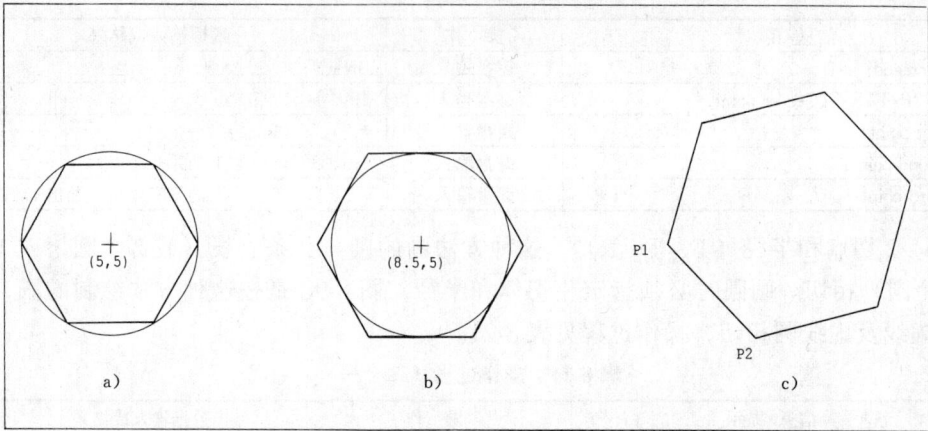

图 8-10 画多边形

的常用方法。绘制的结果见图 8-11，操作过程见表 8-24。

表 8-24 操作过程（二十四）

信息/提示	操 作	数据输入或结果
Command：	键盘输入	ellipse↙
＜Axis endpoint 1＞/Center：	键盘输入	4，5↙（轴的一个端点）
Axis endpoint 2：	键盘输入	7，5↙（轴的另一个端点）
＜Other axis distance＞/Rotation：	键盘输入	0.8↙（另一条轴线的长度，画出椭圆 A）
Command：	键盘输入	ellipse↙
＜Axis endpoint 1＞/Center：	键盘输入	9，5↙
Axis endpoint 2：	键盘输入	10，5↙
＜Other axis distance＞/Rotation：	键盘输入	1.5↙（画出椭圆 B）

椭圆也可以通过指定其中心点，一条轴线的一个端点和另一条轴线的长度去绘制。此例绘制的结果见图 8-11c，操作过程见表 8-25。

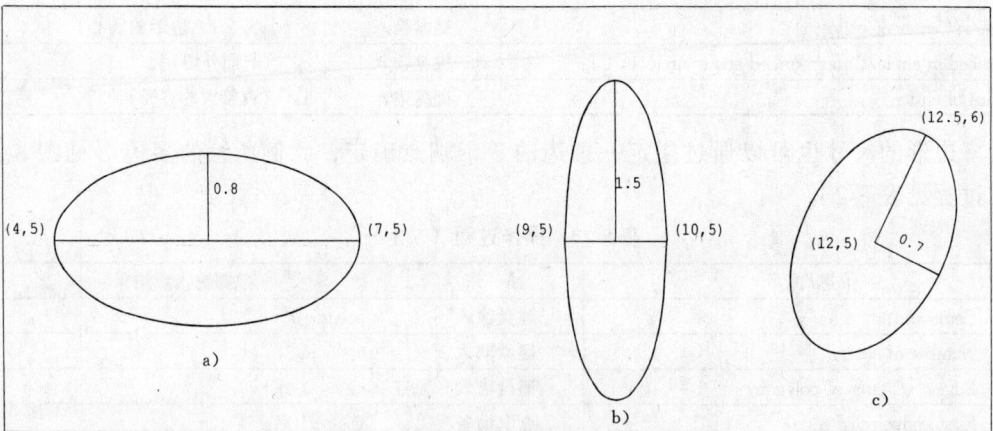

图 8-11 画制椭圆

表 8-25 操作过程（二十五）

信息/提示	操 作	数据输入或结果
Command：	键盘输入	ellipse↙
＜Axis endpoint 1＞/Center：	键盘输入	c↙
Center of ellipse：	键盘输入	12，5↙（中心点）
Axis endpoint：	键盘输入	12.5，6↙（一条轴线的一个端点）
＜Other axis distance＞/Rotation：	键盘输入	0.7↙（另一条轴线的长度，画出椭圆 C）

8.2.3.8 画实心圆和圆环命令（DONUT） 在某些图纸中，需要绘制一些圆环或实心圆。使用 DONUT 命令可以很容易地完成这项工作。下面的例子说明了图 8-12 是如何画出的，操作过程见表 8-26。

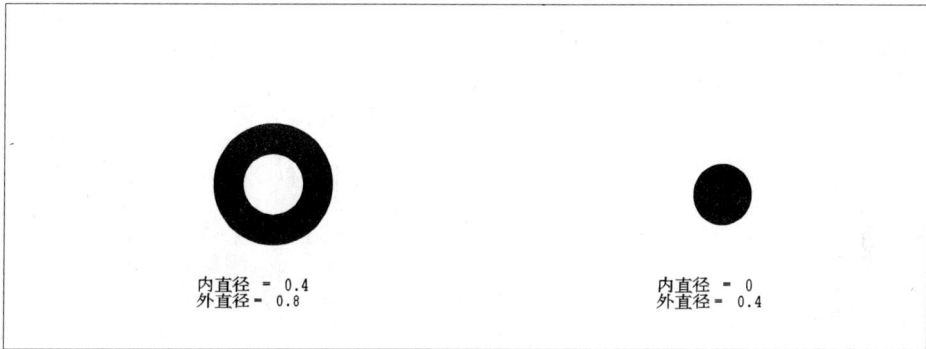

内直径 ＝ 0.4　　　　　　　　内直径 ＝ 0
外直径＝ 0.8　　　　　　　　外直径＝ 0.4

图 8-12　画圆环和实心圆

表 8-26 操作过程（二十六）

信息/提示	操 作	数据输入或结果
Command：	键盘输入	donut↙
Inside diameter＜0.5000＞：	键盘输入	0.4↙
Outside diameter＜1.0000＞：	键盘输入	0.8↙
Center of doughnut：	键盘输入	6，4↙
Center of doughnut：	键盘输入	↙（画出圆环）
Command：	键盘输入	donut↙
Inside diameter＜0.5000＞：	键盘输入	0↙
Outside diameter＜1.0000＞	键盘输入	0.4↙
Center of doughnut：	键盘输入	9，4↙
Center of doughnut：	键盘输入	↙（画出实心圆）

8.2.3.9 添写文字（TEXT） 使用 TEXT 和 DTEXT 命令可以将文字添加到图中。这两个命令唯一的区别是 DTEXT 命令可以将用户输入的文字，同时逐个在屏幕上显示出来。这将提供给用户一个检查字体尺寸、字形、位置及拼写错误的手段。DTEXT 的其它用法和 TEXT 命令一样，以下的示例只使用 DTEXT 命令。

当 DTEXT 命令输入后，屏幕上出现如下提示：

Start point or Align/Center/Fit/Middle/Right/Style

（起点或对齐/中心点/宽度调节/中央点/向右/字型）

这些提示要求用户指定所写文字的位置。它们的含义是：

起点（start point）：这是 AutoCAD 的缺省功能，它将文字的基线向左对齐到指定点上。需要提供的其它信息还有文字高度、基线和字串的转角。

对齐（A）：指定基线的两个端点，AutoCAD 将调节文字的高度和宽度，将文字嵌入到这两个端点之间。

中心点（C）：指定一个做为文字基线的中心。

宽度调节（F）：给定基线的两个端点和字符高度。AutoCAD 将调节字符宽度，将文字嵌入到两个端点之间。

中央点（M）：指定一个点做文字水平和垂直的中央点。

向右（R）：给定一点，文字基线将向右对齐到此点上。

字型（S）：给定一个新的字型。

除字型外，其它的功能示范见图 8-13。

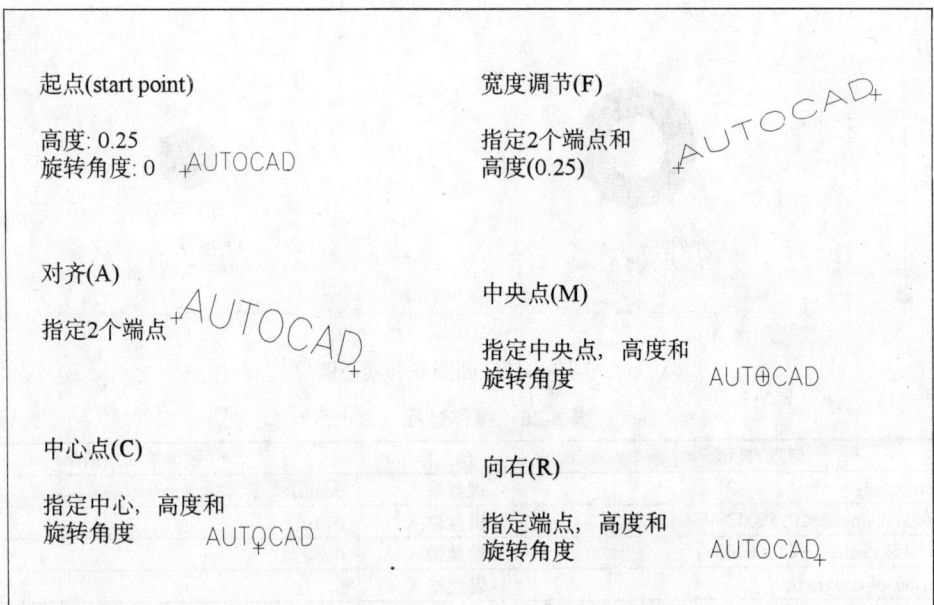

图 8-13　文字功能

8.2.3.10　特殊字符　除了上述文字功能外，AutoCAD 还提供在文字上方或下方划线、标注"度数"符号、±公差符号、直径符号及单个百分比符号。它们使用下述符号实现：

％％u　文字下方划线触发开关。

％％o　文字上方划线触发开关。

％％d　绘制"度数"符号。

％％p　绘制"±"公差符号。

％％c　绘制"圆的直径尺寸"符号。

％％％　绘制单个百分比符号。

例如：

Text：％％u AutoCAD TRAINING CENTER％％u 文字处将出现底线。

Text：％％o AutoCAD TRAINING CENTER％％o 文字处将出现顶线。

Text：CURRENT TEMPERATURE 22.5％dC 将有一个"度数"符号绘出。

Text：14.00％％p0.02　将在 14.00 后面加入公差符号±。

Text：25%%c 将在 25 后面加一个圆的符号。

Text：100%%% 在 100 以后加一个百分比符号%。

按上例所写文字符号结果如图 8-14 所示。

本节学习内容是以后几节的基础，按本节介绍的方法练习和熟悉这些内容是非常重要的。

```
%%u       AutoCAD Training CENTER
%%o       AutoCAD Training CENTER
%%d       CURRENT TEMPERATURE22.5°C
%%p       14.00±0.02
%%c       25Ø
%%%       100%
```

图 8-14 特殊字符

8.2.4 绘图辅助手段

8.2.4.1 目的 本节将详细介绍绘图单位的选用和图形界限的设置。用例子示范正交（ORTHO）及栅格（GRID）、捕捉（SNAP）、目标捕捉（OSNAP）、缩放（ZOOM）命令的各种用法。AutoCAD 提供的这些功能是非常有用的提高绘图效率的绘图辅助手段。

8.2.4.2 单位和界限命令（UNIT，LIMIT） 在这里将介绍米制单位和界限的设置。

首先调出 AutoCAD 程序，当 AutoCAD 绘图屏幕出现时，按下表步骤操作。按"F1"键返回图形屏幕，操作过程见表 8-27。

表 8-27 操作过程（二十七）

信息/提示	操　作	数据输入或结果
Command：	键盘输入	setup↙
UNITS Systems of units：（Examples） 1.Scientific　　1.55E＋01 2.Decimal　　15.50 3.Engineering　　1′－3.50″ 4.Architectural　1′－31/2″ 5.Fractional　　15 1/2 Enter choice, 1 to5＜2＞：	键盘输入	↙（选择缺省的第 2 种数据表示方法：十进制）
Number of digits to right of decimal point (0 to 8) ＜4＞：	键盘输入	2↙（确定数据包含 2 位小数）
Systems of angle measure：（Examples） 1.Decimal degrees 45.0000 2.Degrees/minutes/seconds　45d0′0″ 3.Grads 50.0000g 4.Radians　0.7854r 5.Surveyor's units N 45d0′0″E Enter choice, 1 to5＜1＞：	键盘输入	↙（选择缺省的第 1 种角度表示方法：十进制）

（续）

信息/提示	操 作	数据输入或结果
Number of fractional places for display of angles（0 to 8）＜0＞:	键盘输入	2✓（确定角度包含 2 位小数）
Direction for angle 0.00:	键盘输入	✓（选择缺省的角度起始方向）
East 3o'clock ＝0.00		
North 12o'clock＝90.00		
West 9 o'clock ＝180.00		
South 6 o'clock ＝270.00		
Enter direction for angle 0.00＜0.00＞:		
Do you want angles measured clockwise？＜N＞	键盘输入	✓（选择缺省的角度正方向：逆时针）

下面按 A4 图纸尺寸设置图形界限。按"F1"键返回图形屏幕，操作过程见表 8-28。

表 8-28　操作过程（二十八）

信息/提示	操 作	数据输入或结果
Command:	键盘输入	limits✓
ON/OFF/＜Lower left corner＞＜0.00，0.00＞:	键盘输入	－5，－5✓
Upper right corner＜297.00，210.00＞:	键盘输入	302，215✓
Command:	键盘输入	zoom✓
All/Center/Dynamic/Extents/Left/Previous/Window/＜Scale（X）＞:	键盘输入	a✓

A4 图纸尺寸界限为 297，210mm。图形限的左下角选为（－5，－5），这样图纸的左下角（0，0）距离绘图屏幕边缘 5mm。图形界限的右上角也稍大于图纸尺寸，以便提供一点空余的地方。

例中使用全图命令（ZOOM all）生成全部图纸。使用结果命令（END）更改图形文件并返回主菜单。END 命令执行时，更新旧的图形并把被更新的图做为".bak"文件存储起来。更新的文件可以进一步编辑。

8.2.4.3　捕捉命令（SNAP）　使用 AutoCAD 系统中的捕捉方法，可以使点快速准确地输入到图形中去。SNAP 使点与一个假设的矩形栅格对准。当使用选点装置输入一个点时，屏幕上的十字光标线和输入的座标将被锁定于靠近的栅格点。

下例将栅格点设置为相距 10 个单位，操作过程见表 8-29。

表 8-29　操作过程（二十九）

信息/提示	操 作	数据输入或结果
Command:	键盘输入	snap✓
Snap spacing or ON/OFF/Aspect/Rotate/Style＜0.50＞:	键盘输入	10✓

图 8-15 是上例生成的捕捉栅格。读者可以移动数字板上的游标或鼠标器观察光标的位移，使用不同的距离去实验 SNAP 命令。捕捉栅格是看不见的，屏幕上的栅格是由 GRID 命令生成的。如果选择提示中的不等间距项（Aspect），可以设置捕捉栅格的 X 和 Y 方向有不同的间距。捕捉栅格还可以相对图纸和屏幕旋转，捕捉栅格的旋转基点可以设在（0，0）点或者其它位置。

8.2.4.4　栅格命令（GRID）　GRID 命令生成一定间距的一系列网点（栅格），这些网点栅格可以用做位置参考。象 SNAP 命令一样，GRID 命令同样也可以使用 Aspect 选择项去生成 X 和 Y 方向间距不等的栅格，但是它们是可见的。

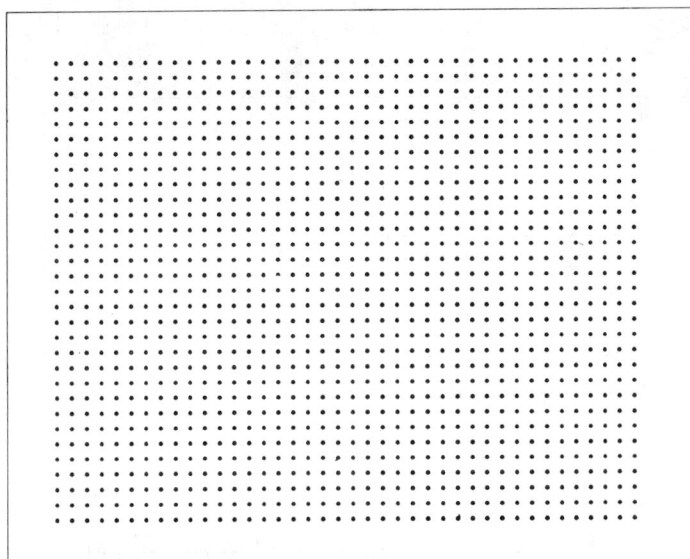

图 8-15　标准的捕捉栅格

栅格生成如下：操作过程见表 8-30。

表 8-30　操作过程（三十）

信息/提示	操　作	数据输入或结果
Command：	键盘输入	grid↙
Grid spacing（X）or ON/OFF/Snap/Aspect＜10.00＞：	键盘输入	on↙

生成的栅格如图 8-15 所示。

如果在 GRID 命令中选取了 Snap 选择项，栅格的间距将被锁定于当前的捕捉分辩率。输入 GRID 命令、选择 Snap 项并改变捕捉分辩率，将会引起栅格的相应改变。选 Aspect 项将会生成 X、Y 间距不等的可见栅格。

8.2.4.5　目标捕捉命令（OSNAP）　OSNAP 是 Object 和 SNAP 两个词的组合。当需要在图形中捕捉点和象素时 OSNAP 是非常有用的绘图和编辑手段。下面的例子示范 OSNAP 命令中各选择项的使用。

首先列出各选择项，OSNAP 的选择项将列在屏幕菜单上，它们的含义见表 8-31。

表 8-31　操作过程（三十一）

CENter（圆心）	捕捉一个圆或圆弧的圆心
ENDpoint（端点）	捕捉直线或弧线上最近端端点
INSert（插入点）	捕捉一个形、文字或块的插入点
INTersec（交点）	捕捉两条直线的交点，直线与圆弧的交点及两个圆或弧的交点
MIDpoint（中点）	捕捉一条线或弧的中点
NEArest（最近点）	捕捉图素上离十字光标最近的点
NODe（点）	捕捉一个点图素
PERpend（垂线）	在图素上捕捉一个点，通过下一个输入点向这个图素生成一条垂线
QTAdrant（象限点）	捕捉圆或圆弧最近端的象限点
TANgent（切点）	捕捉圆或圆弧上的一点，这点与下一个输入点的连线是该圆或圆弧的切线
NONE（关闭）	关闭目标捕捉方式
QUick（快速）	快速找出的第一潜在的目标

308

8.2.4.6 熟悉 OSNPA 功能的练习 下面的例子将学习如何使用一些 OSNPA 功能为图 8-16 的图形绘制中心线。

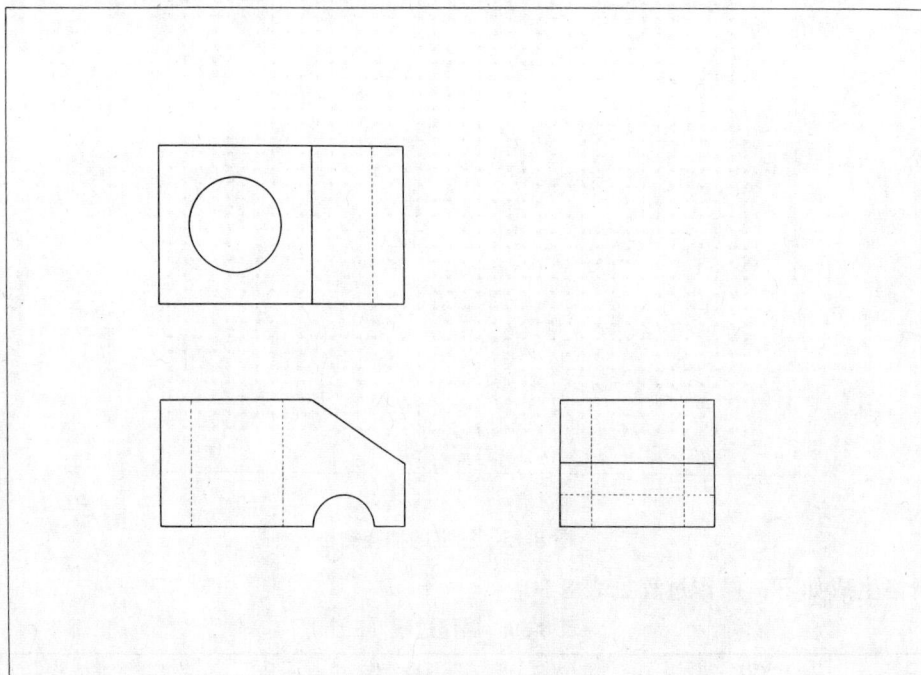

图 8-16 OSNAP 练习用图

　　为了绘制俯视图中心线，需要从主视图圆心位置投影做中心线。在俯视图中将中心线延伸出物体 10mm。侧视图中孔的中心线可以通过中点画出，并伸出物体 10mm。主视图中半圆孔的中心线也可以用同样方式绘出主视图中半圆孔的中心线。

　　(1) 圆心捕捉（OSNAP—CENter） 如果主视图中圆的圆心没有标出，而且又要从圆心向下画一条直线，使用 OSNAP—CENter 能够很快地将圆确定。操作过程见表 8-32，结果见图 8-17。

表 8-32　操作过程（三十二）

信息/提示	操 作	数据输入或结果
Command:	键盘输入	linetype✓
? /Create/Load/Set:	键盘输入	s✓
New entity linetype (or?) <BYLAYER>:	键盘输入	center✓（设置中心线的线型）
? /Create/Load/Set:	键盘输入	✓
Command:	键盘输入	line✓
From point:	键盘输入	cen✓（指定圆心捕捉方式）
of	点取设备	用靶子选取圆上任意部位，就捕捉到了圆心
To point:	点取设备	选取 P5 点（画出直线 C1-P5）
To point:	键盘输入	✓

　　(2) 端点捕捉（OSNAP—ENDpoint） 如果要从一条已知直线的端点起去绘或者延伸一条直线，OSNAP—ENDpoint 能够快速、准确地确定直线的端点。表 8-33 示例表示俯视图中的中心线 P1—P2 的端点是如何被捕捉用以去画引线的。结果见图 8-17。

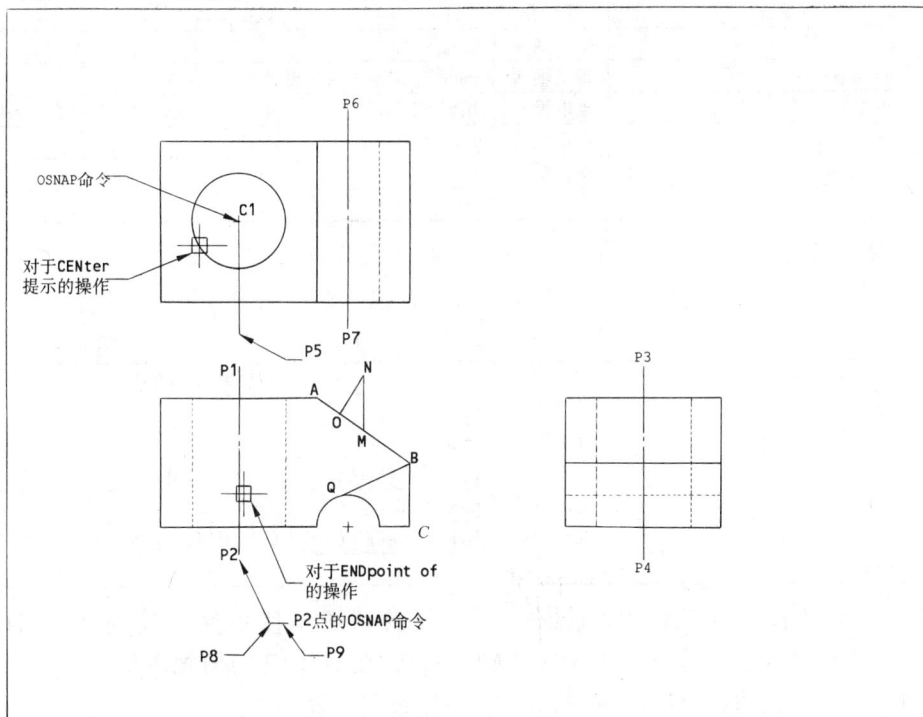

图 8-17 目标捕捉

表 8-33 操作过程（三十三）

信息/提示	操 作	数据输入或结果
Command:	键盘输入	linetype✓
? /Create/Load/Set:	键盘输入	s✓
New entity linetype (or?) ＜BYLAYER＞:	键盘输入	bylayer✓
? /Create/Load/Set:	键盘输入	✓
Command:	键盘输入	dim✓
Dim:	键盘输入	leader✓
Leader start:	键盘输入	end✓（指定端点捕捉方式）
of	点取设备	用靶子选取中心线 P1-P2 的下半部位，就捕捉到了端点 P2
To point:	点取设备	选取 P8 点
To point:	点取设备	选取 P9 点
To point:	键盘输入	✓
Dimension text＜ ＞:	键盘输入	OSNAP✓
Dim:	键盘输入	exit✓
Command:		

（3）中点捕捉（OSNAP—MID point）　当要确定一条直线或圆弧的中点时，使用 OS-NAP—MIDpoint 命令是非常有效的手段。如果要在图 8-17 的前视图中，以斜线边 AB 的中点为起点画一条直线，可以使用此命令快速确定 AB 的中点 M，操作过程见表 8-34。

表 8-34 操作过程（三十四）

信息/提示	操作	数据输入或结果
Command：	键盘输入	line↙
From point：	键盘输入	mid↙（指定中点捕捉方式）
of	点取设备	用靶子选取斜边 AB 上的任意部位，就捕捉到了 AB 的中点 M
To point：	点取设备	选取 N 点（画出直线 MN）
To point：	键盘输入	↙
Command：		

（4）垂线捕捉 （OSNAP—PERpend） 如果要从 N 点向直线 AB 画一条垂线，使用 OSNAP—PERpend 命令可以使这项工作大大简化，操作过程见表 8-35。

表 8-35 操作过程（三十五）

信息/提示	操作	数据输入或结果
Command：	键盘输入	line↙
From point：	键盘输入	end↙
of	点取设备	用靶子选取直线 MN 上的 N 端，就捕捉到了 N 端点
To point：	点取设备	per↙（指定垂线捕捉方式）
To：	点取设备	用靶子选取直线 AB 上的任意部分，（画出直线 NO）
Command：		

（5）交点捕捉（OSNAP-INTersec） 下面的例子是使用交点捕捉命令（OSNAP-TNTersec）和切点捕捉命令（OSNAP—TANgent），在图 8-17 的俯视图中，从点 B 向半圆画一条切线。点 B 是直线 AB 和 BC 的交点，操作过程见表 8-36。

表 8-36 操作过程（三十六）

信息/提示	操作	数据输入或结果
Command：	键盘输入	line↙
From point：	键盘输入	int↙（指定交点捕捉方式）
of	点取设备	用靶子选取两条直线 AB 和 BC 上，就捕捉到了交点 B
To point：	点取设备	per↙
To：	点取设备	用靶子选取直线 AB 上的任意部分，（画出直线 NO）
Command：		

使用 OSNAP 命令辅助绘出的直线如图 8-17 所示。由上例可以看出，使用 OSNAP 命令可以协助用户又快又准地确定圆的圆心、直线的端点或中点、向一条直线绘垂线或者向一个圆做切线。

8.2.5 编辑命令（Edit）

8.2.5.1 目的 通过前面的学习，读者可以使用基本的绘图命令去生成图形和使用绘图辅助手段去提高绘图的速度和精度。本节将学习如何使用 AutoCAD 的编辑命令去修改图形。将学的新命令有删除（ERASE）、恢复（COPY）、比例（SCALE）、位移（MOVE）、阵列（ARRAY）、拆断（BREAK）、修剪（TRIM）、圆角（FILLET）、倒角（CHAMFER）和镜象（MIRROR）命令。

8.2.5.2 删除命令（ERASE） 使用 ERASE 命令可以从图形中删去一个不想要的物体或图素。在以下的一些练习中，将要删除图 8-18 中的一些圆。ERASE LAST（删除上一步所绘的图素）和 ERASE WINDOW（删除窗口内的图形）是二个非常有用的删除命令。使用 ERASE LAST 可以删除上一步所绘的实体，使用 ERASE WINDOW 可以删除窗口内所有的实体，ERASE 练习用的图形（二）见图 8-19。操作过程见表 8-37。

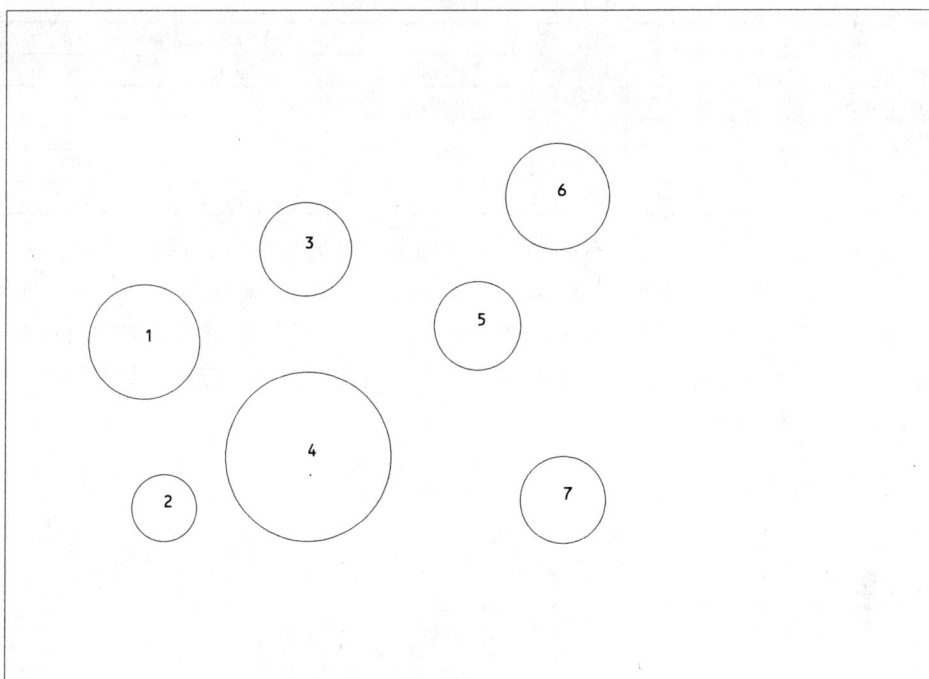

图 8-18   ERASE 练习用的图形（一）

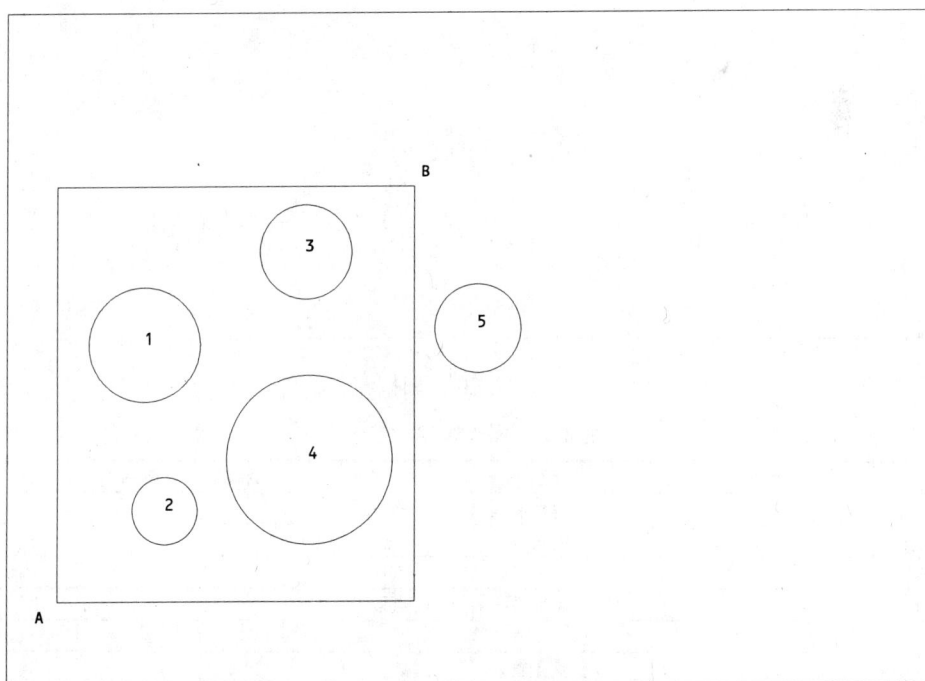

图 8-19   ERASE 练习用的图形（二）

表 8-37　操作过程（三十七）

信息/提示	操　作	数据输入或结果
Command:	键盘输入	erase↙
Select objects:	键盘输入	W↙（指定窗口方式）
First corner:	点取设备	点取 A
Other corner:	点取设备	点取 B
4 found:	键盘输入	↙（圆 1、2、3、4 被删除）

8.2.5.3　复制命令（COPY）　当有一个以上的同样实体要绘制时，可以先绘出一个实体，然后使用 COPY 命令按需要复制多次。这样可以避免一遍又一遍地重复绘制同一实体，当要画一些相同的实体，而且这些实体又很复杂时，使用此命令可以节省很多时间。对于如图 8-20 所示的星体，下面的例子是将其复制到右方约 20mm 处，操作过程见表 8-38。原图及其复制的图形见图 8-21。

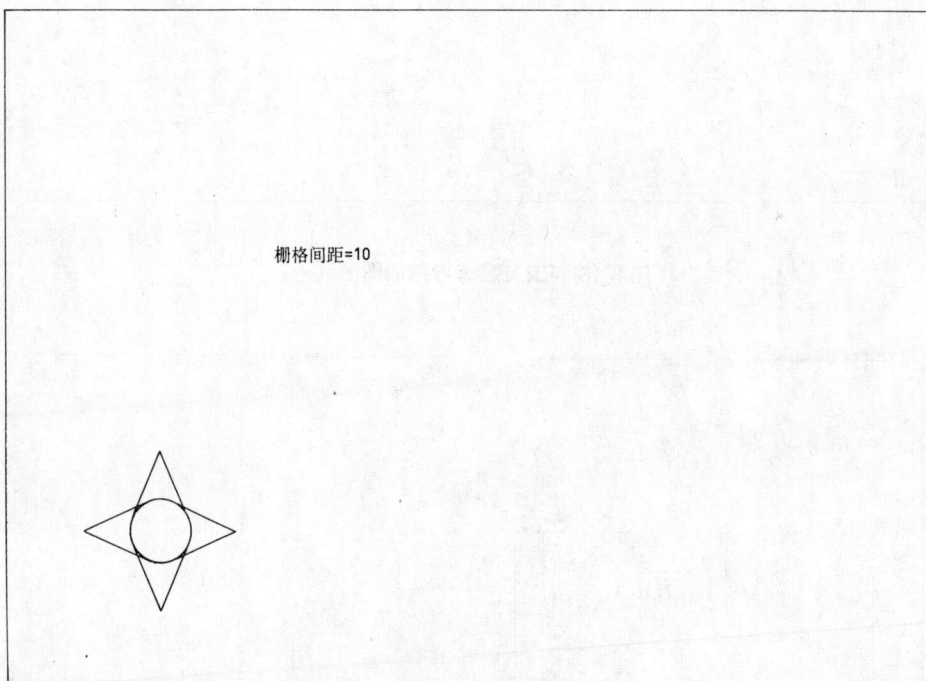

栅格间距=10

图 8-20　星体

表 8-38　操作过程（三十八）

信息/提示	操　作	数据输入或结果
Command:	键盘输入	copy↙
Select objects:	键盘输入	W↙（指定窗口方式）
First corner:	点取设备	点取 A
Other corner:	点取设备	点取 B
9 found.		
Select objects:	键盘输入	↙
<Base point or displacement>/Multiple:	键盘输入	int↙
of	点取设备	点取 P1
Second point of displacement:		@20, 0↙（拷贝完成）

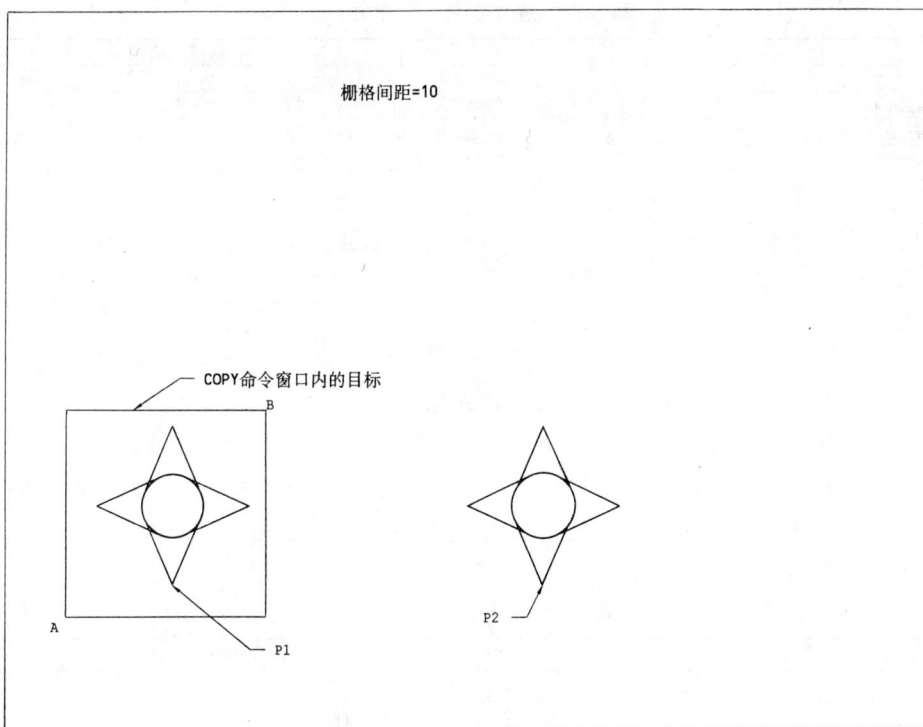

图 8-21　复制一次星体

同样也可以使用 COPY 命令对一个实体进行多次复制。表 8-39 示范如何进行多次复制，图 8-22 是此例的结果。

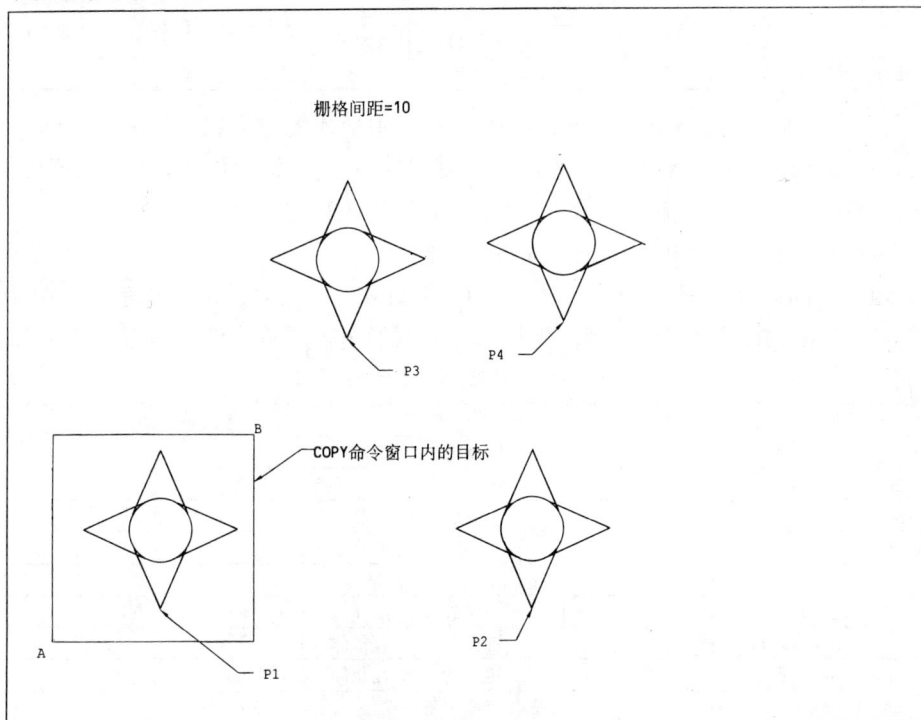

图 8-22　复制多次星体

表 8-39　操作过程（三十九）

信息/提示	操　作	数据输入或结果
Command：	键盘输入	copy✓
Select objects：	键盘输入	W✓（指定窗口方式）
First corner：	点取设备	点取 A
Other corner：	点取设备	点取 B
9 found.		
Select objects：	键盘输入	✓
＜Base point or displacement＞/Multiple：	键盘输入	m✓
Base point	键盘输入	int✓
of	点取设备	点取 P1
Second point of isplacement：	点取设备	点取 P2（拷贝完成）
Second point of isplacement：	点取设备	点取 P3（拷贝完成）
Second point of isplacement：	点取设备	点取 P4（拷贝完成）
Second point of isplacement：	键盘输入	✓

　　如果需要绘制多个按矩形排列的实体，应该使用阵列（ARRAY）命令。

8.2.5.4　比例命令（SCALE）　本节将学习使用 SCALE 命令去改变图 8-20 中图形的尺寸，以后要使用这个缩小的图形生成一个矩形图案的多重拷贝图。首先恢复图 8-20，然后按表 8-40 进行操作，结果见图 8-23。

表 8-40　操作过程（四十）

信息/提示	操　作	数据输入或结果
Command：	键盘输入	scale✓
Select objects：	键盘输入	W✓（指定窗口方式）
First corner：	点取设备	点取 A
Other corner：	点取设备	点取 B
9 found.		
Select objects：	键盘输入	✓
Base point or displacement：	键盘输入	int✓
of	点取设备	点取 P1
＜Scale factor＞/Reference：	点取设备	0.5✓（该图形的尺寸缩小了）

　　上例是由于放缩比例因子用了 0.5，这样图 8-23 中形成的图形成为原来的一半大小。比例因子在 0～1 之间选用时，将使实体缩小。若要放大一个实体，比例因子选取值应大于 1。例如，如果取比例因子为 3，将会使图形大小变为原来的 3 倍。

　　图 8-23 中缩小的图形将用于下例，先将它存储。

8.2.5.5　矩形阵列命令（ARRAY—RECTANGULAR）　表 8-41 示教如何使用 ARRAY 命令去完成一个按矩形排列的多重复制。先将缩小的图形送入屏幕，然后做下面的练习。

表 8-41　操作过程（四十一）

信息/提示	操　作	数据输入或结果
Command：	键盘输入	array✓
Select objects：	键盘输入	W✓（指定窗口方式）
First corner：	点取设备	点取 A
Other corner：	点取设备	点取 B
9 found.		
Rectangular or Polar array（R/P）：	键盘输入	r✓
Number of columns（‖‖）＜1＞：	键盘输入	4✓（阵列有 4 行）
Number of rows（---）＜1＞：	键盘输入	7✓（阵列有 7 列）
Unit cell or distance between rows（---）：	点取设备	25✓（行间距 25）
Distance between columns（‖‖）：	点取设备	25✓（列间距 25）

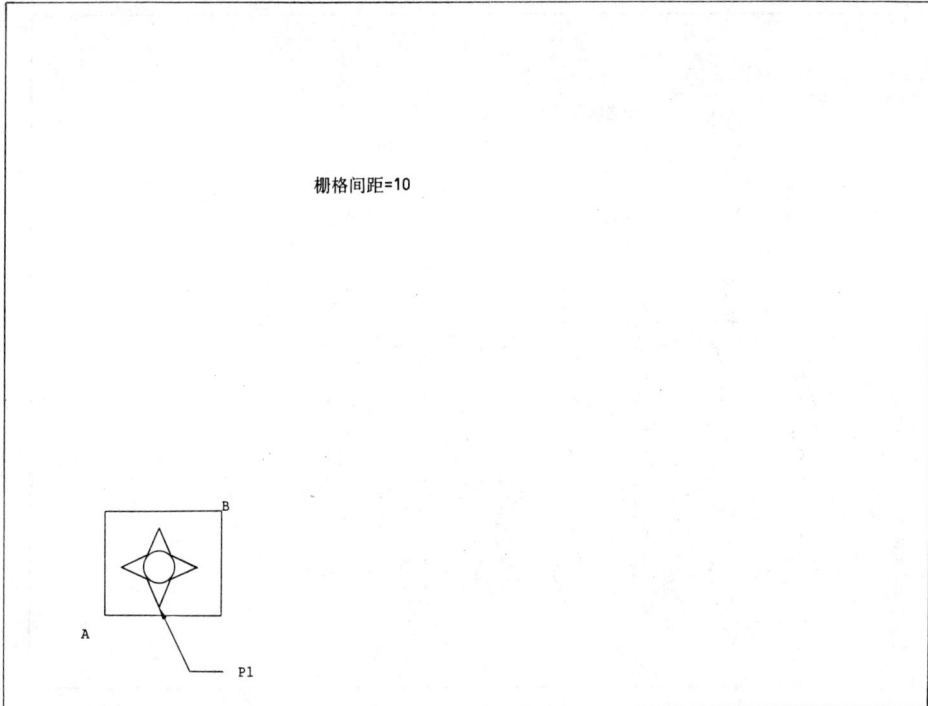

栅格间距=10

图 8-23　缩小了的图形

上例结果见图 8-24。可以想象，如果使用手工逐个准确在绘出这个图案将要花费多长时间。

8.2.5.6　位移命令（MOVE）　当绘制一个图形后，可能觉得它不是位于图面上最理想的位置。AutoCAD 的 MOVE 命令可以将它移到一个更合适的新位置，而又不改变它的尺寸和方向。表 8-42 示范如何使用前面缩小的图形去做这个练习。先将图 8-23 再次送回屏幕上。

表 8-42　操作过程（四十二）

信息/提示	操　作	数据输入或结果
Command:	键盘输入	move↙
Select objects:	键盘输入	W↙（指定窗口方式）
First corner:	点取设备	点取 A
Other corner:	点取设备	点取 B
9 found.		（星体呈点状）
Base point or displacement:	键盘输入	int↙
of	点取设备	点取 P1
Second point of displacement:	点取设备	点取 P2（星体被移动至新的位置）

上例操作过程见图 8-25，结果见图 8-26。

8.2.5.7　断开命令（BREAK）　在完成一个图形的过程中，可能需要去掉直线、圆弧、圆或多边形的一部分，或者将一个图形分为两部分。AutoCAD 的 BREAK 命令可以很容易在做到这一点，要做的工作仅仅是选择要断开的图素及指定要断开处的两个端点。对于图 8-27 所示的图形，完成表 8-43 的练习，了解如何使用 BREAK 命令去掉直线 AB 中的 EF 部分。这个图形还被用于以后几次的编辑命令练习中。

栅格间距=10

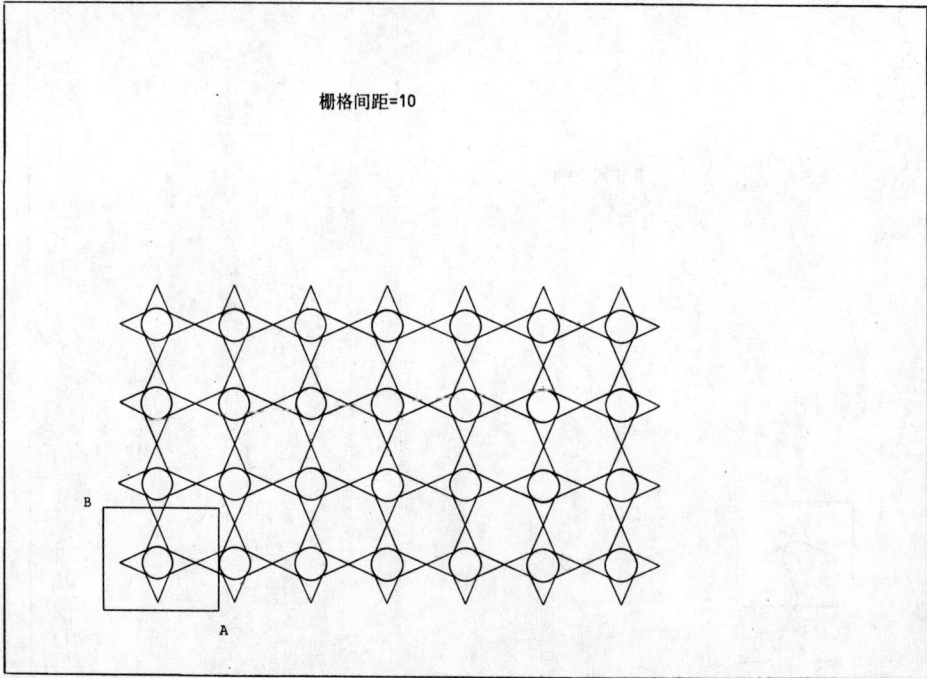

图 8-24 矩形排列

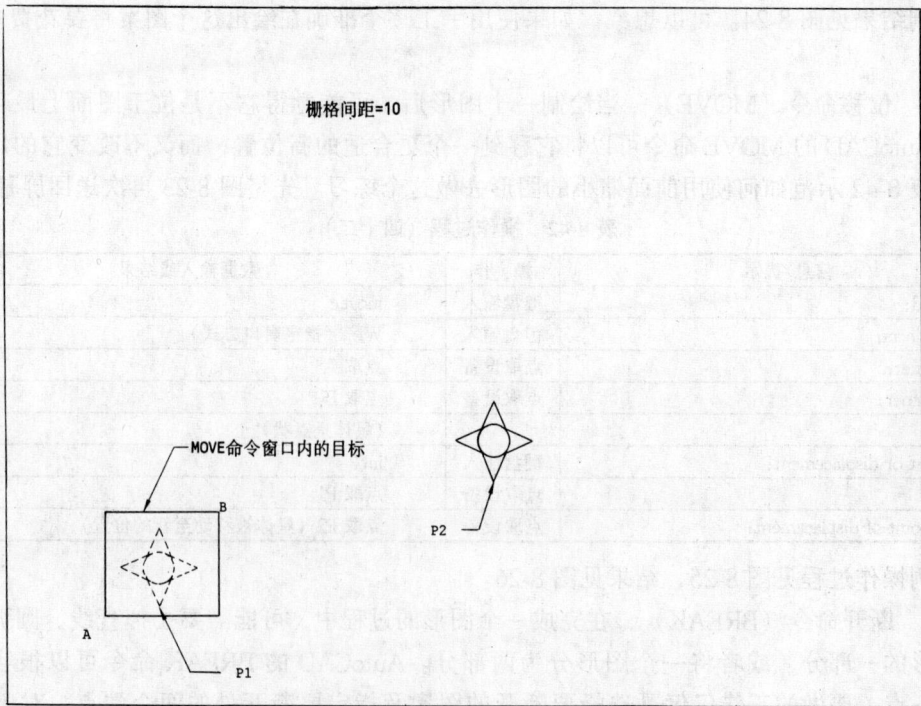

栅格间距=10

MOVE命令窗口内的目标

P2

P1

图 8-25 移动一个图形

棚格间距=10

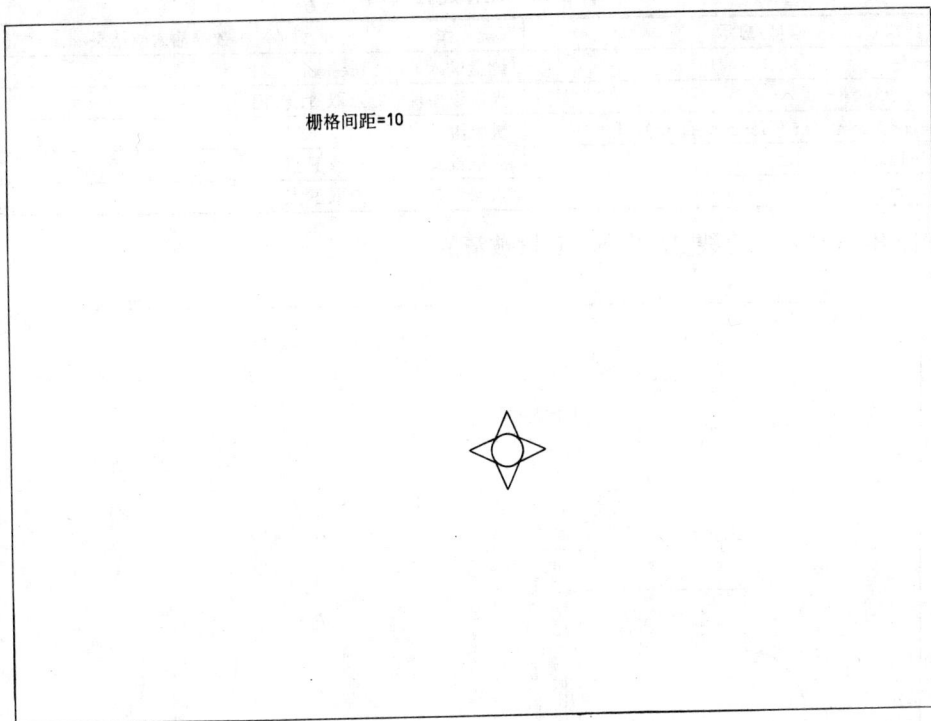

图 8-26　移动后的图形

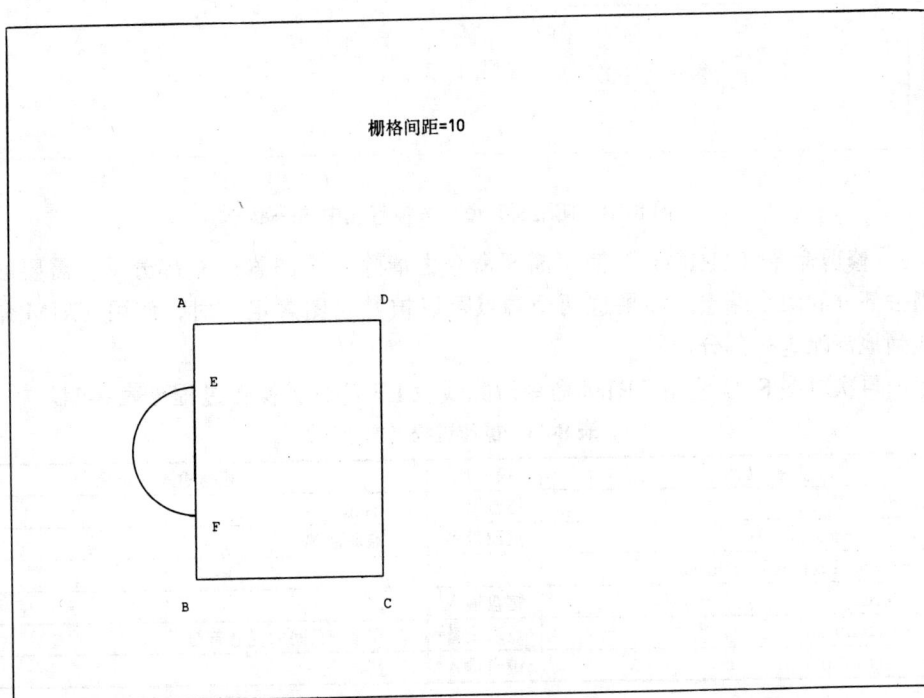

棚格间距=10

A　　　　　　D

E

F

B　　　　　　C

图 8-27　用于编辑练习的图形

表 8-43　操作过程（四十三）

信息/提示	操作	数据输入或结果
Command:	键盘输入	break↙
Select objects:	点取设备	点取直线 AB
Enter second point (or F for first point): f	键盘输入	f↙
Enter first point:	点取设备	点取 E 点
Enter second point:	点取设备	点取 F 点

如图 8-28 所示，直线 AB 中的 EF 段被清除。

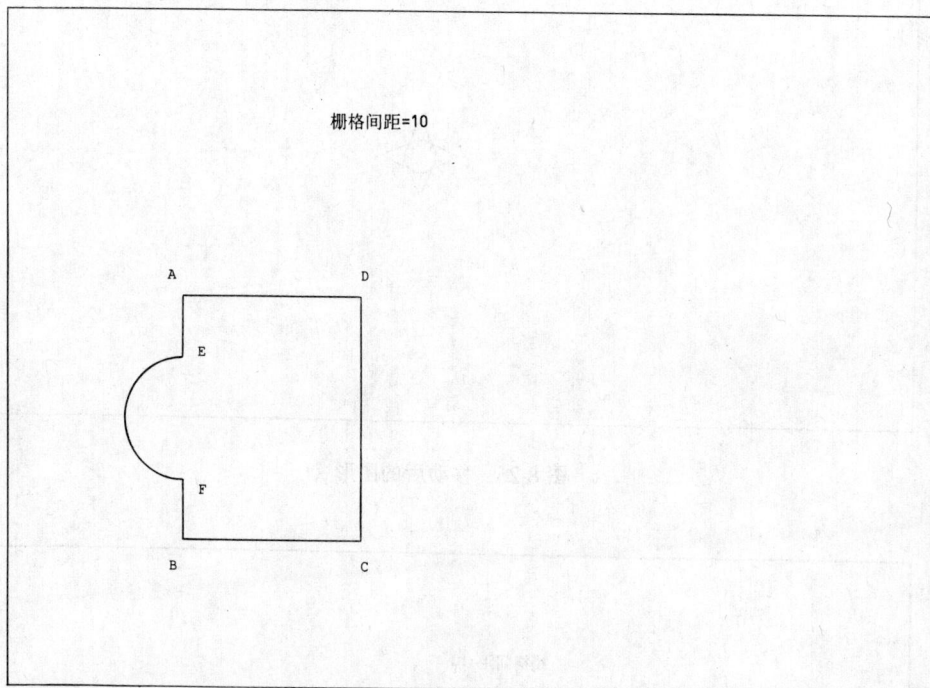

图 8-28　使用断开命令去掉直线中的一部分

8.2.5.8　修剪命令（TRIM）　使用断开命令去清除一个图素的一部分量，需要准确地选取要删去部分的两个端点。如果这两个端点可以被其它图素定义时，使用 TRIM 命令可以快速准确地清除这一部分。

下面再次对图 8-27 使用 TRIM 命令清除线段 EF 部分，操作过程见表 8-44。

表 8-44　操作过程（四十四）

信息/提示	操作	数据输入或结果
Command:	键盘输入	trim↙
Select cutting edge (s) …	点取设备	点取圆弧
Select objects: 1 selected, 1 found.		
Select objects:	键盘输入	↙
Select object to trim:	点取设备	点取 EF 间的任意部分
Select object to trim:	键盘输入	↙

线段 EF 被准确地删除。

8.2.5.9　圆角连接命令（FILLET）　下面介绍的是拟合拐角 A 和 B 及圆弧和直线的交角

E 和 F，使用 FILLET 命令可以完成这项工作。使用 FILLET 命令时需要拟合的图素和连接圆角的半径值。下例使用图 8-28 示范如何使用 FILLET 命令，完成的后图形将见图 8-29，操作过程见表 8-45。

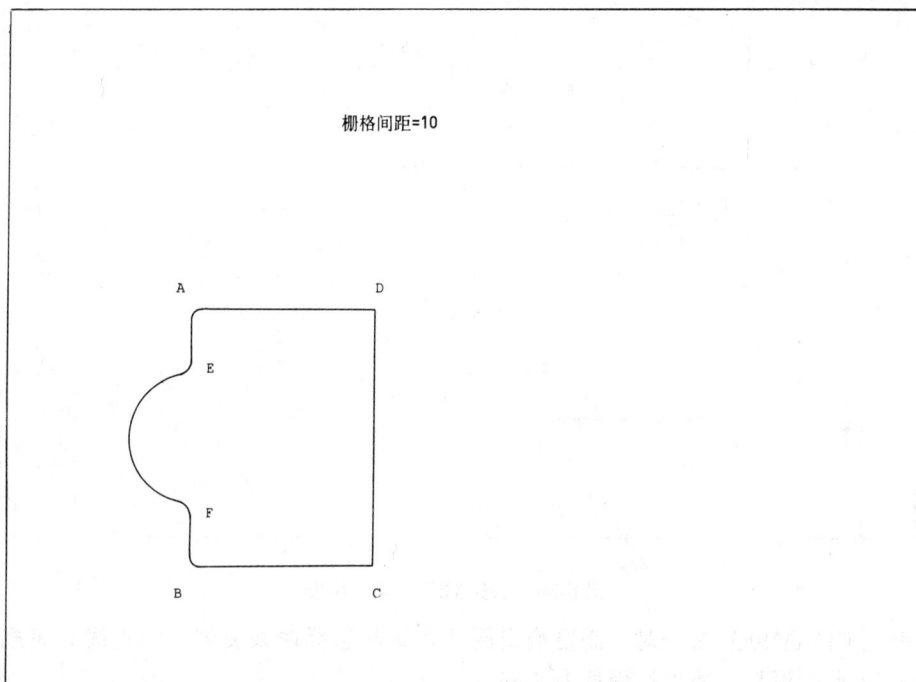

图 8-29　圆角连接命令

表 8-45　操作过程（四十五）

信息/提示	操　作	数据输入或结果
Command：	键盘输入	fillet↙
Polyline/Radius/＜Select two objects＞：	键盘输入	r↙
Enter fillet radius＜0.00＞：	键盘输入	3↙
Command：	键盘输入	fillet↙
Polyline/Radius/＜Select two objects＞：	点取设备	点取直线 AD 和 AE↙（A 角成为半径为 3 的圆弧）
Command：	键盘输入	fillet↙
Polyline/Radius/＜Select two objects＞：	点取设备	点取直线 BC 和 BF↙（B 角成为半径为 3 的圆弧）
Command：	键盘输入	fillet↙
Polyline/Radius/＜Select two objects＞：	键盘输入	r↙
Enter fillet radius＜0.00＞：	键盘输入	5↙
Command：	键盘输入	fillet↙
Polyline/Radius/＜Select two objects＞：	点取设备	点取圆弧和直线 AE↙（E 角成为半径为 5 的圆弧）
Command：	键盘输入	fillet↙
Polyline/Radius/＜Select two objects＞：	点取设备	点取圆弧和直线 BF↙（F 角成为半径为 5 的圆弧）

8.2.5.10　倒角命令（CHAMFER）　工程图中的一些结合部位通常需要倒角，这可以使用 CHAMEFR 命令画出。使用时离交点一定距离处剪断两条交线，然后使用一条新的线段将这两个剪断点连结起来。

对于如图 8-30 所示的图形，需要将矩形 GHIJ 倒角处理。

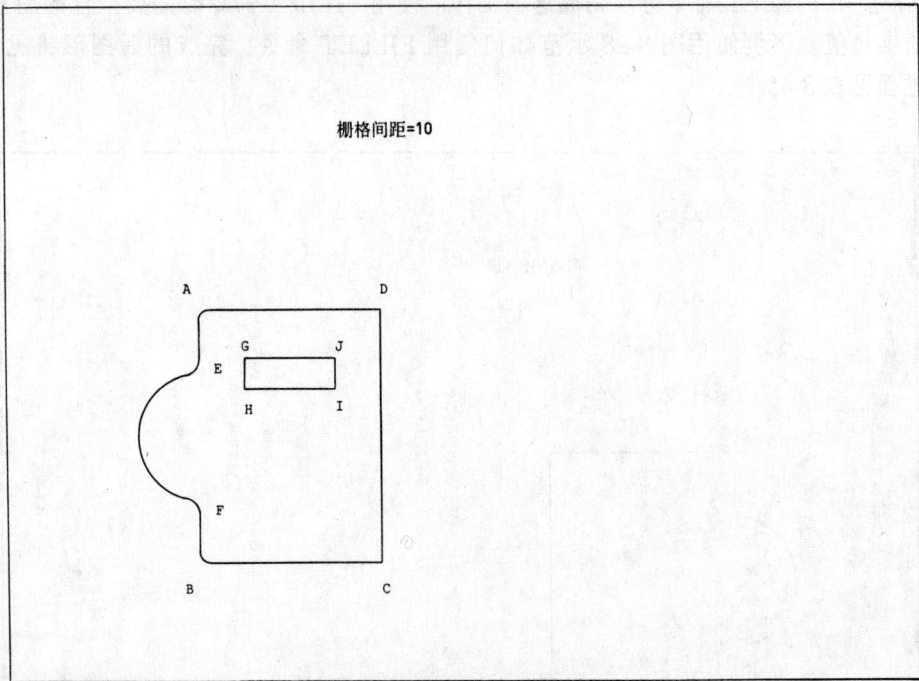

图 8-30　CHAMFER 练习用图

当使用 CHAMFER 命令时，需要给定倒角距离和选择两条要倒角的直线。完成下例并生成图 8-31 所示图形，操作过程见表 8-46。

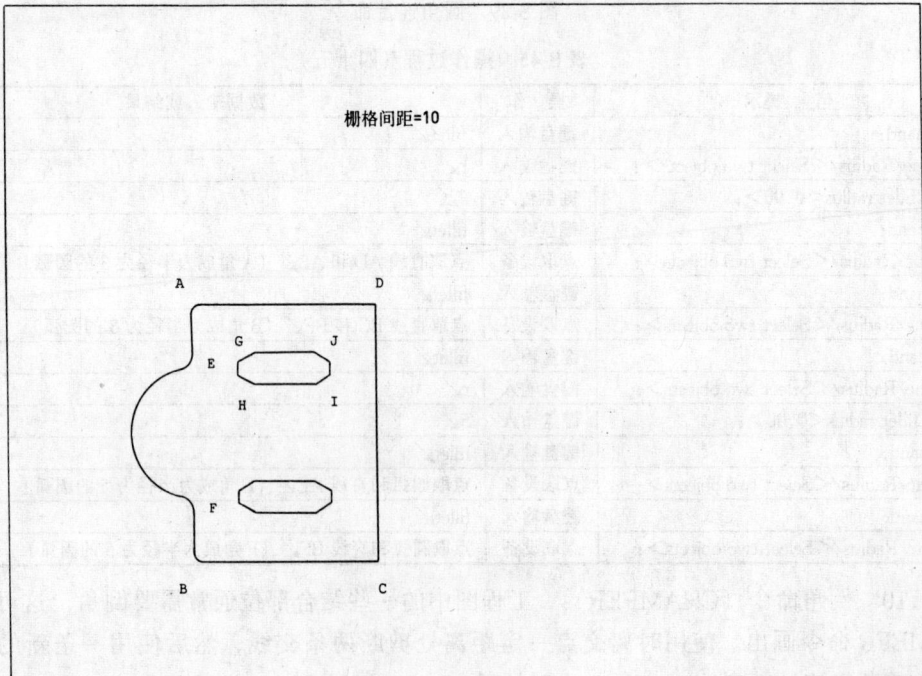

图 8-31　倒角命令

表 8-46 操作过程（四十六）

信息/提示	操　作	数据输入或结果
Command：	键盘输入	chamfer↙
Polyline/Distances/＜Select first line＞：	键盘输入	d↙
Enter first chamfer distance＜0.00＞：	键盘输入	5↙
Enter second chamfer distance＜5.00＞	键盘输入	3↙
Command：	键盘输入	chamfer↙
CHAMFER Polyline/Distances/＜Select first line＞：	点取设备	点取直线 GJ
Select second line：	点取设备	点取直线 GH
Command：	键盘输入	chamfer↙
CHAMFER Polyline/Distances/＜Select first line＞：	点取设备	点取直线 HI
Select second line：	点取设备	点取直线 GH

重复最后三步操作，将角 I 和 J 倒角。随后复制这个倒了角的图形，见图 8-31。

8.2.5.11　镜象命令（MIRROR）　MIRROR 命令将现存图形产生一个镜象，并可以将原图形保留或删除。特别是多图形对称于某一轴线时，使用此功能可以节省很多时间。

下面的例子是使用 MIRROR 命令将图形由图 8-31 变为图 8-32，操作过程见表 8-47。

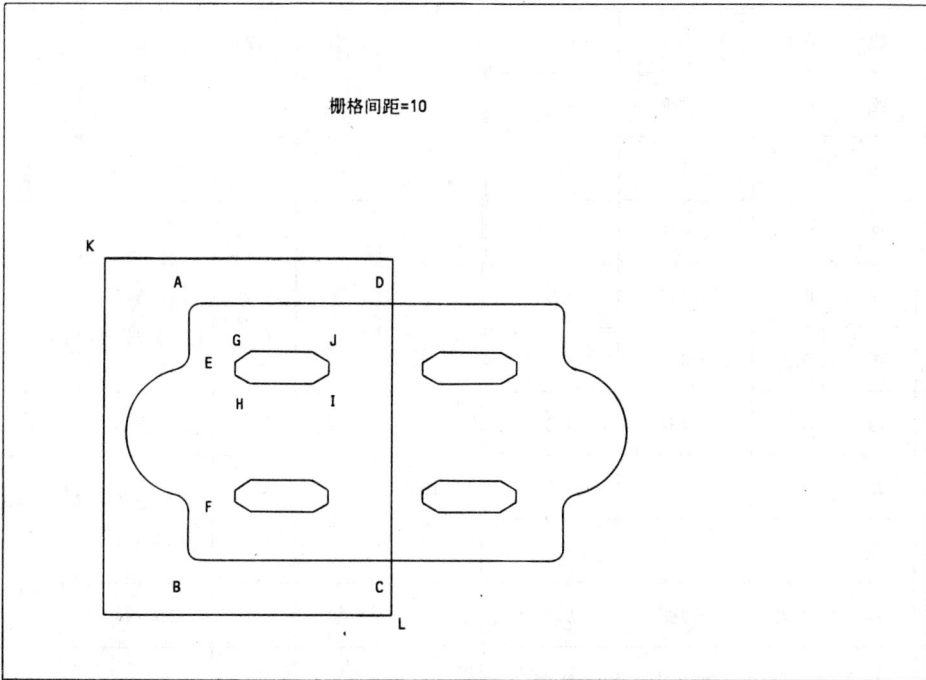

栅格间距=10

图 8-32　镜像命令

表 8-47　操作过程（四十七）

信息/提示	操　作	数据输入或结果	信息/提示	操　作	数据输入或结果
Command：	键盘输入	erase↙	3 1found.		
Select objects：	点取设备	点取直线 CD	Select objects：	键盘输入	↙
1 selected, 1 found.			First point of mirror line：	键盘输入	end↙
Select objects：	键盘输入	↙（删除直线 CD）	of	点取设备	点取直线 AD
Command：	键盘输入	mirror↙	Second point：	键盘输入	end↙
Select objects：	键盘输入	W↙	of	点取设备	点取直线 BC
First corner：	点取设备	点取 K 点	Delete old objects? ＜N＞	键盘输入	↙
Other corner：	点取设备	点取 L 点			

附　　录

附录 A　普通螺纹公称直径、螺距与钻孔用麻花钻直径（摘自 GB193—81、GB196—81）

(mm)

公称直径 （大径）d	螺 距 P		小 径 D_1 或 d_1	麻花钻 直径 d_z	公称直径 （大径）d	螺 距 P		小 径 D_1 或 d_1	麻花钻 直径 d_z
1	粗	0.25	0.729	0.75		粗	1.75	10.106	10.2
	细	0.2	0.783	0.8	12		1.5	10.376	10.5
2	粗	0.4	1.567	1.6		细	1.25	10.647	10.8
	细	0.25	1.729	1.75			1	10.917	11
3	粗	0.5	2.459	2.5		粗	2	11.835	12
	细	0.35	2.621	2.65	14		1.5	12.376	12.5
4	粗	0.7	3.242	3.3		细	1.25	12.647	12.8
	细	0.5	3.459	3.5			1	12.917	13
5	粗	0.8	4.134	4.2		粗	2	13.835	14
	细	0.5	4.459	4.5	16	细	1.5	14.376	14.5
6	粗	1	4.917	5			1	14.917	15
	细	0.75	5.188	5.2		粗	2.5	15.294	15.5
8	粗	1.25	6.647	6.8	18		2	15.835	16
	细	1	6.917	7		细	1.5	16.376	16.5
		0.75	7.188	7.2			1	16.917	17
10	粗	1.5	8.376	8.5		粗	2.5	17.294	17.5
		1.25	8.647	8.8	20		2	17.835	18
	细	1	8.917	9		细	1.5	18.376	18.5
		0.75	9.188	9.2			1	18.917	19

附录 B 普通内、外螺纹选用公差带（摘自 GB197—81）

精度	内 螺 纹 公 差 带 位 置						外 螺 纹 公 差 带 位 置								
	G			H			e	f	g			h		
	S	N	L	S	N	L	N	N	S	N	L	S	N	L
精密				4H	4H5H	5H6H						(3h4h)	*4h	(5h4h)
中等	(5G)	(6G)	(7G)	*5H	*6H	*7H	*6e	*6f	(5g6g)	*6g	(7g6g)	(5h6h)	*6h	(7h6h)
粗糙		(7G)			7H					8g			(8h)	

注：1. 大量生产的精制紧固件螺纹，推荐采用带方框的公差带。

2. 带"*"的公差带优先选用，括号内的公差带尽可能不用。

附录 C 梯形螺纹直径系列和螺距（摘自 GB5796.3—86） (mm)

公称直径 d		螺 距 P			公称直径 d		螺 距 P		
第一系列	第二系列	细	中	粗	第一系列	第二系列	细	中	粗
10		1.5	2		32	34	3	6	10
	11	2	3		36		3	6	10
12	14	2	3			38	3	7	10
16	18	2	4		40	42	3	7	10
20		2	4		44		3	7	12
	22	3	5	8	48	50	3	8	12
24	26	3	5	8	52		3	8	12
28		3	5	8		55	3	9	14
	30	3	6	10	60		3	9	14

附录 D 梯形内、外螺纹选用公差带（摘自 GB5796.4—86）

精度	内 螺 纹		外 螺 纹	
	N	L	N	L
中 等	7H	8H	7h、7e	8C
粗 糙	8H	9H	8e、8c	9C

附录 E 普通螺纹收尾、肩距、退刀槽和倒角尺寸（GB3—79）　　　　（mm）

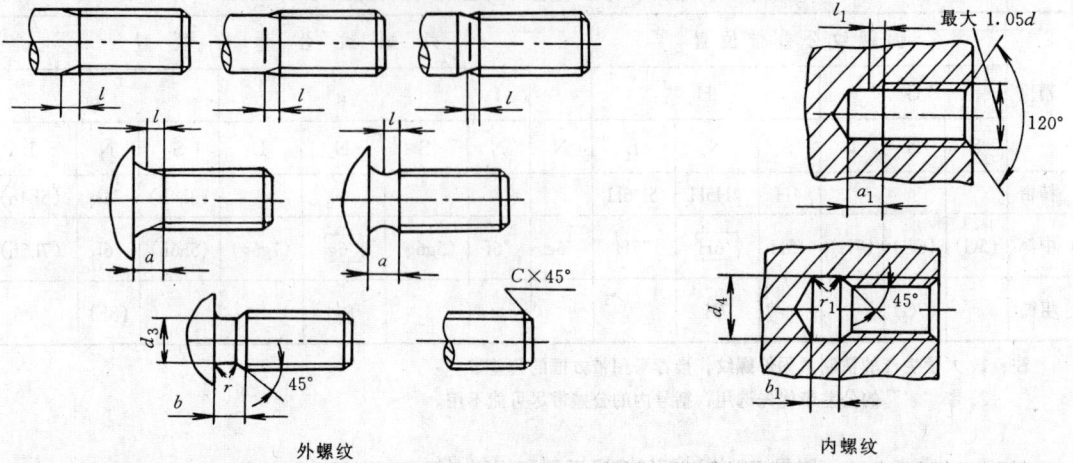

外螺纹　　　　　　　　　　　　　　　　　内螺纹

螺距 P	粗牙螺纹直径 d	细牙螺纹直径	螺纹收尾≤ 一般 l	一般 l_1	短的 l	长的 l_1	肩距≤ 一般 a	一般 a_1	长的 a	长的 a_1	短的 a	退刀槽 一般 b	一般 b_1	窄的 b	窄的 b_1	d_3	d_4	r或r_1 ≈	倒角 C
0.5	3	根据螺距查表	1.25	1	0.7	1.5	1.5	3	2	4	1	1.5	2			$d-0.8$			0.5
0.6	3.5		1.5	1.2	0.75	1.8	1.8	3.2	2.4	4.8	1.2				1.5	$d-1$			0.6
0.7	4		1.75	1.4	0.9	2.1	2.1	3.5	2.8	5.6	1.4			1		$d-1.1$	$d+0.3$		
0.75	4.5		1.9	1.5	1	2.3	2.25	3.8	3	6	1.5	2	3		2	$d-1.2$			0.8
0.8	5		2	1.6	1	2.4	2.4	4	3.2	6.4	1.6					$d-1.3$			
1	6；7		2.5	2	1.25	3	3	5	4	8	2	2.5	4	1.5	2.5	$d-1.6$			1
1.25	8		3.2	2.5	1.6	3.8	4	6	5	10	2.5	3	5		3	$d-2$			1.2
1.5	10		3.8	3	1.9	4.5	4.5	7	6	12	3	4	6	2.5	4	$d-2.3$			1.5
1.75	12		4.3	3.5	2.2	5.2	5.3	9	7	14	3.5	5	7			$d-2.6$			
2	14；16		5	4	2.5	6	6	10	8	16	4	5	8	3.5	5	$d-3$		0.5P	2
2.5	18；20；22		6.3	5	3.2	7.5	7.5	12	10	18	5	6	10		6	$d-3.6$			
3	24；27		7.5	6	3.8	9	9	14	12	22	6	7	12	4.5	7	$d-4.4$	$d+0.5$		2.5
3.5	30；33		9	7	4.5	10.5	10.5	16	14	24	7	8	14		8	$d-5$			
4	36；39		10	8	5	12	12	18	16	26	8	9	16	5.5	9	$d-5.7$			3
4.5	42；45		11	9	5.5	13.5	13.5	21	18	29	9	10	18	6	10	$d-6.4$			
5	48；52		12.5	10	6.3	15	15	23	20	32	10	11	20	6.5	11	$d-7$			4
5.5	56；60		14	11	7	16.5	16.5	26	22	34	11	12	22	7.5	12	$d-7.7$			
6	64；68		15	12	7.5	18	18	28	24	38	12	14	24	8	14	$d-8.3$			5

注：1. 外螺纹倒角和退刀槽过渡角一般按 45°，也可按 60° 或 30°。当螺纹按 60° 或 30° 倒角时，倒角深度约等于螺纹深度。

2. 内螺纹倒角一般是 120° 锥角，也可以是 90° 锥角。

3. 对于普通螺纹 d 为螺纹外径；对于米制螺纹 d 为基面上螺纹外径（对内螺纹即螺孔端面的螺纹外径）。

附录 F　六角头螺栓-A 和 B 级(GB5782—86)、六角头螺栓—全螺纹-A 和 B 级(GB5783—86)

(mm)

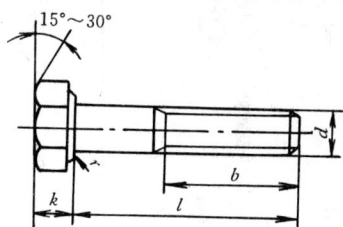

(GB5782—86)

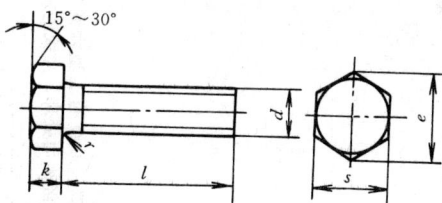

(GB5783—86)

标记示例:

螺纹规格 d = M12、公称长度 l = 80mm、性能等级为 8.8 级、表面氧化、A 级的六角头螺栓:

螺栓 GB5782—86　M12×80

螺纹规格 d		M3	M4	M3	M6	M8	M10	M12	(M14)	M16	(M18)	M20	(M22)	M24	(M27)	M30	M36
s		5.5	7	8	10	13	16	18	21	24	27	30	34	38	47	46	55
k		2	28	3.5	4	5.3	6.4	7.5	8.8	10	11.5	12.5	14	15	17	18.7	22.5
r		0.1		0.2	0.25		0.4			0.6			0.8	1	0.8		1
e		6.1	7.7	8.8	11.1	14.4	17.8	20	23.4	26.2	30	33.5	37.7	40	45.2	50.9	60.8
b 参考	l≤125	12	14	16	18	22	26	30	34	38	42	46	50	54	60	66	78
	125<l≤200	—	—	—	—	28	32	36	40	44	48	52	56	60	66	72	84
	l>200								53	57	61	65	69	73	79	85	97
l		20~30	25~40	25~50	30~60	35~80	40~100	45~120	60~140	55~160	80~180	65~200	90~220	80~240	100~260	90~300	110~360
l(全螺纹)		6~30	8~40	10~50	12~60	16~80	20~100	25~100	30~140	35~100	35~180	40~100	45~200	40~100	55~200	40~100	
l 系列		6,8,10,12,16,20,25,30,35,40,45,50,(55),60,(65),70,80,90,100,110,120,130,140,150,160,180,200,220,240,260,280,300,320,340,360,380,400,420,440,460,480,500															

技术条件	材　料		钢	不锈钢	
	力学性能等级	GB5782—86	d≤39 时为 8.8;d>39 时按协议	d≤20 时为 A2—70;20<d≤39 时为 A2—50;d>39 时按协议	螺纹公差:6g
		GB5783—86	8.8	A2—70	
	表面处理		①氧化;②镀锌钝化	不　处　理	

注:1. 产品等级分为 A、B 和 C 级。产品等级由产品质量和公差确定,A 级最精确,C 级最不精确。

　　A 级用于 d≤24 和 l≤10d 或≤150mm 的螺栓,B 级用于 d>24 和 l>10d 或>150mm 的螺栓(按较小值)。

　　2. 本表两标准均代替 GB30—76 和 GB21—76。

附录 G　1型六角螺母-C级（GB41—86）、1型六角螺母-A和B级（GB6170—86）、六角薄螺母-A和B级·倒角（GB6172—86）　　　　（mm）

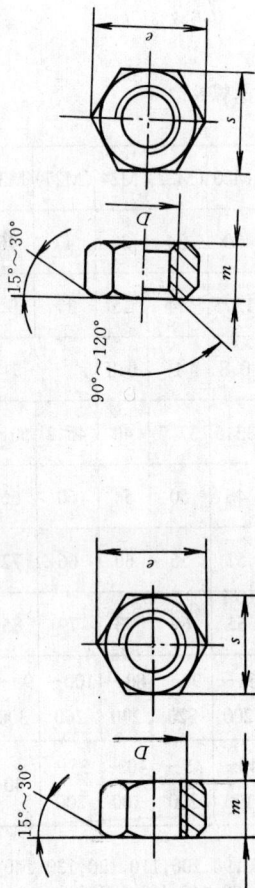

（GB41—86）　　　15°～30°

（GB6170—86）、（GB6172—86）　　　15°～30°　90°～120°

标记示例：

螺纹规格 D=M12、性能等级为10级、不经表面处理、A级的1型六角螺母：
螺母 GB6170—86 M12

螺纹规格 D=M12、性能等级为5级、不经表面处理、C级的1型六角螺母：
螺母 GB41—86 M12

螺纹规格 D=M12、性能等级为04级不经表面处理、A级的六角薄螺母：
螺母 GB6172—86 M12

螺纹规格 D		M1.6	M2	M2.5	M3	M4	M5	M6	M8	M10	M12	(M14)	M16	(M18)	M20	(M22)	M24	(M27)	M30	M36	M42	M48	M56	M64
e		3.4	4.3	5.6	6	7.7	8.8	11	14.4	17.8	20	23.4	26.8	29.6	33	37.3	39.6	45.2	50.9	60.8	72	82.6	93.6	104.9
s		3.2	4	5	5.5	7	8	10	13	16	18	21	24	27	30	34	36	41	46	55	65	75	85	95
m	GB6170—86	1.3	1.6	2	2.4	3.2	4.7	5.2	6.8	8.4	10.8	12.8	14.8	15.8	18	19.4	21.5	23.8	25.6	31	34	38	45	51
	GB6172—86	1	1.2	1.6	1.8	2.2	2.7	3.2	4	5	6	7	8	9	10	11	12	13.5	15	18	21	24	28	32
	GB41—86	—	—	—	—	—	5.6	6.1	7.9	9.5	12.2	13.9	15.9	16.9	18.7	20.2	22.3	24.7	26.4	31.5	34.9	38.9	45.9	52.4

技术条件：

		力学性能	材料	螺纹公差	表面处理
	GB41—86	力学性能等级：D≤39时为4.5；D>39时按协议	钢		
	GB6170—86	等级：钢 D<3时为6；D>3～39时为6、8、10；D>39时按协议　不锈钢 D≤39时为A2—70；D>39时按协议	钢、不锈钢	7H	①不经处理；②镀锌钝化
	GB6172—86	110HV (min)　D≤39时为0.4、0.5；D>16的螺母	钢	6H	

注：1. A级用于 D≤16 的螺母；B级用于 D>16 的螺母。

2. D≤36 的为商品规格，D>36 的为通用规格；GB6172—86 的商品规格为 M3～M36，其余为通用规格；尽量不采用通用规格。

3. 表中数据 e 为圆整近似值。

4. 标准 GB41—86 代替 GB41—76；GB6170—86 代替 GB51～52—76；GB6172—86 代替 GB53～54—76。

附录 H 平垫圈-C 级(GB95—85)、大垫圈-A 和 C 级(GB96—85)、平垫圈-A 级(GB97.1—85)、平垫圈倒角型-A 级(GB97.2—85)、小垫圈-A 级(GB848—85)(mm)

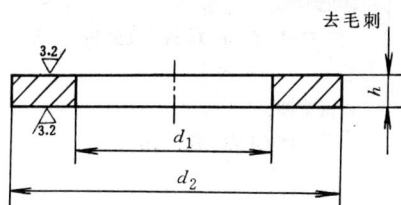

(GB95—85)、(GB96—85)
(GB97.1—85)、(GB848—85)

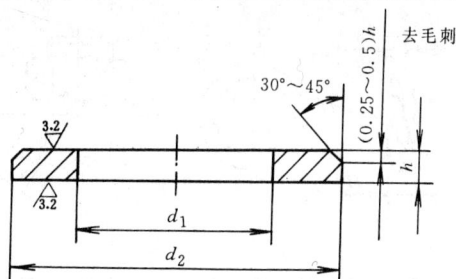

(GB97.2—85)

标记示例:

标准系列、公称尺寸 $d = 8mm$、性能等级为100HV级、不经表面处理的平垫圈:
垫圈 GB95—85 8—100HV

标记示例:

标准系列、公称尺寸 $d = 8mm$、性能等级为140HV级、倒角型、不经表面处理的平垫圈:
垫圈 GB97.2—85 8—140HV

公称尺寸(螺纹规格 d)	d_2	h	GB95—85 (标准系列) d_1	GB97.1—85 GB97.2—85 (标准系列) d_1	GB96—85(大系列) d_1	d_2	h	GB848—85(小系列) d_1	d_2	h
1.6	4	0.3		1.7				1.7	3.5	0.3
2	5			2.2				2.2	4.5	
2.5	6	0.5		2.7				2.7	5	
3	7			3.2	3.2	9	0.8	3.2	6	0.5
4	9	0.8		4.3	4.3	12	1	4.3	8	
5	10	1	5.5	53	5.3	15	1.2	5.3	9	1
6	12	1.6	6.6	6.4	6.4	18	1.6	6.4	11	
8	16		9	8.4	8.4	24	2	8.4	15	1.6
10	20	2	11	10.5	10.5	30	2.5	10.5	18	
12	24	2.5	13.5	13	13	37		13	20	2
14	28		15.5	15	15	44	3	15	24	2.5
16	30	3	17.5	17	17	50		17	28	
20	37		22	21	22	60	4	21	34	3
24	44	4	26	25	26	72	5	25	39	4
30	56		33	31	33	92	6	31	50	
36	66	5	39	37	39	110	8	37	60	5

技术条件	材料		钢	奥氏体不锈钢	表面处理	钢		奥氏体不锈钢	材料		钢	奥氏体不锈钢	表面处理	钢	奥氏体不锈钢
	力学性能等级	GB95—85	100HV	A140		不经处理		不经处理	力学性能等级	GB848—85	140HV	A140	表面处理	①不经处理 ②镀锌钝化	不经处理
		GB96—85	A级:140HV C级:100HV			①不经处理 ②镀锌钝化				GB97.1—85	200HV	A200			
										GB97.2—85	300HV	A350			

注:1.

标准号	GB95—85、GB97.2—85	GB96—85	GB848—85、GB97.1—85
d	5~36	3~36	1.6~36

2. C级垫圈粗糙度要求为 ∇ 。

3. GB848—85 主要用于带圆柱头的螺钉,其他用于标准的六角螺栓、螺钉和螺母。

4. GB95—85 代替 GB95—76;GB96—85 代替 GB96—76;GB848—85 代替 GB848—76;GB97.1—85 代替 GB97—76A 型;GB97.2—85 代替 GB97—76B 型。

5. 精装配系列适用于 A 级垫圈;中等装配系列适用于 C 级垫圈。

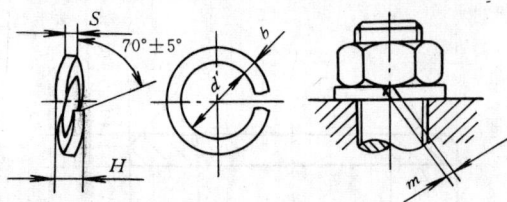

附录 I 轻型弹簧垫圈(GB859—87)、标准型弹簧垫圈(GB93—87)　　　　　　(mm)

标记示例:
　　规格 16mm、材料为 65Mn、表面氧化的标准
弹簧垫圈:
　　垫圈 GB93—87 16

公称直径 (螺纹大)	d	GB859—87			GB93—87	
		S	b	0＜m≤	S＝b	0＜m≤
2	2.1	0.5	0.8		0.5	0.25
2.5	2.6	0.6	0.8		0.65	0.33
3	3.1	0.8	1	0.3	0.8	0.4
4	4.1	0.8	1.2	0.4	1.1	0.55
5	5.1	1	1.2	0.55	1.3	0.65
6	6.2	1.2	1.6	0.65	1.6	0.8
8	8.2	1.6	2	0.8	2.1	1.05
10	10.2	2	2.5	1	2.6	1.3
12	12.3	2.5	3.5	1.25	3.1	1.55
(14)	14.3	3	4	1.5	3.6	1.8
16	16.3	3.2	4.5	1.6	4.1	2.05
(18)	18.3	3.5	5	1.8	4.5	2.25
20	20.5	4	5.5	2	5	2.5
(22)	22.5	4.5	6	2.25	5.5	2.75
24	24.5	4.8	6.5	2.5	6	3
(27)	27.5	5.5	7	2.75	6.8	3.4
30	30.5	6	8	3	7.5	3.75
36	36.6				9	4.5
42	42.6				10.5	5.25
48	49				12	6

附录 J 紧固件
表 J-1 螺栓和螺钉通孔尺寸(GB5277—85)　　　　　　　(mm)

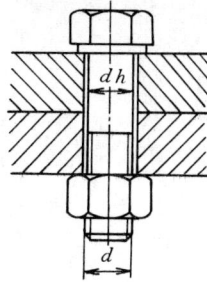

螺 纹 规 格 d	通 孔　　dh 系　　列		
	精 装 配	中 等 装 配	粗 装 配
M6	6.4	6.6	7
M7	7.4	7.6	8
M8	8.4	9	10
M10	10.5	11	12
M12	13	13.5	14.5
M14	15	15.5	16.5
M16	17	17.5	18.5
M18	19	20	21
M20	21	22	24
M22	23	24	26
M24	25	26	28
M27	28	30	32
M30	31	33	35
M33	34	36	38
M36	37	39	42
M39	40	42	45
M42	43	45	48
M45	46	48	52
M48	50	52	56

表 J-2 沉头用沉孔尺寸(GB152.2—88)　　　　　　　(mm)

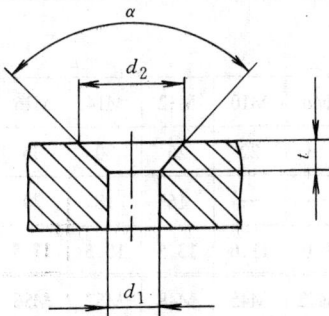

本标准规定了沉头螺钉、半沉头螺钉、沉头自攻螺钉、半沉头自攻螺钉、沉头木螺钉和半沉头木螺钉用的沉头沉孔尺寸。

螺纹规格	M1.6	M2	M2.5	M3	M3.5	M4	M5	M6	M8	M10	M12	M14	M16	M20
d_2	3.7	4.5	5.6	6.4	8.4	9.6	10.6	12.8	17.6	20.3	24.4	28.4	32.4	40.4
$t \approx$	1	1.2	1.5	1.6	2.4	2.7	2.7	3.3	4.6	5.0	6.0	7.0	8.0	10.0
d_1	1.8	2.4	2.9	3.4	3.9	4.5	5.5	6.6	9	11	13.5	15.5	17.5	22
α	$90°{}^{-2°}_{-4°}$													

注:尺寸 d_1 和 d_2 的公差带均为 H13。此表适用于沉头螺钉及半沉头螺钉用的沉孔尺寸。

表 J-3　圆柱头用沉孔尺寸（GB152.3—88）　　　　　　　　　（mm）

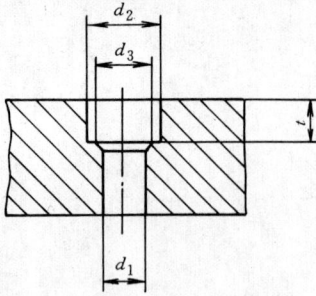

本标准规定了内六角圆柱头螺钉、内六角花形圆柱头螺钉及开槽圆柱头螺钉用的圆柱头沉孔尺寸。

螺纹规格	M1.6	M2	M2.5	M3	M4	M5	M6	M8	M10	M12	M14	M16	M20	M24	M30	M36
d_2	3.3	4.3	5.0	6.0	8.0	10.0	11.0	15.0	18.0	20.0	24.0	26.0	33.0	40.0	48.0	57.0
t	1.8	2.3	2.9	3.4	4.6	5.7	6.8	9.0	11.0	13.0	15.0	17.5	21.5	25.5	32.0	38.0
d_3	—	—	—	—	—	—	—	—	—	16	18	20	24	28	36	42
d_1	1.8	2.4	2.9	3.4	4.5	5.5	6.6	9.0	11.0	13.5	15.5	17.5	22.0	26.0	33.0	39.0

注：尺寸 d_1、d_2 和 t 的公差带均为 H13。此表适用于 GB70 内六角圆柱头螺钉用的圆柱头沉孔尺寸。

表 J-4　六角头螺栓和六角螺母用沉孔尺寸（GB152.4—88）　　　　　（mm）

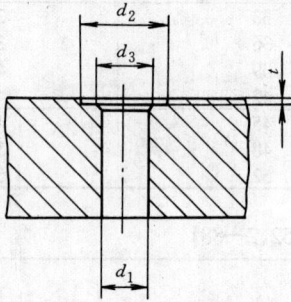

本标准规定了标准对边宽度的六角头螺栓和六角螺母用的沉孔尺寸。

螺纹规格	M1.6	M2	M2.5	M3	M4	M5	M6	M8	M10	M12	M14	M16	M18	M20
d_2	5	6	8	9	10	11	13	18	22	26	30	33	36	40
d_3	—	—	—	—	—	—	—	—	—	16	18	20	22	24
d_1	1.8	2.4	2.9	3.4	4.5	5.5	6.6	9.0	11.0	13.5	15.5	17.5	20.0	22.0
螺纹规格	M22	M24	M27	M30	M33	M36	M39	M42	M45	M48	M52	M56	M60	M64
d_2	43	48	53	61	66	71	76	82	89	98	107	112	118	125
d_3	26	28	33	36	39	42	45	48	51	56	60	68	72	76
d_1	24	26	30	33	36	39	42	45	48	52	56	62	66	70

注：1. 对尺寸 t，只要能制出与通孔轴线垂直的圆平面即可。

　　2. 尺寸 d_1 的公差带为 H13；尺寸 d_2 的公差带为 H15。

附录 K　普通平键(GB1095~1096—79)(90 确认)　　　　　　　　(mm)

键和键槽的剖面尺寸 (GB1095—79) (90 确认)

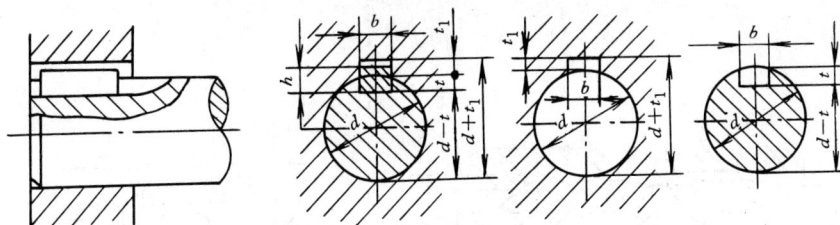

键和键槽的剖面尺寸 (GB1095—79) (90 确认)

普通平键的型式尺寸 (GB1096—79) (90 确认)　　　　　　其余 $\sqrt{\dfrac{25}{}}$

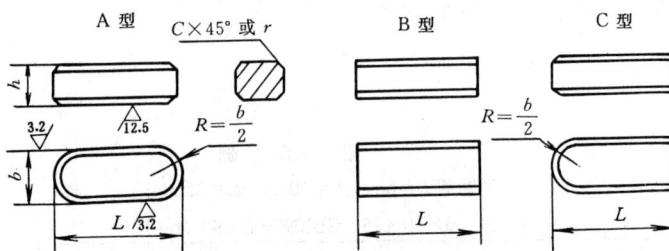

A 型　　　　B 型　　　　C 型

标 记 示 例

圆头普通平键(A 型), $b=16mm$、$h=10mm$、$L=100mm$:键　16×100　GB1096—79(90 确认)

平头普通平键(B 型), $b=16mm$、$h=10mm$、$L=100mm$:键　B16×100　GB1096—79(90 确认)

单圆头普通平键(C 型), $b=16mm$、$h=10mm$、$L=100mm$:键　C16×100　GB1096—79(90 确认)

轴	键		键 槽										
			宽　度　b					深　度				半　径	
				极　限　偏　差				轴　t		毂　t_1		r	
公称直径 d	$b \times h$	L	公称尺寸 b	较松键联结		一般键联结		较紧键联结					
				轴 H9	毂 D10	轴 N9	毂 Js9	轴和毂 P9	公称尺寸	极限偏差	公称尺寸	极限偏差	最小	最大
自 6~8	2×2	6~20	2	+0.025 0	+0.060 +0.020	−0.004 −0.029	±0.0125	−0.006 −0.031	1.2	+0.1 0	1	+0.1 0	0.08	0.16
>8~10	3×3	6~36	3						1.8		1.4			
>10~12	4×4	8~45	4	+0.030 0	+0.078 +0.030	0 −0.030	±0.015	−0.012 −0.042	2.5		1.8		0.16	0.25
>12~17	5×5	10~56	5						3.6		2.3			
>17~22	6×6	14~70	6						3.5		2.8			
>22~30	8×7	18~90	8	+0.036 0	+0.098 +0.040	0 −0.036	±0.018	−0.015 −0.051	4.0		3.3			
>30~38	10×8	22~110	10						5.0		3.3			
>38~44	12×8	28~140	12						5.0	+0.2 0	3.3	+0.2 0	0.25	0.40
>44~50	14×9	36~160	14	+0.043 0	+0.120 +0.050	0 −0.043	±0.0215	−0.018 −0.061	5.5		3.8			
>50~58	16×10	45~180	16						6.0		4.3			
>58~65	18×11	50~200	18						7.0		4.4			

注:1. $(d-t)$ 和 $(d+t_1)$ 两组组合尺寸的极限偏差按相应的 t 和 t_1 的极限偏差选取,但 $(d-t)$ 极限偏差应取负号 "−"。

2. L 系列:6、8、10、12、14、16、18、20、22、25、28、32、36、40、45、50、56、63、70、80、90、100、110、125、140、160、180、200、220、250、280、320、360、400、450。

附录 L　半圆键(GB1098～1099—79)(90 确认)　　　　　(mm)

键和键槽的剖面尺寸(GB1098—79)(90 确认)形式及尺寸(GB1099—79)(90 确认)

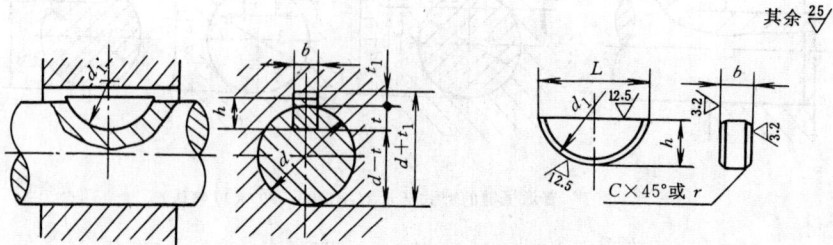

标 记 示 例

半圆键 $b=6mm$、$h=10mm$、$d_1=25mm$:

键　6×10×25　GB1099—79(90 确认)

轴径 d		键		键槽									
				宽　度 b				深　度				半　径 r	
键传递转矩	键定位用	公称尺寸 $b×h×d_1$	长度 $L≈$	公称尺寸	极　限　偏　差			轴 t		毂 t_1			
					一般键联结		较紧键联结						
					轴 N9	毂 Js9	轴和毂 P9	公称尺寸	极限偏差	公称尺寸	极限偏差	最小	最大
>12~14	>18~20	4.0×6.5×16	15.7	4.0				5.0		1.8			
>14~16	>20~22	4.0×7.5×19	18.6	4.0				6.0		1.8			
>16~18	>22~25	5.0×6.5×16	15.7	5.0				4.5	+0.20 0	2.3			
>18~20	>25~28	5.0×7.5×19	18.6	5.0	0 -0.030	±0.015	-0.012 -0.042	5.5		2.3	+0.10 0	0.16	0.25
>20~22	>28~32	5.0×9.0×22	21.6	5.0				7.0		2.3			
>22~25	>32~36	6.0×9.0×22	21.6	6.0				6.5	+0.30 0	2.8			
>25~28	>36~40	6.0×10.0×25	24.5	6.0				7.5		2.8	+0.20 0	0.25	0.25

注:在工作图中,轴槽深用 t 或 $(d-t)$ 标注,轮毂槽深用 $(d+t_1)$ 标注。

附录 M　圆柱销(GB119—86)和圆锥销(GB117—86)　　　　　　　　　(mm)

A 型
d 公差:m6

B 型
d 公差:h8　　其余 $\sqrt{\frac{6.3}{}}$

A 型
d 公差:h10　　其余 $\sqrt{\frac{6.3}{}}$
1：50

C 型
d 公差:h11

D 型
d 公差:u8

B 型
d 公差:h10

标记示例:

公称直径 $d = 8$mm、长度 $l = 30$mm、材料为 35 钢、热处理硬度 28～38HRC、表面氧化处理的 A 型圆柱销:

销 GB119—86—A8×30

标记示例:

公称直径 $d = 10$mm、公称长度 $l = 60$mm、材料为 35 钢、热处理硬度 28～38HRC、表面氧化处理的 A 型圆锥销:

销 GB117—86—A10×60

d(公称)		0.6	0.8	1	1.2	1.5	2	2.5	3	4	5
$a\approx$		0.08	0.10	0.12	0.16	0.20	0.25	0.30	0.40	0.50	0.63
$C\approx$		0.12	0.16	0.20	0.25	0.30	0.35	0.40	0.50	0.63	0.80
l	圆柱销	2～6	2～8	4～10	4～12	4～16	6～20	6～24	8～30	8～40	10～50
	圆锥销	4～8	5～12	6～16	6～20	8～24	10～35	10～35	12～45	14～55	18～60
d(公称)		6	8	10	12	16	20	25	30	40	50
$a\approx$		0.80	1.0	1.2	1.6	2.0	2.5	3.0	4.0	5.0	6.3
$C\approx$		1.2	1.6	2.0	2.5	3.0	3.5	4.0	5.0	6.3	8.0
l	圆柱销	12～60	14～80	18～95	22～140	26～180	35～200	50～200	60～200	80～200	95～200
	圆锥销	22～90	22～120	26～160	32～180	40～200	45～200	50～200	55～200	60～200	65～200
l 系列		2,3,4,5,6,8,10,12,14,16,18,20,22,24,26,28,30,32,33,40,45,50,55,60,65,70,75, 80,85,90,95,100,120,140,160,180,200									

附录 N 倒角和倒圆(GB6403.4—86)　　　　　　　　(mm)

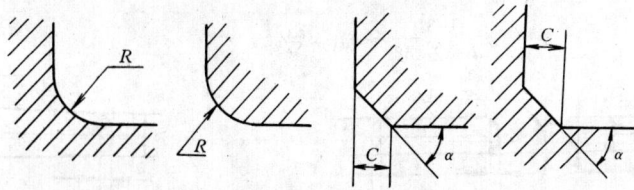

直径 D	~3		>3~6		>6~10		>10~18	>18~30	>30~50		>50~80	>80~120	>120~180
R、C	0.1	0.2	0.3	0.4	0.5	0.6	0.8	1.0	1.2	1.6	2.0	2.5	3.0

直径 D	>180~250	>250~320	>320~400	>400~500	>500~630	>630~800	>800 ~1000	>1000 ~1250	>1250 ~1600
R、C	4.0	5.0	6.0	8.0	10	12	16	20	25

注:α 一般采用 45°,也可采用 30°或 60°

附录 O 砂轮越程槽(GB6403.5—86)　　　　　　　　(mm)

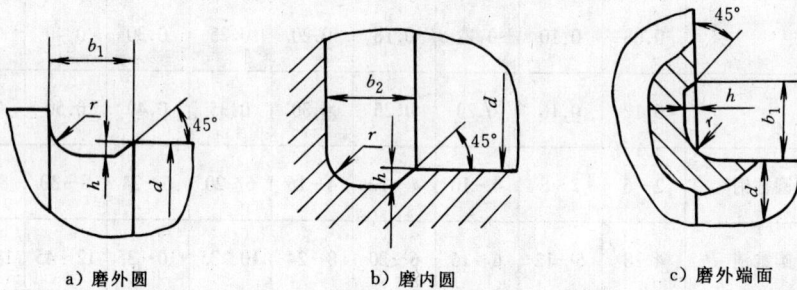

a) 磨外圆　　　　　　　b) 磨内圆　　　　　　　c) 磨外端面

b_1	0.6	1.0	1.5	2.0	3.0	4.0	5.0	8.0	10
b_2	2.0	3.0		4.0		5.0		8.0	10
h	0.1	0.2		0.3	0.4		0.5	0.8	1.2
r	0.2	0.5		0.8	1.0		1.6	2.0	3.0
d	~10			>10~50		>50~100		>100	

注:1. 越程槽内二直线相交处,不允许产生尖角。

2. 越程槽深度 h 与内圆半径 r,要满足 $r < 3h$。

附录 P　表面粗糙度
表 P-1　新国标 R_a 与旧国标▽的对照

新国标 GB/T1031—1995		旧国标 GB1031—68	
表面粗糙度		表面光洁度	
$R_a/\mu m$		级别代号	$R_a/\mu m$
规 定 值	补充系列值		
100	80,63	▽1	50～80
50	40,32	▽2	25～40
25	20,16.0	▽3	12.5～20
12.5	10.0,8.0	▽4	6.3～10
6.3	5.0,4.0	▽5	3.2～5
3.2	2.5,2.0	▽6	1.6～2.5
1.6	1.25,1.0	▽7	0.8～1.25
0.8	0.63,0.50	▽8	0.4～0.63
0.4	0.32,0.25	▽9	0.2～0.32
0.2	0.160,0.125	▽10	0.1～0.16
0.1	0.080,0.063	▽11	0.05～0.08
0.05	0.040,0.032	▽12	0.025～0.04
0.025	0.020,0.016	▽13	0.012～0.02
0.012	0.010,0.008	▽14	0.006～0.01

表 P-2　新国标 R_z 或 R_y 与旧国标▽的对照

新国标 GB/T1031—1995		旧国标 GB1031—68	
表面粗糙度		表面光洁度	
R_z 或 $R_y/\mu m$		级别代号	$R_z/\mu m$
规 定 值	补充系列值		
1600	1250,1000		
800	630,500		
400	320,250	▽1	>160～320
200	160,125	▽2	>80～160
100	80,63	▽3	>40～80
50	40,32	▽4	>20～40
25	20,16.0	▽5	>10～20
12.5	10,8.0	▽6	>6.3～10
6.3	5.0,4.0	▽7	>3.2～6.3
3.2	2.5,2.0	▽8	>1.6～3.2
1.6	1.25,1.00	▽9	>0.8～1.6
0.8	0.63,0.50	▽10	>0.4～0.8
0.4	0.32,0.25	▽11	>0.2～0.4
0.2	0.160,0.125	▽12	>0.1～0.2
0.1	0.080,0.063	▽13	>0.05～0.1
0.05	0.040,0.032	▽14	0.05<
0.025			

表 P-3 表面粗糙度的应用

表面特征		粗糙度参数值		加工方法	应用举例(仅供参考)
		R_a	R_z		
粗糙	显见刀痕	>12.5~25	>40~80	粗车、粗刨、粗铣、钻,粗镗	粗加工表面,如轴端面、倒角、螺钉孔和铆钉孔的内表面、垫圈的接触面,焊接前焊缝表面等
半光	可见加工痕迹	>6.3~12.5	>20~40	车、镗、刨、钻铣、粗铰、粗磨、铣齿	半精加工面,如带轮侧面、箱体、支架等不与其它零件接触的表面;与螺栓头、铆钉头接触的表面;轴与孔的退刀槽等
	微见加工痕迹	>3.2~6.3	>10~20	车、镗、刨、铣、拉、磨锉、滚压、铣齿	制造公差等级 IT12~IT13 的零件的配合表面;箱体、支架、盖、套筒等与其它零件联接而没有配合要求的表面;齿轮的非工作表面等
	看不清加工痕迹	>1.6~3.2	>6.3~10	车、镗、刨、铣、绞、拉、磨、滚压、铣齿	制造公差等级 IT9~IT11 的零件的配合表面;基面及要求较高的表面;中型机床工作台面;组合机床主轴箱和盖的结合面;滑动轴承压入轴衬的压入孔等
光	可辨加工痕迹的方向	>0.8~1.6	>3.2~6.3	车、镗、拉、磨、立铣、铰、滚压	制造公差等级 IT6~IT8 的零件的配合表面,中型机床滑动导轨面;导轨压板;圆柱销和圆锥销表面;齿轮、蜗轮,套筒的配合表面;定位销压入孔;需镀铬抛光的外表面等
	微辨加工痕迹的方向	>0.4~0.8	>1.6~3.2	铰、磨、刮、镗、拉、滚压	制造公差等级为 IT2 的轴表面;IT7 的孔表面;要求长久保持配合性质稳定的零件配合表面;曲轴、凸轮轴的工作轴颈;青铜齿轮的配合表面;夹具定位元件及钻套的主要表面等
	不可辨加工痕迹的方向	>0.2~0.4	>0.8~1.6	抛光、磨、研磨、超级加工	直径小的精密心轴和转轴的结合面;精密机床主轴锥孔;顶尖锥面;活塞销孔;要求气密的表面及支承面;精度较高的齿轮工作表面等
最光	暗光泽面	>0.1~0.2	>0.4~0.8	超级加工	活塞销表面;气缸内表面;阀的工作表面;精密机床主轴箱与套筒配合的孔,仪器在使用中承受摩擦的表面,如导轨、槽面等
	亮光泽面	>0.05~0.1	>0.2~0.4	超级加工	精密机床的工作轴颈;极限量规的测量面;特别精密的滚动轴承的滚道、滚珠、滚柱的表面;摩擦离合器的摩擦表面
	镜状光泽面	>0.025~0.05	>0.1~0.2	超级加工	柴油发动机高压油泵中柱塞与柱塞套的配合表面;测量仪器中等精度间隙配合零件的表面,特别精密或特别高速滚动轴承的滚珠、滚柱表面等
	雾状镜面	>0.012~0.025	>0.05~0.1	超级加工	尺寸超过 100mm 量块的工作表面;仪器的测量面;测量仪器中的高精度间隙配合零件的工作表面等
	镜面	≤0.006~0.012	≤0.05	超级加工	光学仪器中金属镜面;量块的工作表面;高精度测量仪器的测量面;高精度仪器摩擦机构的支承面等

双元制培训机械专业理论教材书目

机械工人专业计算
机械工人专业制图
机械工人专业制图习题集
机械工人专业工艺
　　基础分册
　　机械切削工分册
　　工模具制造工分册
　　机械维修工分册
　　汽车机械工分册